普通高等教育"十三五"规划教材

土木工程类系列教材

U0657801

土动力学基本原理

Fundamentals of Soil Dynamics

刘 洋 编著

清华大学出版社

北京

内容简介

本书由编者结合十余年的教学实践,参阅大量文献编写而成。书中介绍土动力学的基本原理,重点讨论土的波动规律和三相耦合动力特性。全书共 11 章,主要包括五个方面的内容:土中动荷载基本特性、土的波动问题、土的基本动力特性、土体动力反应分析和土的动力测试与试验技术。本书的一个显著特点是在注重内容系统性和完整性的同时,重点介绍土动力学的基本原理以及土的基本动力特性;另一个特点是为了帮助读者理解一些较抽象的概念和理论,给出了详细的推导过程和程序代码。此外,在介绍土动力学经典理论的同时,书中也增加了一些新的研究思路和成果。

本书可作为高等院校土木工程类有关专业的研究生、高年级本科生教材,也可供从事土动力学、岩土地震工程等方面工作的研究人员参考。

图书在版编目(CIP)数据

土动力学基本原理/刘洋编著. —北京:清华大学出版社,2019.10(2025.6重印)
普通高等教育"十三五"规划教材.土木工程类系列教材
ISBN 978-7-302-53846-2

Ⅰ. ①土… Ⅱ. ①刘… Ⅲ. ①土动力学—高等学校—教材 Ⅳ. ①TU435

中国版本图书馆 CIP 数据核字(2019)第 209025 号

责任编辑:秦 娜 赵从棉
封面设计:陈国熙
责任校对:赵丽敏
责任印制:宋 林

出版发行:清华大学出版社
　　　　网　　　址:https://www.tup.com.cn,https://www.wqxuetang.com
　　　　地　　　址:北京清华大学学研大厦 A 座　　　　　　邮　　编:100084
　　　　社 总 机:010-83470000　　　　　　　　　　　　　邮　　购:010-62786544
　　　　投稿与读者服务:010-62776969,c-service@tup.tsinghua.edu.cn
　　　　质量反馈:010-62772015,zhiliang@tup.tsinghua.edu.cn
印 装 者:涿州市般润文化传播有限公司
经　　销:全国新华书店
开　　本:185mm×260mm　　印　张:21.75　　　　字　　数:525 千字
版　　次:2019 年 10 月第 1 版　　　　　　　　　印　　次:2025 年 6 月第 2 次印刷
定　　价:59.00 元

产品编号:068670-01

　　土动力学是土力学一个重要的分支学科,是研究各种动力荷载作用下土的变形和强度特性以及土体动力稳定性的一门科学。

　　土动力学的研究内容十分丰富,涉及振动和波动力学、地震力学、土力学、弹塑性力学、数学物理方法、数值分析方法和动力测试技术等多个学科和多种方法。随着社会经济的发展,动力荷载引起工程建设中的新问题给土动力学的研究不断注入新的活力,其研究内容也延伸到与土的动力特性密切相关的岩土地震工程、海洋岩土工程和交通岩土工程等领域,同时提出了新问题、新挑战,也有越来越多的年轻学者和研究生投身到土动力学方面的研究中来。

　　对于初涉此领域的研究人员和选修此课程的研究生而言,土动力学的研究需要一定的理论基础,也有一定的难度。因此,编者的初衷是希望通过编写一本系统、简洁、容易理解并可供研究生使用的教材,内容以讲解土动力学的基本原理为主,使读者通过学习能够掌握土动力学的基本概念和原理,建立分析土动力学的基本方法和科学思维方式。诚然,要编写这样一本教材是非常困难的,好在编者一直在高校为研究生讲授土动力学课程,本书的讲义作为教学参考书已在十余届研究生中使用,有了一定的实践基础。而历届选修本课程研究生的宝贵意见和建议,也进一步促成了本书的出版。

　　鉴于此,本书内容体现了两个特点,一是在注重系统性和完整性的同时,重在简明扼要地介绍土动力学的基本原理和土的基本动力特性;二是为了更好地让读者掌握土动力学中一些理论较强和不易理解的问题,如波的传播问题、土体地震反应分析问题等,笔者在书中对一些解析方法给出了详细的推导过程,并用 MATLAB 语言编写了大量程序,读者可以通过这些程序的调试运行,更深入地理解相关原理和理论。此外,在介绍土动力学经典理论的同时,书中也增加了一些新的研究思路和成果。

　　全书共 11 章,除第 1 章绪论部分介绍了土动力学的特点、发展历史和主要研究内容外,其余章节构成了五个部分的内容:第一部分介绍土动力学的基础知识和土中动荷载基本特性,包括土的基本力学性质(第 2 章)、振动与波动基础(第 3 章)和土体在典型动力荷载作用下的应力状态(第 4 章);第二部分介绍土的波动问题,包括固体中的弹性波(第 5 章)和饱和土体中的波(第 6 章),这部分是本书的重点内容之一;第三部分介绍土的三相耦合动力特性,包括土的动变形与动强度特性(第 7 章)、土的动应力-动应变关系(第 8 章)和饱和砂土液化问题(第 9 章),这部分是本书的核心内容;第四部分是土体动力反应分析,在第 10 章中讲解;第五部分是土的动力测试与试验技术,在第 11 章中讲解,本章内容可结合第三部分土的三相耦合动力特性相关内容一起学习。

　　上述五个方面的研究内容中,土中动荷载基本特性及其波动规律是分析土动力学问题的基础;土的三相耦合动力特性是分析土动力学问题的核心;土体的动力反应是土动力学问题的综合分析及应用;而土动力特性的测试与试验技术是验证上述土动力理论、原理的必要手段,同时也是土动力学理论发展的有力推动工具。

限于篇幅,书中对于土动力学中的一些其他专门问题如动力机器基础、桩基动力测试、土-结构物相互作用和土体动力稳定性分析等问题则没有涉及。但在准确掌握了土动力的基本概念和基本原理后,理解上述专门问题的解决思路和方法并不难,详细的内容可以参考其他相关专著与文献。

本书的编写和出版得到了国家自然科学基金项目(50808016,51178044)的支持和资助,在此表示感谢。书稿完成之时正值北京的金秋十月,感谢刘葛、王肖肖、田睿华等研究生在排版、绘图等方面的辛苦付出。感谢清华大学出版社和编辑秦娜、赵从棉为本书出版所付出的辛勤劳动。此外,本书引用了国内外许多学者的研究成果和资料,特别是国内已经出版的土动力学教材和专著,在此一并表示诚挚的谢意。

由于编者水平有限,书中的缺点与错误之处在所难免,希望有关专家和读者批评指正。

刘　洋

2019 年 10 月于北京

符 号 表

a　加速度,圆形空腔半径

A　杆的横截面面积

B　孔压系数

c　波速,阻尼,黏聚力

c'　土的有效黏聚力

$\hat{c}$　等效阻尼

c_d　动黏聚力

c'_d　有效动黏聚力

c_P　压缩波的传播速度

c_{P1}　P_1 波波速

c_{P2}　P_2 波波速

c_r　临界阻尼系数

c_R　瑞利波的传播速度

c_S　剪切波的传播速度

c_{scr}　临界剪切波的传播速度

C_b　土骨架的体积压缩系数

C_{Z0}　抗压刚度系数

C_f　孔隙流体压缩系数

C_N　考虑上覆有效应力影响的修正系数

C_u　不均匀系数

$\boldsymbol{C}$　阻尼矩阵

d　直径

d_{50}　平均粒径

d_g　剪胀比

d_s　饱和土标准贯入点深度

d_w　地下水位深度

$\overline{de}^p$　塑性八面体剪应变

de　应变增量

de^e　弹性应变增量

de^p　塑性应变增量

de_q　剪应变增量

de_v　体应变增量

D　能量耗散率,土骨架竖直方向压缩模量

D_{50}　平均粒径

D_r　砂土的相对密度

e　孔隙比,偏心距

e_{cr}　临界孔隙比

e_{max}　最大孔隙比

e_{min}　最小孔隙比

e_{ss}　稳态孔隙比

E　弹性模量

E_0　动弹性模量最大值

E'　损失模量

E_c　体积压缩模量

E_d　动弹性压缩模量

$\overline{E}_r$　土在一次应力循环开始时有效应力状态下的回弹模量

E_s　土颗粒的弹性模量

f　工程频率

F　荷载

F_0　荷载振幅

F_D　阻尼力

F_I　惯性力

F_S　弹性恢复力,滑动面的稳定安全系数

g　重力加速度

G　剪切模量,拉梅常数

G_0　初始剪切模量

G_d　动剪切模量

G_s　土粒比重

G_t　骨架曲线的切线模量

H　硬化参量,Heaviside 单位阶跃函数

i　水力梯度

i_{cr}　临界水力梯度

I_L　液性指数

I_P　塑性指数

j　渗透力

J　极惯性矩,阻抗

J_1　第一应力不变量

J_2　第二应力不变量

k　刚度系数,波数,渗透系数

$\hat{k}$　等效刚度

K　体积模量,物态参数

$\widetilde{K}$　复刚度

K_0　静止侧压力系数

K_c　静力固结应力比

K_{cf}　破坏时的固结应力比

K_f　孔隙流体的体积模量

K_p　硬化模量,塑性模量

K_σ　考虑上覆有效应力影响的修正系数

$\boldsymbol{K}$　刚度矩阵

l　单位向量

L　渗流路径

m　质量

m_v　土颗粒的体积压缩系数

M　地震的震级

$\boldsymbol{M}$　质量矩阵

M_T　扭矩

n　孔隙率

N　标准贯入次数,接触力,循环荷载作用次数

N_0　判别饱和土液化的标准贯入击数基准值

$(N_1)_{60}$　对应于上覆有效应力 100kPa 的修正标准贯入击数

N_{50}　孔压比等于 50% 时的循环次数

N_{cr}　临界标准贯入次数

N'_{eq}　等效均匀应力循环次数

N_L　循环加载周数

OCR　超固结比

p　孔隙水压力,平均应力

p'　有效平均应力

p_0　大气压力

p_c　黏粒含量百分比

p_{cr}　达到极限平衡状态时土样的孔隙水压力

p_f　非等向固结的孔压极限值

P_H　最大水平扰力

q　广义剪应力,偏应力,渗流量

q'　有效偏应力

q_c　最大循环应力

q_{pk}　不排水单向峰值强度

Q　渗流量

R_v　反射系数

s　拉普拉斯变换因子

S　地基变形量

S'　地基塑性变形量

S_c　最终固结变形量

S_{ct}　固结时间 t 时的沉降量

S_e　地基弹性变形量

S_{ij}　偏应力张量

S_r　饱和度

S_{us}　不排水稳态抗剪强度

t　时间

t_r　松弛时间

T　周期

T_v　透射系数,时间因数

u　位移,x 方向上的位移

$\dot{u}$　x 方向上的速度

$\ddot{u}$　x 方向上的加速度

u_0　位移幅值

u_{st}　静位移

$\boldsymbol{u}$　位移向量

$\dot{\boldsymbol{u}}$　速度向量

U　固体部分位移,固结度

$\dot{U}$　土颗粒运动速度

v　渗流速度,荷载移动速度,y 方向上的位移分量

V_b　土骨架的体积

V_w　水的体积变化

w　竖向位移,孔隙水相对于土骨架的位移

W　能量,流体部分位移

$\dot{W}$　流体运动速度

β　动力放大系数

γ　剪应变,土的天然重度

γ'　土的浮重度

γ_{av}　平均动剪应变

γ_c　循环剪应变

γ_{cr}　临界剪应变

γ_d　干重度,动剪应变,剪应力折减系数

γ_{d0}　动剪应变幅值

γ_r　参考剪应变

γ_{sat}　土的饱和重度

γ_t　极限剪应变

γ_w　水的重度

δ_{ij}　克罗内克符号

$\Delta p'$　有效应力增量

Δp_e　ΔT 时段发展的应力孔压增量

Δp_c　ΔT 时段发展的结构孔压增量

Δt　时间步长

Δu_T　ΔT 时段发展的传递孔压增量

ΔV_b　土骨架体积变化量

ΔV_w　水体积变化量

ε　应变,初相位角

ε_{re}　残余应变

ε^e　弹性应变

ε^p　塑性应变

ε_a　轴向应变

ε_d　动正应变

ε_{ij}　土骨架应变

ε_q　广义剪应变

ε_r　参考线应变

ε_v　体应变

ε_θ　切向应变

ζ　阻尼比

η　滞变阻尼参数，能量损失系数

θ　荷载频率，应力洛德角

θ_0　特征频率

λ　波长，拉梅常数

λ_d　等效阻尼比

λ_{dmax}　最大等效阻尼比

λ_R　瑞利波的波长

μ　泊松比，滑动摩擦系数

ξ　流体相对膨胀比

ξ'　有效侧压力系数

ρ　质量密度

ρ'　有效密度

ρ_d　干密度

ρ_f　孔隙水密度

ρ_s　土颗粒密度

ρ_{sat}　饱和密度

σ　正应力

σ'　有效应力

σ_0　应力幅值

σ_1　第一主应力，大主应力

σ_2　第二主应力，中间主应力

σ_3　第三主应力，小主应力

σ_a　轴向总应力

σ_a'　轴向有效应力

σ_c　固结围压

σ_c'　有效围压

σ_{ed}　动弹性应力

σ_{cd}　动黏性应力

σ_d　动正应力

σ_{d0}　动应力幅值

σ_{df}　破坏应力

σ_{dh}　水平动正应力

σ_{dv}　竖向动正应力

σ_f　破坏强度

σ_h　水平正应力

σ_h'　水平有效应力

σ_m　平均主应力

σ_m'　平均有效固结主应力

σ_r　径向应力，侧向压力

σ_{tp}　瞬态破坏荷载的峰值应力

σ_v　竖向正应力

σ_v'　竖向有效应力

σ_x　x 方向上的正应力，水平方向上的正应力

σ_x'　水平法向有效应力

σ_y　y 方向上的正应力

σ_z　z 方向上的正应力

σ_z'　垂直法向有效应力

σ_θ　切向应力

τ　剪应力

τ_0　剪应力幅值

τ_{av}　等效循环剪应力

τ_d　动剪应力

τ_{d0}　滞回圈上的最大剪应力

τ_{dmax}　骨干曲线上的最大剪应力

τ_f　剪切强度

τ_{max}　最大剪应力

φ　土的内摩擦角，胀缩势函数

φ'　有效内摩擦角

φ_d　动内摩擦角

φ_d'　动力有效内摩擦角

φ_c　滑动摩擦角

ψ　剪胀角，相位角，旋转势函数，能量损失系数

ω　圆频率，土的含水量

ω_d　考虑阻尼的自振频率，$\omega_d = \omega \sqrt{1-\zeta^2}$

ω_L　液限

ω_P　塑限

∇^2　拉普拉斯算子

目　录

第 1 章

绪　论

土动力学是土力学的一个重要分支,是研究各种动荷载作用下土的变形和强度特性及土体动力稳定性的一门科学。动荷载主要包括爆炸荷载等脉冲型荷载,地震荷载等有限次、无规律的随机型荷载,以及波浪、交通与机器振动荷载等长期循环微幅动荷载。土动力学是设计具有良好抗震性能的地基基础和结构物,预测及控制动力荷载作用下土体变形的重要工具,其理论基础和研究水平直接关系到土工动力分析及设计的水平和质量。

1.1　动力问题与静力问题的区别

土体在动力荷载的作用下会产生各种力学响应问题。由于土体性质本身存在差异以及加载条件的不同,在动力学中很难对这些问题用一个明确的标准进行合理区分,于是,考虑动力问题和静力问题的差异,就成为对动力问题的特点进行综合分析行之有效的方法。

与静力问题相似,土的孔隙比、所承受的围压、含水量等因素会影响土的力学特性。另外,土的应力历史、应变水平、温度等也对土的力学行为有重要影响。而与静力条件不同的是,土在动荷载条件下的运动形式有振动和波动,因此为了探究土的动力特性,应当对土的振动和波动现象进行分析。

1.1.1　小应变的不可忽略性

应变考虑范围的不同是区分土体动力问题和静力问题的重要方面之一。在经典土力学中,静力问题的研究重点是土体的抗破坏能力和稳定性。通常需要计算土的有效强度,并将其与土中附加应力进行比较,进而评价土体稳定性。在考虑土体强度的同时,还需要考虑土体的变形问题,例如与地基沉降相关的固结问题,这是经典土力学中的一个重要研究课题。

上述强度和变形这两个问题实际上都是土体在大变形条件下的性质。一般来说,土体在数量级为百分之几的应变水平下会发生破坏。但在实际工程中,除非发生了失稳破坏,否则观测到的土体应变水平通常只有千分之几。因此对于静力问题,并不十分关注土体在小应变水平下的特性。

但与静力荷载不同的是,在动力问题中,土的运动状态是重要的研究对象,惯性力的作用显然不能忽略。土体每次发生变形的时间间隔越短,惯性力起到的作用就越明显。比如在简谐运动中,惯性力大小与变形循环频率的平方成正比。因此,即使应变水平很小,惯性力也可以随着运动速度的增加而显著变大,在土动力学中需要对小应变水平(例如 10^{-6})的土体动力特性进行考虑。而在静力问题分析中,这种级别的应变其影响是可以完全忽略的。

这是区分动力问题和静力问题的重要方面之一。

1.1.2 动荷载的循环效应与速率效应

如前所述,研究土的动力特性时,应当对土的振动和波动现象进行分析,此时主要考虑两种效应的影响:速度效应和循环效应。下面对这两种效应分别进行介绍。

1. 动荷载的循环加载特性

在动力问题中,荷载往往是重复施加的。因此,循环加载也是动力问题的一个重要标志。如图 1-1 所示,由爆炸等产生的冲击荷载可用快速施加的单一脉冲表示,脉冲或冲击荷载的持续作用时间通常在 $10^{-3} \sim 10^{-2}$ s 之间。对于地震荷载来说,尽管其在时程上不具有明显的规律性,但是通常认为,地震期间的振动主要包括 $10 \sim 20$ 次不同振幅的循环荷载,且每个脉冲的周期基本在 $0.1 \sim 3.0$ s 之间。在打桩、振动压实等情况下,需要以 $10 \sim 60$ Hz 的频率对土施加 $100 \sim 1000$ 次的荷载。上述这类荷载主要与振动或波的传播有关。而另一类循环荷载,如交通荷载和波浪荷载,它们作用的特点与上述荷载有所不同。铁路或公路下的路基在其使用寿命期间承受大量的重复载荷,这类荷载尽管强度不高,但由于多次施加,其累积效应会对路基稳定性产生影响,造成一种"疲劳效应"。

所有这些在循环荷载作用下的土体特性被称为土的循环加载效应。

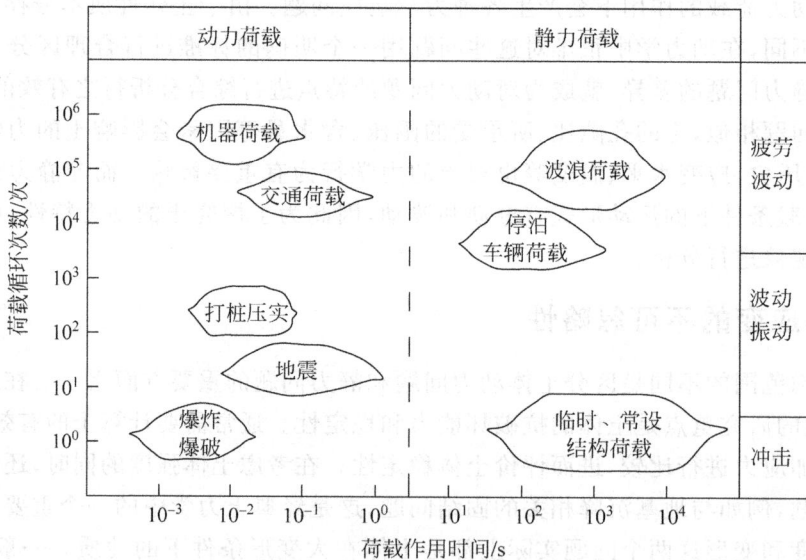

图 1-1 动荷载的分类

2. 动荷载的加载速度效应

较短周期或较高频率的振动或波动,一般对应着较短的加载时间。加载时间可以定义为土体达到一定的应力和应变水平所需的时间,如果荷载作用的时间超过数十秒,则这样的问题通常可按静力问题分析,而荷载作用时间较短的问题则被认为是动力问题。载荷施加时间的长短可以用加载速度或应变速率来表示,其对土体产生的影响统称为速度效应或速率效应,加载速度对土体的动力特性起着重要的影响作用。实验室测试表明,土的抗变形能力一般随着加载速率的增加而提高,当剪应变大于 10^{-3} 时,加载速率的影响才会显现。图 1-2 所示为加载速率和循环加载的大致应变影响范围。

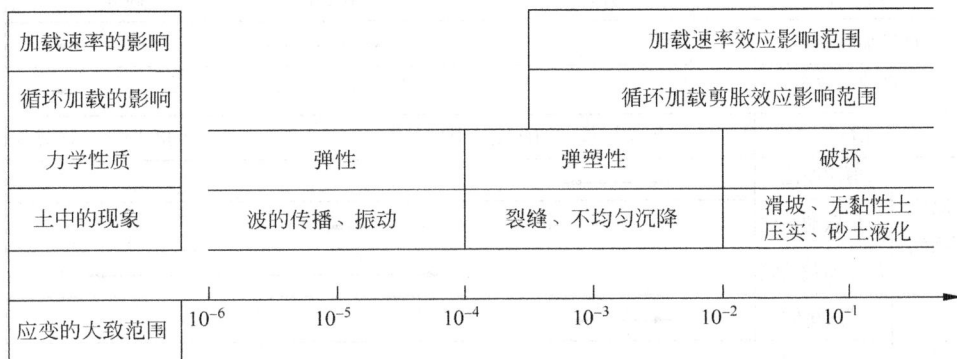

加载速率的影响		加载速率效应影响范围		
循环加载的影响		循环加载剪胀效应影响范围		
力学性质	弹性	弹塑性	破坏	
土中的现象	波的传播、振动	裂缝、不均匀沉降	滑坡、无黏性土压实、砂土液化	
应变的大致范围	10^{-6}　　10^{-5}　　10^{-4}　　10^{-3}　　10^{-2}　　10^{-1}			

图 1-2　动荷载下剪应变对土体性质影响示意图

1.2　土的动力特性

土的动力特性是指土在各种动荷载作用下,考虑上述荷载循环效应和速度效应,分析土体从小应变到大变形发展过程中的变形、强度和刚度等特性。土的动力特性主要包括:土的动变形特性、土的动强度特性、动孔隙水压力特性、砂土的振动液化特性以及动应力-动应变关系等。

1. 土的动变形特性

土的动变形一般包括随动荷载施加稳定增长的残余变形和在残余变形的上下作往复变化的波动变形。可根据残余变形和波动变形分别确定残余变形模量和波动变形模量,也可按二者之和确定综合变形模量。如果考虑到静力、动力和水力作用不同的路径影响,土的变形则会表现出更为复杂的特性。

土的(动)变形特性在很大程度上取决于土受到的剪应变的大小。图 1-3 给出了土体处于弹性、弹塑性状态以及发生破坏时剪应变的近似范围。如果土体表面发生振动或有应力波传播,应变很小,如小于 10^{-5} 的数量级时,土体处于完全弹性变形阶段,其变形是可完全恢复的。超过这一范围,如应变在 $10^{-4}\sim10^{-2}$ 数量级之间,土体处于弹塑性变形阶段,将产生不可恢复的永久变形,土中出现裂缝或发生不均匀沉降,并随着应变增大而进一步发展。当土的应变超过百分之几并不断增大,进而发生破坏时,在不同的工程条件下,将可能发生滑坡、砂土液化等现象。

2. 土的动强度特性

能够引起土发生变形破坏或土中动孔压达到极限平衡条件的动应力即为土的动强度。土的动强度受动荷载作用的速率效应和循环效应影响而变化:速率效应使土的动强度增大,循环效应则使土的动强度减小。土的动强度还与破坏标准密切相关。除了"应变标准"(变形

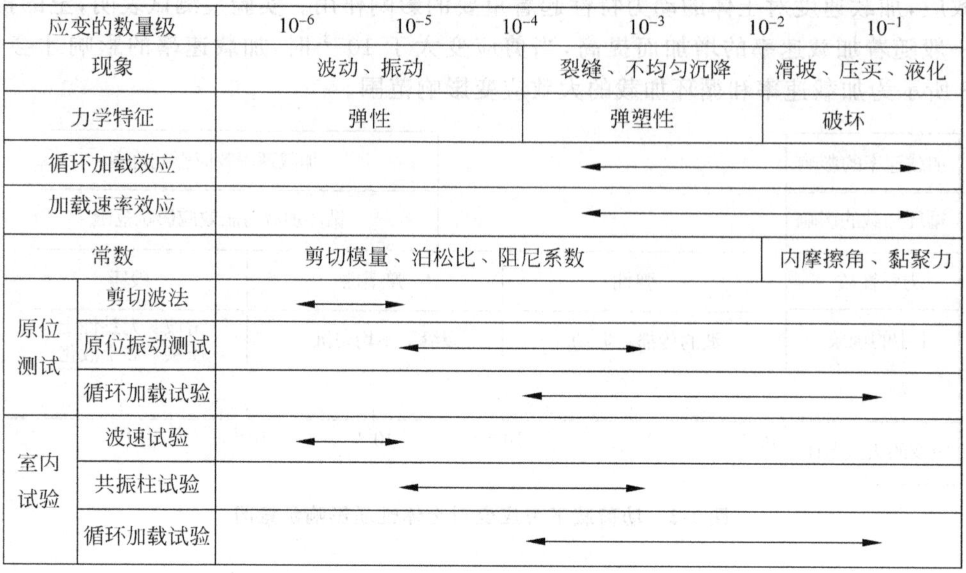

应变的数量级	10^{-6}	10^{-5}	10^{-4}	10^{-3}	10^{-2}	10^{-1}
现象	波动、振动		裂缝、不均匀沉降		滑坡、压实、液化	
力学特征	弹性		弹塑性		破坏	
循环加载效应				←	→	
加载速率效应				←	→	
常数	剪切模量、泊松比、阻尼系数				内摩擦角、黏聚力	
原位测试 剪切波法	←	→				
原位测试 原位振动测试		←		→		
原位测试 循环加载试验			←			→
室内试验 波速试验	←	→				
室内试验 共振柱试验		←		→		
室内试验 循环加载试验			←			→

图 1-3　土体在不同应变水平下的特性

达到破坏应变)外,还可以采用将动孔隙水压力达到某一水平(孔压标准)或将土体出现极限平衡条件作为破坏标准(极限平衡标准),也可采用将变形突然增大作为破坏标准(屈服标准)。

3. 土的动孔压特性

动荷载作用下土中孔隙水压力的发展与消散是土体变形演变和强度变化的根本原因,也是采用有效应力法进行土体动力反应分析的关键,因此,土体振动过程中孔隙水压力发生、增长和消散问题的研究一直是土动力学的重点内容。土在排水剪切条件下将发生剪胀或剪缩,在不排水剪切条件下这种剪胀或剪缩趋势表现为超静孔隙水压力的发展,其值可正可负。土的动力试验结果表明,振动孔隙水压力的发展主要取决于土的性质、振动前应力状态、动荷载的类型等因素。对不排水条件下的动孔压目前已经提出了多种理论和方法,对于振动过程中积累的累积残余孔压模型也有大量研究,比如适用于砂土的应力模型、应变模型、能量模型、内时模型、有效应力模型和瞬态模型等。

4. 砂土的振动液化

在振动荷载作用下,土体中产生的动孔隙水压力上升、有效应力减小所导致的土体从固态到液态的变化现象,称为砂土的振动液化。

振动液化的发生和发展需要两个基本条件:一是振动作用要足以使土体结构发生破坏;二是土体发生破坏后,土粒压密,使动孔压迅速增大。因此饱和松砂容易发生振动液化,密砂不易振动液化,其原因是:一方面密砂的结构不易为振动所破坏,另一方面密砂的结构即使遭到破坏,土体发生剪胀而不是压密,不满足土体发生液化的条件。

在循环荷载作用下,孔隙水压上升并首次等于上覆有效应力时,一般称为初始液化。土体在初始液化后,如果动荷载继续作用,每一次振动均能使土发生迅速而持续的变形,土体将发生"实际液化",表现出无限流动的特征,称为流滑。流滑一般只发生在具有剪缩性的饱和土中。如果在动荷载作用下,每一次振动只能产生有限的变形,这种变形具有随振动而逐渐增加的特性或趋于往复变化的趋势,则称为循环活动性。循环活动性一般发生在具有剪胀性的砂土中。

5. 土的动应力-动应变关系

土的动应力-动应变关系是土体在承受荷载作用下力学特性的表征,也是分析土体动力失稳问题的重要基础。外荷载的作用下颗粒将发生滑移重组,产生较大的塑性变形,土骨架具有不稳定性。土不仅具有弹塑性,而且还有黏性,因此一般可将土视为具有弹性、塑性和黏滞性的黏-弹-塑性体。此外,由于土具有明显的各向异性和三相性,使土的动应力-动应变关系表现得极为复杂,主要表现为变形的非线性、滞后性和累积性。因此描述土的动应力-动应变关系,必须对这三个方面的特性有较深入的了解。土动应力-动应变构造模型一般可分为线性黏弹性模型、非线性黏弹性模型和弹塑性模型等。

动应力、动变形与动孔压之间可通过不同土在不同排水条件下动应力-动应变-动孔压之间的关系,即强度标准、孔压模型与变形速率等的变化规律来反映,它对于连续并有特定边界的土介质中的动应力场、动变形场和动孔压场(在土体内各个点上是变化的)都有着重要影响。因此,土的动强度、动孔压、动应变等问题是对土动力特性基本方面的一个初步的、基本的认识,也是认识和分析土体动力稳定性的基础。

1.3 土动力学的主要研究内容

土动力学的研究内容十分丰富,涉及振动和波动力学、地震力学、土力学、弹塑性力学、数学物理方法、数值分析方法和动力测试技术等多个学科和多种方法,主要研究内容包括:
(1) 动荷载基本特性及其波动规律;
(2) 土的三相耦合动力特性(土的动变形、动强度、动孔压和动应力-动应变关系等);
(3) 土体的动力反应与稳定性分析;
(4) 土体的振动液化;
(5) 土-结构物的相互作用;
(6) 土动力特性的测试与试验技术等。

此外,其研究范围还延伸到与土动力学密切相关的岩土地震工程、海洋岩土工程和交通岩土工程等。可以说,土动力学的研究内容几乎涵盖了土力学的各个方面,并与地震学、力学和工程学等学科密切交叉,呈现出百花齐放、色彩纷呈的研究局面,它也是土力学学科中发展最为活跃的方向之一。

在上述土动力学的研究内容中,土中动荷载基本特性及其波动规律是分析土动力学问题的基础;土的三相耦合动力特性是分析土动力学问题的核心;土体的动力反应与稳定性分析是基于土的动力特性、考虑不同动荷载作用下土体的响应问题,是对土动力学问题的综合分析及应用;土-结构物的相互作用是振动在结构与土体间的波动能量转移效应,是土动力学与结构动力学的耦合问题;而土动力特性的测试与试验技术是验证上述土动力理论、原理的必要手段,同时也是新的土动力学理论发展的有力推动工具。

1.4 土动力学的发展历史

土动力学的早期研究主要集中在机器基础的振动方面,对这个问题的研究起始于 20 世纪 30 年代,到了 60 年代其研究已经比较成熟了。

防护工程也是土动力学的一个重要研究领域,但主要与核爆炸等军事研究相关,因此公开的报道不多。这方面的工作主要是在 20 世纪 40 年代后期开展起来的,如哈佛大学的 Casagrande 等以核爆炸冲击荷载对土的动力特性的试验研究和理论分析,麻省理工学院的 Taylor 和 Whitman 等关于应变速率对土强度的影响的试验研究等。

土动力学比较系统的研究与发展是在地震工程领域,这方面的研究大约始于 20 世纪 60 年代,到了 80 年代,土动力学已经发展成为土力学和工程地震学的一个独立的交叉分支。这方面早期的研究以 Casagrande、加州大学伯克利分校的 Seed 和 Lee 等对砂土液化的研究为代表。我国学者黄文熙和汪闻韶对土的动强度和液化特性进行了系统而深入的研究,这方面的研究主要包括土石坝、挡土结构物的地震稳定性分析等。20 世纪末 21 世纪初,关于地下结构物、地铁和隧道、高层建筑物抗震方面的研究越来越深入。在以往的地震反应分析中,一般认为地震作用主要以水平剪切作用为主,但 1995 年发生的阪神地震表明,竖向地震波的影响也非常大。

进入 20 世纪 70 年代,由于近海重力式石油平台的大量兴建,不少学者对波浪荷载作用下海床的响应问题产生了浓厚的兴趣,海洋土动力学也逐渐发展起来。

另一方面,周期荷载作用下黏土性状的研究也取得了较多的成果,比如路基土在交通荷载作用下动力特性的研究也较早引起了人们的注意,特别是高速公路、高速铁路的发展使得交通荷载作用下土动力特性的研究逐渐深入,土动力学也成为交通岩土工程一个重要的研究领域。

在土动力学的发展历程中有几个代表性问题,对这些问题的持续深入研究,也促使土动力学向更成熟、更广阔的领域发展,比如饱和砂土的振动液化问题,饱和土体中波的传播问题,土动力特性的测试问题等。

Biot 波动理论在土动力学的研究中也占据着重要地位,极大地推动了土动力学这门学科理论的发展。随着 20 世纪 50 年代关于饱和土中波的传播问题的研究,Biot(1956a,1956b,1962)首先建立了饱和多孔介质的波动理论。Biot 理论的最成功之处在于预言了饱和多孔介质中三种体波的存在,并在 20 年后被试验所证实。Biot 波动理论自提出后,不仅成为有关饱和孔多介质波动理论各项研究的基础,而且随着 20 世纪 70 年代有限元等数值方法的兴起和弹塑性理论的发展,基于 Biot 动力固结方程进行土体的动力反应分析也逐步发展起来,并成为土体动力反应的趋势与主流,英国 Zienkiewicz 等人的工作是这方面的代表。

饱和砂土的地震液化研究在土动力学发展历史上也占据着非常重要的地位,特别是 20 世纪发生了几次大的地震,产生了严重的地基液化震害,更是促进了对这个问题的研究,推动了土动力学学科由早期关注振动基础与地基相互作用问题转向了土工抗震问题的研究,使土动力学的应用有了更广阔的领域。Casagrande 早在 1936 年就尝试利用临界孔隙比的概念来解释砂土的液化现象,随后 Terzaghi、Taylor 等学者讨论临界孔隙比的测定问题。Seed 和 Lee 等根据室内动三轴试验结果提出初始液化的概念来分析液化产生的机理。之后,关于砂土地震液化、与地震液化密切相关的动孔隙水压力变化规律及其大变形问题的研究得到迅速发展。20世纪70年代后期,Casagrande和Castro提出了"流动结构""稳态抗剪强度"等概念。沿着这一思路,Castro、Dobry、Poulos、Ishihara等做了系统工作,进一步提出了流滑和循环活动性的概念用于分析砂土的液化机理。近年来,研究者考虑了粉细粒含量对砂土液化的影响,开始从砂土微细观结构和微观力学的角度进一步审视这一问题,并取得了很多成果,对这一问题的研究始终是土动力学的研究热点之一。

土动力特性的测试问题在土动力学的发展中起着重要的推动作用,从测试土的动力特性的试验仪器来看,早期的动力测试仪器大部分是从土静力测试仪器的基础上改进而来的,如从直剪试验改进而来的动单剪仪、从三轴试验改进而来的动三轴仪等。土动三轴试验在土动力学发展中起了重要的推动作用,学者们进行了大量的砂(粉)土在排水和不排水条件下应力路径下的试验工作,主要模拟循环荷载作用下土单元的受力情况和力学特性,对这些试验成果的分析极大地促进了人们对土动力特性的认识,也促进了土动力本构模拟的飞速发展。近年来随着对波浪、交通荷载等问题的研究,考虑主应力轴旋转和土体各向异性的测试也得到发展,如由空心圆柱剪切仪改进而成的动态空心圆柱扭剪仪等,可以控制很复杂的应力路径。与此同时,超声波、高速摄像、弯曲元等技术在土工测试技术中的应用也进一步提高了测试精度和测试水平。其他根据土动力特性测试发展的仪器主要有共振柱、自振柱等,而最具有代表意义的大型振动台和离心机振动台的出现和应用,使得土工动力测试技术在20世纪90年代达到了一个高峰,取得了大量的成果,也极大地推动了土动力学学科自身的发展,其中,以美国NEES计划中实施的离心机振动台项目最有代表性。我国在土工动力测试技术方面发展也很早,有段时间甚至在世界上处于领先地位,如黄文熙和汪闻韶在动三轴仪研制和试验方面做出了杰出的贡献。这些年随着我国经济实力的增强,国内各种土工动力测试仪器建设也取得了很大进步,相关试验成果逐渐得到国际上的认可。

进入21世纪,动力荷载引起的工程建设中的新问题给土动力学的研究不断注入新的活力,但同时也提出了新问题,带来了新挑战,也推动着土动力学在理论方法、数值模拟、试验方法和工程应用等方面继续发展,土动力学发展也进入到一个新的阶段,方兴未艾。

1.5　本书的主要内容

如前所述,土动力学的研究内容十分丰富,要在一本教材中全面深入地论述上述所有问题是非常困难的,甚至是不可能的。本书主要介绍土动力学的基本原理,重点从土的动力特性与土力学原理与机理方面分析土的动力学。

基于这个想法,本书首先讨论土的基本力学性质,然后介绍振动和波动的相关知识,这两部分主要针对没有系统学习过土力学和振动力学的读者,已经有相关背景知识的读者可以直接略过。第4章介绍土体在典型动力荷载作用下的应力状态,分析常见的动力荷载及其作用形式,第5章和第6章介绍固体中的弹性波和饱和土体中的波动问题,其中第5章既为第6章的基础,对于解决实际土动力学问题也有重要意义。从第7章开始论述土的动力特性,其中,第7章介绍土的动变形与动强度特性,第8章介绍土的动应力-动应变关系,第9章介绍饱和砂土的液化问题,第10章讲解土体的动力反应分析和解答土体动力稳定性分析问题,第11章介绍土体的动力测试和试验技术。

编者希望通过介绍土体中的振动、土的动力特性与土体动力反应分析方法等基本知识，使读者能够掌握土动力学的基本概念和基本原理，建立分析土动力学的基本方法体系和形成科学思维方式。对于其他一些专门问题如土-结构相互作用、桩基动力测试等没有进行介绍，但读者在准确掌握了土动力学的基本概念和基本原理后，建立上述专门问题的解决思路和方法并不难，详细内容可以参考其他相关专著与文献。基于这个目的，为了更好地让读者理解和掌握土动力学中一些理论性较强和不易理解的问题，编者在书中很多章节对一些解析方法进行了较详细的推导，并用 MATLAB 语言编制了大量程序，通过程序的运行与结果分析，可以使读者更深入地了解相关原理与理论。本书附录中列出了所有程序代码。

参考文献

[1] ISHIHARA K. Soil behavior in earthquake geotechnics[M]. Oxford：Clarendon Press，1996.

[2] 谢定义. 土动力学[M]. 北京：高等教育出版社，2011.

[3] 吴世明. 土动力学[M]. 北京：中国建筑工业出版社，2000.

[4] CASAGRANDE A. Characteristics of cohesionless soils affecting the stability of slopes and earth fills [J]. Journal of Boston Society of Civil Engineers，1936，23(1)：13-32.

[5] CASTRO G. Shear strength of soils and cyclic loading[J]. Journal of the Geotechnical Engineering Division，1976，102(9)：887-894.

[6] TAYLOR D W. Fundamentals of soil mechanics[M]. New York：John Wiley and Sons，1948.

[7] WHITMAN R V. The behaviour of soils under transient loading[C]//Proceedings of the 4th International Conference on Soil Mechanics and Foundation Engineering. [S. 1.]：[s. n.]，1957，1：207-210.

[8] SEED H B，LEE K L. Liquefaction of saturated sand during cyclic loading[J]. Journal of Soil Mechanics and Foundation Engineering Division，1966，92(6)：105-134.

[9] 黄文熙. 土坝弹塑性应力分析简捷法[J]. 岩土工程学报，1989(6)：1-8.

[10] 汪闻韶. 土的液化机理[J]. 水利学报，1981(5)：22-34.

[11] BIOT M A. Theory of propagation of elastic waves in a fluid-saturated porous solid II：Higher frequency range[J]. The Journal of the Acoustical Society of America，1956，28(2)：179-191.

[12] BIOT M A. Theory of propagation of elastic waves in a fluid saturated porous solid I：Low-Frequency-Range[J]. The Journal of the Acoustical Society of America，1956，28(2)：168-178.

[13] BIOT M A. Mechanics of deformation and acoustic propagation in porous media[J]. Journal of Applied Physics，1962，33(4)：1482.

[14] TERZAGHI K. Theoretical soil mechanics[M]. New York：John Wiley and Sons. Inc. Flfth Printing，1948.

[15] ZIENKIEWICZ O C，SHIOMI T. Dynamic behaviour of saturated porous media：the generalized Biot formulation and its numerical solution[J]. International Journal for Numerical and Analytical Methods in Geomechanics，1984，8(1)：71-96.

[16] POULOS S J，CASTRO G，FRANCE J W. Liquefaction evaluation procedure[J]. Journal of Geotechnical Engineering，1985，111(6)：772-792.

[17] DOBRY R. Some basic aspects of soil liquefaction during earthquakes[J]. Annals of the New York Academy of Sciences，1989，558(1)：172-182.

[18] ISHIHARA K. Liquefaction and flow failure during earthquakes[J]. Geotechnique，1933，43(3)：351-415.

第**2**章

土的基本力学性质

2.1 概述

土是地壳表层各类岩石在长期地质作用下,经风化、侵蚀、搬运、沉积形成的各种矿物颗粒的松散堆积体,矿物颗粒间通常有孔隙和水,因此,土可定义为由一定比例的固体颗粒、水和空气组成的多相体系。

根据土是否具有黏性,可将其分为两类,即颗粒状土(无黏性土,图 2-1)和黏性土(图 2-2)。其中颗粒土的力学性质与颗粒间的接触、摩擦有关,接触力的大小以及土颗粒的几何排列对其力学性质有重要影响。

图 2-1　砂土的微观图像　　　　　　图 2-2　电子显微镜下的黏性土

由于土形成的复杂性,土的力学性质比其他材料复杂得多,其影响因素也更多,这在根本上决定了土的基本物理力学特性。土体在形成过程中的沉积作用使其力学性质具有明显的各向异性强度特征,不同地域土的性质往往不一,同一场地不同深度土以及同一点不同方向土的性质也可能存在很大差异。

土最主要的特点是碎散性、三相性和各向异性,这是其在变形、强度等力学性质方面与连续固体介质不同的根本内在原因。除此之外,土的性质容易受外界湿度、温度、地下水和荷载等条件变化的影响。一般情况下,土既服从连续介质力学的一般规律,又具有其特殊的应力-应变关系和特殊的强度、变形规律。

本章简单介绍土的基本力学性质,以便读者对土的力学特性有个初步了解,这有助于进一步学习本书后面的相关内容。

2.2　土的三相性

土体是由固体颗粒、孔隙流体和气体组成的三相体系。其中固体颗粒是土最基本的组成成分，一般由矿物质和有机质组成。土中水和气体存在于固体颗粒间的孔隙中。当孔隙内完全由水填充或完全不含水时，土则转变为固体颗粒与水或固体颗粒与气体的二相体系。

土中的固相、液相和气相都会对土体的物理力学性质产生重要的影响。当三相物质的组成或比例发生变化时，土的物理力学性质也会有很大差异。

2.2.1　土中的固体颗粒

土的固体颗粒对土的物理力学性质起着决定性的作用。固体颗粒的大小、形状与矿物成分，颗粒的相互搭配情况，颗粒与水的相互作用机制及气体在孔隙中的相对含量是决定土物理力学性质的主要因素。土主要由原生矿物、次生矿物、水溶盐和有机质等矿物成分构成，次生矿物中黏土矿物含量最多。一般而言，矿物成分不同，颗粒粗细和形状也不相同。原生矿物一般都是粗颗粒，形状多为粒状；而次生矿物大多为较细的颗粒，形状多为针状或片状。研究颗粒粒径的大小及不同粒径颗粒所占的比例，对于土的工程性质评价和工程分类有重要的意义。

在经典土力学中，将粒径大于 $75\mu m$ 且颗粒质量超过总质量 50% 的土称为砂土；粒径大于 $2000\mu m(2mm)$ 且颗粒质量占总质量 $25\%\sim50\%$ 的土称为砾砂；粒径小于 $5\mu m$ 的颗粒称为黏粒；粉粒的粒径介于 $5\sim75\mu m$ 之间。粉粒与黏粒统称为细粒组，砂粒和砾粒统称为粗粒组。通常可用级配曲线表示某种土中的粒组组成情况。如图 2-3 给出了地震时比较容易发生液化的粉砂的粒径级配曲线，其中平均粒径 D_{50} 表示小于该粒径的土粒含量占土样总量的 50%，平均粒径大则颗粒整体较粗，小则颗粒整体较细。

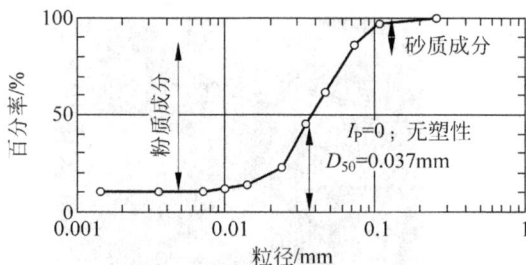

图 2-3　某液化粉土的级配曲线

2.2.2　土中的流体和气体

自然状态的土一般含有一定量的水分，土中的水按其形态可分为液态、固态和气态。土中的水实际上是一种成分复杂的电解质溶液，充填于土孔隙中的水的类型和含量对土的物理力学性质有着显著的影响。

在土固体颗粒之间的孔隙中，除了被水填充的部分外，其余都是气体。土中的气体主要是空气，有时也可能存在二氧化碳、沼气及硫化氢等。与大气成分相比，土中二氧化碳气体成分更高，几乎为空气中二氧化碳含量的 $6\sim7$ 倍，而氧气的含量较少。随着土层深度的增大，与大气发生交换变得越来越困难，这种差异就愈加明显。通常认为与大气连通的自由气体对土的物理力学性质影响不大。密闭气体或气泡的体积与压力有关，其存在会对土的变形产生影响，还会阻塞土的渗流通畅情况，使土的渗透性降低。土孔隙中气体压力不同，也会对土体的强度产生影响。对于淤泥和泥炭等有机质土，由于微生物的分解作用，土中可积蓄硫化氢与甲烷等可燃气体,使土层在自重作用下长期得不到压实,从而形成高压缩性土层。

2.2.3 土-水-化学系统相互作用

土中的水实际上并不是纯水,而是由各种以离子或化合物形式存在于水中的电解质形成的电解质系统(常称之为溶液),溶于水中的各种电解质会与水、黏土颗粒产生相互作用,构成了土-水-化学系统。此系统各部分之间的相互作用会对黏性土的性质产生显著影响。对于黏性土来说,其主要的矿物组成为次生矿物中的黏土矿物。由于黏土矿物的种类不同,其晶格构造也不同。因此,黏土颗粒与孔隙水和孔隙介质的相互作用机制取决于黏土矿物的成分。同时,土中孔隙水的绝对含量、水的结构及介质的物理成分和化学成分都是影响黏粒与水和电解质相互作用的重要因素。黏土颗粒与水和电解质的相互作用也与黏土颗粒表面的可接触面积有关,工程中常用比表面积来描述颗粒与电解质系统接触的能力。目前,虽然土-水-化学系统的相互作用机制尚未彻底研究清楚,但对其典型的特征已有一定的了解。

因此,黏性土颗粒较细小,比表面积大,表面能大,且矿物成分多为黏土矿物,与土孔隙中的溶液发生相互作用后,会发生一系列的物理化学现象,如黏粒表面的双电层、离子交换、黏粒的沉聚和稳定、黏性土的触变和陈化等。这种由土-水-化学系统相互作用引发的物理化学现象会对黏性土的工程性质产生重要且显著的影响,值得重点研究。

由于无黏性土颗粒(砂粒、砾石)的尺寸很大,比表面积很小,表面能小,且矿物成分多为原生矿物,因此颗粒与土孔隙中电解质系统的相互作用对土的物理力学性质影响很小。

2.2.4 土的物理性质及状态

在土的三相组成中,固体颗粒的性质会直接影响土的工程性质。同时,土的三相组成各部分的质量或体积之间的比例关系也是影响土工程性质的重要因素。例如,细粒土含水多时较软,而含水少时较硬;粗粒土松散时强度低,而密实时强度高。通常将表示土中三相组成体积含量比例或质量含量比例称为土的三相比例指标,又称土的物理性质指标,它可以间接反映土的物理力学性质。

常用的物理指标有 9 个,可以分为两类:一类为必须通过试验测定的指标,称为实测物理性质指标,又称土的基本物理性质指标或直接指标,包括土的重度 γ(或密度 ρ)、含水量 ω 和土粒比重(相对密度)G_s;另一类是可根据直接指标换算得到的指标,称为换算的物理性质指标,又称间接指标,包括孔隙比 e、孔隙率 n、饱和度 S_r、干密度 ρ_d(或干重度 γ_d)、饱和密度 ρ_{sat}(或饱和重度 γ_{sat})及有效密度 ρ'(或浮重度 γ')。

对于同种类型的土来说,若物理性质指标不同,即三相组成不同,则对应的物理状态也会有差异。对于粗粒土来说,土的物理状态通常指土的密实度;对于细粒土来说,土的物理状态指标一般包括土的塑性、稠度、活动度、灵敏度和触变性;对于特殊土,还要考虑其胀缩性、湿陷性和冻胀性等。

粗粒土的力学性质主要取决于土颗粒排列的松密程度,孔隙比在一定程度上可以反映粗粒土的密实程度,但仍具有一定的局限性。例如,两种孔隙比相同的土体级配不同,对应的密实程度很可能不同,因此常用相对密度 D_r 来表示粗粒土的物理状态,即

$$D_r = \frac{e_{max} - e}{e_{max} - e_{min}} \tag{2-1}$$

式中，最松散状态下，$e = e_{max}$，$D_r = 0$；最密实状态下，$e = e_{min}$，$D_r = 1$。可根据相对密度判断砂土的密实状态，判断标准如表 2-1 所示。

表 2-1 基于相对密度指标的砂土密实状态判断标准

相对密度 D_r	砂土的物理状态
$0 < D_r \leqslant \frac{1}{3}$	稍松
$\frac{1}{3} < D_r \leqslant \frac{2}{3}$	中密
$D_r > \frac{2}{3}$	密实

黏性土的力学性质主要取决于黏土颗粒间的黏聚力作用和化学作用。塑性指数 I_P 是黏土最基本、最重要的物理指标之一。$I_P = LL - PL$，其中液限(LL)和塑限(PL)是两个用来评估颗粒间相互作用的指标。塑性指数表示处于可塑状态时黏土含水量的变化范围，大多数黏土的 I_P 值在 40～80 之间，但也有少数类型土的 $I_P \geqslant 400$，如膨润土。

黏性土的物理状态可用反映黏土稠度的液性指数 I_L 来表示，$I_L = (\omega - \omega_P)/(\omega_L - \omega_P)$，一般来说，$I_L$ 越大，土越软。国家标准 GB 50007—2011《建筑地基基础设计规范》根据液性指数判断黏性土稠度的标准如表 2-2 所示。

表 2-2 黏性土的稠度判断标准(GB 50007—2011)

液性指数	$I_L \leqslant 0$	$0 < I_L \leqslant 0.25$	$0.25 < I_L \leqslant 0.75$	$0.75 < I_L \leqslant 1$	$I_L > 1$
状态	坚硬	硬塑	可塑	软塑	流塑

2.3 土的渗透性

土是粒状或片状矿物颗粒的集合体，颗粒之间存在大量的孔隙，而孔隙的分布是很不规则的。当土体中存在能量差时，土体孔隙中的水就会沿着土骨架之间的孔隙通道从能量高的地方向能量低的地方流动。水在这种能量差的作用下在土孔隙通道中流动的现象叫渗流，土这种与渗流相关的性质称为土的渗透性。水在土孔隙中流动必然会引起土体中应力状态的改变，从而使土的变形和强度特征发生变化。

2.3.1 渗流的驱动力

水在饱和土体中渗流时的速度 $v = Q/At$，其中 Q 为时间 t 内渗流通过过水截面(其面积为 A)的渗流量。水的渗流能量可用水头来表示，如图 2-4 所示，水在土中从 A 点渗透到 B 点应该满足连续定律和平衡方程(D. Bernoulli 方程)，选定基准面 0—0，水在土中任意一点的水头可以表示为

$$h = z + \frac{p}{\gamma_w} + \frac{v^2}{2g} \tag{2-2}$$

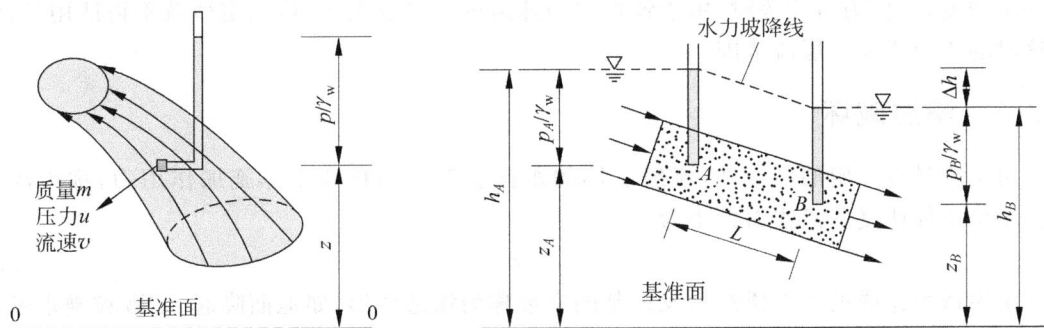

图 2-4　水头和水力坡降的图示

式中，z 为位置水头；p 为孔隙水压力；$\dfrac{p}{\gamma_w}$ 为该点的压力水头；v 为渗流速度，$\dfrac{v^2}{2g}$ 为该点的速度水头。一般情况下渗流的速度很小，通常可以忽略速度水头对总水头和水头差的影响。实用上常将位置水头与压力水头之和 $z+\dfrac{p}{\gamma_w}$ 称为测管水头，测管水头代表在选定基准面的情况下单位重量液体所具有的总势能。

在图 2-4 中，水流从 A 点流到 B 点的过程中的水头损失为 Δh，那么在单位流程中水头损失的多少就可以表征水在土中渗流的推动力大小，可以用水力坡降（也称水力坡度、水头梯度）来表示，即

$$i=\frac{\Delta h}{L} \tag{2-3}$$

式中，Δh 为单位质量液体从 A 点向 B 点流动时为克服阻力而消耗的能量，称为水头差；L 为渗流路径长度。

2.3.2　达西定律

1852—1855 年期间，法国工程师达西（H. Darcy）为研究水在砂土中的流动规律，进行了大量的渗流试验，得出了层流条件下土中水渗流速度和水头损失之间关系的渗流规律，即达西定律：

$$v=\frac{q}{A}=ki \tag{2-4}$$

式中，q 为单位时间渗流量，cm^2/s；v 为渗流速度，mm/s 或者 m/d；k 为反映土的透水能力的比例系数，称为土的渗透系数，其物理意义为单位水力坡降的渗流速度，量纲与流速相同，即 mm/s 或者 m/d。

达西定律表明，在层流状态的渗流中，渗透速度与水力坡降的一次方成正比，且与土的性质有关。

达西定律用于描述层流状态下渗流速度与水头损失关系的规律，随着渗流速度的增加，这种线性关系将不再存在，因此达西定律应该有一个适用范围。实际上水在土中渗流时，由于土中孔隙的不规则性，水的流动是无序的，水在土中渗流的方向、速度和加速度也都是不断改变的。当水运动的速度和加速度很小时，其产生的惯性力远远小于液体黏滞性所产生的摩擦阻力，这时黏滞力占优势，水的运动是层流，渗流服从达西定律；当水运动的速度达

到一定程度,惯性力占优势时,由于惯性力与速度的平方成正比,达西定律就不再适用了,但是这时的水流仍属于层流范围。

2.3.3　渗透破坏

由于水具有一定的黏滞性,流经土体的水流会对土颗粒和土体施加作用力,称为渗透力。单位土体所受的渗透力大小为

$$j = \gamma_w i \tag{2-5}$$

由渗透力造成的土工建筑物及地基的变形称为渗透变形,如地面隆起、细颗粒被水带走(流土及管涌)等现象。土的渗透变形主要类型有流土、管涌、接触流土和接触冲刷。就单一土层来说,渗透变形的主要形式是流土和管涌。渗透变形问题直接关系到建筑物的安全,它是土工建筑物发生破坏的重要原因之一。

图 2-5 给出了当渗流力等于重力的情况,即

$$i\gamma_w = \gamma' \tag{2-6}$$

式中,γ' 为土体浮重度。此时,土颗粒处于漂浮状态,有效应力为零,土的抗剪强度降低。这种情况被称为"流土",会导致诸如河堤、土坝等土建结构的破坏,在砂土地基中又称为"砂沸"。"砂沸"也是饱和砂土的一种液化机理。

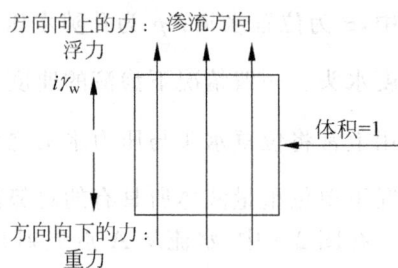

图 2-5　砂沸中的水力梯度

2.4　有效应力原理

太沙基(Terzaghi)在 1923 年提出了饱和土体的有效应力原理,阐明了松散颗粒的土体与连续固体材料的区别,是奠定现代土力学变形与强度计算的基础。

2.4.1　太沙基有效应力原理

太沙基有效应力原理认为,在外荷载作用下,土体承受的应力可分为有效应力和孔隙压力两种,土体中某点的总应力(total stress)σ 即为有效应力(effective stress)σ' 和孔隙压力(pore pressure)p 的总和,即

$$\sigma = \sigma' + p \tag{2-7}$$

式(2-7)称为有效应力公式,其中,有效应力是由土骨架承担的那部分力,孔隙压力是由土孔隙承担的那部分力,孔隙压力又分为孔隙水压力和孔隙气压力。土的有效应力原理也是土变形与强度特性研究的理论基础,有效应力原理的物理意义较为明确,但它只是表观的、概括性的,表现为有效应力无法测定,需通过量测总应力和孔隙水压力后计算差值得到。

土体中任意点的孔隙水压力 p 在各个方向上的作用力大小是相等的,即处于球应力状态,它不能使土颗粒发生位移,只能产生压缩,而土颗粒本身的压缩率是很小的,在这里忽略不计。而土体的有效应力则会使土颗粒间发生相对移动,使孔隙体积发生变化,土体产生变形。基于有效应力原理可以得到以下结论。

(1) 土体的有效应力 σ' 等于总应力 σ 减去孔隙水压力 p,在一般的应力条件下,土体内共有 6 个应力分量($\sigma_1, \sigma_2, \sigma_3, \tau_{12}, \tau_{23}, \tau_{31}$),其中前三个应力分量为正应力分量,后三个应力

分量为剪应力分量。此时,有效应力可以定义为 $\sigma_1' = \sigma_1 - p$, $\sigma_2' = \sigma_2 - p$, $\sigma_3' = \sigma_3 - p$, $\tau_{12}' = \tau_{12}$, $\tau_{23}' = \tau_{23}$, $\tau_{31}' = \tau_{31}$。

(2) 土体的变形与强度只与有效应力有关。孔隙水压力本身并不能使土体的强度和变形发生变化。由于土体中的孔隙水压力各向相等,均匀地作用在土颗粒上,同时土颗粒的压缩模量很大,所以土颗粒并不能发生移动或产生明显的压缩变形。另一方面,水不能承受剪应力,孔隙水压力的变化并不能使土体的抗剪强度发生变化。

2.4.2　土颗粒的粒间应力

从微细观上分析,土是典型的离散颗粒体系,颗粒非连续、非均匀的排列分布形成的复杂接触网络是荷载传递的路径。通过光弹性试验和 DEM 模拟发现,散粒体在受到外荷载作用时会产生树状结构的力链,这种结构体现了颗粒体系承受与传递外荷载的方式。研究还发现,接触网络上局部颗粒受到的力大小不同,亦即传递的外荷载比例不同,使得颗粒间接触有强弱之分,传递较大比例荷载的路径构成强力链,反之形成弱力链。因此,强、弱力链是外荷载传递的路径,而这些路径构成了整个接触网络,强、弱力链仅是接触网络的一部分。如图 2-6 所示,土体颗粒体系中的力主要有以下三种尺度。

(1) 外部荷载作用下的骨架力:这些力为土体在承受外部荷载作用时内部颗粒相互作用形成的力。

(2) 颗粒尺度上的力:这些力包括颗粒重力、颗粒处于液体内的浮力及孔隙流体渗流产生的流动力和渗透压力。

(3) 接触尺度上的力:这些力包括电化学力、黏结作用力及非饱和土体所受的毛细力。

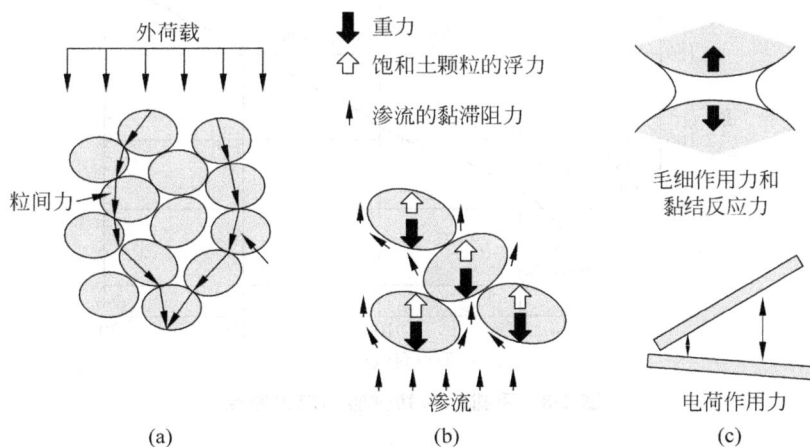

图 2-6　土颗粒系统中的粒间力
(a) 外荷载作用下的骨架力;(b) 颗粒尺度上的力;(c) 接触尺度上的力

施加外荷载后,颗粒接触处会产生法向接触力和切向接触力,颗粒的接触力形成宏观的骨架力链。骨架力链的大小及形式与颗粒所处的位置有关,一般强力链沿着主应力的方向发育。已有研究表明,土体特别是粗粒土中颗粒骨架力链的分布及演变控制着土体的应力-应变特性、体变特性及强度特性。

图 2-7 给出了排水与不排水直剪试验的结果,可以看出排水和不排水试验中的应力-位

移关系是完全不同的。此外,密砂($D_r=55\%$)在不排水剪切下的刚度和强度大于排水剪切条件下的结果;而松砂($D_r=0$)在不排水剪切过程中的强度较低,这种差异性是由有效应力的变化引起的。图 2-8 给出了砂土相对密度 D_r 分别为 0 和 55% 时的有效应力和剪应力之间的关系,从该图中可以看出,相对密度减小后,密砂的有效应力急剧增大,导致刚度和剪切强度增大;相反,松砂中的有效应力显著降低,变得更加松软。

丰浦砂的直剪试验结果

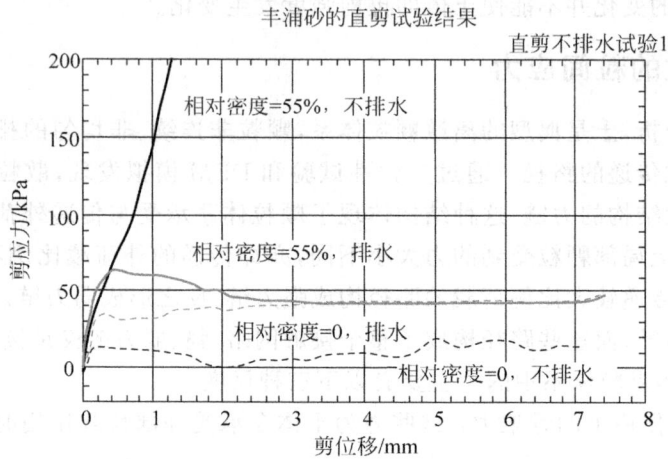

图 2-7　排水条件对砂应力-位移关系的影响

丰浦砂的直剪试验结果

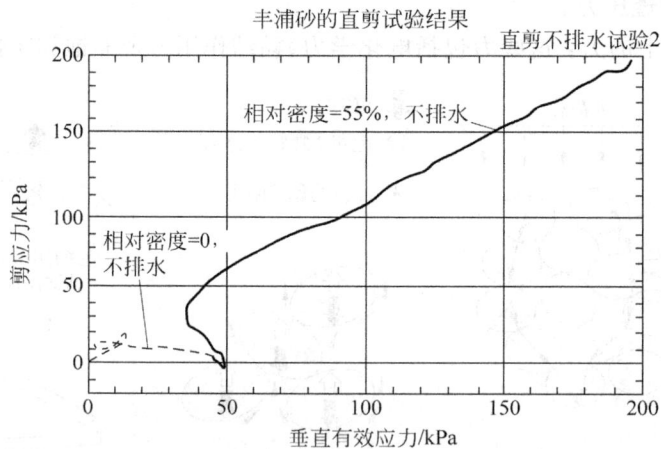

图 2-8　不排水剪切试验的应力路径

2.5　土的压缩与剪切变形

　　土体受荷载作用会发生变形,其变形的大小直接影响岩土体及工程结构物的稳定性及正常使用性能。土的变形性质既取决于荷载的大小、性质(静或动荷载)及持续时间等因素,也与土体种类、物理状态、初始固结情况和应力历史等因素有重要关系。由于土体是一种三相体,且是由碎散颗粒组成的,其变形机制及特性与常规的连续介质材料有很大的区别。一般而言,土体的变形包括土颗粒上下错移引起的体积变形和土颗粒水平滑动引起的剪切变形。土体也是一种典型的弹塑性体,既会发育可恢复的弹性变形,也会发育不可恢复的塑性变形。与土体变形相关的基本性质主要包括压硬性、弹塑性、剪胀性、非线性、结构性和流变性等。

工程中的土体主要承受压缩荷载和剪切荷载,压缩变形特性(固结特性)和剪切变形特性在实际分析与研究中最受关注。

2.5.1　压缩变形

一般而言,土体的压缩变形主要由 3 个方面组成:①土颗粒自身受压产生的变形;②土中孔隙体积的减小,即土中液相和气相排出引起的总体积的变化;③土中孔隙水和封闭气体受压产生的变形。试验证明,饱和土体受压时孔隙水和土颗粒的压缩量非常小,可以认为土体受压时土颗粒、孔隙水和封闭气体的压缩变形量相对土体总的压缩变形量可忽略不计。因此,可认为土体的压缩变形是由土中孔隙体积的减小引起的,饱和土体的压缩变形即为孔隙水的排出量。土的压缩特性可通过侧限压缩试验得到的 e-p 曲线和 e-$\lg p$ 曲线,定义压缩性指标如压缩系数和压缩指数、回弹指数等来反映。

2.5.2　剪切变形

土的剪切变形是由颗粒和颗粒组成的结构单元相互滑移而产生的,表现为土体的形状改变,而体积并不发生改变。一般而言,在外荷载作用下,土体既发生体积变形,也发生剪切变形。当外部荷载不超过土的屈服强度时,土体的变形以体积变形为主;当外荷载超过土体屈服强度时,土体的变形以剪切变形为主;达到临界状态(见 2.8 节)后,土体只有剪切变形而没有体积变化。因此,土的剪切变形多发生在地基土接近破坏阶段。此外,组成斜坡的黏性土在恒定荷载作用下可以发生长期而缓慢的剪切变形,称为剪切蠕变。这是颗粒在剪力作用下产生的缓慢滑移。如果假设土是弹性体,那么在剪应力 τ 作用下土体只产生剪切变形,设 γ 为剪应变(弧度),G 为剪切模量,则 $\gamma = \tau/G$。

实际土体存在剪胀性,剪应力不仅会产生剪切变形,也会产生体积变形;同样,正应力不仅会产生体积变形,也会产生剪切变形,这种交叉影响往往相当可观,不可忽略。关于土的剪胀性特点,下节将进行详细阐述。

剪切带在土的剪切变形中占据重要地位。经典土力学假设土的剪切破坏和滑移运动沿着平面发生,即静止土体和移动土体之间的边界没有厚度。但试验中发现,剪切破坏发生时,在一个局部狭窄层内会发生大剪应变,该层称为剪切带。

图 2-9 所示为一个可观察到剪切带的剪切装置,其侧壁透明,剪切破坏以接近平面应变的形式发生,通过数字显微镜记录砂粒的移动。剪切带在倾斜方向上发展,其厚度约等于砂粒直径的 20 倍。图 2-10 给出了中密的丰浦砂在透明剪切装置中的应力-应变行为,包括峰值应力状态、软化(应力水平下降)和残余状态(恒定应力),其中峰值应力发生在 1.5% 的应变处。

如果比较应变为 0 和 4% 的两张显微照片,可以发现在该应变范围(包括峰值应力状态),试样上部的所有颗粒一

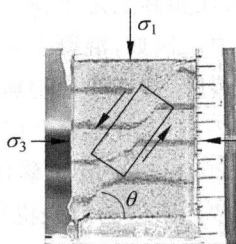

图 2-9　干 Toyoura 砂在剪切排水试验中剪切带的发展

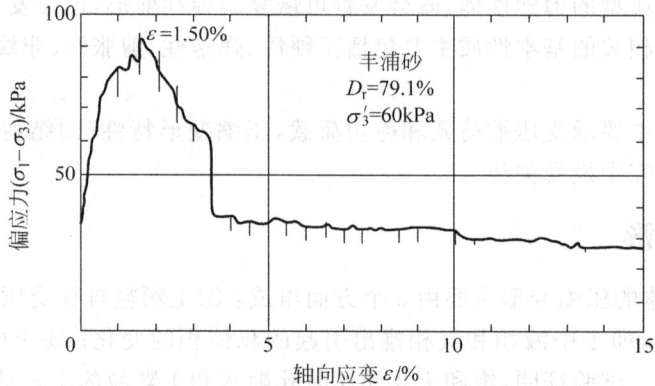

图 2-10 中密砂在透明剪切装置中的应力-应变行为

起移动,即为刚性,而底部的颗粒是静止的。相反,由于剪切带或应变局部化的发展,中间部分显示出位移不连续。可根据这种增量的颗粒运动,推测出剪切带的大概厚度。随着颗粒运动,颗粒集合体在剪切带内体积增大,这种体积膨胀导致峰值应力后出现土体软化和剪切强度下降。通过显微图像还可发现,在试验的初期,运动的土颗粒可能会落入其附近的大孔隙中,在峰值强度后这种掉落现象消失,可以认为在应力水平增加时,这种掉落填充了大的孔隙并提高了砂的整体剪切刚度。如果这种现象在真实的土中持续较长时间,则砂土的刚性和抗液化性将显著提高。

2.6 土的剪胀性

2.6.1 剪胀机理

土体与其他工程材料(比如金属和塑料)最典型的区别就是土的多孔性,典型的中等密砂中,孔隙体积大约占总体积的1/3。一般而言,如果土体受到剪切作用沿着扭曲的边界发生扰动,必然会发生颗粒的重排列,且伴随着体积的变化,这种性质就是剪胀性。顾名思义,剪胀性是指土体受剪切作用时发生体积变化的性质。土体剪切过程中的体积变化会导致土体力学特性的变化,这是土力学研究的重点课题。

1885 年,Reynolds 通过试验发现剪切作用会导致土体这类粒状材料发生宏观体积的变化。1962 年,Rowe 提出了应用广泛的砂土剪胀方程。广义的剪胀包括体积膨胀和体积收缩,剪胀性实际上是土体剪应力和正应力耦合引起的。剪切引起的体积变化也可发生在其他材料中。例如,混凝土和岩石在破坏前会出现裂缝,表观总体积增大;地壳有时会在破裂前发生裂解,并产生小地震、深部地下水位以及水的化学成分变化等地震前兆。

图 2-11 给出了砂土在直剪试验中剪切位移和垂直位移之间的关系,剪切开始时砂样的高度为20mm,1mm 位移代表 5% 的膨胀应变。

松砂和密砂的剪胀机理分别如图 2-12 所示。对于松砂而言,剪切力使砂粒落入较大的孔隙中土样的表面高度减小;但对于密砂而言,相邻的砂粒会向上爬升,总的体积也会增大。除相对密度外,围压也会影响土的胀缩性,例如,密砂在低围压下发生剪胀,在高围压下则会发生剪缩。图 2-13 说明同一松砂在 100kPa 压力下比 25kPa 压力下剪缩趋势更强。

丰浦砂的直剪试验结果(排水条件下，固结压力100kPa)

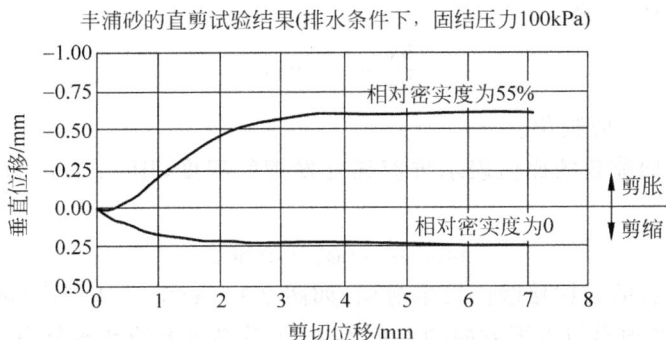

图 2-11　直剪试验中砂土体积变化

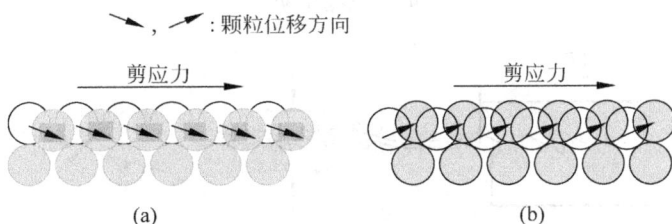

，：颗粒位移方向

(a)　　　　　　　　(b)

图 2-12　砂土的剪胀机理

（a）松砂剪缩；（b）密砂剪胀

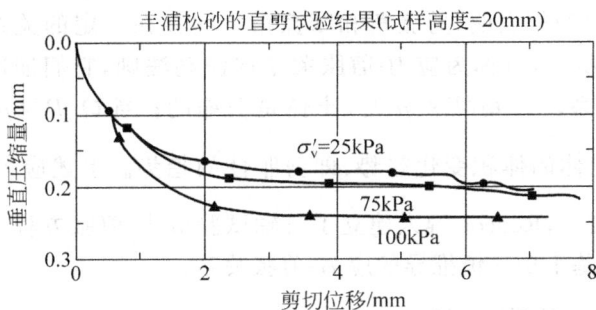

丰浦松砂的直剪试验结果(试样高度=20mm)

图 2-13　应力水平对剪胀程度的影响

2.6.2　Taylor 剪胀角与应力-剪胀方程

　　Taylor 根据 Ottawa 砂土的直剪试验结果，提出了剪胀角的概念，并建立一个应力-剪胀关系。土体在剪切过程中法向荷载 P 和剪切荷载 Q 同时做功，做功的增量 δW 等于法向荷载乘以法向位移增量 δy 加上剪切荷载乘以剪切位移增量 δx，并被剪切过程中的摩擦作用消耗，即

$$P\delta y + Q\delta x = \mu P \delta x \qquad (2\text{-}8)$$

或

$$\frac{\delta y}{\delta x} = \mu - \frac{Q}{P} \qquad (2\text{-}9)$$

式中，μ 为滑动摩擦系数，等于滑动摩擦角 φ_c 的正切值。法向位移与剪切位移的比值表示

剪切过程中的剪胀速率,即

$$\frac{\delta y}{\delta x} = -\tan\psi \qquad (2\text{-}10)$$

式中,ψ 定义为 Taylor 剪胀角。

剪切荷载与法向荷载的比值表示抗剪强度发挥的程度,用 φ'_m 表示为 $Q/P = \tan\varphi'_m$,从而得到

$$\tan\psi = \tan\varphi'_m - \tan\varphi_c \qquad (2\text{-}11)$$

若土体与锯齿状的结构接触面发生剪切,如图 2-14(a)所示,则剪切过程中的受力图如图 2-14(b)所示。滑动面与水平方向的夹角为 ψ,如果斜面上的摩擦角为 φ'_{cs},由此得到沿水平面的实际摩擦角为 φ'_m(见图 2-14(c)),则三者关系满足

$$\varphi'_m = \varphi'_{cs} + \psi \qquad (2\text{-}12)$$

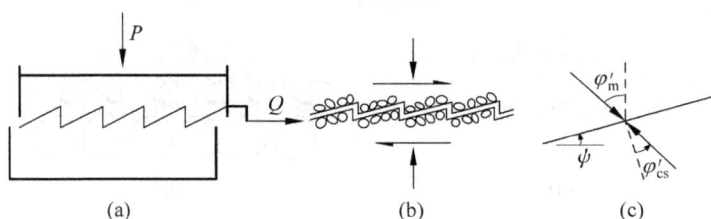

图 2-14 剪切面为锯齿状时的情况
(a) 锯齿状剪切面;(b) 受力图;(c) 角度的关系

式(2-11)和式(2-12)都表明,剪胀角和摩擦角之间存在一定的关系。两种表示方式都可以近似反映实际的机制,可称为应力-剪胀关系或流动法则,它们描述了抗剪力发挥程度情况与剪胀程度的关系。当 $Q/P < \mu$ 时,土体是剪缩的;当 $Q/P > \mu$ 时,土体是剪胀的。$-\frac{\delta y}{\delta x}$ 的比值反映了土体的体积变化趋势,即剪胀性的趋势。上述应力-剪胀方程仅针对直剪试验条件,在此基础上,Roscoe 等人建立了三轴试验应力-剪胀方程。有兴趣的读者可以参考原始剑桥模型中基于功守恒推导的应力-剪胀关系。

2.6.3 Rowe 应力-剪胀方程

Rowe(1962)提出了砂土变形理论的应力-剪胀关系,如图 2-15 所示,其关系表达式为

$$\frac{\tau}{\sigma'} = -K \frac{d\varepsilon_v}{d\gamma} + C \qquad (2\text{-}13)$$

式中,τ 和 σ' 分别为剪应力和有效正应力;γ 和 ε_v 分别为剪应变和体积应变;K、C 为常数。

Luong(1979)、Tatsuoka 和 Ishihara(1974)研究了砂土在循环荷载作用下的剪胀特性,发现常体积剪切临界状态时的应力比控制着土体会在何种情况下变得更稳定坚固或失稳破坏。Tatsuoka 和 Ishihara 把此应力比称为"相位转换应力比",Luong 称之为"特征应力比",但是根据应力-剪胀理论,两者应该都是达到临界状态时(见 2.8 节)的应力比(Luong 提出特征应力比是出现在峰值状态前的应力比,而临界状态应力比通常指的是峰值后阶段达到临界状态时的应力比)。

图 2-16(a)所示的是排水条件下的情况,若在临界状态线下进行加载,土体在试验过程中会产生持续的压缩,土体会变得更加密实;若在临界状态线上进行循环加载,土体在试验

过程中会产生持续的膨胀。图 2-16（b）所示的是不排水条件下的情况，若在临界状态线下进行加载，由于不排水条件下土体体积不能变化，剪切产生的体缩势使土体中产生正的孔隙水压力，导致有效应力降低，在大变形情况下可能会产生液化；若在临界状态线上进行加载，剪切产生体胀势，土体产生负的孔隙水压力，使土体的有效应力增大。

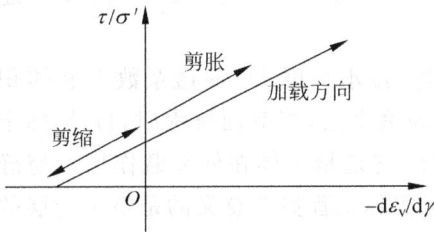

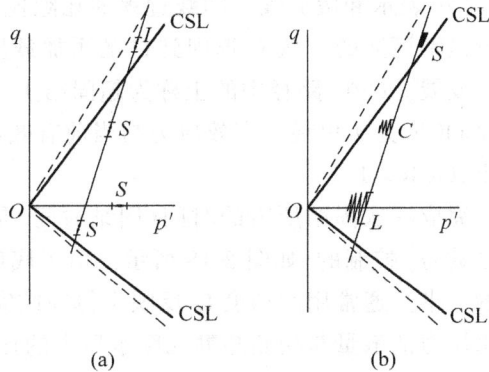

图 2-15　Rowe 应力-剪胀方程示意图

图 2-16　p'-q 平面上的临界状态线

（a）排水条件；（b）不排水条件

CSL—临界状态线

2.7　饱和土的固结性质

固结是指在恒定荷载作用下土体产生超静孔隙水压力，随着孔隙水逐渐排出，超静孔隙水压力逐渐消散，土骨架的有效应力逐渐增大，直到超静孔隙水压力完全消散的过程。当有效应力增量 $\Delta p'$ 很小时，$\Delta p'$ 与土体应变 $\Delta \varepsilon_v$ 近似成正比关系，即

$$\Delta \varepsilon_v = m_v \Delta p' \tag{2-14}$$

式中，m_v 为土体积压缩系数。

太沙基最早在有效应力原理的基础上提出了土体的一维固结理论，Rendulic（1935）在太沙基一维固结理论的基础上将固结理论推广到二维和三维，但不是精确解。Biot（1940）考虑土体在固结过程中孔隙水压力消散和土骨架变形之间的耦合关系，提出了 Biot 固结理论。Biot 提出的固结理论在原理上更为合理完整，但在计算上较为复杂，通常通过数值方法进行求解。这些固结理论针对的都是饱和土体的固结，一般假设土中孔隙水的渗流满足达西定律，土体的变形为弹性小变形，外荷载一次性瞬时加载到土体上，在固结的过程中保持不变，等等。后来，许多学者也开始研究非饱和土体、大变形、非达西渗流等复杂情况下的固结理论。

太沙基提出的一维固结理论在土力学中占有很重要的地位，他假设土体积的变化与垂直有效应力的增加成正比，然而线性比例并不精确，在实践中也经常使用半对数线性关系，如图 2-17 中 AG 所示，图中横坐标代表有效平均主应力。

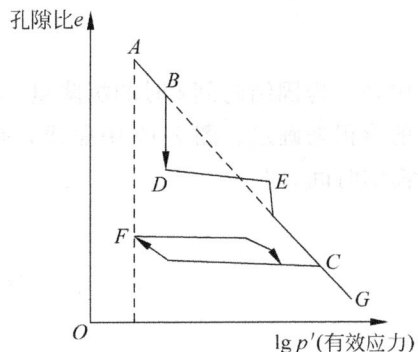

当开始固结，有效应力 p' 不断增加时，土体状态

图 2-17　关于土固结的 e-$\lg p'$ 曲线

沿直线路径 $ABCG$ 变化,这个过程称为正常固结,当前应力是土体所受应力历史中的最大值。当有效应力 p' 保持在 B 时,土体发生二次压缩,体积减小。然后在 D 处恢复加载,$e\text{-}\lg p'$ 曲线沿着 DEC 的路径发展。从 D 到 E 过程中,土的体积变化较小;在 E 处屈服后,土体开始正常固结。通常情况下,点 E 位于正常固结线(AG)之上。

CF 表示卸载曲线。卸载过程的孔隙比(或土体体积)不会回到原始水平 A,因此土体变形是不可逆的。从 F 返回到 C 的再加载路径与 CF 相似,在 C 之后,曲线继续沿正常固结线发展。CFC 路径中的土称为超固结土,其特征是加载过程中体积变化较小。定义超固结比 OCR 为历史最大有效应力与当前有效应力之比,对于正常固结土,OCR=1;对于超固结土,OCR>1。

完成一次固结所需的时间(固结时间)是由排水量、排水长度 H、渗透系数 k 和体积压缩系数 m_v 控制的,如图 2-18 所示。由于底部有良好的透水层,当双面排水时,H 是黏土厚度的一半。通常用固结度 U 反映土体固结完成的程度,它是指土体在外荷载作用下超静孔隙水压力消散量与初始超静孔隙水压力的比值。对于实际工程更有意义的是整个土层的平均固结度。平均固结度定义为土层在特定荷载作用下,经过时间 t 后所产生的固结变形量 S_{ct} 与最终固结变形量 S_c 的比值。

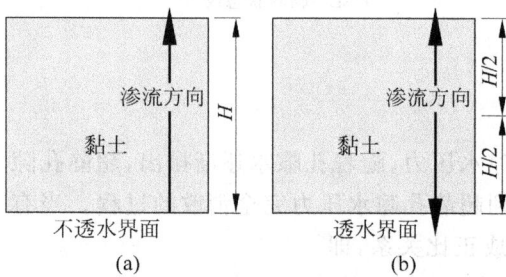

图 2-18　土体排水及固结沉降

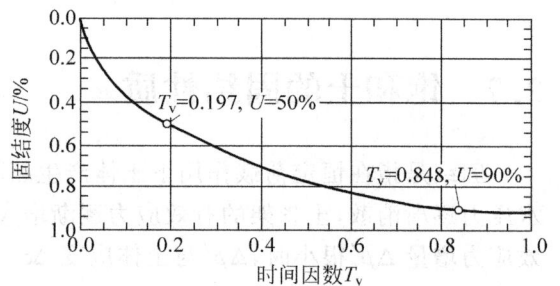

图 2-19　太沙基固结曲线

图 2-19 所示为根据太沙基固结理论得到的在零时刻加载 Δp 的固结曲线。时间因数 T_v 和固结度 U 由式(2-15)确定,即

$$T_v = \begin{cases} \dfrac{\dfrac{k}{m_v \gamma_w} t}{H^2} \\[2mm] U = \dfrac{S_{ct}}{S_c} \end{cases} \tag{2-15}$$

式中,S_{ct} 为固结时间 t 时的沉降量;S_c 为最终固结变形量。最终沉降可由 $m_v \Delta p$ 与土体厚度的乘积来确定。图 2-19 中曲线总是达不到 $U=100\%$,一般取 $U=90\%$ 的时间 t_{90} 为固结所需的时间,即

$$\begin{cases} T_{v90} = 0.848 \\[2mm] t_{90} = 0.848 \times \dfrac{H^2}{\dfrac{k}{m_v \gamma_w}} \end{cases} \tag{2-16}$$

式中,T_{v90} 为 $U=90\%$ 时的时间因数。

2.8　土的临界状态

临界状态理论和剑桥模型主要是由英国剑桥大学 Roscoe、Schofield 和 Wroth 等人在正常固结土、弱超固结土及强超固结土常规三轴试验的基础上建立起来的。基于土的临界状态理论和剑桥模型可以建立起一个描述和预测土的变形和破坏行为的统一理论框架,可将土的弹性变形、塑性变形同土的强度联系起来,建立土的本构关系。土的临界状态理论抓住了土最重要的行为或特征,土的临界状态模型虽然是一种理想的简化模型,但却可以反映土的基本特性。

2.8.1　土临界状态的试验表现

Roscoe 等在对 Weald 黏土做三轴剪切时发现,如果将 6 个完全相同的饱和重塑正常固结黏土试样分成 3 组,分别在各向同性围压 p_{01}、p_{02}、p_{03}($p_{01} < p_{02} < p_{03}$)条件下进行固结,对每组的两个试样分别进行常规三轴固结排水试验和三轴固结不排水试验,最后都达到破坏状态,可得到 6 个试样的有效应力路径、比体积 v 与平均有效应力 p' 之间的关系曲线,如图 2-20(a)、(b)所示。试验中定义以下参数:比体积,$v = 1 + e$;平均主应力,$p' = (\sigma_1' + 2\sigma_3')/3 = (\sigma_a' + 2\sigma_r')/3$;广义剪应力,$q' = \sigma_1' - \sigma_3' = \sigma_a' - \sigma_r' = \sigma_a - \sigma_r = q$。其中 e 为孔隙比,假如土中固相的总体积为 1,则孔隙的体积就为 e,土体的总体积为 $1 + e$;σ_a'、σ_a 分别为轴向有效应力和总应力;σ_r'、σ_r 分别为径向有效应力和总应力。

如图 2-20(a)所示,对 3 组试样首先进行各向等压固结,固结的应力路径分别为 OC_1、OC_2、OC_3;然后每组试样分别进行常规三轴排水试验和固结不排水试验,排水试验的应力路径分别为 C_1D_1、C_2D_2、C_3D_3,不排水试验的应力路径分别为 C_1U_1、C_2U_2、C_3U_3。

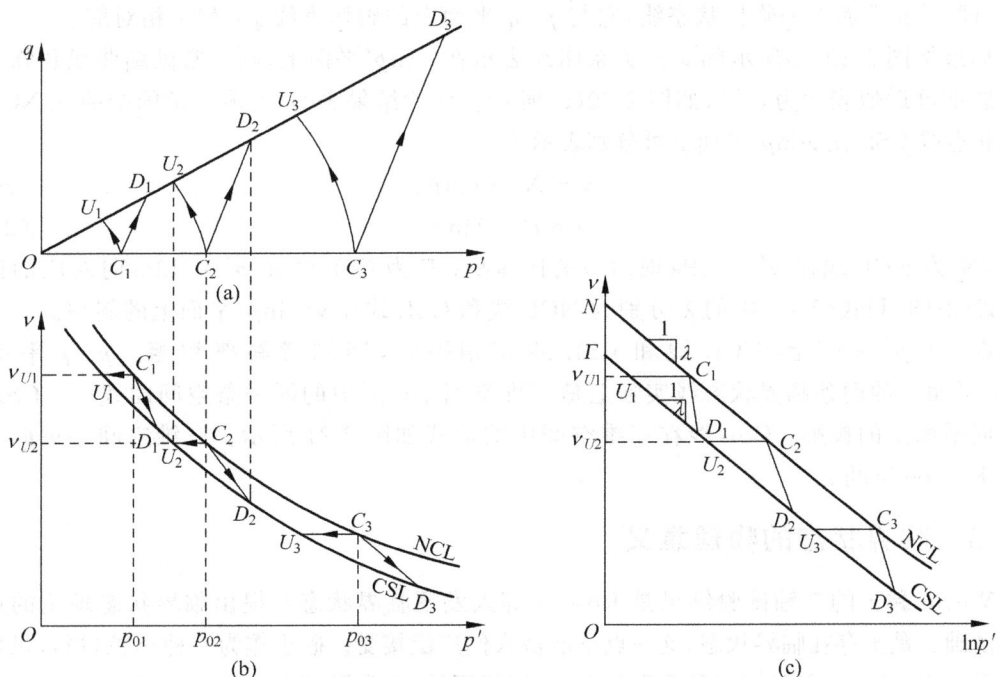

图 2-20　正常固结黏土三轴试验结果(固结曲线与临界状态线)
(a) p'-q 关系曲线;(b) v-p' 关系曲线;(c) v-$\ln p'$ 关系曲线

试验发现，当 6 个试样都达到破坏时，其最终的有效应力路径终点都处于一条直线上。这一现象最早是由 Roscoe 等人发现的。即外荷载作用下的土在变形发展的过程中，无论初始状态和应力路径如何，最终都会以某种特定的状态结束，他们首先将这种状态定义为土的临界状态。

2.8.2　正常固结线与临界状态线

Schofield 提出，如果土和其他颗粒材料受到连续的剪切作用，直到像具有摩擦阻力的流体一样发生流动时，即进入到临界状态。在 p'-q 平面上，临界状态可用上述的有效应力终点连线表示，即为破坏线，也为 p'-q 平面上的临界状态线 CSL，即

$$q = Mp' \tag{2-17}$$

式中，M 为 p'-q 平面上临界状态线的斜率，与土的性质有关。

显然，p'-q 平面上的临界状态线经过原点，这是因为在临界状态下，土体处于大应变阶段，并达到一种流动状态，在这种状态下土颗粒之间的胶结、结合水甚至毛细水连接都已经破坏，剪胀作用也完全消失，剪切的抗力完全由摩擦作用提供，所以黏聚力为 0。因此，当临界状态下的 p' 为 0 时，q 也为 0。

如图 2-20(b)所示，完成固结后的 3 组试样分别位于正常固结曲线（normal consolidation line，NCL）的 p_{01}、p_{02}、p_{03} 应力状态下，在各向等压固结过程中，体积只沿着正常固结曲线变化。进行三轴不排水试验时，土体体积不发生变化，破坏发育过程分别为 C_1U_1、C_2U_2、C_3U_3；进行三轴排水试验时，破坏发育过程为 C_1D_1、C_2D_2、C_3D_3。试验表明，饱和重塑正常固结黏土的应力状态与体积状态（含水量、孔隙率、孔隙比）之间存在着唯一性关系。如果将破坏时的各点连接成曲线，则对应的是达到破坏或临界状态时比体积 ν 与平均有效应力 p' 之间的关系，即 p'-ν 平面上的临界状态线，它与 p'-q 平面上的破坏直线 $q = Mp'$ 相对应。

如果将图 2-20(b)所示的 ν-p' 关系曲线表示在 ν-$\ln p'$ 平面上，则正常固结曲线和临界状态曲线都可近似表示为直线，如图 2-20(c)所示。试验结果表明，土体正常固结曲线 NCL 和临界状态线 CSL 在 ν-$\ln p'$ 平面上可分别表示为

$$\nu = N - \lambda \ln p' \tag{2-18}$$

$$\nu = \Gamma - \lambda \ln p' \tag{2-19}$$

式中，N 为 NCL 线在 $p' = 1\text{kPa}$ 时对应的比体积；Γ 为 CSL 线在 $p' = 1\text{kPa}$ 时对应的比体积；式(2-18)和式(2-19)中的 λ 分别为 NCL 线和 CSL 线在 $\nu = \ln p'$ 平面上的斜率。

在 ν-$\ln p'$ 平面上，NCL 线和 CSL 线互相平行，即二者斜率相等。p'-q 平面和 ν-$\ln p'$ 平面上的两条临界状态线实际上是三维空间 q-ν-p' 中的同一条空间曲线——CSL 线在不同平面上的投影。CSL 线在三维空间中的形式如图 2-21 所示。三维空间 q-ν-p' 又可称为 Roscoe 空间。

2.8.3　临界状态的物理意义

Weald 黏土的三轴试验结果是 Roscoe 等人发现临界状态与提出临界状态理论的重要试验基础。黏土存在临界状态，这一点早已被人们广泛接受。砂土作为一种单粒材料，虽然与黏土有一定的区别，但具有与黏土强超固结、弱超固结、正常固结类似的状态，通常用孔隙比描述。研究发现，砂土和黏土一样，无论初始状态和应力路径如何，最终也会达到临界状态。

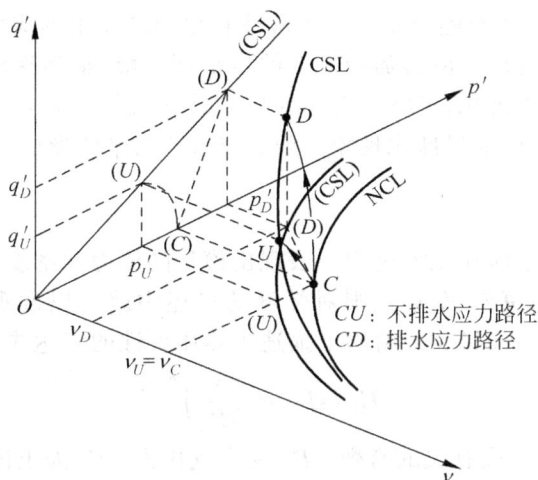

图 2-21 三维空间中的临界状态线 CSL 及其投影

因此,无论土体的初始状态如何,应力路径如何,土体最终都会达到临界状态或趋近于临界状态,这是土体的一个基本特性。对于每种特定的土体来说,都存在一个特定的存在于 Roscoe 空间中的临界状态线,临界状态线在 p'-q 应力平面上是一条经过原点的直线,在 ν-p' 压缩平面上是一条曲线,在 ν-$\ln p''$ 半对数压缩平面上也是一条直线。临界状态线决定了土体最终的发育方向。

正常固结土在加载过程中会沿着 Roscoe 面向临界状态线发育;弱超固结土在加载过程中会在 Roscoe 面以下向临界状态线运动,从下面达到临界状态线;强超固结土在破坏时会超过临界状态线,达到 Hvorslev 面,再沿着 Hvorslev 面从上面向临界状态线发展;超固结土同时受到无拉力条件的限制不可超过无拉力切面。因此,Roscoe 面、Hvorslev 面、无拉力切面构成了土体完全的状态边界面,土体在 Roscoe 空间中的状态路径只能在完全的状态边界面以下或完全的状态边界面上,不能达到完全的状态边界面以上。

2.9 土的应力-应变关系特性

一般可通过应力-应变关系反映土体的变形特性,不同的土体具有不同的应力-应变特性,通常将土体的应力-应变关系称为本构关系。众多学者注意到了土体的非线性性质,又将经典的塑性理论框架引入土体变形特性的描述中,并考虑了土体某些特殊的性质,提出了一系列弹塑性本构模型,能够从多个角度描述土体的变形特性,大大推动了本构理论的发展。土的应力-应变关系一般表现出非线性、压硬性、弹塑性、结构性、各向异性、流变性以及应力历史和应力路径的依赖性等,合理的本构模型应该能够有效地反映土的这些特性。

2.9.1 非线性

土体是由碎散的固体颗粒组成的,且土颗粒的变形模量比土体的变形模量大得多,土体的宏观变形主要不是由土颗粒的本身变形引起的,而是由于颗粒发生相对运动产生位置变化引起的。这样一来,土体在不同应力水平下由相同应力增量引起的应变增量就不相同,材料就会表现出非线性。例如,对于松砂和正常固结黏土,应力随着应变的增加而增加,但增加的速率越来越慢,最后逐渐趋于稳定;而密砂和超固结黏土的应力在开始时随着应变的增加而增加,达到一个峰值后,应力随着应变的增加而下降,最后逐渐趋于稳定。通常可将前者称为应变硬化或加工硬化,可将后者称为应变软化或加工软化。应变软化通常伴随着应变局部化现象的发生,应变局部化现象一般意味着剪切带的形成。

2.9.2 压硬性

土的压硬性指的是土体在压缩过程中表现出模量随压力和密度增大而增加的性质。土的强度也具有压硬性,从莫尔-库仑准则对强度的描述中就可以发现强度随压力增大的特性。对于刚度或模量,Janbu(1963)给出了描述土体压硬性的表达式

$$E_i = K_E P_a \left(\frac{\sigma_3}{P_a}\right)^n \tag{2-20}$$

式中,K_E 和 n 为与土体性质有关的常数;P_a 为大气压力;E_i 为土体的压缩模量。

由上式可以发现,土体的压缩模量随着固结围压 σ_3 的增大而增加,表明土体的硬度随着压力的增大而增加。原因是随着围压的增大,土体的密实度增加,宏观上表现出变硬的性质。

2.9.3 弹塑性

当土体加载后卸载达到原应力状态时,土体一般不能恢复到原来的应变状态,能恢复的一部分变形即为弹性变形,不能恢复的变形称为塑性变形。对土体而言,加载较小时就可以发育塑性变形,塑性变形占总变形的比例往往很大。土体的应变可以表示为

$$\varepsilon = \varepsilon^e + \varepsilon^p \tag{2-21}$$

式中,ε^e 为弹性应变;ε^p 为塑性应变。由于土体是散体介质,在卸载后,颗粒体系由于受力发生的位置变化不能恢复,从而产生了塑性变形。

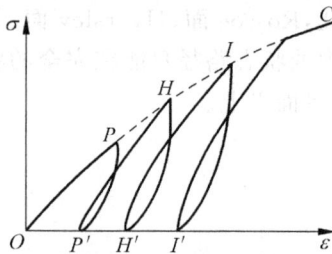

图 2-22 卸载再加载应力-应变曲线

如图 2-22 所示为土体的加载、卸载应力-应变曲线。经过 PP' 的卸载阶段后,恢复的应变即为弹性应变,剩余 OP' 段对应的变形即为塑性应变。卸载初期应力-应变曲线陡降,当减小到一定偏差应力时,卸载曲线变换,再加载,曲线开始变陡而随后变缓,整个加载卸载形成一个闭合的滞回圈,越接近破坏应力时现象越明显。滞回环的存在表示卸载再加载的过程中存在能量消耗。

对于结构性很强的原状土而言,比如硬度很大的黏土,可能在一定的应力范围内处于几乎完全弹性的状态,只有达到一定水平的应力状态时,才会发育塑性变形。但一般土体在处于较低的应力状态时就已经开始发育塑性变形了,且弹性变形和塑性变形几乎是同时发生的,土体的变形并没有明显的屈服点,所以土体是一种典型的弹塑性材料。

2.9.4 结构性

结构性指的是土颗粒的排列、土的孔隙分布、颗粒之间的相互作用、颗粒与水之间的相互作用及气-液接触界面的作用对土的强度和刚度的影响。一般而言,这些影响因素的不同导致土体形成不同的结构,所以称为土的结构性。土的结构对土体力学性质影响的强烈程度可称为土的结构性的强弱。对于黏性土来说,可用灵敏度描述其结构性的大小,灵敏度定义为原状黏土与重塑黏土无侧限抗压强度的比值。由于实验室的土样和原位的土样都不可

避免地受到地球应力场的影响,土体的排列不可能处于随机状态,且土颗粒之间一定会有不同程度的相互作用,因此,不管是室内重塑土还是现场原状土,都会表现出一定程度的结构性。天然条件下土体在应力历史中的生成、搬运、沉积和固结条件的不同,室内条件下制样方法和程序的不同都会导致土体形成不同或特有的结构性。原状土的结构性一般强于重塑土的结构性,在相同的含水量或密实度条件下,原状土的特性与重塑土的变形特性有较大的区别。

以往土力学的理论研究主要建立在室内重塑土试验成果的基础上,对土体结构性的考虑是远远不够的。自然界和工程界中大量涉及的一般是原状土,考虑结构性影响的土体力学性质研究是非常重要的课题,应用数学模型描述土体的结构性也是当代岩土工程界研究的热点问题,但离完全解决这类问题还有很长的路要走。

2.9.5　各向异性

土体的各向异性指的是土体沿各个方向上物理力学性质不同的性质。一般而言,扁平颗粒扁平面的方向会趋向于与大主应力方向存在一定的关系。土体在沉积过程中,长宽比大于1.0 的片状、棒状、针状颗粒倾向于长轴沿水平方向排列处于较为稳定的状态。同时,土体固结过程中竖向应力与水平应力的不同也会使土体产生各向异性。土体的各向异性主要指土体沿水平方向与竖直方向的各向异性,在水平方向上,土体一般是各向同性的。引起土体各向异性的原因有两个,一是在天然土沉积过程中发育的各向异性,可称为原生各向异性或初始各向异性;二是受力过程中逐渐发育的各向异性,可称为次生各向异性或应力诱发各向异性。

可通过各向等压试验直接反映土的各向异性。Motohisa 通过雨砂法制备了沉积方向为水平的试样,对其进行各向等压试验,发现竖向的应变小于水平方向的应变,亦即水平方向的刚度小于竖直方向的刚度。用玻璃珠模拟立方体砂土试样的各向等压试验结果发现,竖直方向的应变小于 1/3 的体应变,体应变约为竖直方向应变的 5.4 倍,水平两个方向上的应变约为竖直方向应变的 2.2 倍。

当土体的沉积方向发生变化时,进行立方体试样的真三轴试验可以发现土体在三个方向上的变形各不相等,变形特性受最大主应力与沉积方向的夹角 θ 影响。土体的各向异性也会对土体的强度产生重要的影响。

应力诱发各向异性指的是土体在受到一定的应力后,颗粒的空间相对位置发生变化,造成土颗粒微细观排列与结构的变化,进而导致土体各向异性的性质。这种结构变化会影响土体进一步加载时的力学特性,并且不同于土体初始时的力学特性。

2.9.6　流变性

土的应力、变形、强度及相关状态参量随时间变化的性质称为土的流变性。与土体流变性相关的现象有土的蠕变、应力松弛、应变率效应、弹性后效及长期强度随时间的变化等,其中最常见的是蠕变和应力松弛现象。所谓蠕变是指在应力状态不变的条件下,应变随时间逐渐增加的现象;应力松弛是指在应变维持不变的条件下,应力状态随时间逐渐降低的现象。在侧限压缩条件下,由于土的流变性而发生压缩的性质称为土的次固结性,长期的次固结作用可使土体的密实度不断增加,使正常固结黏土表现出超固结黏土的性质,称为拟超固结黏土。

2.9.7　应力历史和应力路径的依赖性

应力历史既包括天然土在过去地质年代中经历的固结和地质运动作用,也包括土体在试验阶段或工程施工阶段经历的应力阶段。对于黏性土来说,应力历史主要指其固结历史,定义黏性土固结历史中最大的固结压力为先期固结压力。如果当前固结应力小于先期固结压力，黏土即为超固结黏土；如果二者相等，则黏土为正常固结黏土。应力路径主要指的是土体加载的大小和方向。

　　实际上，土体的变形不仅取决于当前的应力状态，而且与达到该应力状态前的应力历史以及下一步加载的方式有关。应力历史和应力路径的依赖性主要指应力历史和应力路径对当前加载状态下土体变形特性的影响。

　　如图 2-23 所示为 Schofield 得到的超固结土等向加载-卸载-再加载过程中孔隙比的变化规律。可以发现，以压力 p_1 作为初始状态点，不同应力历史的超固结土等向压缩曲线不同，土的变形特性因超固结特性的变化而变化。由 C 到 B 到 D 的卸载再加载过程可知，第二次经历压力 p_3 的点 D 低于首次经历压力 p_3 的点 C，意味着土体即使在屈服面以内经历再加载也会发育塑性变形。

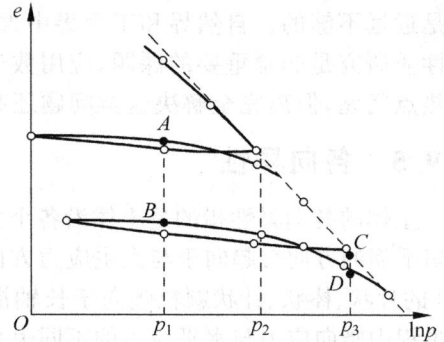

图 2-23　超固结土加载-卸载-再加载曲线

　　如图 2-24 所示为 Monterey 松砂在两种应力路径下的三轴试验结果。它们的起点和终点都是 A 和 B，但路径分别是 A—1—B 和 A—2—B。由图 2-24(a) 可以发现，路径 A—1—B 发生了较大的轴向应变，且对应的体积变形较小。这主要是由应力路径的不同导致的。

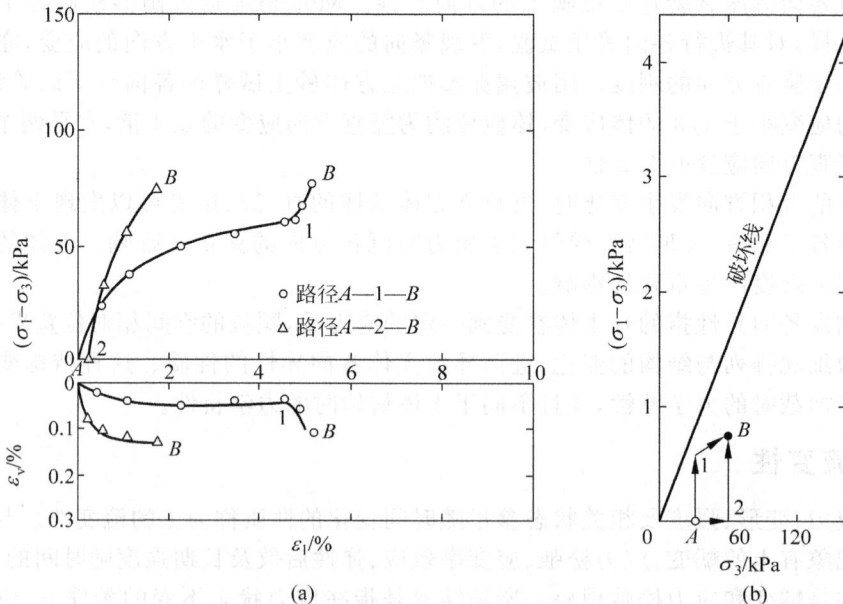

图 2-24　不同应力路径下 Monterey 松砂的应力-应变关系

(a) 应力-应变关系曲线；(b) 应力路径

参考文献

[1] TOWHATA I. Geotechnical earthquake engineering [M]. Berlin：Springer Science and Business Media，2008.

[2]　刘洋. 土力学基本原理及应用[M]. 北京：中国水利水电出版社,2016.

[3]　ROWE P W. The stress-dilatancy relation for static equilibrium of an assembly of particles in contact [C]// Proceedings of the Royal of London. Series A. Mathematical and Physical Sciences. London：[s. n.],1962,269：117-141.

[4]　SCHOFIELD A N. Disturbed soil properties and geotechnical design[M]. London：Thomas Telford Publishing,2005.

[5]　SCHOFIELD A N,WROTH C P. Critical state soil mechanics[M]. London：McGraw-Hill Book Company,1968.

[6]　TERZAGHI K. Theoretical soil mechanics[M]. New York：John and Wiley and Sons,1943.

[7]　TERZAGHI K,PECK R B,MESRI G. Soil mechanics in engineering practice[M]. 3rd ed. New York：John and Wiley and Sons,1996.

[8]　TOWHATA I,ISHIHARA K. Shear work and pore water pressure in undrained shear[J]. Soils and Foundations,1985,25(3)：73-84.

[9]　TERZAGHI K, RENDULIC L. Die wirksame flächenporosität des betons [J]. Zeitschrift des Osterreichischen Ingenieur-und Architekten-Vereines,1934,86：1-9.

[10]　LUONG M P. Stress-strain aspects of cohesionless soils under cyclic and transient loading[C]// Proc. ,Int. Symp. on Soils under Cyclic and Transient Loading. Rotterdam,The Netherlands：Balkema,1980,1：315-324.

[11]　中华人民共和国建设部. 建筑地基基础设计规范：GB 50007—2011[S]. 北京：中国建筑工业出版社,2011.

[12]　REYNOLDS O. On the dilatancy and media composed of rigid particles in contact with experimental observations[J]. Philosophical Magazine (Series 5),1885,20(127)：469-481.

[13]　HARUYAMA M. Drained deformation-strength characteristics of loose Shirasu (volcanic sandy soil) under three dimensional stresses[J]. Soils and Foundations,1985,25(1)：65-76.

[14]　JANBU N. Soil compressibility as determined by odometer and triaxial tests[C]//Proc. Europ. Conf. SMFE. Wiesbaden,Germany：[s. n.],1963,1：19-25.

[15]　TERZAGHI K. Die berechnung der durchassigkeitsziffer des tones aus dem verlauf der hydrod ynamischen spannungs. erscheinungen[J]. Sitzungsber. Akad. Wiss. Math. Naturwiss. Kl. Abt. 2A,1923,132：105-124.

[16]　BIOT M A,MAURICE. General theory of three-dimensional consolidation[J]. Journal of Applied Physics,1941,12(2)：155-164.

[17]　BIOT M A. Theory of propagation of elastic waves in a fluid-saturated porous soild：Ⅰ. Low-frequency range[J]. the Journal of the Acoustical Society of America,1956,28(2)：168-178.

[18]　BIOT M A. Theory of propagation of elastic waves in a fluid-saturated porous solid. Ⅱ. Higher frequency range[J]. the Journal of the Acoustical Society of America,1956,28(2)：179-191.

[19]　TAYLOR D W. Fundamentals of soil mechanics[M]. New York：Chapman And Hall,Limited. ,1948.

[20]　ROSCOE K H,SCHOFIELD A N,WROTH C P. On the yielding of soils[J]. Geotechnique,1958, 8(1)：22-53.

[21]　TOWHATA I, LIN C E. Microscopic observation of shear behavior of granular material[J]. Deformation Characteristics of Geomaterials,2003,1：113-118.

[22]　TATSUOKA F, ISHIHARA K. Yielding of sand in triaxial compression[J]. Soils and Foundations, 1974,14(2)：63-76.

[23]　RENDULIC L. Ein beitrag zur bestimmung der gleitsicherheit[J]. Der Bauingenieur, 1935, 16 (20)：230-233.

[24]　SCHOFIELD A, WROTH P. Critical state soil mechanics[M]. London：McGraw-Hill, 1968.

[25]　MOTOHISA H. Drained deformation-strength characteristics of loose shirasu(Volcanic Sandy Soil) under three dimensional stresses[J]. Soils and Foundations,1985,25(1)：65-76.

第 **3** 章

振动与波动基础

3.1 概述

3.1.1 振动的概念

质点或物体在外力的作用下,通过其平衡位置作往复运动,这种运动形式称为振动。振动是生产和生活中常见的物理现象。振动可以用位移与时间的关系曲线来表示。按照振动曲线是否具有重复性,可将振动分为周期性振动和非周期性振动。如果随着时间 t 的增长,时间-位移曲线出现重复的运动规律,那么这种运动被称为周期性振动,否则称为非周期性振动,如图 3-1 所示。

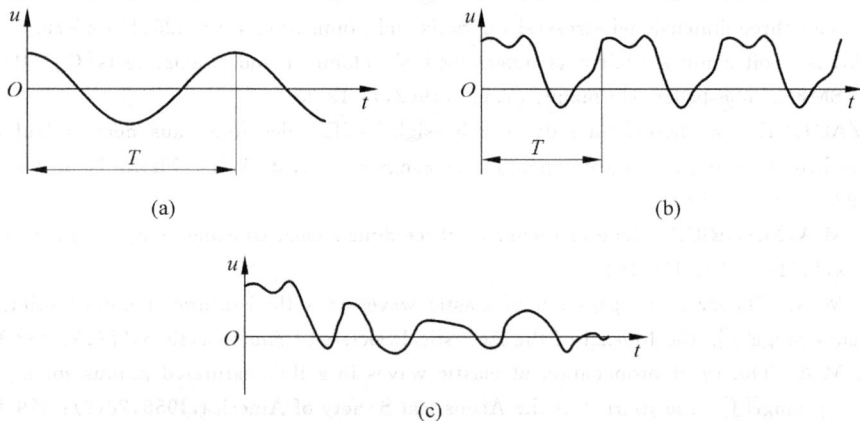

图 3-1 典型振动示意图

(a) 规则周期振动;(b) 不规则周期振动;(c) 非周期振动

运动规律重复出现的最短时间称为周期 T,单位时间内的运动周期称为频率 f,最大位移的绝对值称为振幅 u_0。如图 3-2 所示,当一个质点 A 沿着半径为 a 的圆周由初相位角 ε 处以 ω 的速率运动时,它在 y 轴上的投影 A' 点正好在圆心的上下两侧作往复运动,其运动规律可表示为

$$y(t) = a\cos(\omega t + \varepsilon) \tag{3-1}$$

圆频率 ω、工程频率 f 和周期 T 可表示为

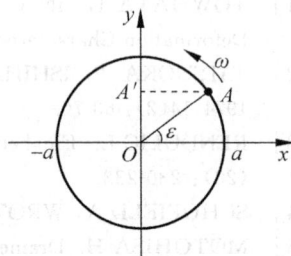

图 3-2 圆周上一点的运动规律

$$\omega = \frac{2\pi}{T}, \quad f = \frac{\omega}{2\pi}, \quad T = \frac{2\pi}{\omega} \tag{3-2}$$

由式(3-1),可以求得振动时的速度和加速度

$$\begin{cases} \dot{y}(t) = -a\omega\sin(\omega t + \varepsilon) = a\omega\cos\left(\omega t + \varepsilon + \frac{\pi}{2}\right) \\ \ddot{y}(t) = -a\omega^2\cos(\omega t + \varepsilon) = a\omega^2\cos(\omega t + \varepsilon + \pi) \end{cases} \tag{3-3}$$

最大加速度 $\ddot{y}_{max}$、振动惯性力的幅值 F_{max} 为

$$\begin{cases} \ddot{y}_{max} = a\omega^2 \\ \ddot{y}_{max} = \dfrac{4\pi^2}{T^2}a = 4\pi^2 af^2 \end{cases} \tag{3-4}$$

$$F_{max} = m\ddot{y}_{max} = 4\pi^2 maf^2 \tag{3-5}$$

振动过程中的总能量 W 为动能和弹性势能之和,即

$$W = \frac{1}{2}m\dot{y}^2(t) + \frac{1}{2}ky^2(t) = \frac{1}{2}ka^2\cos^2(\omega t + \varepsilon) + \frac{1}{2}ma^2\omega^2\sin^2(\omega t + \varepsilon) \tag{3-6}$$

式中,k 为弹性系数,也可称作刚度。

由于圆频率 $\omega^2 = k/m$,即 $k = m\omega^2$,故式(3-6)可写成

$$W = \frac{1}{2}ka^2[\cos^2(\omega t + \varepsilon) + \sin^2(\omega t + \varepsilon)] = \frac{1}{2}ka^2 = 2m\pi^2 a^2 f^2 \tag{3-7}$$

3.1.2　波动的概念

当振动由起振点向各个方向开始传播后,在某一时刻 τ,振动所达到各点的轨迹称为波前。如图 3-3 所示,振动相位相同的各点的轨迹称为波面,振动传播的方向称为波线,单位时间内振动传播的距离为波速 c,振动在一个周期 T 内传播的距离,即振动相位相同的两点间的最小距离称为波长 λ。如果用 $x = a\cos\omega t$ 表示振动中心 O 点处的振动规律,其中 x 为位移,a 为振幅,ω 为圆频率,t 为时间,且振动传至离振动中心为 r 处的点 A 时经过的时间为 T,则有 $\tau = r/c$。

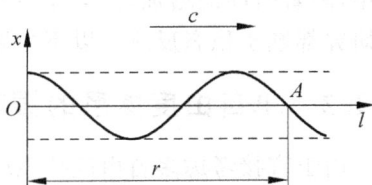

图 3-3　典型波动示意图

当 $\tau = T$ 时,$r = \lambda$,因此

$$T = \frac{\lambda}{c}, \quad \lambda = cT \tag{3-8}$$

考虑到上述关系,若振动传播过程中未发生衰减,则当波到达 A 点时,由于 A 点开始振动的时间比 O 点晚 τ,故 A 点处的振动为

$$x = a\cos\omega(t - \tau) \tag{3-9}$$

或写作

$$x = a\cos\left[\omega\left(t - \frac{r}{c}\right)\right] = a\cos\left(\omega t - \frac{\omega}{c}r\right) = a\cos\left(\omega t - 2\pi\frac{r}{\lambda}\right) \tag{3-10}$$

上式即为 x 方向上波传播的基本方程。

值得注意的是,波动是振动状态在介质中的传播,而不是质点的流动,质点不会随着波

的传播发生流动,而只在平衡位置附近发生振动,因此波的传播是振动状态的传播,且与传播介质的特性密切相关。

本章我们重点介绍振动和波动的相关知识,波动部分将结合土介质中的波动问题在第 5 章和第 6 章中详细介绍。

3.2　单自由度体系的振动

3.2.1　自由振动与受迫振动

自由振动是指体系在无外部干扰力的情况下发生的振动,如果有干扰力的作用,则称为受迫振动(或强迫振动)。自由振动体系和受迫振动体系都可依照体系是否考虑阻尼进行划分,分为有阻尼振动体系和无阻尼振动体系。

由于无阻尼自由振动体系的振幅不发生衰减,因此体系会在惯性力和弹性力的作用下保持振动。对于有阻尼的自由振动体系,其振幅将随振动时间的增长而发生衰减,阻尼越大,衰减越快。

对于有外部荷载作用的受迫振动体系,如果外荷载是一个周期荷载,其频率为 θ,则当此频率和振动体系的自由振动频率 ω 很接近或相同时,运动的振幅将随振次的增大而迅速增大,这就是常说的共振现象。在实际工程中,共振将导致振动幅度过大,这意味着土体的位移过大,因此在设计中应当避免发生共振。在无阻尼的理想条件下,共振的振幅理论上为无穷大。在有阻尼的情况下,虽然共振的振幅已经被大大削弱,但它仍对体系的安全性构成威胁。此外,在一般频率条件下,有阻尼体系作强迫振动时,阻尼的作用主要体现在瞬态反应中,随着时间的增加,振动体系趋于稳态振动。稳态振动是一种常见的运动形态,大多数的研究都基于稳态反应。以下主要对自由振动和受迫振动的稳态反应进行分析。

3.2.2　单自由度体系的振动方程

由于直接考虑多自由度体系较为复杂,而且多自由度体系问题有时可以简化为单自由度体系问题,因此下面先介绍单自由度体系的振动问题。

单自由度振动体系可由图 3-4(a)表示。图中质点的质量为 m,刚度系数为 k,阻尼为 c,杆件重量不计。假设在质点处施加一水平方向荷载 F,则质点将离开平衡位置,在水平方向作简谐运动,相对于平衡位置产生位移 u。质点的运动体系可以用图 3-4(b)表示。

下面根据达朗贝尔原理,建立单自由度体系的动力平衡方程。质点的受力如图 3-5 所示,作用于质点上的力包括弹性恢复力 F_S、阻尼力 F_D、惯性力 F_I 以及外荷载 F。

1. 弹性恢复力 F_S

由胡克定律可知,弹性力 F_S 的大小与质点位移 u 成正比,方向与位移方向正好相反,可表示为

$$F_S = -ku \tag{3-11}$$

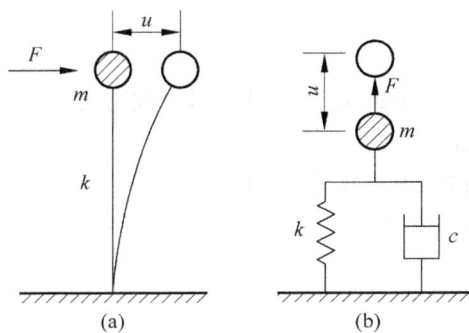

图 3-4　单自由度体系的振动

（a）单自由度体系的振动形式；（b）单自由度体系的运动模型

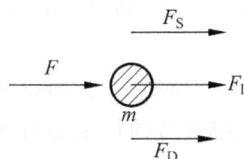

图 3-5　单自由度体系的受力分析

2. 阻尼力 F_D

阻尼力的大小与质点速度成正比,方向与速度 $\dot{u}$ 方向相反,可表示为

$$F_D = -c\dot{u} \tag{3-12}$$

3. 外荷载 F

外荷载 F 是直接作用在质点上的一个与时间 t 有关的动荷载,可表示为

$$F = m\ddot{u}_g \tag{3-13}$$

式中,$\ddot{u}_g$ 表示外荷载对体系作用的加速度。

4. 惯性力 F_I

惯性力是一种假想作用于质点上的力,其大小等于质量与加速度的乘积,与质点的位移成正比,方向与位移方向相反,可表示为

$$F_I = -m\ddot{u} \tag{3-14}$$

质点的动力平衡条件为

$$F_I + F_D + F_S + F = 0 \tag{3-15}$$

将式(3-11)~式(3-14)代入式(3-15),可得

$$m\ddot{u} + c\dot{u} + ku = m\ddot{u}_g \tag{3-16}$$

令自振频率为

$$\omega = \sqrt{k/m} \tag{3-17}$$

引入黏性阻尼比 $\zeta = c/c_r$,c_r 为临界阻尼系数,有

$$\zeta = \frac{c}{c_r} = \frac{c}{2\sqrt{km}} \tag{3-18}$$

则式(3-16)可写为

$$\ddot{u} + 2\zeta\omega\dot{u} + \omega^2 u = \ddot{u}_g \tag{3-19}$$

上式即为单自由度体系的动力平衡方程。

3.2.3 单自由度体系的自由振动

自由振动体系无外荷载作用,即 $F(t)=0$,因此 $\ddot{u}_g=0$,式(3-19)改写为

$$\ddot{u}+2\zeta\omega\dot{u}+\omega^2 u=0 \tag{3-20}$$

可以看出,该式实际上为齐次常微分方程,其解的形式如下:

$$u=A\,\mathrm{e}^{\alpha t} \tag{3-21}$$

式中,A 为常数,α 为特征方程的根。

式(3-20)的特征方程为

$$\alpha^2+2\zeta\omega\alpha+\omega^2=0 \tag{3-22}$$

特征方程的解为

$$\alpha_{1,2}=\frac{-2\zeta\omega\pm\sqrt{4\zeta^2\omega^2-4\omega^2}}{2}=-\zeta\omega\pm\omega\sqrt{\zeta^2-1} \tag{3-23}$$

由于特征值的解中含有根式,阻尼比的大小会影响根式的计算结果,以下将对阻尼比进行分类讨论。

1. 低阻尼体系

当 $\zeta<1$ 时,该体系为低阻尼体系。低阻尼体系中,特征方程的两个根(见式(3-23))均为复数,即

$$\alpha_{1,2}=-\zeta\omega\pm\mathrm{i}\omega\sqrt{1-\zeta^2} \tag{3-24}$$

此时微分方程的解为

$$u=\mathrm{e}^{-\zeta\omega t}(A_1\cos\omega_\mathrm{d}t+A_2\sin\omega_\mathrm{d}t) \tag{3-25}$$

式中,$\omega_\mathrm{d}=\omega\sqrt{1-\zeta^2}$;$A_1$、$A_2$ 为常数,可由初始条件确定。当 $t=0$ 时,初始位移 u_0 是给定的,而初速度为零,即

$$u\mid_{t=0}=u_0,\quad \dot{u}(t)\mid_{t=0}=0 \tag{3-26}$$

则有

$$A_1=u_0,\quad A_2=\frac{\zeta\omega u_0}{\omega_\mathrm{d}} \tag{3-27}$$

$$u=\mathrm{e}^{-\zeta\omega t}\left(u_0\cos\omega_\mathrm{d}t+\frac{\zeta\omega u_0}{\omega_\mathrm{d}}\sin\omega_\mathrm{d}t\right) \tag{3-28}$$

利用三角函数变换,上式写作

$$u=u_0\mathrm{e}^{-\zeta\omega t}\frac{\cos(\omega_\mathrm{d}t-\psi)}{\cos\psi} \tag{3-29}$$

式中,ψ 为相位角,其定义为

$$\tan\psi=\frac{\omega\zeta}{\omega_\mathrm{d}}=\frac{\zeta}{\sqrt{1-\zeta^2}} \tag{3-30}$$

式(3-29)是一个衰减函数,随着时间 t 的增加,位移幅值将逐渐减小。

2. 超阻尼体系(过阻尼体系)

当阻尼比 $\zeta>1$ 时,特征方程的两个根均为实数,即

$$\alpha_{1,2} = -\zeta\omega \pm \omega\sqrt{\zeta^2 - 1} \tag{3-31}$$

此时方程(3-22)的解为

$$u = u_0\frac{\omega_2}{\omega_2 - \omega_1}e^{-\omega_1 t} - u_0\frac{\omega_1}{\omega_2 - \omega_1}e^{-\omega_2 t} \tag{3-32}$$

式中，ω_1 和 ω_2 为两个参数，分别为

$$\omega_1 = \omega(\zeta - \sqrt{\zeta^2 - 1}) \tag{3-33}$$

$$\omega_2 = \omega(\zeta + \sqrt{\zeta^2 - 1}) \tag{3-34}$$

由式(3-32)可以看出，超阻尼体系的运动不再表现为振动，而是随着时间 t 的增大逐渐趋近于零。

3. 临界阻尼体系

临界阻尼体系指的是阻尼比 $\zeta = 1$ 的体系，此时特征方程有两个相等的实根，即

$$\alpha_{1,2} = -\omega \tag{3-35}$$

方程(3-22)的解为

$$u = (A_1 + A_2 t)e^{-\omega t} \tag{3-36}$$

式中，A_1、A_2 是需要由初始条件确定的两个常数。

由初始条件(3-26)，得到位移的解为

$$u = u_0(1 + \omega t)e^{-\omega t} \tag{3-37}$$

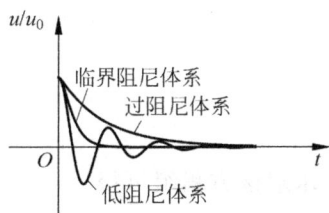

图 3-6　三种阻尼水平下单自由度
体系的自由振动情况

可以看出，此时的运动也不再呈振动形式，而是随着时间 t 的增加而趋于零。

三种阻尼水平下单自由度体系的自由振动如图 3-6 所示。

3.2.4　单自由度体系的受迫振动

受迫振动也称强迫振动，指外荷载持续作用于质点上时，体系发生的振动。在 3.2.3 节中，介绍了质点上无外荷载作用的情况，而在大多数动力问题分析中，常常存在外荷载。当有外荷载作用时，体系的振动特性将与自由振动的特性有所不同。

1. 简谐荷载

简谐荷载可表示为

$$F = F_0\sin\theta t \tag{3-38}$$

式中，θ 为外荷载的振动频率。

其动力平衡方程为

$$\ddot{u} + 2\zeta\omega\dot{u} + \omega^2 u = \frac{F_0}{m}\sin\theta t \tag{3-39}$$

由初始条件

$$u = u(0), \quad \dot{u} = \dot{u}(0) \tag{3-40}$$

可得式(3-39)的全解为

$$u(t) = e^{-\zeta\omega t}(A\cos\omega_d t + B\sin\omega_d t) + C\sin\theta t + D\cos\theta t \tag{3-41}$$

式中，$\omega_d = \omega\sqrt{1-\zeta^2}$；$A$、$B$、$C$、$D$ 为常数，可由初位移和初速度确定。

式(3-41)给出的位移解实际上包括瞬态反应(前两项)和稳态反应(后两项)两个部分，在振动片刻后，前者会迅速衰减至可忽略的水平，因此通常只考虑后者，下面对稳态反应进行详细分析。将稳态反应部分的位移解 $u(t) = C\sin\theta t + D\cos\theta t$ 代入式(3-39)，可得

$$[(\omega^2 - \theta^2)C - 2\zeta\omega\theta D]\sin\omega t + [2\zeta\omega\theta C + (\omega^2 - \theta^2)D]\cos\omega t = \frac{F_0}{m}\sin\theta t \tag{3-42}$$

由此可得

$$\begin{cases} (\omega^2 - \theta^2)C - 2\zeta\omega\theta D = \dfrac{F_0}{m} \\ 2\zeta\omega\theta C + (\omega^2 - \theta^2)D = 0 \end{cases} \tag{3-43}$$

由体系刚度系数 $k = \omega^2 m$，上式可写作

$$\begin{cases} \left(1 - \dfrac{\theta^2}{\omega^2}\right)C - 2\zeta\dfrac{\theta}{\omega}D = \dfrac{F_0}{k} \\ 2\zeta\dfrac{\theta}{\omega}C + \left(1 - \dfrac{\theta^2}{\omega^2}\right)D = 0 \end{cases} \tag{3-44}$$

求解该方程组可得

$$C = \frac{F_0}{k}\frac{1 - \theta^2/\omega^2}{(1 - \theta^2/\omega^2)^2 + (2\zeta\theta/\omega)^2} \tag{3-45}$$

$$D = \frac{F_0}{k}\frac{-2\zeta\theta/\omega}{(1 - \theta^2/\omega^2)^2 + (2\zeta\theta/\omega)^2} \tag{3-46}$$

由此得到简谐荷载作用下有阻尼体系的稳态反应为

$$u(t) = \frac{F_0}{k}\frac{[1 - (\theta^2/\omega^2)]\sin\theta t - (2\zeta\theta/\omega)\cos\theta t}{(1 - \theta^2/\omega^2)^2 + (2\zeta\theta/\omega)^2} \tag{3-47}$$

由三角函数变换，可将上式改写为

$$u = u_0\sin(\theta t - \psi) \tag{3-48}$$

式中，u_0 为位移振幅，即

$$u_0 = \frac{F_0}{k}\frac{1}{\sqrt{(1 - \theta^2/\omega^2)^2 + (2\zeta\theta/\omega)^2}} \tag{3-49}$$

相位角 ψ 表示为

$$\tan\psi = \frac{c\theta/k}{1 - m\theta^2/k} \tag{3-50}$$

有时为了将动力特性与静力特性进行比较，需要计算动力放大系数。动力放大系数可由荷载频率为零的条件得到，即令 $\theta = 0$，此时静位移 u_{st} 为

$$u_{st} = \frac{F_0}{k} \tag{3-51}$$

则动力放大系数为

$$\beta = \frac{u_0}{u_{st}} = \frac{1}{\sqrt{(1 - \theta^2/\omega^2)^2 + (2\zeta\theta/\omega)^2}} \tag{3-52}$$

由于体系的质量 m 常可忽略，则位移幅值和相位角可写为

$$u_0 \mid_{m=0} = \frac{F_0/k}{\sqrt{1+(c\theta/k)^2}} \tag{3-53}$$

$$\tan\psi \mid_{m=0} = \frac{c\theta}{k} \tag{3-54}$$

不同阻尼比的体系动力放大系数与频比的关系如图 3-7 所示，相位角与频比的关系如图 3-8 所示。

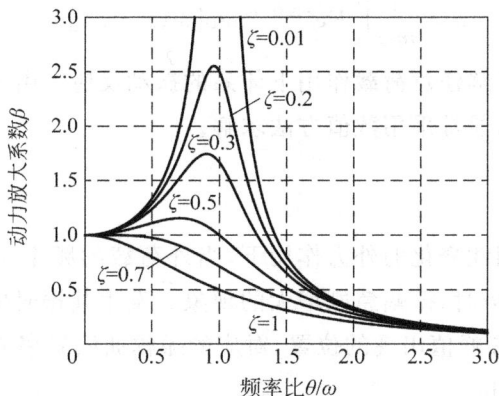

图 3-7　不同阻尼水平下的动力放大系数

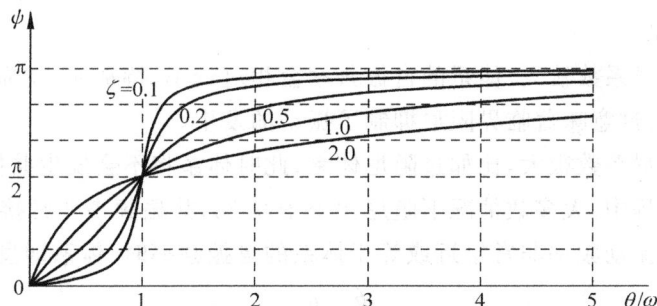

图 3-8　单自由度体系受迫振动发生位移的相位角

2．任意荷载（杜哈梅积分）

图 3-9 所示为任意荷载的时程曲线，对荷载 $F(t)$ 在时域内进行微分，$F(t)$ 就可分为无数个脉冲，每个脉冲的作用时间为 $\mathrm{d}\tau$。显然，在任意时刻 τ，大小为 $F(t)\mathrm{d}\tau$ 的脉冲反应为 $[F(t)\mathrm{d}\tau]h(t-\tau)$，其中 $h(t-\tau)$ 为单位脉冲反应函数，它表示体系在单位脉冲量作用时的反应，其表达式为

$$h(t-\tau) = u(t) = \frac{1}{m\omega_\mathrm{d}}\mathrm{e}^{-\zeta\omega(t-\tau)}\sin[\omega_\mathrm{d}(t-\tau)], \quad t \geqslant \tau \tag{3-55}$$

体系在时刻 t 的反应为从荷载开始作用到 t 时刻时所有脉冲反应之和，即

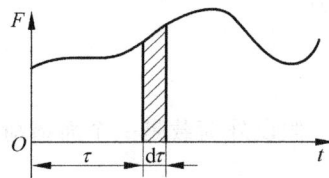

图 3-9　任意荷载的时程曲线

$$u(t) = \int_0^t F(\tau) h(t-\tau) \mathrm{d}\tau \tag{3-56}$$

上式为任意荷载作用下线性动力体系的解,通常称作卷积积分。

将单位脉冲响应函数式(3-55)代入卷积积分,可得

$$u = \frac{1}{m\omega_{\mathrm{d}}} \int_0^t F \mathrm{e}^{-\zeta\omega(t-\tau)} \sin[\omega_{\mathrm{d}}(t-\tau)] \mathrm{d}\tau \tag{3-57}$$

上式即为杜哈梅积分式。当阻尼比很小,即 $\zeta \ll 1$ 时,上式变为

$$u = \frac{1}{m\omega} \int_0^t F \mathrm{e}^{-\zeta\omega(t-\tau)} \sin[\omega(t-\tau)] \mathrm{d}\tau \tag{3-58}$$

由杜哈梅积分可以求解任意荷载作用下体系的振动反应。由于式(3-58)的形式十分复杂,一般不考虑其解析解,通常采用数值方法求解。

3. 共振

共振是振动体在周期性变化的外力作用下,当外荷载的频率与振动体系的固有频率很接近或相等,或等于整数倍时,振幅急剧增大的现象。发生共振时体系的振幅处于峰值。由图 3-7 可以看出,位移振幅峰值出现的位置,对应的振幅曲线斜率为零,即

$$\frac{\mathrm{d}u_0}{\mathrm{d}\theta} = 0: \frac{\theta}{\omega} = \sqrt{1-2\zeta^2} \Rightarrow \theta = \omega\sqrt{1-2\zeta^2} \tag{3-59}$$

如果体系的阻尼系数很小,当荷载的振动频率非常接近体系自振频率时,位移振幅为最大,即发生共振现象。

如果体系的阻尼系数较大,体系的自振频率会相对较小,特别地,在临界阻尼水平下,体系的自振频率为零,这意味着临界阻尼抑制了振动的发生。

如果体系的阻尼系数很大,比如过阻尼体系,此时体系将不会发生共振。

由于在土木工程中,大多数情况下阻尼比小于 0.25,共振频率非常接近自振频率,因此可以认为当荷载的振动频率非常接近或等于体系的自振频率时,体系即发生共振,即

$$\theta = \omega \tag{3-60}$$

共振时的动力放大系数为

$$\beta = \frac{1}{2\zeta\sqrt{1-\zeta^2}} \tag{3-61}$$

4. 耗散功

下面分析一个完整振动周期内的能量耗散情况。外荷载 F 在一个振动周期内做的功为

$$W = \int_{\omega t=0}^{2\pi} F \frac{\mathrm{d}u}{\mathrm{d}t} \mathrm{d}t \tag{3-62}$$

假设外荷载是一个简谐荷载,将式(3-38)和式(3-48)代入上式可得

$$W = \pi F_0 u_0 \sin\psi \tag{3-63}$$

定义能量耗散率 D 为单位时间内的能量耗散,由于一个周期 T 的时间为 $2\pi/\theta$,则

$$D = \frac{W}{T} = \frac{1}{2} F_0 u_0 \theta \sin\psi \qquad (3\text{-}64)$$

可以看出,能量的耗散速度与荷载的大小、位移幅值以及频率有关。将位移幅值 u_0 和相位角 ψ 的表达式(3-53)式(3-54)代入式(3-63),则有

$$W = \pi c \theta u_0^2 \qquad (3\text{-}65)$$

特别地,在静力条件下,即 $\theta = 0$ 时,或不考虑阻尼,即 $c = 0$ 时,无能量耗散,体系的运动不发生衰减。但是,当荷载频率 θ 非常大时,并不一定意味着能量的耗散会非常快,因为在高频条件下,体系的位移幅值 u_0 将会非常小,图 3-7 可以说明这一点。

3.3 多自由度体系的振动

前面讨论的是单自由度体系的振动问题,对于多层建筑、地基、土坝等研究对象,往往视为多自由度体系。多自由度体系的振动特性与单自由度体系有所不同。下面首先对两自由度体系进行分析,进而扩展到 n 个自由度体系的一般情况。

3.3.1 两自由度体系的振动方程

图 3-10 所示的两自由度体系中,两质点的质量分别为 m_1、m_2,侧向刚度分别为 k_1、k_2,阻尼系数分别为 c_1、c_2,两质点由不计重力的杆件支撑在刚性地面上。

当发生振动时,两质点离开平衡位置发生位移,位移量分别为 u_1 和 u_2。如图 3-11 所示,作用于两质点的力包括弹性力、阻尼力、惯性力和外荷载。将体系视为线性结构,弹性力的大小与质点刚度和质点位移成正比。值得注意的是,此时 m_1 的受力不仅与连接地面和 m_1 的杆件有关,还与连接 m_1 和 m_2 的杆件有关,则弹性恢复力为

$$F_{S1} = F'_{S1} + F''_{S1} = k_1 u_1 + k_2 (u_1 - u_2) \qquad (3\text{-}66)$$

$$F_{S2} = k_2 (u_2 - u_1) \qquad (3\text{-}67)$$

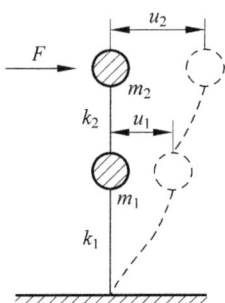

图 3-10 两自由度体系的振动情况　　　图 3-11 两自由度体系的受力分析

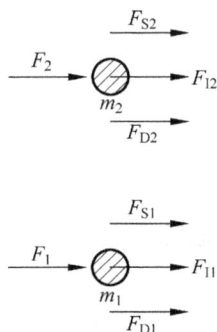

阻尼力与阻尼系数和质点速度有关,即

$$F_{D1} = c_1 \dot{u} + c_2 (\dot{u}_1 - \dot{u}_2) \qquad (3\text{-}68)$$

$$F_{D2} = c_2 (\dot{u}_2 - \dot{u}_1) \qquad (3\text{-}69)$$

惯性力与质量和加速度有关,即

$$F_{I1} = m_1 \ddot{u}_1 \tag{3-70}$$

$$F_{I2} = m_2 \ddot{u}_2 \tag{3-71}$$

假设外荷载使体系产生大小为 $\ddot{u}_g$ 的加速度,则作用于 m_1 和 m_2 上的外荷载表示为

$$F_1 = m_1 \ddot{u}_g \tag{3-72}$$

$$F_2 = m_2 \ddot{u}_g \tag{3-73}$$

根据体系的受力平衡,可得两自由度体系的动力平衡方程式为

$$m_1 \ddot{u}_1 + c_1 \dot{u}_1 + c_2 (\dot{u}_1 - \dot{u}_2) + k_1 u_1 + k_2 (u_1 - u_2) = -m_1 \ddot{u}_g \tag{3-74}$$

$$m_2 \ddot{u}_2 + c_2 (\dot{u}_2 - \dot{u}_1) + k_2 (u_2 - u_1) = -m_2 \ddot{u}_g \tag{3-75}$$

上两式不是独立的两个方程,需要将其联立求解才能确定位移反应。

3.3.2 多自由度体系的振动方程

对于多自由度体系,体系中有 n 个质点,若将式(3-74)和式(3-75)改写为矩阵形式,则有

$$\begin{pmatrix} m_1 & 0 \\ 0 & m_2 \end{pmatrix} \begin{pmatrix} \ddot{u}_1 \\ \ddot{u}_2 \end{pmatrix} + \begin{pmatrix} c_1 + c_2 & -c_2 \\ -c_2 & c_2 \end{pmatrix} \begin{pmatrix} \dot{u}_1 \\ \dot{u}_2 \end{pmatrix} + \begin{pmatrix} k_1 + k_2 & -k_2 \\ -k_2 & k_2 \end{pmatrix} \begin{pmatrix} \dot{u}_1 \\ \dot{u}_2 \end{pmatrix} = -\begin{pmatrix} m_1 & 0 \\ 0 & m_2 \end{pmatrix} \begin{pmatrix} 1 \\ 1 \end{pmatrix} \ddot{u}_g$$

$$\tag{3-76}$$

引入以下几个符号,分别为位移向量

$$\boldsymbol{u} = \begin{pmatrix} u_1 \\ u_2 \end{pmatrix} \tag{3-77}$$

速度向量

$$\dot{\boldsymbol{u}} = \begin{pmatrix} \dot{u}_1 \\ \dot{u}_2 \end{pmatrix} \tag{3-78}$$

加速度向量

$$\ddot{\boldsymbol{u}} = \begin{pmatrix} \ddot{u}_1 \\ \ddot{u}_2 \end{pmatrix} \tag{3-79}$$

单位向量

$$\boldsymbol{l} = \begin{pmatrix} 1 \\ 1 \end{pmatrix} \tag{3-80}$$

体系的质量矩阵

$$\boldsymbol{M} = \begin{pmatrix} m_1 & 0 \\ 0 & m_2 \end{pmatrix} \tag{3-81}$$

体系的阻尼矩阵

$$\boldsymbol{C} = \begin{pmatrix} c_1 + c_2 & -c_2 \\ -c_2 & c_2 \end{pmatrix} \tag{3-82}$$

体系的刚度矩阵

$$\boldsymbol{K} = \begin{pmatrix} k_1 + k_2 & -k_2 \\ -k_2 & k_2 \end{pmatrix} \tag{3-83}$$

这样,式(3-76)可写作

$$M\ddot{u} + C\dot{u}_1 + Ku = -Ml\ddot{u}_g = F \tag{3-84}$$

于是可以将两自由度体系扩展到 n 个质点的多自由度体系,只需将位移向量、质量矩阵写为

$$u = \begin{Bmatrix} u_1 \\ u_2 \\ \vdots \\ u_n \end{Bmatrix} \tag{3-85}$$

$$M = \begin{bmatrix} m_1 & & & \\ & m_2 & & \\ & & \ddots & \\ & & & m_n \end{bmatrix} \tag{3-86}$$

单位向量与刚度矩阵为

$$l = \begin{Bmatrix} 1 \\ 1 \\ \vdots \\ 1 \end{Bmatrix} \tag{3-87}$$

$$K = \begin{bmatrix} k_1 + k_2 & -k_2 & & & & \\ -k_2 & k_2 + k_3 & -k_3 & & & \\ & -k_3 & k_3 + k_4 & -k_4 & & \\ & & & \cdots & & \\ & & & & \cdots & -k_n \\ & & & & -k_n & k_n \end{bmatrix} \tag{3-88}$$

在实际的计算分析中,由于振动体系的阻尼难以精确地确定,所以通常假设阻尼与刚度和质量有关,即为 Rayleigh 阻尼的形式,故阻尼矩阵可写作

$$C = \alpha_0 M + \alpha_1 K \tag{3-89}$$

式中, α_0 和 α_1 为由试验方法确定的系数。

将式(3-85)～式(3-89)代入式(3-84),就可以得到多自由度体系的振动方程。

3.4　滞变阻尼

黏性阻尼由于在建立运动方程和求解时的方便性,在工程中得到广泛应用,但它也存在一个严重的缺陷,即黏性阻尼的能量耗散与激振频率有关,这与试验结果不符。试验结果表明,阻尼力或其耗能与频率基本无关。为此,人们提出了滞变阻尼理论。滞变阻尼是指阻尼力大小与位移幅值成正比,与速度同相。滞变阻尼有三种定义形式,三种形式对应的阻尼力分别为

$$F_D = \eta k \mid u(t) \mid \frac{\dot{u}(t)}{\mid \dot{u}(t) \mid} \tag{3-90}$$

$$F_D = i\eta k u(t) \tag{3-91}$$

$$F_D = \frac{\eta k}{\theta}\dot{u}(t) \tag{3-92}$$

式中,η 为滞变阻尼参数。

第一种形式是直接根据滞变阻尼定义得来的,第二种形式是复数形式的滞变阻尼力,第三种形式是以与构造频率无关的阻尼为出发点得来的。由于第一种形式的阻尼与实际结果相差较大,而第三种形式的阻尼力中含有与外荷载频率相关的项,因而其时域内的运动方程将出现与荷载频率相关的部分,不易理解,特别是外荷载为任意的动荷载时,因此下面对第二种形式进行介绍。第二种滞变阻尼的表达式 $c = i\eta k$ 也称为复阻尼,在复阻尼理论中,阻尼 c 与刚度 k 合在一起构成复刚度,即

$$\widetilde{K} = (1+i\eta)k \tag{3-93}$$

假设体系受简谐荷载作用,则质点的运动方程可写为

$$m\ddot{u} + \widetilde{K}u = F_0 e^{i\omega t} \tag{3-94}$$

若不考虑瞬态反应,则运动方程(3-94)的稳态解为

$$u(t) = U e^{i\omega t} \tag{3-95}$$

式中,U 是一个复数。加速度为

$$\ddot{u}(t) = -\omega^2 U e^{i\omega t} \tag{3-96}$$

将式(3-95)、式(3-96)代入式(3-94),可得

$$(-m\omega^2 + \widetilde{K})U e^{i\omega t} = F_0 e^{i\omega t} \tag{3-97}$$

由此可以解得

$$U = \frac{F_0}{k} \frac{1-(\theta/\omega)^2 - i\eta}{1-(\theta/\omega)^2 + \eta^2} \tag{3-98}$$

则稳态反应的位移解为

$$u(t) = \frac{F_0}{k} \frac{1-(\theta/\omega)^2 - i\eta}{1-(\theta/\omega)^2 + \eta^2} e^{i\omega t} \tag{3-99}$$

上式可以改写成以下形式:

$$u(t) = u_0 e^{i(\omega t - \psi)} \tag{3-100}$$

式中,

$$u_0 = \frac{F_0}{k} \frac{1}{\sqrt{(1-\theta^2/\omega^2)^2 + \eta^2}} \tag{3-101}$$

相位角 ψ 为

$$\psi = \arctan \frac{\eta}{1-\theta^2/\omega^2} \tag{3-102}$$

特别地,不考虑体系质量时,位移幅值和相位角分别为

$$u_{0|m=0} = \frac{F_0}{k} \frac{1}{\sqrt{1+\eta^2}} \tag{3-103}$$

$$\psi = \arctan\eta \tag{3-104}$$

3.5　时域和频域分析

时域分析主要用于研究体系随着时间变化的反应过程。在前面介绍的杜哈梅积分就是一种求解任意荷载响应的时域分析方法。用时域分析法分析和研究系统的动态特性和稳态误差最为直观和准确,但是,用解析方法求解高阶系统的时域响应往往十分困难。此外,由于高阶系统的结构和参数与系统动态性能之间没有明确的函数关系,因此不易看出系统参数变化对系统动态性能的影响。

频域分析可以通过系统在不同频率的输入作用下的稳态响应来研究体系的反应。它是以输入信号的频率为变量,在频率域研究系统的结构参数与性能的关系。其优点在于可以简化复杂的微分方程,使求解变得可行。

常用的时域分析法主要有振型叠加法、逐步积分法等。常用的频域分析法主要是Fourier 变换法,下面对这几种方法进行简要介绍。

3.5.1　振型叠加法

振型叠加法也称振型分析法,该方法可以避免联立求解多自由度体系的 n 个耦联方程,可直接估算最大反应。其基本思路如下:

(1) 经验表明,结构的阻尼对自振频率几乎无影响,因此可以根据无阻尼的多自由度体系振动方程和质点作简谐运动的位移表达式,求解各质点的自振频率和振型振幅。

(2) 利用振动体系的正交性,即对应于不同自振频率的振型关于质量矩阵和刚度矩阵正交,并进一步假设阻尼矩阵也满足这个性质,就可以将耦联的多自由度体系的振动方程解耦为 n 个独立的常微分方程。

(3) 引入振型位移(或称作广义坐标),通过求解各振型位移后,就可以求得各振型相应的质点实际位移。将各个振型叠加,即可计算各质点的总位移,进而求解应力。

3.5.2　逐步积分法

逐步积分法也是一种时域分析方法,应用逐步积分法可以不求体系的自振频率,而直接解出各时刻的位移和应力。逐步积分法主要有中心差分法、平均常加速度法、线性加速度法、Newmark-β 法和 Wilson-θ 法,下面对比较典型的中心差分法进行介绍。

中心差分方法用有限差分代替位移对时间的求导(即速度和加速度)。如果采用等步长,$\Delta t_i = \Delta t$,则 i 时刻速度和加速度的中心差分近似为

$$\dot{u}_i = \frac{u_{i+1} - u_{i-1}}{2\Delta t} \tag{3-105}$$

$$\ddot{u}_i = \frac{u_{i+1} - 2u_i + u_{i-1}}{\Delta t^2} \tag{3-106}$$

振动方程(3-16)的差分形式为

$$m\frac{u_{i+1} - 2u_i + u_{i-1}}{\Delta t^2} + c\frac{u_{i+1} - u_{i-1}}{2\Delta t} + ku_i = F \tag{3-107}$$

即

$$\left(\frac{m}{\Delta t^2}+\frac{c}{2\Delta t}\right)u_{i+1}=F_i-\left(k-\frac{2m}{\Delta t^2}\right)u_i-\left(\frac{m}{\Delta t^2}-\frac{c}{2\Delta t}\right)u_{i-1} \tag{3-108}$$

对于多自由度体系，质量、阻尼和刚度用矩阵形式表示，有

$$\left(\frac{1}{\Delta t^2}\boldsymbol{M}+\frac{1}{2\Delta t}\boldsymbol{C}\right)\boldsymbol{u}_{i+1}=\boldsymbol{F}_i-\left(\boldsymbol{K}-\frac{2}{\Delta t^2}\boldsymbol{M}\right)\boldsymbol{u}_i-\left(\frac{1}{\Delta t^2}\boldsymbol{M}-\frac{1}{2\Delta t}\boldsymbol{C}\right)\boldsymbol{u}_{i-1} \tag{3-109}$$

则速度和加速度可写为

$$\dot{\boldsymbol{u}}=\frac{1}{2\Delta t}(\boldsymbol{u}_{i+1}-\boldsymbol{u}_{i-1}) \tag{3-110}$$

$$\ddot{\boldsymbol{u}}=\frac{1}{\Delta t^2}(\boldsymbol{u}_{i+1}-2\boldsymbol{u}_i+\boldsymbol{u}_{i-1}) \tag{3-111}$$

中心差分法的计算步骤可概括如下：

（1）初始条件的处理。如果直接套用公式，在 $i=1$ 时，将会出现 u_{-1} 的形式，无法迭代计算，因此作如下定义：

$$u_{-1}=u_0-\Delta t\dot{u}_0+\frac{\Delta t^2}{2}\ddot{u}_0 \tag{3-112}$$

$$\ddot{u}_0=\frac{1}{m}(F_0-c\dot{u}_0-ku_0) \tag{3-113}$$

（2）计算等效刚度 $\hat{k}$ 和中心差分计算公式（3-108）中的系数，即

$$\hat{k}=\frac{m}{\Delta t^2}+\frac{c}{2\Delta t} \tag{3-114}$$

$$a=k-\frac{2m}{\Delta t^2} \tag{3-115}$$

$$b=\frac{m}{\Delta t^2}-\frac{c}{2\Delta t} \tag{3-116}$$

（3）根据式（3-110）、式（3-111），计算 $i+1$ 时刻的运动。

（4）以 $i+1$ 代替 i，重复步骤（2）、（3），直至振动结束。

从中心差分法给出的逐步积分公式可以看出，时域逐步积分方法的基本思路就是将输入的时程分割成许多微小的时间间隔 Δt，构造某一时刻及前一时刻的运动，推算下一时刻运动的递推公式，即设体系在 t_i 及 t_{i+1} 以前时刻的运动已知，求 t_{i+1} 时刻的运动。

3.5.3 Fourier 变换法简介

Fourier 变换定义为

$$\text{正变换：}\quad U(\theta)=\int_{-\infty}^{+\infty}u(t)\mathrm{e}^{-i\theta t}\mathrm{d}t \tag{3-117}$$

$$\text{逆变换：}\quad u(t)=\frac{1}{2\pi}\int_{-\infty}^{+\infty}U(\theta)\mathrm{e}^{i\theta t}\mathrm{d}\theta \tag{3-118}$$

式中，θ 表示荷载频率。Fourier 变换法的基本思想可概括如下：

（1）对外荷载 $F(t)$ 作 Fourier 变换，得到荷载的 Fourier 谱 $F(\theta)$：

$$F(t)\xrightarrow{\text{FT}}F(\theta) \tag{3-119}$$

（2）根据外荷载的 Fourier 谱 $F(\theta)$ 和复频反应函数 $H(i\theta)$，得到结构反应的频域解——Fourier 谱 $U(\theta)$：

$$U(\theta) = H(i\theta)F(\theta) \tag{3-120}$$

（3）应用 Fourier 逆变换，由频域解 $U(\theta)$ 得到时域解 $u(t)$：

$$U(\theta) \xrightarrow{\text{FT}} u(t) \tag{3-121}$$

式中，$U(\theta)$ 为位移量在频域内的结果。

以单自由度体系为例，速度和加速度的 Fourier 变换为

$$\int_{-\infty}^{+\infty} \dot{u}(t)\mathrm{e}^{-i\theta t}\mathrm{d}t = i\theta U(\theta) \tag{3-122}$$

$$\int_{-\infty}^{+\infty} \ddot{u}(t)\mathrm{e}^{-i\theta t}\mathrm{d}t = -\theta^2 U(\theta) \tag{3-123}$$

对时域内运动方程两边同时进行 Fourier 正变换，得其频域内运动方程

$$-\theta^2 U(\theta) + 2i\zeta\theta\omega U(\theta) + \omega^2 U(\theta) = \frac{1}{m}F(\theta) \tag{3-124}$$

式中，$F(\theta)$ 是 Fourier 变换后外荷载的结果。

单自由度体系运动的频域解为

$$U(\theta) = H(i\theta)F(\theta) \tag{3-125}$$

$$H(i\theta) = \frac{1}{k}\left[\frac{1}{[1-(\theta/\omega)^2]+i[2\zeta(\theta/\omega)]}\right] \tag{3-126}$$

再利用 Fourier 逆变换，即得到体系在时域内的位移解为

$$u(t) = \frac{1}{2\pi}\int_{-\infty}^{+\infty} H(i\theta)F(\theta)\mathrm{e}^{i\theta t}\mathrm{d}\theta \tag{3-127}$$

关于频域和时域分析方法的应用将在第 10 章土体动力反应分析中详细介绍。

参考文献

［1］　谢定义. 土动力学［M］. 北京：高等教育出版社，2001.

［2］　刘晶波，杜修力. 结构动力学［M］. 北京：机械工业出版社，2005.

［3］　乔布拉，A K. 结构动力学：理论及其在地震工程中的应用［M］. 谢礼立，译. 4 版. 北京：高等教育出版社，2016.

［4］　周健. 土动力学理论与计算［M］. 北京：中国建筑工业出版社，2001.

［5］　钱家欢，殷宗泽. 土工原理与计算［M］. 2 版. 北京：中国水利水电出版社，1996.

［6］　VERRUIJT A，VAN BAARS S. Soil mechanics［M］. Delft，the Netherlands：VSSD，2007.

［7］　VERRUIJT A. Soil dynamics［M/OL］. (2004)［2019-03-01］. http://geo. verruijt. net.

第4章
土体在典型动力荷载作用下的应力状态

4.1 概述

在土动力学的研究中,动力荷载(动力荷载也简称动荷载)通常可以分为三种类型:脉冲型、周期型和随机型。下面介绍这三类动力荷载的特点。

1. 脉冲型的荷载

图 4-1 所示为一种作用时间短而强度较大的单调脉冲荷载,其作用力上升很快,如爆炸、强夯引起的冲击荷载。

2. 多次往复型的周期荷载

由周期作用的外力或机器振动产生的循环往复荷载如图 4-2 所示,其振幅一般较小,作用时间较长,频率因荷载而异,如动力基础的振动、交通荷载、波浪荷载等。

3. 随机型荷载

随机型荷载主要是由地震等引起的无规律的有限往复作用的荷载,如图 4-3 所示,其作用周期和振幅不断变化。

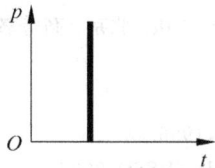

图 4-1　单调脉冲荷载示意图　　图 4-2　周期荷载示意图　　图 4-3　随机型荷载示意图

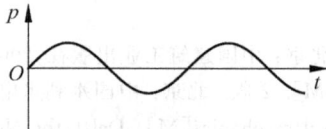

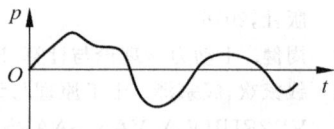

在上述各类动荷载中,对于地震荷载、交通荷载和波浪荷载研究较多,这是三种典型的荷载形式。当地震活动较为剧烈时,地震荷载往往会带来较大的破坏作用。交通荷载作用引起的路基沉降变形问题也是目前的热门问题,比如车辆行驶于高速公路、列车行驶于轨道上,包括飞机在跑道上起降时,对地面造成的振动和沉降,都是值得关注的问题。而随着海上设施的不断建设和对海洋开发的不断深入,波浪荷载对海床的作用也逐渐得到重视。本章将详细分析在这三种典型荷载作用下土体的应力状态及应力路径。

4.2　地震荷载作用下的土体应力状态

4.2.1　地震荷载

地震发生时,由震源向四周传播的弹性波称为地震波。地震波分为纵波(或称压缩波)、横波(或称剪切波)和面波(详见第 5 章)。其中,纵波就是纵向振动传播的波,其传播方向与质点振动方向一致;横波就是横向振动传播的波,其传播方向与质点振动方向垂直。纵波和横波都在岩土体内部传播,称为体波,而面波只在岩层分界面或地表传播。一般情况下,地震波按传播速度从快到慢排序为:纵波、横波、面波。由于地震时地面的晃动主要由体波引起,因此下面主要考虑半无限空间中纵波产生的压应力以及横波引起的剪应力(见图 4-4)。

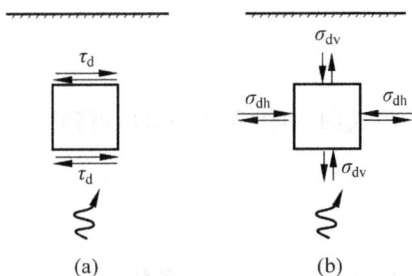

图 4-4　体波对单元土体的作用力示意图
(a) 横波产生的剪应力;(b) 纵波产生的压应力

4.2.2　压缩波在半无限场地中产生的应力

压缩波在自震源向地表传播过程中会产生垂直方向和水平方向的正应力。假定地表为水平,地基土为理想弹性体,并且土体在水平方向上不发生侧向变形,而只在一个方向即垂直方向上发生变形,这样问题可简化为一维问题。水平正应力与垂直正应力的关系如下:

$$\frac{\sigma_{dh}}{\sigma_{dv}} = \frac{\mu}{1-\mu} \tag{4-1}$$

显然水平正应力与竖直正应力的比值取决于泊松比。假设土体饱和,根据线弹性理论,泊松比与体积模量 K 和剪切模量 G 的关系为

$$\mu = \frac{1}{2}\frac{3K-2G}{3K+G} \tag{4-2}$$

体积模量 K 反映的是应力和体应变的关系,其定义为

$$K = \frac{\sigma}{\dfrac{\Delta V_b}{V}} \tag{4-3}$$

式中,σ 为土体受到的总应力;ΔV_b 表示土骨架的体积变化。

对于总应力 σ,有效应力原理指出,饱和土体内任意平面上受到的总应力为有效应力 σ' 和孔隙水压力 p 之和,即

$$\sigma = \sigma' + p \tag{4-4}$$

假定当外力作用时,土骨架体积变化和孔隙水体积变化无耦合作用,这两个变形可以分别考虑。一方面,有效应力下土骨架的体积变化可表示为

$$\Delta V_b = C_b \sigma' V \tag{4-5}$$

式中,ΔV_b 表示土骨架的体积变化;C_b 为土骨架的体积压缩系数;V 为土骨架的体积。

另一方面,孔隙水体积的变化由孔隙水压力所致,其表达式为

$$\Delta V_w = C_f p n V \tag{4-6}$$

式中，ΔV_w 表示水的体积变化；C_f 为水的压缩系数；n 为孔隙率；nV 表示水的体积。

在地震荷载作用下，土体来不及排水，因此可视为不排水条件，忽略土颗粒本身的压缩变形，此时土骨架体积变化等于孔隙水体积的变化，即

$$\Delta V_b = \Delta V_w \tag{4-7}$$

由式（4-4）～式（4-6），可得

$$\frac{\Delta V_b}{V} = \frac{nC_f}{1 + \dfrac{nC_f}{C_b}} \sigma \tag{4-8}$$

将式（4-8）代入式（4-3），得到

$$K = \frac{1 + \dfrac{nC_f}{C_b}}{nC_f} \tag{4-9}$$

由 Skempton 孔压系数

$$B = \frac{1}{1 + \dfrac{nC_f}{C_b}} \tag{4-10}$$

则体积模量可表示为

$$K = \frac{1}{nC_f B} \tag{4-11}$$

将其代入式（4-2），得到饱和土的泊松比表达式

$$\mu = \frac{1}{2} \frac{3 - 2GnC_f B}{3 + GnC_f B} \tag{4-12}$$

整理得

$$\mu = \frac{1}{2}\left(1 - nGC_f \frac{3}{3 + GnC_f B}\right) \tag{4-13}$$

对于饱和软土，由于其体积压缩系数非常大，远远大于水的体积压缩系数，则 $C_f C_b \approx 0$，即 $B \approx 1$。另外，由于软土的剪切模量很小，因此式（4-13）中 GnC_f 也很小，则有 $3/(3 + GnC_f B) \approx 1$，因此，饱和软土的泊松比可近似为

$$\mu = \frac{1}{2}(1 - nGG_f) \tag{4-14}$$

将式（4-14）代入式（4-1），可以得到

$$\frac{\sigma_{dh}}{\sigma_{dv}} = 1 - 2nGC_f \tag{4-15}$$

泊松比 μ 以及应力比 σ_{dh}/σ_{dv} 随 G 变化的关系如图 4-5 所示（假定 C_f 为 $48 \times 10^{-5}/\text{MPa}$），由图中可以看到，对于饱和软黏土，当剪切模量较小时（如 $G \leqslant 50\text{kPa}$），$\sigma_{dh}/\sigma_{dv} \approx 1$，即压缩波在传播过程中产生的水平方向上的正应力 σ_{dh} 与垂直方向上的正应力 σ_{dv} 几乎相等，从而计算出偏应力分量 $\sigma_{dh} - \sigma_{dv} \approx 0$，说明这种情况下，土中几乎只存在压缩变形，剪切变形可以忽略。这是因为由压缩波传来的压应力通过孔隙水传递，故压缩波没有引起有效应力的变化，因此在一维地层中，计算由地震引起的砂土液化等土体稳定性问题时，压缩波的影响可以忽略，而主要考虑剪切波的影响。

土体的泊松比与剪切波波速和压缩波波速之间有如下关系：

$$\mu = \frac{1}{2}\frac{(c_P/c_S)^2 - 2}{(c_P/c_S)^2 - 1} \qquad (4\text{-}16)$$

弹性剪切模量和剪切波波速之间有如下关系：

$$G = \rho c_S^2 \qquad (4\text{-}17)$$

因此，如果在现场测得剪切波和压缩波波速，就可以得到泊松比和土体剪切模量。

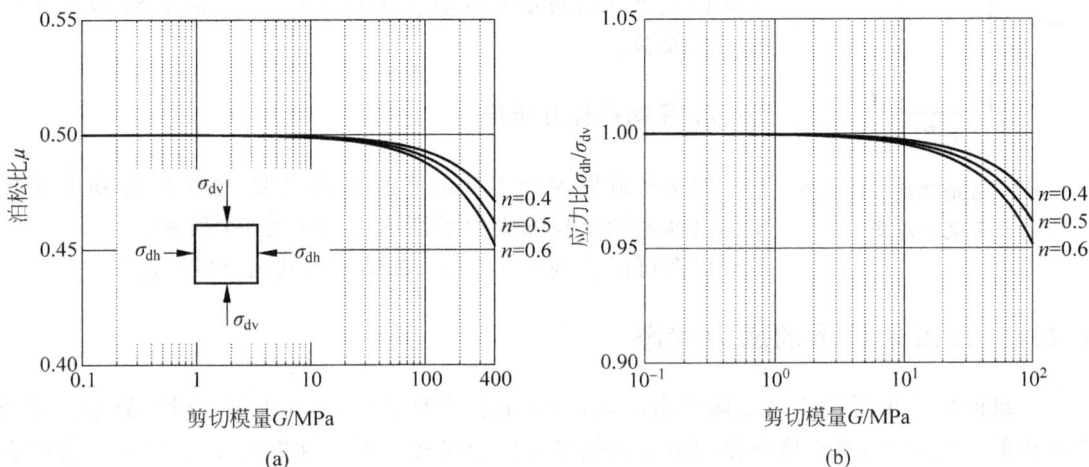

图 4-5　单元土体泊松比和应力比随剪切模量变化示意图

（a）泊松比；（b）单元土体应力比

4.2.3　剪切波在半无限场地中产生的应力

1. 波动函数分析法

地震作用下，剪切波传播过程中，地下深度 z 处的水平位移可以看作下面的波动函数：

$$u = u_0 \cos\frac{\omega z}{c_S} \cdot e^{i\omega t} \qquad (4\text{-}18)$$

式中，ω 为角频率，c_S 为剪切波波速，u_0 为地表（$z=0$）处的位移。图 4-6 所示为一维土层近地表处位移随深度变化图。

假定土体为弹性半空间体，则剪切波在土体中产生的剪应力可以表示为

$$\tau_d = G\frac{\partial u}{\partial z} = -\frac{\omega}{c_S}Gu_0\sin\frac{\omega z}{c_S} \cdot e^{i\omega t} \qquad (4\text{-}19)$$

加速度为

$$a_h = \frac{\partial^2 u}{\partial t^2} = -\omega^2 u_0 \cos\frac{\omega z}{c_S} \cdot e^{i\omega t} \qquad (4\text{-}20)$$

由式（4-17），可得

$$\frac{\tau_d}{a_h \rho z} = \frac{\tan\dfrac{\omega z}{c_S}}{\dfrac{\omega z}{c_S}} \qquad (4\text{-}21)$$

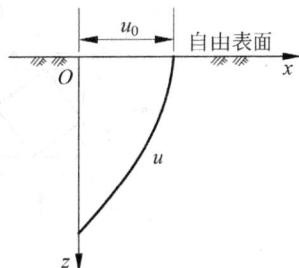

图 4-6　一维土层近地表处位移随深度变化图

在地表附近,即 $z \approx 0$,有 $\omega z / c_S \approx 0$,此时有

$$\tan \frac{\omega z}{c_S} \approx \frac{\omega z}{c_S} \tag{4-22}$$

则式(4-21)可以简化为

$$\tau_d \approx a_h \rho z \tag{4-23}$$

由式(4-23)可以看出,深度为 z 处,土体的剪应力约等于深度 z 以上土柱的质量乘以地表处的加速度 a_h,这是 Seed 简化法的理论依据。

2. 平衡条件分析法

如果从近地表处土柱的平衡条件出发,也可以得到上述规律。近地表处土柱的受力平衡示意图如图 4-7 所示。

由图可以得到 $\tau_d \approx a_h \rho z$,其结果与式(4-23)一致。

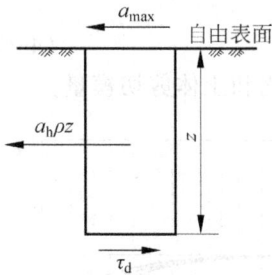

图 4-7　近地表处土柱受力平衡示意图

4.2.4　二维条件下的应力状态

一维问题主要适用于半无限自由场地,当场地较为复杂时,如在土坝、路堤、靠近上部结构基础的土层中时,对于地震作用引起的循环剪应力可按二维问题进行分析,以确定剪应力的时程变化。

在二维问题中,除了水平方向的剪应力 τ_d 外,正应力分量差 $((\sigma_{dv} - \sigma_{dh})/2)$ 也是产生变形的重要因素,此时这两个剪应力分量将作用在土单元上,如图 4-8 所示。研究表明,地震作用过程中,剪应力 τ_d 与正应力分量差 $(\sigma_{dv} - \sigma_{dh})/2$ 大致成比例增大或减小,即在任意深度处,τ_d 与 $(\sigma_{dv} - \sigma_{dh})/2$ 之比是一个常数,这一比值表征了应力主轴的方向,即

$$\tan 2\beta = \frac{2\tau_d}{\sigma_{dv} - \sigma_{dh}} \tag{4-24}$$

式中,β 为主应力轴与竖直方向的夹角。因此,在地震作用的过程中,不管循环剪应力如何变化,主应力轴的方向几乎不变,这也意味着主应力方向几乎不变。图 4-9 所示为地震荷载作用下的循环应力路径,反映了水平剪应力与正应力分量差之间交替变化的特征。

附录 1 给出了地震荷载作用下计算循环应力路径的 MATLAB 程序。

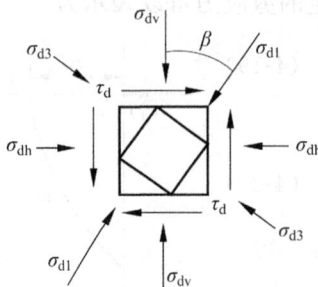

图 4-8　单元土体应力状态示意图

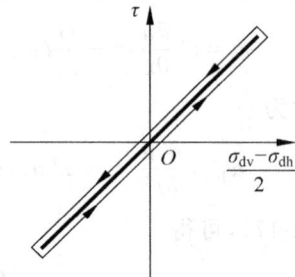

图 4-9　地震荷载作用下循环应力路径示意图

4.3　交通荷载

通常情况下,汽车、火车等交通工具产生的循环荷载会传递到下覆土层中,引起应力的动态变化。交通荷载具有频率低、幅值低、持续时间相对较长等特点,对路基具有不可忽视的作用。这种荷载可以简化为弹性半空间表面上宽度为 $2a$ 的均布荷载 F_0 的作用,如图 4-10 所示。图中,θ_1 为土中任意一点到均布荷载左端的连线与竖直方向的夹角,θ_2 为土中任意一点到均布荷载右端的连线与竖直方向的夹角,θ_0 为视角。x 表示单元土体到坐标原点的水平距离,z 表示单元土体到坐标原点的竖直距离。

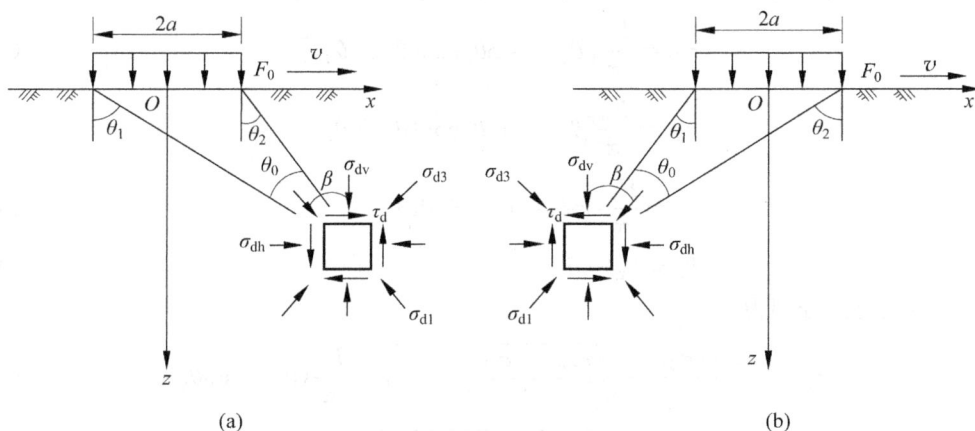

图 4-10　交通荷载作用于弹性半空间体示意图
(a) 车辆荷载靠近时；(b) 车辆荷载远离时

4.3.1　交通荷载作用下的应力路径

根据二维平面应变问题的 Boussinesq 解答,土中各应力分量的计算式为

$$
\begin{aligned}
\sigma_{dv} &= \frac{2F_0}{\pi} \int_{-a}^{a} \frac{2(x-\xi)^2 \, d\xi}{[z^2 + (x-\xi)^2]^2} \\
&= \frac{F_0}{\pi} \left[\arctan \frac{x+a}{z} - \arctan \frac{x-a}{z} - \frac{z(x+a)}{z^2 + (x+a)^2} + \frac{z(x-a)}{z^2 + (x-a)^2} \right]
\end{aligned}
\tag{4-25}
$$

$$
\begin{aligned}
\sigma_{dh} &= \frac{2F_0}{\pi} \int_{-a}^{a} \frac{z^3 \, d\xi}{[z^2 + (x-\xi)^2]^2} \\
&= \frac{F_0}{\pi} \left[\arctan \frac{x+a}{z} - \arctan \frac{x-a}{z} + \frac{z(x+a)}{z^2 + (x+a)^2} - \frac{z(x-a)}{z^2 + (x-a)^2} \right]
\end{aligned}
\tag{4-26}
$$

$$
\begin{aligned}
\tau_d &= \frac{2F_0}{\pi} \int_{-a}^{a} \frac{z^2(x-\xi) \, d\xi}{[z^2 + (x-\xi)^2]^2} \\
&= \frac{F_0}{\pi} \left[\frac{z^2}{z^2 + (x+a)^2} - \frac{z^2}{z^2 + (x-a)^2} - \right]
\end{aligned}
\tag{4-27}
$$

式中,$d\xi$ 表示距坐标原点 ξ 处的一段微小长度,$-a \leqslant \xi \leqslant a$。

由图 4-10 中的几何关系可得

$$\sin\theta_1 = \frac{x+a}{z^2+(x+a)^2} \tag{4-28}$$

$$\cos\theta_1 = \frac{z}{z^2+(x+a)^2} \tag{4-29}$$

$$\sin\theta_2 = \frac{x-a}{z^2+(x-a)^2} \tag{4-30}$$

$$\cos\theta_2 = \frac{z}{z^2+(x-a)^2} \tag{4-31}$$

当 $\theta_0 = \theta_2 - \theta_1$ 很小时，$\theta_0 \approx \tan\theta_0$，则由以上几何关系，可得

$$\sigma_{dv} = \frac{F_0}{\pi}[\theta_0 + \sin\theta_0\cos(\theta_1+\theta_2)] \tag{4-32}$$

$$\sigma_{dh} = \frac{F_0}{\pi}[\theta_0 - \sin\theta_0\cos(\theta_1+\theta_2)] \tag{4-33}$$

$$\tau_d = \frac{F_0}{\pi}\sin\theta_0\sin(\theta_1+\theta_2) \tag{4-34}$$

$$\theta_0 = \theta_2 - \theta_1 \tag{4-35}$$

大、小主应力分别为

$$\sigma_{d1} = \frac{\sigma_{dv}+\sigma_{dh}}{2} + \sqrt{\left(\frac{\sigma_{dv}-\sigma_{dh}}{2}\right)^2 + \tau_d^2} = \frac{F_0}{\pi}(\theta_0 + \sin\theta_0) \tag{4-36}$$

$$\sigma_{d3} = \frac{\sigma_{dv}+\sigma_{dh}}{2} - \sqrt{\left(\frac{\sigma_{dv}-\sigma_{dh}}{2}\right)^2 + \tau_d^2} = \frac{F_0}{\pi}(\theta_0 - \sin\theta_0) \tag{4-37}$$

则主应力差为

$$\frac{\sigma_{d1}-\sigma_{d3}}{2} = \sqrt{\left(\frac{\sigma_{dv}-\sigma_{dh}}{2}\right)^2 + \tau_d^2} = \frac{F_0}{\pi}\sin\theta_0 \tag{4-38}$$

可得大主应力方向与垂直方向的夹角 β 为

$$\beta = \frac{1}{2}\arctan\frac{2\tau_d}{\sigma_{dv}-\sigma_{dh}} = \frac{1}{2}(\theta_1+\theta_2) \tag{4-39}$$

交通荷载引起的循环应力路径如图 4-11 所示。

从图 4-11 中可以看出，在 a、b 两点处，水平正应力与竖向正应力相等，此时主应力方向为 $\pm45°$，各应力分量为

$$\sigma_{dv} = \sigma_{dh} = \frac{F_0}{\pi}\theta_0 \tag{4-40}$$

$$\tau_d = \frac{F_0}{\pi}\sin\theta_0 \tag{4-41}$$

在 O 点和 c 点处，剪应力为零，其中 O 点对应的是应力分量差为零的情况。对于 c 点，其主应力方向为 $0°$，即水平方向，此时水平、竖向正应力分量为

$$\sigma_{dv} = \frac{F_0}{\pi}(\theta_0 + \sin\theta_0) \tag{4-42}$$

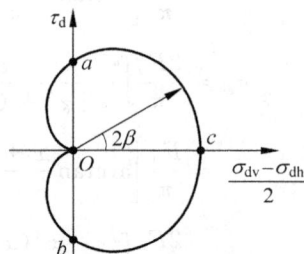

图 4-11 交通荷载作用下循环应力路径示意图

$$\sigma_{dh} = \frac{F_0}{\pi}(\theta_0 - \sin\theta_0) \qquad (4\text{-}43)$$

附录 2 给出了交通荷载作用下计算循环应力路径的 MATLAB 程序。

4.3.2　交通荷载作用下土体中的应力分布

1. 应力分量差和剪应力的分布

当交通荷载从左到右作用于弹性土层表面时,弹性土体内的正应力分量差 $(\sigma_{dv} - \sigma_{dh})/2$ 和剪应力分量 τ_d 的变化情况如图 4-12(a)、(b)所示。可以看出,交通荷载中心下方的土单元体剪应力为零,而应力分量差达到最大值。最大剪应力则出现在距离交通荷载相对较近的两侧下方土体中。

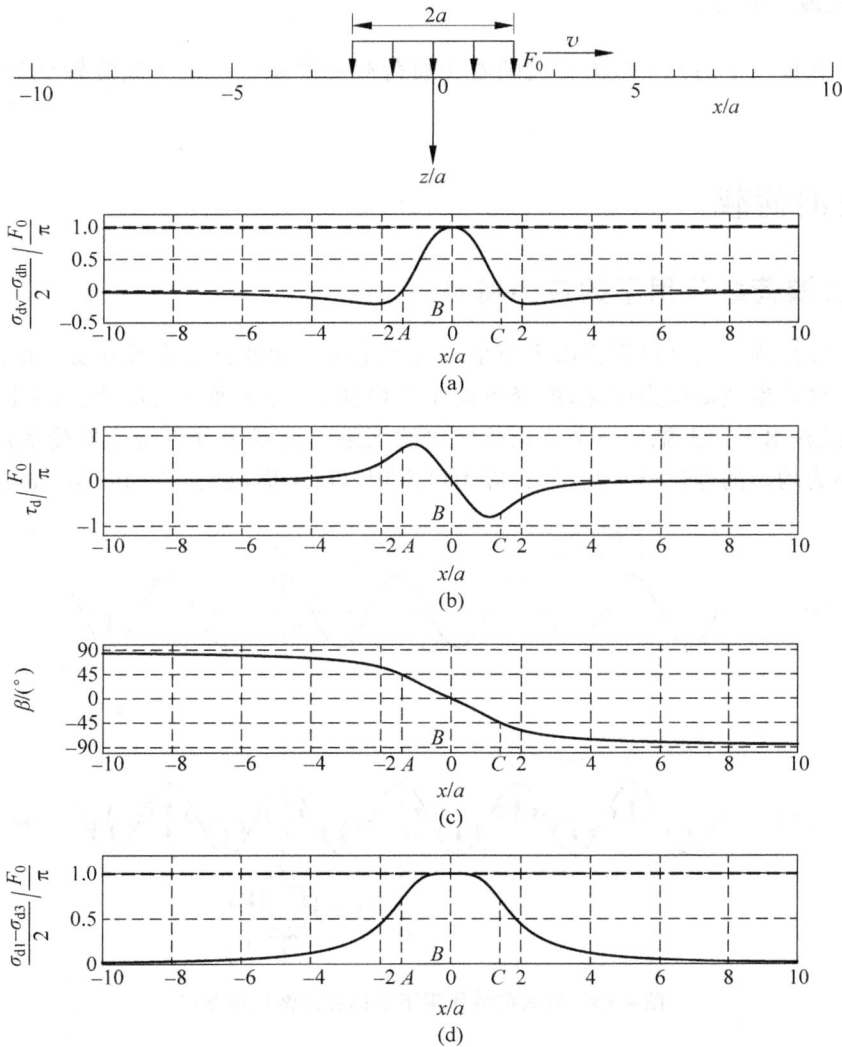

图 4-12　交通荷载作用下弹性土体内的应力分布(以 $z/a = 1$ 时为例)

(a) 应力分量差;(b) 剪应力;(c) 主应力方向;(d) 主应力差

2．主应力方向和主应力差的分布

单元土体的主应力方向 β 和主应力差 $(\sigma_{d1}-\sigma_{d3})/2$ 的变化情况如图 4-12(c)、(d)所示。可以看出,当交通荷载从左到右作用于弹性土层表面时,土体内某点的主应力方向沿顺时针旋转,且在距车辆荷载较近处,旋转的速度明显加快。对于研究的某一点,当交通荷载正好处于该点上方时,其主应力轴沿垂直方向,当车辆经过后,其主应力轴方向将继续改变,从图 4-12(b)中可见,从 A 点到 C 点,土体单元的剪应力分量经历了由单剪模式(A 点)转为三轴剪切模式(B 点)再转为反向的单剪模式(C 点)的转变。

弹性土层中某一点主应力差的特征为,随着交通荷载由远及近不断增大,当车辆处于正上方时达到最大值,随着车辆远离,主应力差不断减小并逐渐回到零应力状态。

3．大主应力的特点

车辆荷载作用下的大主应力方向随着交通荷载距离从远到近不断旋转变化,其大小也不断改变。

4.4　波浪荷载

4.4.1　波浪荷载作用下的应力特点

海洋中传播的波浪可以看作由无数个具有恒定振幅和波长的波列组成。海面上的这种波浪会在海底产生波动压力变化,波峰下面压力增加,波谷下面压力减小。因此,如图 4-13所示,可通过在水平面上施加一个按正弦变化的无限长荷载来分析海床所受的应力。假设海底沉积物为均匀的弹性半空间,那么应力可以用二维平面应变问题 Boussinesq 解确定。

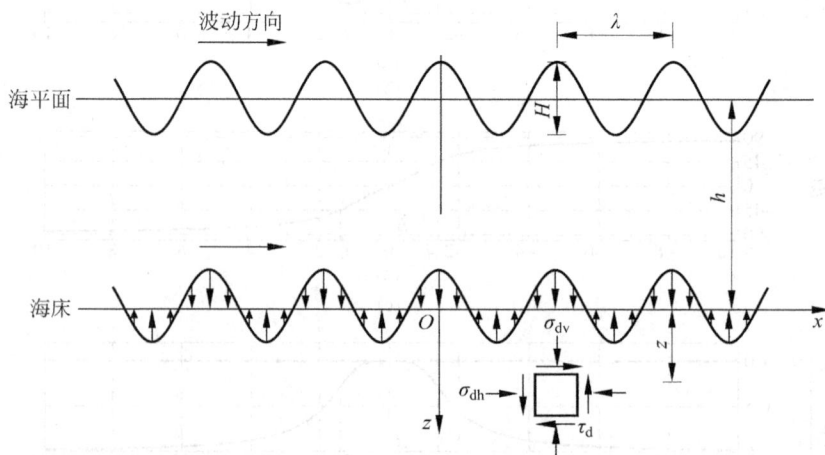

图 4-13　波浪荷载作用下土体应力情况示意图

假定分布在弹性半空间表面上的一个谐波荷载为

$$F(x)=F_0\cos\left(\frac{2\pi}{\lambda}x-\frac{2\pi}{T}t\right) \tag{4-44}$$

式中，F_0 为荷载的振幅；λ 为波长；T 为波的周期。

Yamamoto 和 Madsen 分析了其竖向正应力 σ_{dv}、水平正应力 σ_{dh} 和剪应力 τ_d，分别如下：

$$\sigma_{dv} = F_0\left(1 + \frac{2\pi}{\lambda}z\right) e^{-\frac{2\pi z}{\lambda}} \cos\left(\frac{2\pi}{\lambda}x - \frac{2\pi}{T}t\right) \tag{4-45}$$

$$\sigma_{dh} = F_0\left(1 - \frac{2\pi}{\lambda}z\right) e^{-\frac{2\pi z}{\lambda}} \cos\left(\frac{2\pi}{\lambda}x - \frac{2\pi}{T}t\right) \tag{4-46}$$

$$\tau_d = F_0 \frac{2\pi z}{\lambda} e^{-\frac{2\pi z}{\lambda}} \sin\left(\frac{2\pi}{\lambda}x - \frac{2\pi}{T}t\right) \tag{4-47}$$

式中，z 为地层深度。

剪切变形由剪应力 τ_d 和应力分量差引起，波浪荷载作用下的应力分量差表达式为

$$\frac{\sigma_{dv} - \sigma_{dh}}{2} = F_0 \frac{2\pi z}{\lambda} e^{-\frac{2\pi z}{\lambda}} \cos\left(\frac{2\pi}{\lambda}x - \frac{2\pi}{T}t\right) \tag{4-48}$$

由式（4-47）和式（4-48）可以看出，剪应力和应力差幅值相同，只是相位不同。消除变量 z 后，得到

$$\frac{2\tau_d}{\sigma_{dv} - \sigma_{dh}} = \tan\left(\frac{2\pi}{\lambda}x - \frac{2\pi}{T}t\right) \tag{4-49}$$

由式（4-49）可得主应力轴与垂直方向的夹角为

$$\beta = \frac{1}{2}\arctan\left(\frac{2\tau_d}{\sigma_{dv} - \sigma_{dh}}\right) = \frac{\pi}{\lambda}x - \frac{\pi}{T}t \tag{4-50}$$

由此可见，在地层中某一点处，即 x 和 z 已确定的情况下，其主应力方向在一个循环周期 T 内随时间 t 的变化在 $0°\sim180°$ 范围内不断旋转。

由式（4-47）、式（4-48），消去项 $2\pi x/\lambda - 2\pi t/T$，可得

$$\left(\frac{\sigma_{dv} - \sigma_{dh}}{2}\right)^2 + \tau_d^2 = F_0^2\left(\frac{2\pi z}{\lambda}\right)^2 e^{-\frac{4\pi z}{\lambda}} \tag{4-51}$$

则主应力差为

$$\frac{\sigma_{d1} - \sigma_{d3}}{2} = \sqrt{\left(\frac{\sigma_{dv} - \sigma_{dh}}{2}\right)^2 + \tau_d^2} = F_0 \frac{2\pi z}{\lambda} e^{-\frac{2\pi z}{\lambda}} \tag{4-52}$$

式（4-52）表明，海床中某处的主应力差只与循环荷载的幅值、波长以及该点的深度有关，而与时间等变量无关，因而在整个循环荷载作用的过程中，主应力差保持不变。而式（4-47）、式（4-48）表明，剪应力 τ_d 和应力分量差 $(\sigma_{dv} - \sigma_{dh})/2$ 不是同时作用的，它们增大或减小的趋势并不同步，如图 4-14 所示。

总体而言，波浪荷载作用下，波峰所在位置下方的单元土体受到正的竖向应力，而波谷所在位置的下方单元土体受到负的竖向应力。因此，在一个波浪荷载循环周期内，单元土体的应力路径是一个圆形轨迹，如图 4-15 所示。这也说明，在波浪高度为零的时刻，单元土体上只受到水平方向的剪应力，只引起单剪模式的应变，而随后水平剪应力分量随着波的传播而改变其方向，并引起剪应力的循环交替。

(a)

(b)   (c)

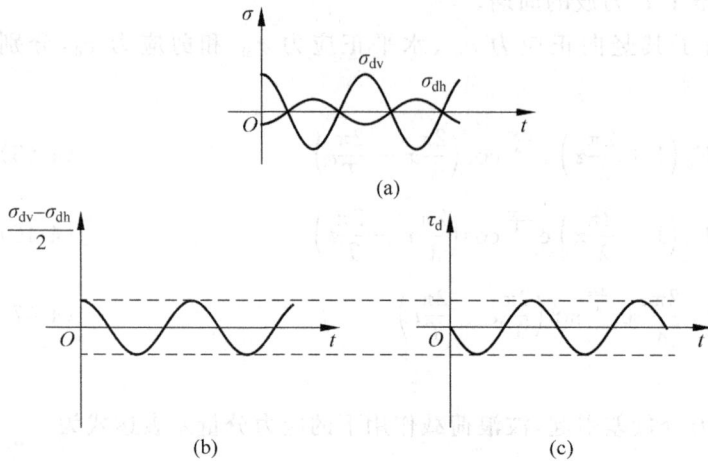

图 4-14　波浪荷载作用下土体内各应力分量随时间变化情况
（a）竖向应力 σ_{dv} 和水平应力 σ_{dh}；（b）应力分量差 $(\sigma_{dv}-\sigma_{dh})/2$；（c）剪应力 τ_d

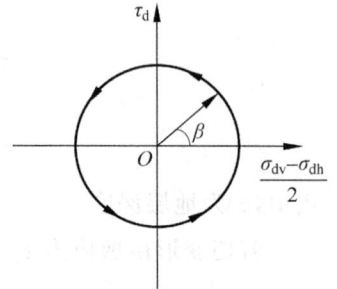

图 4-15　波浪荷载作用下土体循环应力路径

附录 3 给出了波浪荷载作用下计算应力路径的 MATLAB 程序和动态演示。

4.4.2　旋转剪切问题

需要指出，应力差分量以及旋转剪切对土的动力特性有重要影响，这一问题近年来得到极大重视。旋转剪切可理解为单元土体上作用有大小不变而方向不断改变的荷载。事实上，旋转剪切特性存在于许多实际的加载条件中。为了研究剪切方向的改变对土的动力特性的影响，20 世纪 80 年代以来，Ishihara 和 Yamazaki(1980)以砂土为研究对象，利用双向单剪仪进行了一系列不排水试验，Yamada 等(1983)、Towhata 和 Ishihara(1985)分别用真三轴试验装置和扭转剪切试验装置对松砂进行了一系列试验研究，并对旋转剪切造成的影响进行了分析总结。

已有的研究表明，剪切方向的改变对土体动力特性的影响主要有以下几点：①引起土的附加塑性体积应变；②不排水条件下剪切方向的改变会加速孔隙水压力的上升；③剪切类型不同，土的抗破坏性不同，抗破坏性由高到低依次为单向剪切、椭圆形荷载、交互荷载、圆形荷载。图 4-16 所示为旋转型或交替型应力路径示意图。

不同路径下土的抗破坏性存在差别无法用经典塑性力学理论解释，因为经典塑性力学中不考虑剪应力方向改变造成的影响，因此考虑这种影响的准塑性力学理论得到发展(Dafalias，1986)。为了分析水平地层地震响应，Li 等(1990)考虑了土骨架与孔隙流体之间的完全耦合作用，发展出了全耦合的多向地层反应程序 SUMDES，其理论基础是动量守恒和质量守恒等物理定律、孔隙流体的本构关系、土骨架本构关系以及 Darcy 定律。然而，李相菘(1998)等基于准塑性力学和 SUMDES 的研究分析，指出了实验室条件和现场条件的差异，认为水平地层地震响应问题中，剪应力方向变化的影响并不显著。因此，旋转剪切对土动力特性造成的影响仍有待进一步研究。

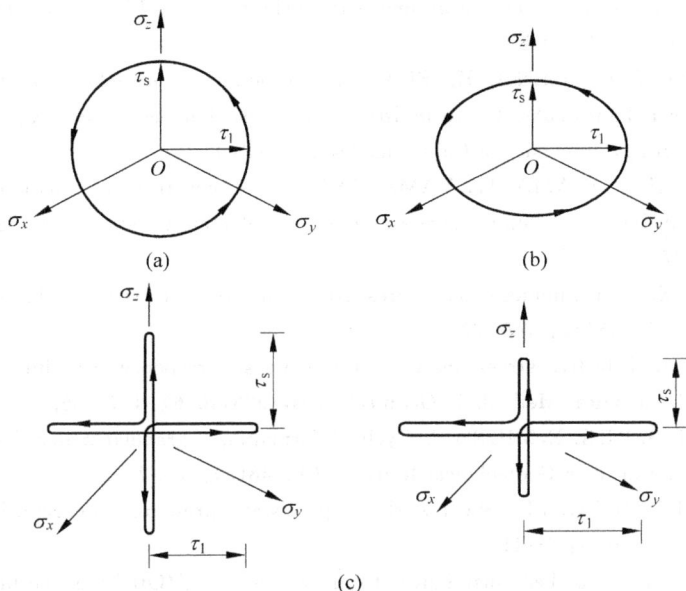

图 4-16　不同剪切荷载形式的应力路径

（a）圆形荷载；（b）椭圆形荷载；（c）交互荷载

参考文献

［1］　白冰. 土的动力特性及应用［M］. 北京：中国建筑工业出版社，2016.

［2］　沈扬，陶明安，王鑫，等. 交通荷载引发主应力轴旋转下软黏土变形与强度特性试验研究［J］. 岩土力学，2016，37（6）：1569-1578.

［3］　刘超，张建民. 应力主轴往返旋转条件下砂土变形规律试验研究［J］. 地震工程学报，2017，39（1）：28-31.

［4］　杨利国，骆亚生，李焱. 主应力轴旋转对压实黄土动变形特性的影响［J］. 工程地质学报，2010，18（3）：392-397.

［5］　李相菘，明海燕. 旋转剪切对水平地层地震响应的影响［C］//第五届全国土动力学学术会议论文集. 大连：［出版者不详］，1998：53-64.

［6］　BESKOU N D，THEODORAKOPOULOS D D. Dynamic effects of moving loads on road pavements：A review［J］. Soil Dynamics and Earthquake Engineering，2011，31（4）：547-567.

［7］　CHAI J C，MIURA N. Traffic-load induced permanent deformation of road on soft subsoil［J］. Journal of Geotechnical and Geoenvironmental engineering，2002，128（11）：907-916.

［8］　DAFALIAS Y F. Bounding surface plasticity. I：Mathematical foundation and hypoplasticity［J］. Journal of Engineering Mechanics，1986，112（9）：966-987.

［9］　ISHIHARA K，YAMAZAKI F. Cyclic simple shear tests on saturated sand in multi-directional loading［J］. Soils and Foundations，1980，20（1）：45-59.

［10］　ISHIHARA K. Soil response in cyclic loading induced by earthquakes，traffic and waves［C］//Proceedings of the 7th Asian Regional Conference on SMFE. Haifa，Israe：［s. n.］，1983，2：42-66.

［11］　ISHIHARA K，YAMAZAKI A. Analysis of wave-induced liquefaction in seabed deposits of sand［J］. Soils and Foundations，1984，24（3）：85-100.

［12］　ISHIHARA K. Soil behaviour in earthquake geotechnics［M］. Oxford：Clarendon Press，1996.

[13] LI X S. Rotational shear effects on ground earthquake response[J]. Soil Dynamic and Earthquake Engineering,1997,16(1)：9-19.

[14] LI X S,WANG Z L,SHEN C K. SUMDES：A nonlinear procedure for response analysis of horizontally-layered sites subjected to multi-directional earthquake loading[R]//Davis：Department of Civil Engineering,University of California,Davis,1992：86.

[15] MATSUOKA H,KOYAMA H,YAMAZAKI H. A constitutive equation for sand and its application to analyses of rotational stress path and liquefaction resistance[J]. Soil and Foundations, 1985,25(1)：27-42.

[16] MADSEN O S. Wave-induced pore pressures and effective stresses in a porous bed [J]. Geotechnique,1978,28(4)：377-393.

[17] PREVOST J H. Effective stress analysis of seismic site response[J]. International Journal for Numerical and Analytical Methods in Geomechanics,1986,10(6)：653-665.

[18] ISHIKAWA T,SEKINE E,MIURA S. Cyclic deformation of granular material subjected to moving-wheel loads[J]. Canadian Geotechnical Journal,2011,48(5)：691-703.

[19] TOWHATA I,ISHIHARA K. Shear work and pore water pressure in undrained shear[J]. Soils and foundations,1985,25(3)：73-84.

[20] YAMAMOTO T. Sea bed instability from waves [C]//Offshore Technology Conference. Proceedings of 10th Annual Offshore Technology Conference. Houston,Texas：[s. n.],1978,1：1819-1824.

[21] YAMADA Y,ISHIHARA K. Undrained deformation characteristics of sand in multi-direcyional shear[J]. Soil Foundation,1983,23(1)：61-79.

[22] LI X S. Free field soil response under multidirectional earthquake loading[D]. Davis：University of California, Davis, 1990.

第 **5** 章

固体中的弹性波

5.1 概述

固体内的各部分之间是相互联系的,如果固体突然受到荷载的作用,则该固体中最靠近扰动源的部位最先受到影响。固体内部由荷载引起的变形将以应力波的形式逐渐扩散,最先受到扰动产生局部振动的点或区域即为波源,能使波传播的物体称为介质。为了使问题简化,假设介质为弹性的,讨论弹性波的传播问题。需要指出的是,弹性波在传播过程中并不会令质点随波动而前进,而是只在自己的平衡位置附近振动,振动停止后一般仍留在初始平衡位置。

根据土动力学的需要,弹性介质可分为一维弹性介质、半无限弹性介质和无限弹性介质,本章对以上不同介质中的弹性波动问题进行分析,并介绍弹性半空间在表面移动荷载作用下的波动响应问题。

5.2 一维弹性杆件中的波

波在一维弹性杆件中的传播是其最简单的一种传播方式。桩是一种典型的一维弹性杆件,具有恒定的横截面和较长的长度。在打桩过程中或在动荷载作用下,波在桩体中传播,虽然此类问题较为简单,但可以说明波在弹性体中传播的基本特性。本节首先建立一维弹性杆件(桩)的波动方程,然后对其进行求解,主要方法包括行波法、拉普拉斯变换法、分离变量法和数值方法。

5.2.1 一维波动方程的建立

对自由桩进行分析,忽略桩体与土体的接触,假设桩体为线弹性材料,杆的横截面面积为 A,弹性模量为 E,质量密度为 ρ,桩周不受摩擦力的作用。假定每个断面在运动中保持为平面,其上的应力均匀分布,如图 5-1 所示。

1. 纵向振动情况

用 w 表示纵向位移,则根据牛顿第二定律可

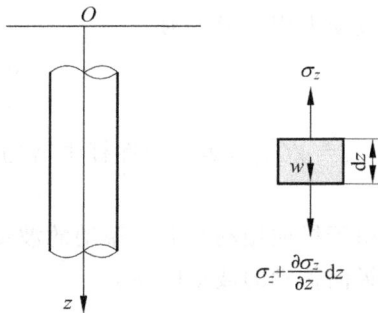

图 5-1　一维杆件纵向受压下应力示意图

得单元体的运动方程为

$$-\sigma_z A + \left(\sigma_z + \frac{\partial \sigma_z}{\partial z}\,\mathrm{d}z\right)A = A\,\mathrm{d}z \rho \frac{\partial^2 w}{\partial t^2} \tag{5-1}$$

化简得

$$\frac{\partial \sigma_z}{\partial z} = \rho \frac{\partial^2 w}{\partial t^2} \tag{5-2}$$

根据胡克定律、几何方程,应力-应变关系为

$$\sigma_z = E\varepsilon_z = E\frac{\partial w}{\partial z} \tag{5-3}$$

将式(5-3)代入式(5-2),可得

$$\frac{\partial^2 w}{\partial t^2} = \frac{E}{\rho}\frac{\partial^2 w}{\partial z^2} \tag{5-4}$$

纵向振动在桩体中产生压缩波,其波速用 c_P 表示,$c_P = \sqrt{E/\rho}$,则式(5-4)可写为

$$\frac{\partial^2 w}{\partial t^2} = c_P^2 \frac{\partial^2 w}{\partial z^2} \tag{5-5}$$

式(5-5)即为一维纵波的波动方程。

2. 扭转振动情况

扭转振动的传播情况如图 5-2 所示。用 θ 表示角位移,则运动方程为

$$-M_T + \left(M_T + \frac{\partial M_T}{\partial z}\,\mathrm{d}z\right) = \rho J\,\mathrm{d}z \frac{\partial^2 \theta}{\partial t^2} \tag{5-6}$$

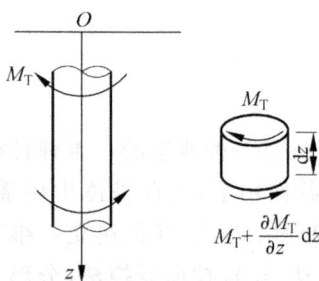

图 5-2　一维杆件扭转振动时应力示意图

式中,M_T 为作用在桩体横截面上的扭矩;J 为桩体横截面的极惯性矩。将上式化简得

$$\frac{\partial M_T}{\partial z} = \rho J \frac{\partial^2 \theta}{\partial t^2} \tag{5-7}$$

根据内力和变形的关系:

$$M_T = JG\frac{\partial \theta}{\partial z} \tag{5-8}$$

式中,G 为剪切模量,因此有

$$JG\frac{\partial^2 \theta}{\partial z^2} = \rho J\frac{\partial^2 \theta}{\partial t^2} \tag{5-9}$$

写成波动方程的形式为

$$\frac{\partial^2 \theta}{\partial t^2} = \frac{G}{\rho}\frac{\partial^2 \theta}{\partial z^2} = c_S^2 \frac{\partial^2 \theta}{\partial z^2} \tag{5-10}$$

式中,$c_S = \sqrt{G/\rho}$,表示弹性杆中剪切波的传播速度。上式即为一维弹性杆中剪切波的波动方程。

由于纵向振动和剪切振动的波动方程在数学形式上相同,它们的解法也相同,故下文只讨论纵向振动的波动问题。

5.2.2　行波法

行波法是求解一维波动方程的常用方法之一。在行波法中,波是沿着特定直线方向传播的,这一直线称为特征线,行波法也称作特征线法。行波法求得的一维波动方程通解的形式为

$$w = f_1(z - c_P t) + f_2(z + c_P t) \tag{5-11}$$

其证明过程如下:

引入两个新的变量 $\xi = z - c_P t$ 和 $\eta = z + c_P t$,由复合函数的微分法则可得

$$\frac{\partial w}{\partial z} = \frac{\partial w}{\partial \xi} \frac{\partial \xi}{\partial z} + \frac{\partial w}{\partial \eta} \frac{\partial \eta}{\partial z} = \frac{\partial w}{\partial \xi} + \frac{\partial w}{\partial \eta} \tag{5-12}$$

$$\frac{\partial^2 w}{\partial z^2} = \frac{\partial}{\partial \xi}\left(\frac{\partial w}{\partial \xi} + \frac{\partial w}{\partial \eta}\right)\frac{\partial \xi}{\partial z} + \frac{\partial}{\partial \eta}\left(\frac{\partial w}{\partial \xi} + \frac{\partial w}{\partial \eta}\right)\frac{\partial \eta}{\partial z} = \frac{\partial^2 w}{\partial \xi^2} + 2\frac{\partial^2 w}{\partial \xi \partial \eta} + \frac{\partial^2 w}{\partial \eta^2} \tag{5-13}$$

$$\frac{\partial w}{\partial t} = \frac{\partial w}{\partial \xi} \frac{\partial \xi}{\partial t} + \frac{\partial w}{\partial \eta} \frac{\partial \eta}{\partial t} = -c_P \frac{\partial w}{\partial \xi} + c_P \frac{\partial w}{\partial \eta} \tag{5-14}$$

$$\begin{aligned}\frac{\partial^2 w}{\partial t^2} &= \frac{\partial}{\partial \xi}\left(c_P^2 \frac{\partial w}{\partial \xi} - c_P^2 \frac{\partial w}{\partial \eta}\right) + \frac{\partial}{\partial \eta}\left(-c_P^2 \frac{\partial w}{\partial \xi} + c_P^2 \frac{\partial w}{\partial \eta}\right) \\ &= c_P^2\left(\frac{\partial^2 w}{\partial \xi^2} - 2\frac{\partial^2 w}{\partial \xi \partial \eta} + \frac{\partial^2 w}{\partial \eta^2}\right)\end{aligned} \tag{5-15}$$

将式(5-13)代入一维波动方程式(5-5)可得

$$\begin{aligned}\frac{\partial^2 w}{\partial t^2} &= \frac{\partial}{\partial \xi}\left(c_P^2 \frac{\partial w}{\partial \xi} + c_P^2 \frac{\partial w}{\partial \eta}\right)\frac{\partial \xi}{\partial z} + \frac{\partial}{\partial \eta}\left(c_P^2 \frac{\partial w}{\partial \xi} + c_P^2 \frac{\partial w}{\partial \eta}\right)\frac{\partial \eta}{\partial z} \\ &= c_P^2 \frac{\partial^2 w}{\partial \xi^2} + 2c_P^2 \frac{\partial^2 w}{\partial \xi \partial \eta} + c_P^2 \frac{\partial^2 w}{\partial \eta^2}\end{aligned} \tag{5-16}$$

将上式与式(5-15)对比可得

$$\frac{\partial^2 w}{\partial \xi \partial \eta} = 0 \tag{5-17}$$

式(5-17)依次对 ξ 和 η 分别进行一次积分后可得

$$w = f_1(\xi) + f_2(\eta) \Leftrightarrow w = f_1(z - c_P t) + f_2(z + c_P t) \tag{5-18}$$

式(5-18)即为一维波动方程的通解形式,其中,$z - c_P t$ 表示沿 z 轴正方向传播的波,$z + c_P t$ 表示沿 z 轴负方向传播的波,$c_P = \sqrt{E/\rho}$ 为压缩波的波速。应用通解式(5-18),在初始条件和边界条件已知的情况下,可以对一维波动问题进行求解。应用该通解时,需要结合具体的边界条件,通过计算得到问题的特解。一种简便的求解方法是将基本方程写成如下形式:

$$\frac{\partial \sigma}{\partial z} = \rho \frac{\partial v}{\partial t} \tag{5-19}$$

$$\frac{\partial \sigma}{\partial t} = E \frac{\partial v}{\partial z} \tag{5-20}$$

式中,v 为质点振动速度,$v = \partial w / \partial t$;$\sigma$ 为桩中的应力。

式(5-19)和式(5-20)可用上文中的变量 ξ 和 η 转化为以下形式:

$$\frac{\partial \sigma}{\partial \xi} + \frac{\partial \sigma}{\partial \eta} = \rho c_{\mathrm{P}} \left(-\frac{\partial v}{\partial \xi} + \frac{\partial v}{\partial \eta} \right) \tag{5-21}$$

$$\frac{\partial \sigma}{\partial \xi} - \frac{\partial \sigma}{\partial \eta} = -\rho c_{\mathrm{P}} \left(\frac{\partial v}{\partial \xi} + \frac{\partial v}{\partial \eta} \right) \tag{5-22}$$

分别将上两式相加和相减后可得

$$\frac{\partial (\sigma - Jv)}{\partial \eta} = 0 \tag{5-23}$$

$$\frac{\partial (\sigma + Jv)}{\partial \xi} = 0 \tag{5-24}$$

式中,J 为阻抗,$J = \rho c_{\mathrm{P}} = \sqrt{E\rho}$。

将 $\eta = z + c_{\mathrm{P}} t$ 和 $\xi = z - c_{\mathrm{P}} t$ 分别代入式(5-23)和式(5-24),得

$$\frac{\partial (\sigma - Jv)}{\partial (z + c_{\mathrm{P}} t)} = 0 \tag{5-25}$$

$$\frac{\partial (\sigma + Jv)}{\partial (z - c_{\mathrm{P}} t)} = 0 \tag{5-26}$$

上式表明 $\sigma - Jv$ 与 $z + c_{\mathrm{P}} t$ 无关,$\sigma + Jv$ 与 $z - c_{\mathrm{P}} t$ 无关。即

$$\sigma - Jv = f_1(z - c_{\mathrm{P}} t) \tag{5-27}$$

$$\sigma + Jv = f_1(z + c_{\mathrm{P}} t) \tag{5-28}$$

这些式子表明当 $z - c_{\mathrm{P}} t$ 为常数时,$\sigma - Jv$ 也为常数;当 $z + c_{\mathrm{P}} t$ 为常数时,$\sigma + Jv$ 也为常数。因此,采用行波法可以把此问题的解映射到平面上,用变量 σ 和 Jv 表示变量 z 和 ct。

下面通过一个例子来具体说明行波法的应用。设自由桩的桩长为 h,桩顶受到冲击荷载 F 的作用,下端自由。在初始时刻,桩顶 $z = 0$ 处的应力为 $-F$,桩底应力为 0,桩身各点的速度都为 0。图 5-3 表示出了行波法中的特征线,其中,图 5-3(a)所示为 z 和 ct 的关系曲线,包含了 $z - ct$ 等于常数和 $z + ct$ 等于常数的直线,这两个方向上的直线称为特征线。$t = 0$ 时,桩身各处的应力和速度均为 0,此时桩身各点的应力和速度状态可用图 5-3(b)中的点 1 来反映。图 5-3(a)左下角的各点(区域 1)都可从横轴(表示桩顶处的状态),即 $ct = 0$ 处沿着特征线 $z - ct = m_1$(m_1 为常数)向下到达,因此区域 1 内的各点都满足 $\sigma - Jv = 0$,图 5-3(a)中区域 1 内所有的点都可以由图 5-3(b)中的点 1 表示,因为各点均满足 $\sigma = 0$,$Jv = 0$。

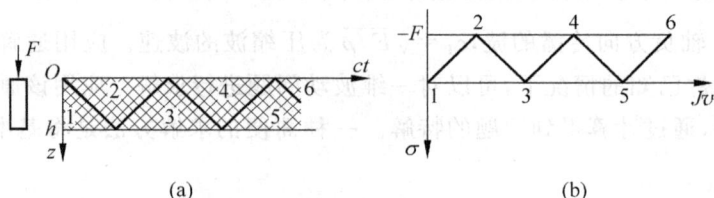

图 5-3 行波法中的特征线示意图

当 $t > 0$ 时,桩顶 $z = 0$ 处的应力始终为 $-F$,而速度是变化的。图 5-3(a)中 ct 轴上的各点都可由区域 1 中的点沿着特征线 $z + ct = m_2$(m_2 为常数)向上到达,因此图 5-3(b)中与之对应的点必在由点 1 出发的直线 $\sigma + Jv = m_3$(m_3 为常数)上,这是由于桩顶处的应力值为 $-F$,故图 5-3(b)中的直线必从点 1 到达 $\sigma = -F$ 处的点 2。点 2 处速度为 $v = F/J$,事实上

这也是桩顶在某一时长内的速度,且这一时长至少为 $t = 2h/c$。

由于桩底自由,桩底处应力始终为 0。图 5-3(a) 中 $z = h$ 上的点可由区域 2 中的点沿着特征线 $z - ct$ 到达,因此图 5-3(b) 中与之对应的点必在由点 2 出发的直线 $\sigma - Jv = m_4$(m_4 为常数)上。点 3 对应着桩底的速度达到了 $v = 2F/J$,这也是区域 3 中所有质点的速度。这样就可以逐步分析桩身的速度和应力,图 5-3 中的粗线是不同区域的边界。如果在桩顶继续施加作用力,则桩的速度将不断增加,如图 5-4 所示。

图 5-4 显示了桩底速度随时间的变化关系。速度随时间逐渐增加,因为顶部的力在持续作用。这和牛顿第二定律也是一致的,即在恒力的持续影响下,速度不断增加。以上特征线的 MATLAB 演示程序见附录 4。

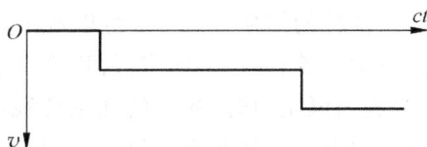

图 5-4 桩底的速度

5.2.3 拉普拉斯变换法

对于一维波动问题,可以用拉普拉斯变换进行积分,根据已知的边界条件对变换式中的参数进行求解,再通过其逆变换得到该问题的解。拉普拉斯变换可表示为

$$f(t) \xrightleftharpoons[\text{拉普拉斯逆变换}]{\text{拉普拉斯变换}} F(t)$$
$$\text{原函数} \qquad\qquad\qquad \text{象函数}$$

即

$$F(s) = \int_0^\infty f(t) e^{-st} dt \tag{5-29}$$

式中,s 为变换因子,假设它具有正实数部分。对位移 w 进行拉普拉斯变换,可得

$$\bar{w}(z, s) = \int_0^\infty w(z, t) e^{-st} dt \tag{5-30}$$

将上式代入式(5-4),可得

$$\frac{d^2 \bar{w}}{d z^2} = \frac{s^2}{c_P^2} \bar{w} \tag{5-31}$$

下面讨论无限长桩中的位移解,这是对实际桩的一种简化。假设桩初始处于静止状态,在其顶部有持续的作用力 F_0。方程(5-31)的通解为

$$\bar{w} = A e^{-sz/c} + B e^{sz/c} \tag{5-32}$$

式中,A、B 为常数,其取值与拉普拉斯变换参数 s 有关。

随着深度增加,桩体的位移逐渐减小,在 $z \to \infty$ 时,位移 w 为零,$B = 0$,则上式简化为

$$\bar{w} = A e^{-sz/c} \tag{5-33}$$

式中,c 为波速;A 为由边界条件确定的常数。在荷载 F_0 作用下,桩体顶部的应力边界条件为

$$z = 0, t > 0: \quad E \frac{\partial w}{\partial z} = -F_0 \tag{5-34}$$

经过拉普拉斯变换后的边界条件表达式为

$$z = 0: \quad E \frac{d \bar{w}}{d z} = -\frac{F_0}{s} \tag{5-35}$$

将式(5-33)代入上式,并进行拉普拉斯逆变换,得到位移 w 的解为

$$w = \frac{F_0 c(t-z/c)}{E} H(t-z/c) \tag{5-36}$$

$H(t-z/c)$ 为单位阶跃函数(heaviside's unit step function),定义为

$$H(t-t_0) = \begin{cases} 0, & t < t_0 \\ 1, & t > t_0 \end{cases}, \quad t_0 = t - z/c \tag{5-37}$$

由位移的结果式(5-36)可以看出,对于桩体中某一个深度为 z 的点,当 $t<z/c$ 时,该点保持不动;当 $t=z/c$ 时,该点开始以速度 v 进行移动,其位移线性增加。牛顿第二定律指出,当施加恒定力时,质点的速度会线性增加。但在上述结果中,桩体的速度是恒定的,这似乎与牛顿第二定律并不一致。实际上,桩体中运动质点的数量会逐渐增加,因此动量(质量乘以速度)随时间线性增加,这符合牛顿第二定律的动量形式。此外,推导基本微分方程遵循的原理正是牛顿第二定律,其结果必然满足牛顿第二定律。

拉普拉斯变换法也可用于有限长桩的波动分析。设桩体长度为 h,边界 $z=0$ 处无应力。当时间 $t=0$ 时,边界 $z=h$ 处出现位移。因此,边界条件可写作

$$\begin{cases} z=0, & t>0: & \dfrac{\partial w}{\partial z} = 0 \\ z=h, & t>0: & w=w_0 \end{cases} \tag{5-38}$$

对上式进行拉普拉斯变换后代入微分方程(5-31)的通解式(5-32)中,可确定位移解的变换形式为

$$\bar{w} = \frac{w_0}{s} \frac{\cosh \dfrac{sz}{c}}{\cosh \dfrac{sh}{c}} \tag{5-39}$$

上式的逆变换可以通过使用复数反演积分(Churchill,1972)或 Heaviside 展开定理(复数反演积分的简化形式)来实现,于是位移解可写作

$$\frac{w}{w_0} = 1 - \frac{4}{\pi} \sum_{k=0}^{\infty} \frac{(-1)^k}{2k+1} \cos\left[(2k+1)\frac{\pi z}{2h}\right] \cos\left[(2k+1)\frac{\pi ct}{2h}\right] \tag{5-40}$$

将 $z=0$ 代入上式可得自由端处的位移,即

$$\frac{w}{w_0} = 1 - \frac{4}{\pi} \sum_{k=0}^{\infty} \frac{(-1)^k}{2k+1} \cos\left[(2k+1)\frac{\pi ct}{2h}\right] \tag{5-41}$$

由上式可见位移解是傅里叶级数的形式,变化情况如图 5-5 所示。

结果表明,桩底在一段时间 h/c(波传过桩体所需的时间)内保持静止,然后突然发生位移,大小为 $2w_0$,持续时间为 $2h/c$,之后位移量在零位移和 $2w_0$ 之间连续跳跃。若用特征线法求解此问题,物理意义会更加明确,即在端部自由情况下,压缩波在 $t=0$ 时刻开始向自由端传播,然后以拉伸波的形式反射回来。

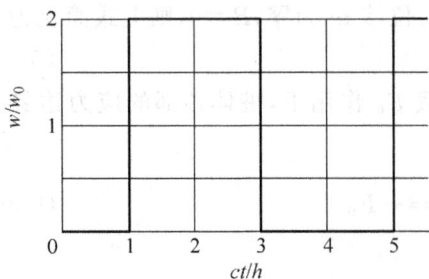

图 5-5 自由端处位移

5.2.4　分离变量法

分离变量法是另一种求解一维波动方程的方法。下面以桩顶自由,桩底有一个初始位移 w_0 的情况为例进行说明。桩两端的边界条件可写为

$$z = 0, \quad t > 0: \quad \frac{\partial w}{\partial z} = 0 \tag{5-42}$$

$$z = h, \quad t > 0: \quad w = w_0 \tag{5-43}$$

由于位移 $w(z, t)$ 与深度 z、时间 t 两个参数有关,因此用分离变量法时,将一维波动方程(5-5)中的 $w(z, t)$ 改写为

$$w(z, t) = w_0 + Z(z) T(t) \tag{5-44}$$

式中,$Z(z)$ 为只与深度变量 z 有关的函数;$T(t)$ 为只与时间 t 有关的函数。

将式(5-44)代入式(5-5),得到以下结果:

$$\frac{1}{c^2} \frac{1}{T} \frac{d^2 T(t)}{dt^2} = \frac{1}{Z} \frac{d^2 Z(z)}{dz^2} \tag{5-45}$$

上式左端只与 t 有关,右端只与 z 有关,因此,只有当上式两项都等于一个非零常数 $-\lambda$ 时,式(5-45)才能成立,即

$$\frac{1}{c^2} \frac{1}{T} \frac{d^2 T(t)}{dt^2} = -\lambda \tag{5-46a}$$

$$\frac{1}{Z} \frac{d^2 Z(z)}{dz^2} = -\lambda \tag{5-46b}$$

移项后可得

$$\frac{d^2 T(t)}{dt^2} + \lambda c^2 T(t) = 0 \tag{5-47a}$$

$$\frac{d^2 Z(z)}{dz^2} + \lambda Z(z) = 0 \tag{5-47b}$$

将边界条件式(5-42)、式(5-43)代入式(5-44),得

$$\frac{dZ(0)}{dz} = 0 \tag{5-48a}$$

$$Z(h) T(t) = 0 \tag{5-48b}$$

因为 $T(t) \neq 0$,则有

$$Z(h) = 0 \tag{5-49}$$

联立以上关于 $Z(z)$ 的方程式(5-47b)、式(5-48a)、式(5-49),可得

$$\frac{d^2 Z(z)}{dz^2} + \lambda Z(z) = 0 \tag{5-50a}$$

$$Z(h) = 0 \tag{5-50b}$$

$$\frac{dZ(0)}{dz} = 0 \tag{5-50c}$$

由于当 $\lambda > 0$ 时,$Z(z)$ 才有非零解,故令 $\beta^2 = \lambda$,则 $Z(z)$ 的通解可以写为

$$Z(z) = A_1 \cos(\beta z) + A_2 \sin(\beta z) \tag{5-51}$$

将式(5-50b)代入式(5-51),可得

$$A_2 = 0 \tag{5-52}$$

$$0 = A_1 \cos(\beta h) \quad \Rightarrow \quad \beta = (2k+1)\frac{\pi}{2h}, \quad k = 0,1,2,\cdots \tag{5-53}$$

这样，函数 $Z(z)$ 可写为

$$Z_k(z) = A_k \cos(\beta z), \quad k = 0,1,2,\cdots \tag{5-54}$$

式中，A_k 为常数。

根据已经求得的 λ，可由式(5-47a)确定 $T(t)$ 的通解为

$$\frac{\mathrm{d}^2 T(t)}{\mathrm{d}t^2} + \beta^2 c^2 T(t) = 0 \quad \Leftrightarrow \quad T_k(t) = B_k \cos(\beta c t) + C_k \sin(\beta c t), \quad k = 0,1,2,\cdots \tag{5-55}$$

将式(5-54)和式(5-55)代入式(5-44)可以得到一组分离变量形式的位移解：

$$w_k(x,t) = w_0 + [D_k \cos(\beta c t) + E_k \sin(\beta c t)] \cos(\beta z) \tag{5-56}$$

位移解有无穷多个，将所有的 $w_k(x,t)(k=0,1,2,\cdots)$ 叠加得

$$w(z,t) = w_0 + \sum_{k=0}^{\infty} [D_k \cos(\beta c t) + E_k \sin(\beta c t)] \cos(\beta z) \tag{5-57}$$

上式的两个未知系数 D_k 和 E_k 可由初始条件确定，初始条件为

$$\begin{cases} t=0: & \dfrac{\partial w}{\partial t} = 0 \\[2mm] t=0: & w = 0 \end{cases} \tag{5-58}$$

$w(z,t)$ 对 t 求一次偏导的结果为

$$\frac{\partial w}{\partial t} = \sum_{k=0}^{\infty} [-D_k \beta c \sin(\beta c t) + E_k \beta c \cos(\beta c t)] \cos(\beta z) \tag{5-59}$$

将初始条件代入上式，得

$$\sum_{n=0}^{\infty} (E_k \beta c) \cos(\beta z) = 0 \quad \Rightarrow \quad E_k = 0 \tag{5-60}$$

$$w_0 + \sum_{n=0}^{\infty} D_k \cos(\beta z) = 0 \quad \Rightarrow \quad \sum_{n=0}^{\infty} D_k \cos(\beta z) = -w_0 \tag{5-61}$$

式(5-61)中的 D_k 是一个傅里叶余弦级数展开式的系数，可以写为

$$D_k = -\frac{2}{h} w_0 \int_0^h \cos(\beta z) \mathrm{d}z = \frac{4}{\pi} (-1)^k \frac{w_0}{2k+1} \tag{5-62}$$

将求得的 D_k 和 E_k 代入式(5-57)，得该问题的位移解为

$$w(z,t) = w_0 + \sum_{n=0}^{\infty} [D_k \cos(\beta c t)] \cos(\beta z), \quad \beta = (2k+1)\frac{\pi}{2h}, \quad k = 0,1,2,\cdots \tag{5-63}$$

下面讨论不同边界条件下桩的位移。设桩的长度为 h，其振动方程的位移通解为

$$w(z,t) = Z(z)(A_1 \sin\omega t + A_2 \cos\omega t) \tag{5-64}$$

式中，A_1、A_2 均为常数；ω 为振动圆频率；$Z(z)$ 为杆件在某一时刻，深度 z 处的位移幅值，且只与变量 z 有关。

将式(5-64)代入式(5-5)，得

$$c_P^2 \frac{\mathrm{d}^2 Z(z)}{\mathrm{d}z^2} + w^2 Z(z) = 0 \tag{5-65}$$

上式的通解为

$$Z(z) = B_1 \sin \frac{\omega z}{c_P} + B_2 \cos \frac{\omega z}{c_P} \qquad (5\text{-}66)$$

式中，B_1、B_2 为待定常数，在不同的边界条件下，其取值各不相同。具体如下：

桩两端为固定端时，其边界条件为

$$z = 0 : Z(z) = 0 ; \quad z = h : Z(z) = 0 \qquad (5\text{-}67)$$

将上式代入式(5-66)可得

$$B_1 \neq 0$$

$$B_2 = 0 \quad \Leftrightarrow \quad Z(z) = B_1 \sin \frac{k \pi z}{h} \qquad (5\text{-}68)$$

$$\omega = \frac{k \pi}{h} c_P, \quad k = 0, 1, 2, \cdots$$

桩两端为自由端时，其边界条件为

$$z = 0 : \frac{\mathrm{d}Z(z)}{\mathrm{d}z} = 0 ; \quad z = h : \frac{\mathrm{d}Z(z)}{\mathrm{d}z} = 0 \qquad (5\text{-}69)$$

将上式代入式(5-66)可得

$$B_1 = 0$$

$$B_2 \neq 0 \quad \Leftrightarrow \quad Z(z) = B_2 \cos \frac{k \pi z}{h} \qquad (5\text{-}70)$$

$$\omega = \frac{k \pi}{h} c_P, \quad k = 0, 1, 2, \cdots$$

桩一端为自由端，另一端为固定端时，其边界条件为

$$z = 0 : Z(z) = 0 ; \quad z = h : \frac{\mathrm{d}Z(z)}{\mathrm{d}z} = 0 \qquad (5\text{-}71)$$

将上式代入式(5-66)可得

$$B_1 = 0$$

$$B_2 \neq 0 \quad \Leftrightarrow \quad Z(z) = B_1 \sin \frac{(2k-1)\pi z}{2h} \qquad (5\text{-}72)$$

$$\omega = \frac{k \pi}{h} c_P, \quad k = 1, 2, 3, \cdots$$

5.2.5　数值解法

数值解法也是求解波动问题的重要方法。下面以中心差分法为例，求解一维波动方程。设一维有限长桩的桩底自由，桩侧无摩擦，将桩按 Δz 长度分成 n 个单元，其中第 i 个单元的受力情况如图 5-6 所示，其中 N_i 为单元竖向压力，w_i 为单元位移，不考虑剪切力，桩中的波为压缩波。

根据牛顿第二定律，单元的运动方程可写作

$$N_i - N_{i-1} = ma \qquad (5\text{-}73)$$

式中，m 为单元质量；a 为单元加速度。将上式写成微分形式为

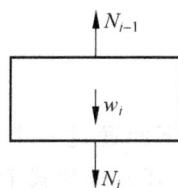

图 5-6　第 i 个单元的受力情况

$$N_i - N_{i-1} = \rho A \Delta z \frac{\mathrm{d}v_i}{\mathrm{d}t} \tag{5-74}$$

式中，ρ 为桩的密度；A 为横截面面积。

第 i 个单元的速度 v_i 可通过位移 w_i 对时间 t 求导得到，即

$$v_i = \frac{\mathrm{d}w_i}{\mathrm{d}t} \tag{5-75}$$

由胡克定律可得压力与位移的关系为

$$N_i = EA\varepsilon_i \tag{5-76}$$

式中，E 为桩身弹性模量；ε_i 为第 i 个单元的应变。

ε_i 与单元位移的关系为 $\varepsilon_i = \mathrm{d}w_i/\mathrm{d}z$，将其代入式(5-76)，得

$$N_i = EA\frac{\mathrm{d}w_i}{\mathrm{d}z} \tag{5-77}$$

联立式(5-74)、式(5-75)、式(5-77)即可得到该问题的基本方程组，即

$$\begin{cases} N_i - N_{i-1} = \rho A \Delta z \dfrac{\mathrm{d}v_i}{\mathrm{d}t} \\[2mm] v_i = \dfrac{\mathrm{d}w_i}{\mathrm{d}t} \\[2mm] N_i = EA\dfrac{\mathrm{d}w_i}{\mathrm{d}z} \end{cases} \tag{5-78}$$

根据中心差分方法，以差商代替微分，上式变为

$$\begin{cases} N_i - N_{i-1} = \rho A \Delta z \dfrac{v_i(t+\Delta t) - v_i(t)}{\Delta t} \\[2mm] v_i = \dfrac{w_i(t+\Delta t) - w_i(t)}{\Delta t} \\[2mm] N_i = EA\dfrac{w_{i+1} - w_i}{\Delta z} \end{cases} \tag{5-79}$$

时间步长 Δt 和单元体长度 Δz 之间有如下关系：

$$\Delta z = c_P \Delta t \tag{5-80}$$

式中，c_P 为波在桩中的传播速度，只和桩的物理性质有关：

$$c_P = \sqrt{E/\rho} \tag{5-81}$$

将式(5-80)、式(5-81)代入式(5-79)，可得迭代形式的基本方程组：

$$\begin{cases} v_i(t+\Delta t) = v_i(t) + \dfrac{N_i - N_{i-1}}{\rho A c_P} \\[2mm] w_i(t+\Delta t) = w_i(t) + v_i \Delta t \\[2mm] N_i = EA\dfrac{w_{i+1} - w_i}{\Delta z} \end{cases} \tag{5-82}$$

下面通过一个算例具体说明。设有限长桩的物理参数为：桩长 $L = 20\mathrm{m}$，弹性模量 $E = 2\mathrm{GPa}$，外荷载 $P = 100\mathrm{N}$，密度 $\rho = 2000\mathrm{kg/m^2}$，桩直径 $d = 1\mathrm{m}$，桩身分为 100 份，每个单元长 $\Delta z = 0.2\mathrm{m}$。桩整体的速度 v_i、位移 w_i 以及力 N_i 随时间 t 变化的动画演示程序见附录 5，还可以通过调整 total_steps 以及 force_steps 控制运算的周期和外荷载持续时间，得

到不同情况下桩的运动情况。下面对运算结果作具体介绍。

图 5-7、图 5-8、图 5-9 分别给出了当波第一次传到桩深 10m 处，即 $t=0.01s$ 时，桩整体的速度、位移、力的曲线。可以看出，无摩擦桩中的波在传播过程中，波经过的单元速度相同，而波尚未经过的单元速度为 0，这个现象可以从动量的角度来解释：在每个时间步长 Δt 内，波的传播距离为 Δz，Δz 内的桩将发生位移，因此在外荷载作用下，随着动量的增大，运动的单元越多而速度不变。这与采用拉普拉斯变换法分析桩的速度时得到的结论一致。此外，由于波从桩顶向桩底传播，处于下部的单元与处于上部的单元相比，波到达的时间更晚，运动的时间更短，相同时刻下的位移更小。在尚未有波到达的桩体中，截面上的力显然为 0，而波传过的部分则变为 $-100N$。需要指出的是，此处计算的力并不是桩单元的合外力，而是桩截面上的力。

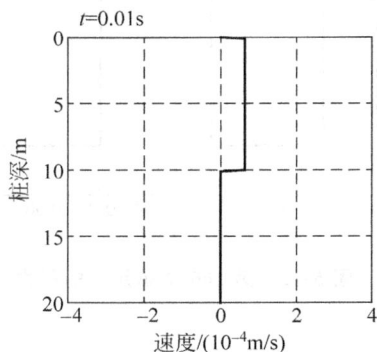

图 5-7　$t=0.01s$ 时桩整体速度

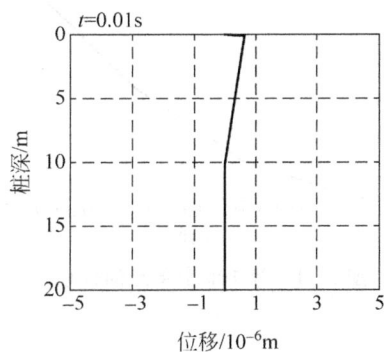

图 5-8　$t=0.01s$ 时桩整体位移

改变程序中 ii 的值并运行程序即可观察某一单元的位移、速度、力随时间的变化情况。以第 100 个单元为例，波在桩中传播了两个周期时的情况如图 5-10～图 5-12 所示。

由图 5-10 可以看出，0.01s 时刻前，波尚未传到第 100 个单元，因此该单元的速度为 0；在 0.01s 时刻，波传到第 100 个单元，该单元开始运动且在 0.03s 时刻前速度保持不变；当波传到桩底后发生反射，反射波传到第 100 个单元时，该单元的速度增大，如此循环传播，单元速度逐级增大。

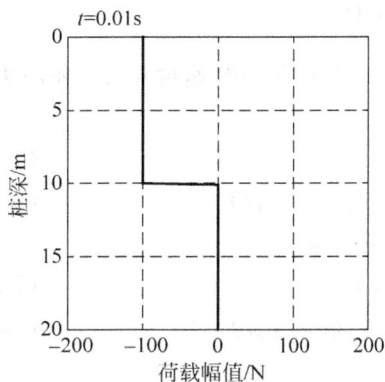

图 5-9　$t=0.01s$ 时桩截面上的力

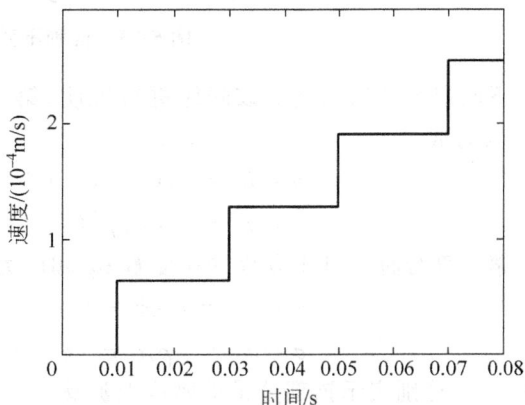

图 5-10　第 100 个单元的速度

由图 5-11 可以看出,第 100 个单元的位移-时间曲线分别在 0.01s、0.03s、0.05s、0.07s 时发生转折,这与图 5-10 的速度曲线所表现的规律相符。

由图 5-12 可以看出,在 0.01s 时刻前,即波尚未传到第 100 个单元时,力的大小为 0,在 0.01s 时刻,波传到了第 100 个单元,力变为 $-100\mathrm{N}$。而 0.03s 时刻,桩底反射波传播到该单元,反射的拉伸波与入射的压缩波相互抵消,故 0.03s 之后力为 0,如此循环传播,这样的规律反复出现。

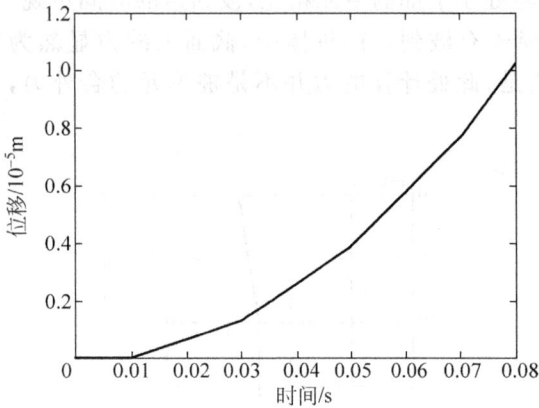

图 5-11　第 100 个单元的位移

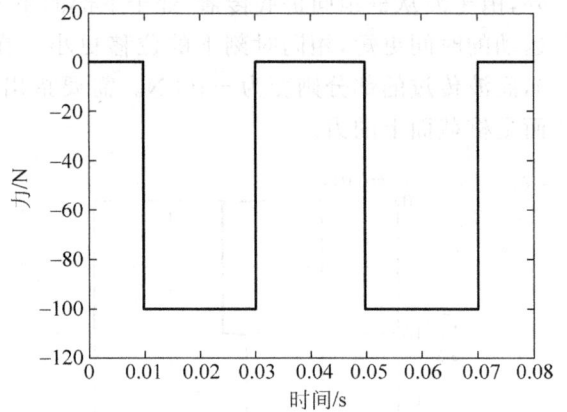

图 5-12　第 100 个单元上的压力

5.2.6　一维弹性波的反射与透射

波在同种介质中传播的情况显得过于理想化,因此波在不同介质分界面处的传播问题值得研究。下面以短时冲击波在两种不同材料组成的桩中的传播问题为例,说明波在分界面处的反射与透射规律。如图 5-13 所示,桩由两种材料组成,其中第一部分刚度较大,第二部分很长但刚度较小,两种材料的分界面到桩顶的距离为 h,桩顶受到短时压力的作用,压缩波在桩体中传播。

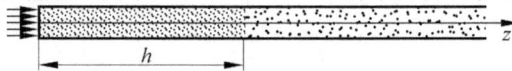

图 5-13　两种不同材料组成的桩

下面以行波法为例对该问题进行说明,第一部分桩中基本方程的速度解 v_1 和应力解 σ_1 可以写成

$$v = v_1 = f_1(z - c_1 t) + f_2(z + c_1 t) \tag{5-83}$$

$$\sigma = \sigma_1 = -\rho_1 c_1 f_1(z - c_1 t) + \rho_1 c_1 f_2(z + c_1 t) \tag{5-84}$$

第二部分桩中基本方程的速度解 v_2 和应力解 σ_2 可以写成

$$v = v_2 = g_1(z - c_2 t) + g_2(z + c_2 t) \tag{5-85}$$

$$\sigma = \sigma_2 = -\rho_2 c_2 g_1(z - c_2 t) + \rho_2 c_2 g_2(z + c_2 t) \tag{5-86}$$

式中,ρ、c 分别表示该部分桩的密度及波速。

容易证明,式(5-83)~式(5-86)满足基本方程(5-19)和(5-20)。

根据连续性条件,在两种材料的界面处,上述两个解中的 z 值相等,都等于 h,并且在任

意时刻 t 下，质点振动速度 v 和法向应力 σ 在该界面处必须是连续的：

$$-\rho_1 c_1 f_1(h - c_1 t) + \rho_1 c_1 f_2(h + c_1 t) = -\rho_2 c_2 g_1(h - c_2 t) + \rho_2 c_2 g_2(h + c_2 t) \qquad (5\text{-}87)$$

$$f_1(h - c_1 t) + f_2(h + c_1 t) = g_1(h - c_2 t) + g_2(h + c_2 t) \qquad (5\text{-}88)$$

为了将上两式简化，可令

$$\begin{cases} f_1(h - c_1 t) = F_1(t) \\ f_2(h + c_1 t) = F_2(t) \\ g_1(h - c_2 t) = G_1(t) \\ g_2(h + c_2 t) = G_2(t) \end{cases} \qquad (5\text{-}89)$$

式中，$F_1(t)$ 表示来自桩顶的入射波；$F_2(t)$ 表示从介质分界面向桩顶传播的反射波；$G_1(t)$ 表示从介质分界面向桩底传播的透射波；$G_2(t)$ 表示来自桩底的反射波。

$$F_1(t) + F_2(t) = G_1(t) + G_2(t) \qquad (5\text{-}90)$$

$$-\rho_1 c_1 F_1(t) + \rho_1 c_1 F_2(t) = -\rho_2 c_2 G_1(t) + \rho_2 c_2 G_2(t) \qquad (5\text{-}91)$$

若假设桩很长（或者当时间 t 很短，从桩末端反射的波尚未到达时），桩底反射波可忽略，即 $G_2(t) = 0$。此时，F_2 和 G_1 都可以用 F_1 表示，即

$$F_2(t) = \frac{\rho_1 c_1 - \rho_2 c_2}{\rho_1 c_1 + \rho_2 c_2} F_1(t) \qquad (5\text{-}92)$$

$$G_1(t) = \frac{2\rho_1 c_1}{\rho_1 c_1 + \rho_2 c_2} F_1(t) \qquad (5\text{-}93)$$

由上式可以看出，当 $F_1(t) = 0$ 时，即入射波尚未传播到两种介质的分界面时，$F_2(t) = 0$，$G_1(t) = 0$，即桩体中既无反射波，也无透射波。当 $F_1(t) \neq 0$ 时，即入射波到达两种介质的分界面时，$F_2(t) \neq 0$，即分界面以上部分出现反射波，且 $G_1(t) \neq 0$，即分界面以下部分出现透射波，$F_2(t)$ 和 $G_1(t)$ 可根据式（5-92）和式（5-93）求得，则由式（5-83）～式（5-86）、式（5-89）就可以确定波在桩体传播过程中的应力和波速。

下面通过一个算例进行具体说明。设桩的两个部分密度相等，即 $\rho_1 = \rho_2$，第一部分的刚度是桩其余部分的刚度的 9 倍，即 $E_1 = 9E_2$。由压缩波速度的计算公式（$c_P = \sqrt{E/\rho}$）可知第一部分桩中的波速是其余部分的 3 倍，即 $c_1 = 3c_2$，波速反射系数和波速透射系数可由下式算出：

$$R_v = -\frac{\rho_1 c_1 - \rho_2 c_2}{\rho_1 c_1 + \rho_2 c_2} = -0.5 \qquad (5\text{-}94)$$

$$T_v = \frac{2\rho_2 c_2}{\rho_1 c_1 + \rho_2 c_2} = 0.5 \qquad (5\text{-}95)$$

图 5-14 给出了波在桩体中传播时，不同时刻的速度曲线。在前四个图中，入射波向界面传播。在此期间，反射波和透射波都不存在。一旦入射波到达界面，就会产生反射波，并且在桩的第二部分产生透射波。该透射波质点运动速度大小是入射波的 1.5 倍，但其传播速度是入射波的 1/3。反射波的质点运动速度大小是入射波的 1/2 倍。

图 5-15 给出了波在桩体中传播时，桩的两部分的应力传播情况。应力反射系数和应力透射系数的计算结果为

$$R_\sigma = -\frac{\rho_1 c_1 - \rho_2 c_2}{\rho_1 c_1 + \rho_2 c_2} = -0.5 \qquad (5\text{-}96)$$

$$T_\sigma = \frac{2\rho_2 c_2}{\rho_1 c_1 + \rho_2 c_2} = 0.5 \tag{5-97}$$

在这种情况下,桩第一部分的刚度是其余部分的 9 倍,入射波到达两部分的分界面,产生反射波,其应力方向与入射波相反。因此,桩中的压缩波在界面处反射形成拉伸波。

波在两种材料分界面处的透射与反射规律的动画演示程序见附录 6 和附录 7。

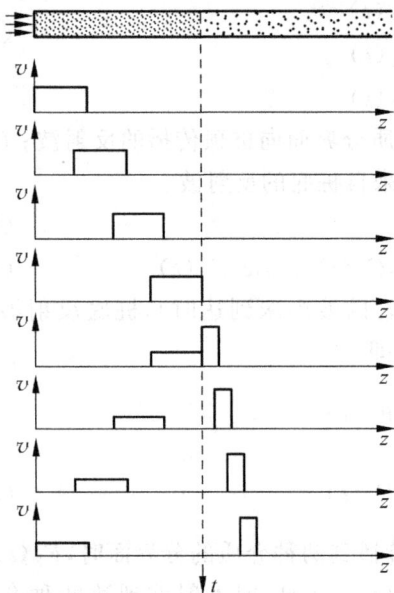

图 5-14 波在两种材料界面处发生的透射和反射(质点振动速度)

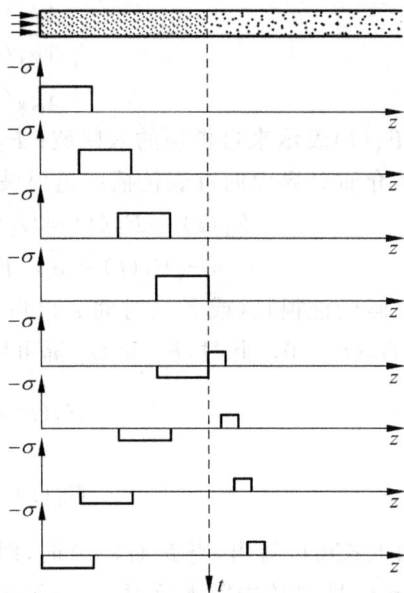

图 5-15 波在两种材料界面处发生的透射和反射(应力)

5.3 无限弹性介质中的波

5.3.1 无限弹性体中的三维波动方程

1. 运动方程

在直角坐标系中,作用在边长为 $\mathrm{d}x$、$\mathrm{d}y$ 和 $\mathrm{d}z$ 的微小单元体各面上的法向应力和剪应力如图 5-16 所示,在 x、y 和 z 方向上对微元体进行受力分析,设微元体密度为 ρ,可给出无体积力时沿 x 方向的运动微分方程为

$$\left[\left(\sigma_x + \frac{\partial \sigma_x}{\partial x}\,\mathrm{d}x\right) - \sigma_x\right]\mathrm{d}y\,\mathrm{d}z + \left[\left(\tau_{yx} + \frac{\partial \tau_{yx}}{\partial y}\,\mathrm{d}y\right) - \tau_{yx}\right]\mathrm{d}x\,\mathrm{d}z +$$

$$\left[\left(\tau_{zx} + \frac{\partial \tau_{zx}}{\partial z}\,\mathrm{d}z\right) - \tau_{zx}\right]\mathrm{d}x\,\mathrm{d}y = \rho\,\mathrm{d}x\,\mathrm{d}y\,\mathrm{d}z\,\frac{\partial^2 u}{\partial t^2} \tag{5-98}$$

将上式进行化简可得

$$\frac{\partial \sigma_x}{\partial x} + \frac{\partial \tau_{xy}}{\partial y} + \frac{\partial \tau_{xz}}{\partial z} = \rho\,\frac{\partial^2 u}{\partial t^2} \tag{5-99}$$

相应地,可得到沿 y 方向、z 方向上的运动方程,则无限弹性介质的三维运动方程为

$$\begin{cases} \dfrac{\partial \sigma_x}{\partial x} + \dfrac{\partial \tau_{xy}}{\partial y} + \dfrac{\partial \tau_{xz}}{\partial z} = \rho \dfrac{\partial^2 u}{\partial t^2} \\[2mm] \dfrac{\partial \sigma_y}{\partial y} + \dfrac{\partial \tau_{yx}}{\partial x} + \dfrac{\partial \tau_{yz}}{\partial z} = \rho \dfrac{\partial^2 v}{\partial t^2} \\[2mm] \dfrac{\partial \sigma_z}{\partial z} + \dfrac{\partial \tau_{zx}}{\partial x} + \dfrac{\partial \tau_{zy}}{\partial y} = \rho \dfrac{\partial^2 w}{\partial t^2} \end{cases} \tag{5-100}$$

式中,u、v 和 w 分别为 x、y 和 z 方向的位移分量。

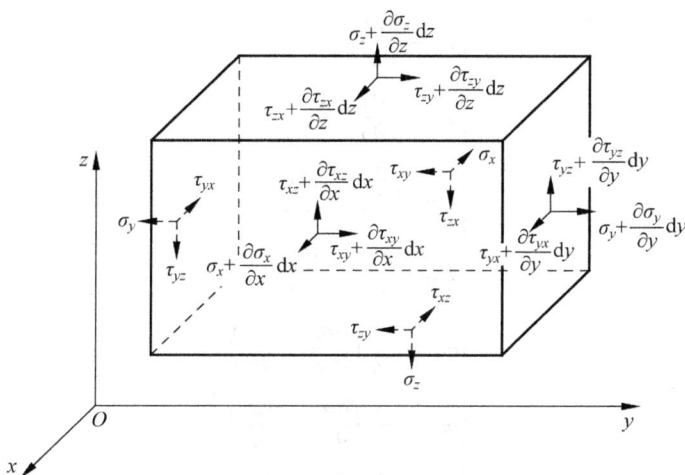

图 5-16　弹性介质微元体上的应力状态

2. 几何方程

如图 5-17 所示,选取一个 x-z 平面,分析二维平面问题中的几何方程。

线段 PA 的正应变 ε_x 和线段 PB 的正应变 ε_z 为

$$\varepsilon_x = \frac{u + \dfrac{\partial u}{\partial x}\mathrm{d}x - u}{\mathrm{d}x} = \frac{\partial u}{\partial x} \tag{5-101}$$

$$\varepsilon_z = \frac{w + \dfrac{\partial w}{\partial z}\mathrm{d}z - w}{\mathrm{d}z} = \frac{\partial w}{\partial z} \tag{5-102}$$

线段 PA 的转角 α 和线段 PB 的转角 β 分别为

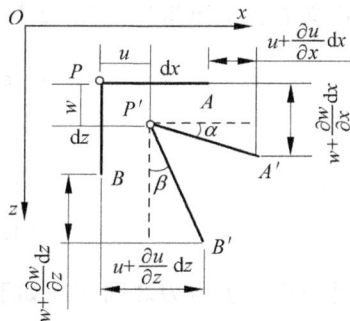

图 5-17　x-z 平面内应力位移示意图

$$\alpha = \frac{w + \dfrac{\partial w}{\partial x}\mathrm{d}x - w}{\mathrm{d}x} = \frac{\partial w}{\partial x} \tag{5-103}$$

$$\beta = \frac{\left(u + \dfrac{\partial u}{\partial z}\mathrm{d}z\right) - u}{\mathrm{d}z} = \frac{\partial u}{\partial z} \tag{5-104}$$

线段 PA 和 PB 之间的剪应变 γ_{zx} 可用下式来表示：

$$\gamma_{zx} = \gamma_{xz} = \alpha + \beta = \frac{\partial u}{\partial z} + \frac{\partial w}{\partial x} \tag{5-105}$$

同理可以得到 x-y 平面和 y-z 平面上的几何方程。结合三个平面的几何方程，便可得出各向同性三维弹性体的几何方程：

$$\begin{cases} \varepsilon_x = \dfrac{\partial u}{\partial x} \\[2mm] \varepsilon_y = \dfrac{\partial v}{\partial y} \\[2mm] \varepsilon_z = \dfrac{\partial w}{\partial z} \end{cases} \tag{5-106}$$

$$\begin{cases} \gamma_{xy} = \dfrac{\partial v}{\partial x} + \dfrac{\partial u}{\partial y} \\[2mm] \gamma_{yz} = \dfrac{\partial w}{\partial y} + \dfrac{\partial v}{\partial z} \\[2mm] \gamma_{zx} = \dfrac{\partial u}{\partial z} + \dfrac{\partial w}{\partial x} \end{cases} \tag{5-107}$$

$$\begin{cases} \bar{\omega}_x = \dfrac{1}{2}\left(\dfrac{\partial w}{\partial y} - \dfrac{\partial v}{\partial z}\right) \\[2mm] \bar{\omega}_y = \dfrac{1}{2}\left(\dfrac{\partial u}{\partial z} - \dfrac{\partial w}{\partial x}\right) \\[2mm] \bar{\omega}_z = \dfrac{1}{2}\left(\dfrac{\partial v}{\partial x} - \dfrac{\partial u}{\partial y}\right) \end{cases} \tag{5-108}$$

3. 胡克定律

广义胡克定律指出，正应变与正应力之间存在如下关系：

$$\begin{cases} \varepsilon_x = \dfrac{1}{E}[\sigma_x - \mu(\sigma_y + \sigma_z)] \\[2mm] \varepsilon_y = \dfrac{1}{E}[\sigma_y - \mu(\sigma_z + \sigma_x)] \\[2mm] \varepsilon_z = \dfrac{1}{E}[\sigma_z - \mu(\sigma_x + \sigma_y)] \end{cases} \tag{5-109}$$

剪应变与剪应力之间存在如下关系：

$$\begin{cases} \gamma_{xy} = \dfrac{1}{G}\tau_{xy} \\[2mm] \gamma_{yz} = \dfrac{1}{G}\tau_{yz} \\[2mm] \gamma_{zx} = \dfrac{1}{G}\tau_{zx} \end{cases} \tag{5-110}$$

式中，$G = E/2(1+\mu)$。

体应变用 ε_v 表示，$\varepsilon_v = \varepsilon_x + \varepsilon_y + \varepsilon_z$，若用应变来表示应力，则有

$$\begin{cases} \sigma_x = \lambda\varepsilon_v + 2G\varepsilon_x \\ \sigma_y = \lambda\varepsilon_v + 2G\varepsilon_y \\ \sigma_z = \lambda\varepsilon_v + 2G\varepsilon_z \end{cases} \tag{5-111}$$

$$\begin{cases} \tau_{xy} = G\gamma_{xy} \\ \tau_{yz} = G\gamma_{yz} \\ \tau_{zx} = G\gamma_{zx} \end{cases} \tag{5-112}$$

式中，λ 为拉梅常数，$\lambda = \mu E / [(1+\mu)(1-2\mu)]$。

4. 波动方程

将式(5-111)、式(5-112)代入式(5-100)，得

$$\begin{cases} \dfrac{\partial}{\partial x}(\lambda\varepsilon_v + 2G\varepsilon_x) + \dfrac{\partial}{\partial y}G\gamma_{xy} + \dfrac{\partial}{\partial z}G\gamma_{zx} = \rho\dfrac{\partial^2 u}{\partial t^2} \\[2mm] \dfrac{\partial}{\partial y}(\lambda\varepsilon_v + 2G\varepsilon_y) + \dfrac{\partial}{\partial x}G\gamma_{xy} + \dfrac{\partial}{\partial z}G\gamma_{yz} = \rho\dfrac{\partial^2 v}{\partial t^2} \\[2mm] \dfrac{\partial}{\partial z}(\lambda\varepsilon_v + 2G\varepsilon_z) + \dfrac{\partial}{\partial x}G\gamma_{zx} + \dfrac{\partial}{\partial y}G\gamma_{yz} = \rho\dfrac{\partial^2 w}{\partial t^2} \end{cases} \tag{5-113}$$

将几何方程(5-106)～(5-108)代入上式，可得

$$\begin{cases} \dfrac{\partial}{\partial x}\left[\lambda\left(\dfrac{\partial u}{\partial x} + \dfrac{\partial v}{\partial y} + \dfrac{\partial w}{\partial z}\right) + 2G\dfrac{\partial u}{\partial x}\right] + \dfrac{\partial}{\partial y}G\left(\dfrac{\partial v}{\partial x} + \dfrac{\partial u}{\partial y}\right) + \dfrac{\partial}{\partial z}G\left(\dfrac{\partial u}{\partial z} + \dfrac{\partial w}{\partial x}\right) = \rho\dfrac{\partial^2 u}{\partial t^2} \\[2mm] \dfrac{\partial}{\partial y}\left[\lambda\left(\dfrac{\partial u}{\partial x} + \dfrac{\partial v}{\partial y} + \dfrac{\partial w}{\partial z}\right) + 2G\dfrac{\partial v}{\partial y}\right] + \dfrac{\partial}{\partial x}G\left(\dfrac{\partial v}{\partial x} + \dfrac{\partial u}{\partial y}\right) + \dfrac{\partial}{\partial z}G\left(\dfrac{\partial w}{\partial y} + \dfrac{\partial v}{\partial z}\right) = \rho\dfrac{\partial^2 v}{\partial t^2} \\[2mm] \dfrac{\partial}{\partial z}\left[\lambda\left(\dfrac{\partial u}{\partial x} + \dfrac{\partial v}{\partial y} + \dfrac{\partial w}{\partial z}\right) + 2G\dfrac{\partial w}{\partial z}\right] + \dfrac{\partial}{\partial x}G\left(\dfrac{\partial u}{\partial z} + \dfrac{\partial w}{\partial x}\right) + \dfrac{\partial}{\partial y}G\left(\dfrac{\partial w}{\partial y} + \dfrac{\partial v}{\partial z}\right) = \rho\dfrac{\partial^2 w}{\partial t^2} \end{cases} \tag{5-114}$$

整理上式可得各向同性弹性体中的波动方程为

$$\begin{cases} (\lambda + G)\dfrac{\partial}{\partial x}\varepsilon_v + G\nabla^2 u = \rho\dfrac{\partial^2 u}{\partial t^2} \\[2mm] (\lambda + G)\dfrac{\partial}{\partial y}\varepsilon_v + G\nabla^2 v = \rho\dfrac{\partial^2 v}{\partial t^2} \\[2mm] (\lambda + G)\dfrac{\partial}{\partial z}\varepsilon_v + G\nabla^2 w = \rho\dfrac{\partial^2 w}{\partial t^2} \end{cases} \tag{5-115}$$

5.3.2　无限弹性体中波的类型

1. 压缩波

压缩波又被称作 P 波或纵波，由于 P 波是无旋的，其转动分量为零，即 $\bar{\omega}_x = \bar{\omega}_y = \bar{\omega}_z = 0$，由几何方程(5-106)～(5-108)可得

$$\begin{cases} \dfrac{\partial w}{\partial y} = \dfrac{\partial v}{\partial z} \\[2mm] \dfrac{\partial u}{\partial z} = \dfrac{\partial w}{\partial x} \\[2mm] \dfrac{\partial v}{\partial x} = \dfrac{\partial u}{\partial y} \end{cases} \tag{5-116}$$

将体应变 ε_v 分别对 x、y、z 求一次偏导,结果为

$$\begin{cases} \dfrac{\partial \varepsilon_v}{\partial x} = \dfrac{\partial^2 u}{\partial x^2} + \dfrac{\partial}{\partial x}\left(\dfrac{\partial v}{\partial y}\right) + \dfrac{\partial}{\partial x}\left(\dfrac{\partial w}{\partial z}\right) = \dfrac{\partial^2 u}{\partial x^2} + \dfrac{\partial^2 u}{\partial y^2} + \dfrac{\partial^2 u}{\partial z^2} = \nabla^2 u \\[3mm] \dfrac{\partial \varepsilon_v}{\partial y} = \dfrac{\partial}{\partial y}\left(\dfrac{\partial u}{\partial x}\right) + \dfrac{\partial^2 v}{\partial y^2} + \dfrac{\partial}{\partial y}\left(\dfrac{\partial w}{\partial z}\right) = \dfrac{\partial^2 v}{\partial x^2} + \dfrac{\partial^2 v}{\partial y^2} + \dfrac{\partial^2 v}{\partial z^2} = \nabla^2 v \\[3mm] \dfrac{\partial \varepsilon_v}{\partial z} = \dfrac{\partial}{\partial z}\left(\dfrac{\partial u}{\partial x}\right) + \dfrac{\partial}{\partial z}\left(\dfrac{\partial v}{\partial y}\right) + \dfrac{\partial^2 w}{\partial z^2} = \dfrac{\partial^2 w}{\partial x^2} + \dfrac{\partial^2 w}{\partial y^2} + \dfrac{\partial^2 w}{\partial z^2} = \nabla^2 w \end{cases} \tag{5-117}$$

将上式代入弹性体波动方程(5-115)可得

$$\begin{cases} (\lambda + 2G)\,\nabla^2 u = \rho\,\dfrac{\partial^2 u}{\partial t^2} \\[3mm] (\lambda + 2G)\,\nabla^2 v = \rho\,\dfrac{\partial^2 v}{\partial t^2} \\[3mm] (\lambda + 2G)\,\nabla^2 w = \rho\,\dfrac{\partial^2 w}{\partial t^2} \end{cases} \tag{5-118}$$

用 $c_P = \sqrt{(\lambda + 2G)/\rho}$ 表示压缩波的传播速度,则有

$$c_P^2\,\nabla^2 \boldsymbol{U} = \dfrac{\partial^2}{\partial t^2}\boldsymbol{U} \tag{5-119}$$

式中 $\boldsymbol{U} = (u \quad v \quad w)^{\mathrm{T}}$。

2. 剪切波

剪切波又被称作 S 波、横波、畸变波或等体积波,其体应变为零,即 $\varepsilon_v = \varepsilon_x = \varepsilon_y = \varepsilon_z = 0$,将其代入式(5-115)得

$$\begin{cases} G\,\nabla^2 u = \rho\,\dfrac{\partial^2 u}{\partial t^2} \\[3mm] G\,\nabla^2 v = \rho\,\dfrac{\partial^2 v}{\partial t^2} \\[3mm] G\,\nabla^2 w = \rho\,\dfrac{\partial^2 w}{\partial t^2} \end{cases} \tag{5-120}$$

剪切波的传播速度是 $c_S = \sqrt{G/\rho}$,则上式可以写成

$$c_S^2\,\nabla^2 \boldsymbol{U} = \dfrac{\partial^2}{\partial t^2}\boldsymbol{U} \tag{5-121}$$

剪切波的特点是质点振动方向与波的传播方向垂直。压缩波 c_P 与剪切波 c_S 的波速之间有如下关系:

$$\frac{c_P}{c_S} = \sqrt{\frac{\lambda + 2G}{G}} = \sqrt{\frac{2(1-\mu)}{1-2\mu}} \tag{5-122}$$

当泊松比 $\mu < 0.5$ 时，必然有 $c_P > \sqrt{2}c_S$，即压缩波波速大于剪切波波速。

5.3.3　球面波

球面波是波阵面为球面的波。在无限弹性介质中，球形空腔在表面力作用下产生的弹性波可视为一种球面波，下面以这种情况为例，分析球面波的特征。

1. 平衡方程

均匀荷载作用下的球形空腔如图 5-18 所示，对球形空腔内微元体进行应力分析的示意图如图 5-19 所示。假设位移场关于球中心对称，单元体内没有剪应力的作用，切向应力 σ_θ 与平面的方向无关，此时的球面波为压缩波，运动方程仅在径向上考虑，即

$$\frac{\partial \sigma_r}{\partial r} + \frac{2(\sigma_r - \sigma_\theta)}{r} = \rho \frac{\partial^2 u}{\partial t^2} \tag{5-123}$$

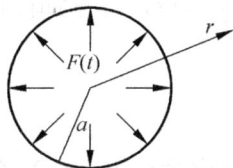

图 5-18　均匀荷载作用下的球形空腔　　　图 5-19　球面波微元体应力分析示意图

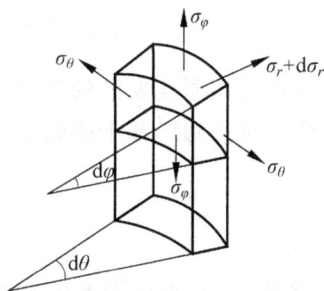

由胡克定律，应力可以由应变来表示：

$$\begin{cases} \sigma_r = \lambda(\varepsilon_r + 2\varepsilon_\theta) + 2\mu\varepsilon_r \\ \sigma_\theta = \lambda(\varepsilon_r + 2\varepsilon_\theta) + 2\mu\varepsilon_\theta \end{cases} \tag{5-124}$$

而径向应变、切向应变与径向位移分量的关系为

$$\begin{cases} \varepsilon_r = \dfrac{\partial u_r}{\partial r} \\[2mm] \varepsilon_\theta = \dfrac{u_r}{r} \end{cases} \tag{5-125}$$

将式(5-124)、式(5-125)代入运动方程(5-123)，可得

$$\frac{\partial^2 u_r}{\partial r^2} + \frac{2}{r}\frac{\partial u_r}{\partial r} - \frac{2u_r}{r^2} = \frac{1}{c_P^2}\frac{\partial^2 u_r}{\partial t^2} \tag{5-126}$$

式中，$c_P = \sqrt{(\lambda + 2\mu)/\rho}$。

2. 球面波的解

Hopkins(1960)给出了球面波传播问题的简便解法，由于球面波的位移场是无旋的，因

此引入和胀缩有关的势函数 φ，则有

$$u_r = \partial\varphi/\partial r \tag{5-127}$$

将上式代入式(5-126)可得

$$\frac{\partial^3\varphi}{\partial r^3} + \frac{2}{r}\frac{\partial^2\varphi}{\partial r^2} - \frac{2}{r^2}\frac{\partial\varphi}{\partial r} = \frac{1}{c_P^2}\frac{\partial^3\varphi}{\partial r\partial t^2} \tag{5-128}$$

将上式对 r 进行一次积分后可得

$$r\frac{\partial^2\varphi}{\partial r^2} + 2\frac{\partial\varphi}{\partial r} = \frac{1}{c_P^2}\frac{\partial^2(r\varphi)}{\partial t^2} \tag{5-129}$$

由于

$$r\frac{\partial^2\varphi}{\partial r^2} + 2\frac{\partial\varphi}{\partial r} = r\frac{\partial^2\varphi}{\partial r^2} + \frac{\partial\varphi}{\partial r} + \frac{\partial\varphi}{\partial r} = \frac{\partial}{\partial r}\left(r\frac{\partial\varphi}{\partial r} + \varphi\right) = \frac{\partial^2}{\partial r^2}(r\varphi) \tag{5-130}$$

因此，由式(5-129)、式(5-130)可得

$$\frac{\partial^2(r\varphi)}{\partial r^2} = \frac{1}{c_P^2}\frac{\partial^2(r\varphi)}{\partial t^2} \tag{5-131}$$

上式即为一维波动方程的形式，其达朗贝尔通解为

$$\varphi = \frac{1}{r}f(r - c_P t) + \frac{1}{r}g(r + c_P t) \tag{5-132}$$

上式中包含了从原点发散的波和向原点汇聚的波。下面对向外发散的波进行分析，它可以表示弹性介质受到局部干扰时的情况，于是上式只保留 $r\varphi = f(r - c_P t)$ 项，则球面波的位移为

$$u = \frac{1}{r}\frac{\partial f}{\partial r} - \frac{f}{r^2} \tag{5-133}$$

如图 5-18 所示，对于球面波内有均布荷载作用的情况，假设荷载为 $F(t)$，它的大小与时间有关。该问题的边界条件为

$$r = a: \quad \sigma_r = (\lambda + 2G)\frac{\partial^2\varphi}{\partial r^2} + 2\frac{\lambda}{r}\frac{\partial\varphi}{\partial r} = -F \tag{5-134}$$

下面利用傅里叶变换法对该问题进行分析。首先定义

$$\varphi(r,t) = \frac{1}{2\pi}\int_{-\infty}^{+\infty}\bar{\varphi}(r,\omega)\mathrm{e}^{-\mathrm{i}\omega t}\,\mathrm{d}t \tag{5-135}$$

它的逆变换为

$$\bar{\varphi}(r,\omega) = \int_{-\infty}^{+\infty}\varphi(r,t)\mathrm{e}^{\mathrm{i}\omega t}\,\mathrm{d}\omega \tag{5-136}$$

将式(5-135)代入波动方程(5-131)和边界条件(5-134)中，可得

$$\bar{\varphi}(r,\omega) = \frac{-a^3\bar{F}(\omega)\mathrm{e}^{\mathrm{i}k(r-a)}}{4Gr(1 - \mathrm{i}ka - c^2 k^2 a^2)} \tag{5-137}$$

式中，波数 $k = \omega/c_P$，定义 $c = c_P/2c_S$。则该问题的解为

$$\varphi(r,t) = -\frac{a^3}{8\pi Gr}\int_{-\infty}^{+\infty}\bar{F}(\omega)\bar{\varphi}(r,\omega)\mathrm{e}^{-\mathrm{i}\omega t}\,\mathrm{d}\omega \tag{5-138}$$

式中，

$$\bar{\varphi}(r,\omega) = \left(1 - \mathrm{i}\frac{\omega a}{c_P} - c^2\frac{\omega^2 a^2}{c_P^2}\right)^{-1}\mathrm{e}^{\mathrm{i}\omega\frac{r-a}{c_P}} \tag{5-139}$$

3. 球形边界上的周期扰动产生的波

由于均匀脉冲压强是按脉冲频率 θ 振动的，则

$$F(t)=F_0 e^{-i\theta t} \tag{5-140}$$

式中，F_0 是一个恒压压强。对 $F(t)$ 进行 Fourier 变换可得

$$\overline{F}(\omega)=F_0 \int_{-\infty}^{+\infty} e^{i(\omega-\theta)t} dt = 2\pi F_0 \delta(\omega-\theta) \tag{5-141}$$

将其代入式(5-135)得

$$\varphi(r,t)=-\frac{F_0 a^3}{4Gr} \frac{e^{i\theta\left(-t+\frac{r-a}{c_P}\right)}}{1-ika-c^2 k^2 a^2} \tag{5-142}$$

上式反映了一维简谐波动，其振幅与初始压强 F_0 成正比，而与传播距离 r 呈反比，由式(5-124)、式(5-125)、式(5-127)和式(5-142)可得位移和应力为

$$u_r=\frac{F_0 a^3 (1-irk)}{4Gr^2 (1-ika-c^2 k^2 a^2)} e^{i\theta\left(-t+\frac{r-a}{c_P}\right)} \tag{5-143}$$

$$\sigma_r=-\frac{F_0 a^3 (c^2 r^2 k^2 + 2icrk - 2irk + 2)}{2r^3 (1-ika-c^2 k^2 a^2)} e^{i\theta\left(-t+\frac{r-a}{c_P}\right)} \tag{5-144}$$

$$\sigma_\theta=-\frac{F_0 a^3 \left[c^2 (r^2 k^2 + 2irk) - r^2 k^2 - irk - 1\right]}{2r^3 (1-ika-c^2 k^2 a^2)} e^{i\theta\left(-t+\frac{r-a}{c_P}\right)} \tag{5-145}$$

4. 球形边界冲击扰动产生的波

定义冲击扰动的指数衰减荷载形式为

$$F(t)=F_0 e^{-\alpha t} \tag{5-146}$$

式中，α 是一个大于零的常数。上式可以近似反映球形空腔内的一次爆炸。当爆破作用发生后，由爆破的波面到 r 点需要一定的时间 τ，即

$$\tau=t-\frac{r-a}{c_P} \tag{5-147}$$

将式(5-146)代入式(5-138)可得

$$\varphi(t)=\frac{F_0 a}{\rho \omega_0^2 A^2 r}(-e^{-\alpha\tau} + A e^{-\alpha_0 \tau} \cos B) \tag{5-148}$$

式中，$A=\sqrt{1+\left(\frac{\alpha_0-\alpha}{\omega_0}\right)^2}$，$B=\omega_0\tau - \arctan\left(\frac{\alpha_0-\alpha}{\omega_0}\right)^2$，$\alpha_0=\frac{c_P(1-2\mu)}{\alpha(1-\mu)}$，$\omega_0=\frac{c_P\sqrt{1-2\mu}}{\alpha(1-\mu)}$，$\mu$ 为泊松比。

由式(5-124)、式(5-125)、式(5-127)和式(5-148)，可得径向位移为

$$u_r=\frac{F_0 a}{\rho \omega_0^2 A^2}\left\{\frac{1}{r^2}(e^{-\alpha\tau} - A\cos B \cdot e^{-\alpha_0\tau}) - \frac{1}{r}\left[\frac{\alpha}{c_P}e^{-\alpha\tau} - A\cos B \cdot e^{-\alpha_0\tau} \cdot \left(\frac{\alpha_0}{c_P} + \frac{\omega_0}{c_P}\tan B\right)\right]\right\} \tag{5-149}$$

应力表达式为

$$\sigma_r = \frac{F_0 a}{\rho \omega_0^2 A^2} \left\{ -\frac{4G}{r^3}(\mathrm{e}^{-\alpha\tau} - A\cos B \cdot \mathrm{e}^{-\alpha_0\tau}) + \right.$$

$$\frac{4G}{c_\mathrm{P}^2 r^2}(\alpha \mathrm{e}^{-\alpha\tau} - A\alpha_0 \cos B \cdot \mathrm{e}^{-\alpha_0\tau} - A\omega_0 \sin B \cdot \mathrm{e}^{-\alpha_0\tau}) -$$

$$\left. \frac{\rho}{r}[\alpha^2 \mathrm{e}^{-\alpha\tau} - A\cos B \cdot \mathrm{e}^{-\alpha_0\tau} \cdot (\alpha_0^2 - \omega_0^2) - 2A\sin B \cdot \mathrm{e}^{-\alpha_0\tau} \cdot \alpha_0\omega_0] \right\} \quad (5\text{-}150)$$

$$\sigma_\theta = \frac{F_0 a}{\rho \omega_0^2 A^2} \left\{ \frac{2G}{r^3}(\mathrm{e}^{-\alpha\tau} - A\cos B \cdot \mathrm{e}^{-\alpha_0\tau}) - \right.$$

$$\frac{2G}{c_\mathrm{P}^2 r^2}(\alpha \mathrm{e}^{-\alpha\tau} - A\alpha_0 \cos B \cdot \mathrm{e}^{-\alpha_0\tau} - A\omega_0 \sin B \cdot \mathrm{e}^{-\alpha_0\tau}) -$$

$$\left. \frac{\lambda}{c_\mathrm{P}^2 r}[\alpha^2 \mathrm{e}^{-\alpha\tau} - A\cos B \cdot \mathrm{e}^{-\alpha_0\tau} \cdot (\alpha_0^2 - \omega_0^2) - 2A\sin B \cdot \mathrm{e}^{-\alpha_0\tau} \cdot \alpha_0\omega_0] \right\} \quad (5\text{-}151)$$

由以上几个式子可以看出:在离振源较近的点,有 $1/r \ll 1/r^2$,位移及应力主要由 $1/r$ 的高阶项决定;而在离振源较远的点,有 $1/r \gg 1/r^2$,位移及应力主要由 $1/r$ 的低阶项决定。因此,在离振源较近处及较远处,其位移、应力的波形不同,如图 5-20 和图 5-21 所示。

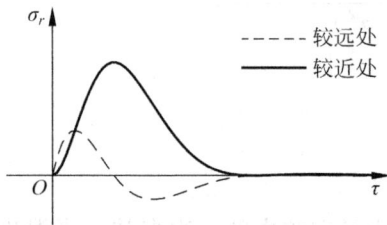

图 5-20 应力波形示意图($\mu = 0.25$)

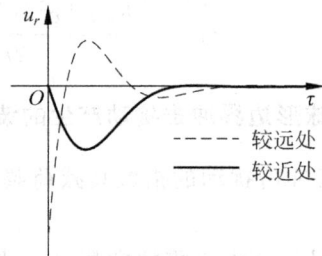

图 5-21 位移波形示意图($\mu = 0.25$)

5.3.4 柱面波

柱面波是波阵面为柱面的波。在无限弹性介质中,圆柱形空腔在表面力作用下产生的弹性波可视为一种柱面波,下面以这种情况为例,分析柱面波的特征。

1. 波动方程

柱面波的应力分析如图 5-22 所示。由于切向应变为零,柱面波的几何方程、物理方程及运动方程可以写作

$$\varepsilon_r = \frac{\partial u_r}{\partial r} \quad (5\text{-}152\mathrm{a})$$

$$\varepsilon_\theta = \frac{u_r}{r} \quad (5\text{-}152\mathrm{b})$$

$$\sigma_r = (\lambda + 2\mu)\varepsilon_r + \lambda\varepsilon_\theta \quad (5\text{-}153\mathrm{a})$$

$$\sigma_\theta = (\lambda + 2\mu)\varepsilon_\theta + \lambda\varepsilon_r \quad (5\text{-}153\mathrm{b})$$

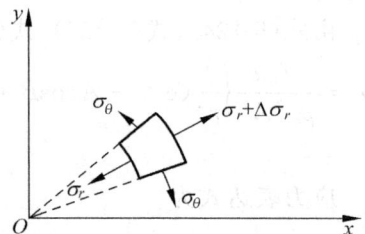

图 5-22 柱面波应力分析示意图

$$\frac{\partial \sigma_r}{\partial r} + \frac{\sigma_r - \sigma_\theta}{r} = \rho \frac{\partial^2 u_r}{\partial t^2} \tag{5-154}$$

由位移表示的柱面波运动方程为

$$\frac{\partial^2 u}{\partial r^2} + \frac{1}{r}\frac{\partial u}{\partial r} - \frac{u}{r^2} = \frac{1}{c_P^2}\frac{\partial^2 u}{\partial t^2} \tag{5-155}$$

式中，$c_P = \sqrt{(\lambda + 2\mu)/\rho}$ 为波速。该方程的解法与前文所述球面波相似，引入势函数 $\varphi(r,t)$，令

$$u_r = \frac{\partial \varphi}{\partial t} \tag{5-156}$$

将其代入运动方程(5-155)中，得到

$$\frac{\partial^2 \varphi}{\partial r^2} + \frac{1}{r}\frac{\partial \varphi}{\partial r} = \frac{1}{c_P^2}\frac{\partial^2 \varphi}{\partial t^2} \tag{5-157}$$

根据 Lamb(1904)的成果，柱面波的波动方程的解为

$$\varphi(r,t) = \int_0^\infty \left[f_1\left(t - \frac{r}{c_P}\cosh u_r\right) + f_2\left(t + \frac{r}{c_P}\cosh u_r\right) \right] \mathrm{d}u_r \tag{5-158}$$

式中，f_1、f_2 为任意函数；解的第一项代表向外发散的柱面波，第二项则代表向内会聚的柱面波。

由式(5-127)可得波动方程的位移解为

$$u(r,t) = \frac{1}{r}\left[f_1\left(t - \frac{r}{c_P}\cosh u_r\right) + f_2\left(t + \frac{r}{c_P}\cosh u_r\right) \right] \Bigg|_{u_r=0}^{u_r=\infty} -$$
$$\frac{1}{c_P}\int_0^\infty \mathrm{e}^{-u_r}\left[f_1'\left(t - \frac{r}{c_P}\cosh u_r\right) - f_2'\left(t + \frac{r}{c_P}\cosh u_r\right) \right]\mathrm{d}u_r \tag{5-159}$$

2. 圆柱形边界上的周期扰动产生的波

下面以简谐荷载为例，讨论周期扰动产生的柱面波。圆柱形边界($r=a$)上的周期扰动表示为

$$u = u_0 \sin\theta t \tag{5-160}$$

式中，θ 为周期荷载的振动频率。

设式(5-160)的解为

$$u = \Re\{F(r)\mathrm{e}^{\mathrm{i}\theta t}\} \tag{5-161}$$

将其代入式(5-155)，可得

$$\frac{\mathrm{d}^2 F}{\mathrm{d}r^2} + \frac{1}{r}\frac{\mathrm{d}F}{\mathrm{d}r} + \left(\frac{\omega^2}{c^2} - \frac{1}{r^2}\right)F = 0 \tag{5-162}$$

式(5-162)可通过贝塞尔函数的项数展开为

$$F = A\mathrm{J}_1(\theta r/c) + B\mathrm{Y}_1(\theta r/c) \tag{5-163}$$

式中，$\mathrm{J}_1(x)$ 和 $\mathrm{Y}_1(x)$ 分别为第一类贝塞尔函数的首项和第二类贝塞尔函数的首项。当 $x \to \infty$ 时，$\mathrm{J}_1(x)$ 和 $\mathrm{Y}_1(x)$ 有相同的变化趋势。为了准确对应入射波的辐射条件，当 $x \to \infty$ 时，$\mathrm{J}_1(x)$ 和 $\mathrm{Y}_1(x)$ 的渐近展开式分别为

$$\mathrm{J}_1(x) \approx -\sqrt{2/(\pi x)}\cos\left(x + \frac{1}{4}\pi\right) \tag{5-164}$$

$$Y_1(x) \approx -\sqrt{2/(\pi x)} \sin\left(x + \frac{1}{4}\pi\right) \tag{5-165}$$

当 r 很大时,径向位移为

$$u \approx \Re\left\{\sqrt{c/(2\pi\theta r)}\left[(A - iB)e^{i\theta\left(t+\frac{r}{c}\right)+\frac{\pi}{4}i} + (A + iB)e^{i\theta\left(t-\frac{r}{c}\right)-\frac{\pi}{4}i}\right]\right\} \tag{5-166}$$

式中,$\Re$ 表示取实部。

式(5-166)中,第一项表示从无穷远处传向原点的会聚波,第二项表示从原点传向无穷远处的发散波,故只保留第二项,则有

$$A = iB \tag{5-167}$$

将式(5-163)改写为

$$F = iBJ_1(\theta r/c) + BY_1(\theta a/c) \tag{5-168}$$

待定系数 B 可由边界条件(5-160)确定,B 的值为

$$B = -u_0 \frac{J_1(\theta a/c) + iY_1(\theta r/c)}{J_1^2(\theta a/c) + Y_1^2(\theta a/c)} \tag{5-169}$$

将 B 的结果代入式(5-168)、式(5-161),可得

$$\frac{u}{u_0} = \frac{J_1(\theta a/c)J_1(\theta r/c) + Y_1(\theta a/c)Y_1(\theta r/c)}{J_1^2(\theta a/c) + Y_1^2(\theta a/c)}\sin\theta t -$$
$$\frac{J_1(\theta a/c)Y_1(\theta r/c) - Y_1(\theta a/c)J_1(\theta r/c)}{J_1^2(\theta a/c) + Y_1^2(\theta a/c)}\cos\theta t \tag{5-170}$$

当半径 r 很大时,式(5-170)可简化为

$$\frac{u}{u_0} \approx -\frac{J_1(\theta a/c)\sqrt{2c/(\pi\theta r)}}{J_1^2(\theta a/c) + Y_1^2(\theta a/c)}\sin\left[\theta(t - r/c) - \frac{\pi}{4}\right] -$$
$$\frac{Y_1(\theta a/c)\sqrt{2c/(\pi\theta r)}}{J_1^2(\theta a/c) + Y_1^2(\theta a/c)}\cos\left[\theta(t - r/c) - \frac{\pi}{4}\right] \tag{5-171}$$

上式中的时间变量 t 仅出现在形式为 $t - r/c$ 的因式中,这也表明该解满足辐射条件,仅存在发射波。同时式(5-171)也表明,在简谐荷载作用下,当 $r \to \infty$ 时,位移振幅以 $\sqrt{1/r}$ 的速率衰减,这明显慢于静荷载条件下 $1/r$ 的衰减速率。

图 5-23 所示为位移幅值与距离 r 的关系,$\theta a/c$ 取 0.2。由图可知,在简谐荷载作用下,距离柱形空腔较远处的点(如 50 倍半径)仍具有较明显的位移,其值约为振幅的 10%,而静荷载条件下,该处的位移值仅为振幅的 2%。

$t = \pi/2$ 时的位移波形如图 5-24 所示,该图也反映了位移在空间上的衰减非常缓慢。

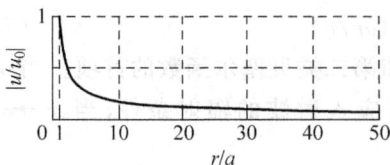

图 5-23　位移幅值与距离 r 的关系

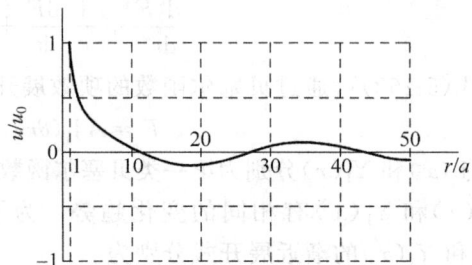

图 5-24　$t = \pi/2$ 时的位移波形

由式(5-152)、式(5-170)可得该问题的体应变 $\varepsilon_{\rm v}$，即

$$\varepsilon_{\rm v} = \frac{u_0\theta}{c} \frac{{\rm J}_1(\theta a/c){\rm J}_0(\theta r/c) + {\rm Y}_1(\theta a/c){\rm Y}_0(\theta r/c)}{{\rm J}_1^2(\theta a/c) + {\rm Y}_1^2(\theta a/c)} \sin\theta t -$$

$$\frac{u_0\theta}{c} \frac{{\rm J}_1(\theta a/c){\rm Y}_0(\theta r/c) - {\rm Y}_1(\theta a/c){\rm J}_0(\theta r/c)}{{\rm J}_1^2(\theta a/c) + {\rm Y}_1^2(\theta a/c)} \cos\theta t \tag{5-172}$$

式中，${\rm J}_0(x)$ 和 ${\rm Y}_0(x)$ 分别为第一类贝塞尔函数的零项和第二类贝塞尔函数的零项。

由内部边界条件

$$r = a: \quad \sigma_r = -F \tag{5-173}$$

将上式代入式(5-152a)、式(5-153)，结合式(5-171)，可得边界压力 F 和 u_0 的关系为

$$F = \frac{2\mu u_0}{a}\left[F_1(\theta a/c)\sin\theta t + F_2(\theta a/c)\cos\theta t\right] \tag{5-174}$$

式中，

$$F_1 = 1 - x\frac{\lambda + 2G}{2G}\frac{{\rm J}_1(x){\rm J}_0(x) + {\rm Y}_1(x){\rm Y}_0(x)}{{\rm J}_1^2(x) + {\rm Y}_1^2(x)} \tag{5-175}$$

$$F_2(x) = \frac{\lambda + 2G}{\pi G}\frac{1}{{\rm J}_1^2(x) + {\rm Y}_1^2(x)} \tag{5-176}$$

当荷载频率 $\theta \to 0$ 时，动力问题转化为静力问题，边界压力 $F = 2\mu u_0/a$，此时可以根据类似的方法求得静位移 $u_{\rm st}$。根据动位移 $u_{\rm d}$、静位移 $u_{\rm st}$ 的比值，求得动力放大系数 β 为

$$\beta = \frac{|u_{\rm d}|}{|u_{\rm st}|} = \frac{1}{\sqrt{F_1^2(\theta a/c) + F_2^2(\theta a/c)}} \tag{5-177}$$

从图 5-25 中可知，高频振动引起的幅值很小，这在动力学中很常见，这是因为质点具有惯性，当荷载作用时间很短时，质点难以发生显著位移。在这种柱对称变形情况下，变形量与剪切模量、泊松比和压缩模量有关，介质中存在剪切波和压缩波，而在距离边界较远处，压缩波起主导作用，此时的波速即为压缩波波速。这样，式(5-174)就可以写作

$$2\pi a L F = (\hat{k}\sin\theta t + \theta\hat{c}\cos\theta t)u_0 \tag{5-178}$$

图 5-25　动力放大系数随泊松比 μ 的变化结果

式中，L 为柱形圆盘的厚度；$\hat{k}$ 为等效弹簧刚度系数；$\hat{c}$ 为等效阻尼。

由式(5-175)、式(5-176)，$\hat{k}$ 和 $\hat{c}$ 可写为

$$\frac{\hat{k}}{4\pi GL} = F_1(\theta a/c) \tag{5-179}$$

$$\frac{\hat{c}c}{2\pi(\lambda + 2G)La} = \frac{2}{\pi}\frac{c/\theta a}{{\rm J}_1^2(\theta a/c) + {\rm Y}_1^2(\theta a/c)} \tag{5-180}$$

等效弹簧刚度系数 $\hat{k}$ 与无量纲频率($\theta a/c$)的关系如图 5-26 所示，由图中可知，低频条件下 $\hat{k}$ 等于静态刚度系数，高频条件下弹簧非常柔软，$\hat{k}$ 的值可忽略，$F_1(x)$ 可通过贝塞尔

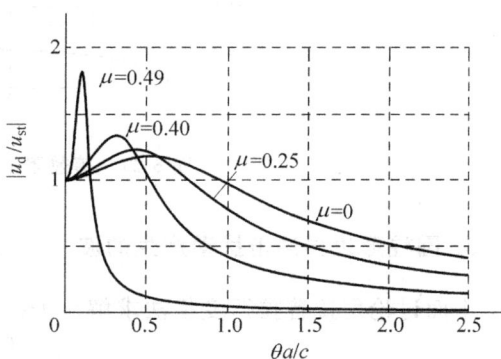

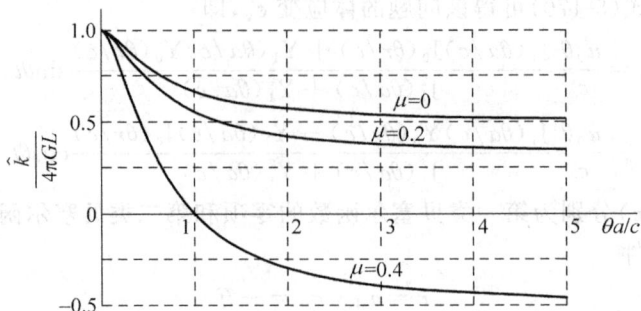

图 5-26　等效弹簧刚度与无量纲频率的关系

函数的渐进展开式近似求得。当泊松比 $\mu > 1/3$ 时，$F_1(x)$ 为负，表明力与位移不同步。

$$x \gg 1 : \quad F_1(x) \approx 1 - \frac{\lambda + 2G}{4G} \tag{5-181}$$

等效阻尼 $\hat{c}$ 与无量纲频率 $\theta a/c$ 的关系如图 5-27 所示，该图表明，高频条件下 $\hat{c}$ 为常数，其值近似为

$$x \gg 1 : \quad \hat{c} = \frac{2\pi(\lambda + 2G)La}{c} \tag{5-182}$$

上式同样可由贝塞尔函数的渐近展开式求出。

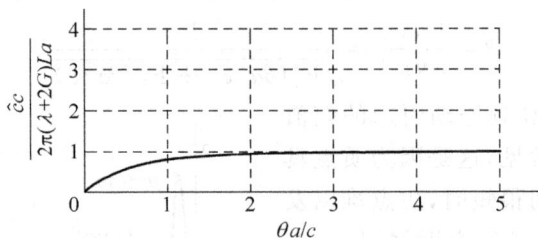

图 5-27　等效阻尼与无量纲频率的关系

3. 圆柱形边界冲击扰动产生的波

下面讨论用拉普拉斯变换法求解冲击荷载作用下柱面波的过程。拉普拉斯变换式为

$$\bar{u} = \int_0^\infty u\, \mathrm{e}^{-st}\, \mathrm{d}t \tag{5-183}$$

式中，s 为拉普拉斯变换系数，并且为了保证积分存在，s 需要足够大，则此时柱面波的波动方程为

$$\frac{\mathrm{d}^2 \bar{u}}{\mathrm{d}r^2} + \frac{1}{r}\frac{\mathrm{d}\bar{u}}{\mathrm{d}r} - \left(\frac{s^2}{c^2} + \frac{1}{r^2}\right)\bar{u} = 0 \tag{5-184}$$

该类问题的初始条件为：初始位移为零、初始速度为零，则上式的解可以写为

$$\bar{u} = A \mathrm{K}_1\left(\frac{sr}{c}\right) \tag{5-185}$$

式中，c 为波速；$\mathrm{K}_1(x)$ 为修正的第二类贝塞尔函数；常数 A 由边界条件确定。当一个大小为 F 的压应力作用于柱形边界面上时，边界条件为

$$r = a, \quad t > 0 : \quad \sigma_r = -F \tag{5-186}$$

对上式进行拉普拉斯变换后的结果为

$$r = a, \quad t > 0: \quad \bar{\sigma}_r = -\frac{F}{s} \tag{5-187}$$

由式(5-152)、式(5-153)可得 $\bar{u}$ 与 $\bar{\sigma}_r$ 的关系,再结合式(5-184)、式(5-187),可得 $\bar{u}$ 的解为

$$\bar{u} = \frac{Fa}{2\mu s} \frac{\mathrm{K}_1\left(\dfrac{sr}{c}\right)}{\mathrm{K}_1\left(\dfrac{sa}{c}\right) + \dfrac{\lambda + 2\mu}{2\mu} \dfrac{sa}{c} \mathrm{K}_0\left(\dfrac{sa}{c}\right)} \tag{5-188}$$

对于瞬时冲击荷载的情况,因为拉普拉斯系数 s 非常大,可采用贝塞尔函数将其渐进展开为

$$\frac{sa}{c} \gg 1: \quad \mathrm{K}_1\left(\frac{sa}{c}\right) \approx \mathrm{e}^{-sa/c} \sqrt{\frac{\pi c}{2sa}} \tag{5-189}$$

将上式代入式(5-188)可得

$$\bar{u} = \frac{Fc}{(\lambda + 2\mu)s^2} \sqrt{\frac{a}{r}} \mathrm{e}^{-s(r-a)/c} \tag{5-190}$$

通过拉普拉斯逆变换得到的位移解为

$$u = \frac{Fc[t - (r-a)/c]}{\lambda + 2\mu} \sqrt{\frac{a}{r}} H[t - (r-a)/c] \tag{5-191}$$

式中,H 为 Heaviside 单位阶跃函数:

$$H(t - t_0) = \begin{cases} 0, & t < t_0 \\ 1, & t > t_0 \end{cases}, \quad t_0 = (r-a)/c \tag{5-192}$$

5.4　半无限弹性介质中的波

5.4.1　半无限弹性介质中的平面波特性与分解

在弹性介质中,存在压缩波(P波)及剪切波(S波)两种体波,其中 P 波引起的质点位移矢量平行于波的传播方向,而 S 波引起的质点位移矢量垂直于波的传播方向。如果在半无限弹性介质中,选取一个合适的坐标平面 x-z,使得波的传播方向刚好位于该平面内,则此时的波动方程与 y 无关。如图 5-28 所示,P 波的位移矢量与波阵面垂直,因而与 x、z 两个变量有关。S 波的位移矢量位于波阵面内,S 波可正交分解为 SH 波和 SV 波两个分量,其中 SV 波与 P 波都位于 x-z 坐标平面内,SH 波只与变量 z 有关。SV 波和 SH 波分别称为竖直偏振和水平偏振的剪切波。

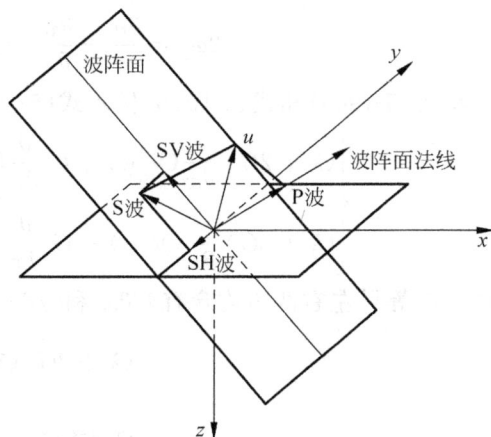

图 5-28　平面波传播示意图

1. 半无限弹性介质中的 P-SV 波

P-SV 波的波动问题属于二维平面问题，即弹性介质波动方程中 y 方向上的位移为零，此时的波动方程为

$$\begin{cases} (\lambda + G)\dfrac{\partial}{\partial x}(\varepsilon_x + \varepsilon_z) + G\,\nabla^2 u = \rho\,\dfrac{\partial^2 u}{\partial t^2} \\[3mm] (\lambda + G)\dfrac{\partial}{\partial z}(\varepsilon_x + \varepsilon_z) + G\,\nabla^2 w = \rho\,\dfrac{\partial^2 w}{\partial t^2} \end{cases} \tag{5-193}$$

式中，$\nabla^2 = \dfrac{\partial^2}{\partial x^2} + \dfrac{\partial^2}{\partial z^2}$。

为了将弹性介质中胀缩部分和旋转部分分开考虑，引入下面两个势函数，分别是与胀缩和旋转有关的势函数 φ、ψ：

$$u = \frac{\partial \varphi}{\partial x} + \frac{\partial \psi}{\partial z} \tag{5-194a}$$

$$w = \frac{\partial \varphi}{\partial z} - \frac{\partial \psi}{\partial x} \tag{5-194b}$$

则有

$$\varepsilon_x = \frac{\partial u}{\partial x} = \frac{\partial^2 \varphi}{\partial x^2} + \frac{\partial^2 \psi}{\partial x \partial z} \tag{5-195a}$$

$$\varepsilon_z = \frac{\partial w}{\partial z} = \frac{\partial^2 \varphi}{\partial z^2} - \frac{\partial^2 \psi}{\partial x \partial z} \tag{5-195b}$$

和

$$\frac{\partial u}{\partial z} = \frac{\partial^2 \varphi}{\partial x \partial z} + \frac{\partial^2 \psi}{\partial z^2} \tag{5-196a}$$

$$\frac{\partial w}{\partial x} = \frac{\partial^2 \varphi}{\partial x \partial z} - \frac{\partial^2 \psi}{\partial x^2} \tag{5-196b}$$

将式(5-195a)、式(5-195b)相加可得

$$\varepsilon_v = \varepsilon_x + \varepsilon_z = \nabla^2 \varphi \tag{5-197}$$

将式(5-196a)、式(5-196b)相减可得

$$2\bar{\omega}_y = \frac{\partial u}{\partial z} - \frac{\partial w}{\partial x} = 2\,\nabla^2 \psi \quad \Leftrightarrow \quad \bar{\omega}_y = \nabla^2 \psi \tag{5-198}$$

将式(5-194a)和式(5-194b)代入式(5-193)可得

$$\begin{cases} (\lambda + 2G)\dfrac{\partial}{\partial x}(\nabla^2 \varphi) + G\dfrac{\partial}{\partial z}(\nabla^2 \psi) = \rho\dfrac{\partial}{\partial x}\left(\dfrac{\partial^2 \varphi}{\partial t^2}\right) + \rho\dfrac{\partial}{\partial z}\left(\dfrac{\partial^2 \psi}{\partial t^2}\right) \\[3mm] (\lambda + 2G)\dfrac{\partial}{\partial z}(\nabla^2 \varphi) + G\dfrac{\partial}{\partial x}(\nabla^2 \psi) = \rho\dfrac{\partial}{\partial z}\left(\dfrac{\partial^2 \varphi}{\partial t^2}\right) - \rho\dfrac{\partial}{\partial x}\left(\dfrac{\partial^2 \psi}{\partial t^2}\right) \end{cases} \tag{5-199}$$

上两式中等号左右两边均含有 $\partial/\partial x$ 和 $\partial/\partial z$ 的形式，根据对应关系有

$$(\lambda + 2G)(\nabla^2 \varphi) = \rho\left(\frac{\partial^2 \varphi}{\partial t^2}\right) \tag{5-200}$$

$$G(\nabla^2 \psi) = \rho\left(\frac{\partial^2 \psi}{\partial t^2}\right) \tag{5-201}$$

再由压缩波波速 c_P 和剪切波波速 c_S 的表达式,可得

$$c_P^2(\nabla^2 \varphi) = \frac{\partial^2 \varphi}{\partial t^2} \tag{5-202}$$

$$c_S^2(\nabla^2 \psi) = \frac{\partial^2 \psi}{\partial t^2} \tag{5-203}$$

根据胡克定律,由势函数表示的应力表达式为

$$\sigma_x = \lambda \nabla^2 \varphi + 2G\left(\frac{\partial^2 \varphi}{\partial x^2} + \frac{\partial^2 \psi}{\partial x \partial z}\right) \tag{5-204}$$

$$\sigma_z = \lambda \nabla^2 \varphi + 2G\left(\frac{\partial^2 \varphi}{\partial z^2} - \frac{\partial^2 \psi}{\partial x \partial z}\right) \tag{5-205}$$

$$\sigma_{zx} = 2G\frac{\partial^2 \varphi}{\partial x \partial z} + G\left(\frac{\partial^2 \psi}{\partial z^2} - \frac{\partial^2 \psi}{\partial x^2}\right) \tag{5-206}$$

2. 半无限弹性介质中的 SH 波

SH 波的传播方向垂直于波阵面,因此它在 x 方向和 z 方向上没有位移,即

$$u_x = 0, \quad u_z = 0 \tag{5-207}$$

则波动方程为

$$(\lambda + G)\frac{\partial}{\partial y}\varepsilon_y + G\nabla^2 v = \rho \frac{\partial^2 v}{\partial t^2} \tag{5-208}$$

剪切波具有等体积的特性,因而不引起体应变,$\varepsilon_y = 0$,其波速为 $c_S = \sqrt{G/\rho}$,则有

$$\frac{\partial^2 v}{\partial t^2} = c_S^2 \nabla^2 v \tag{5-209}$$

5.4.2　平面波的反射

对于半无限空间($z \geqslant 0$),运动方程满足式(5-202)、式(5-203),边界条件为:$z=0$ 时, $\sigma_z = \tau_{zx} = 0$,可令

$$\begin{cases} \varphi(x,z,t) = D_1(y)e^{ik(x-ct)} \\ \psi(x,z,t) = D_2(y)e^{ik(x-ct)} \end{cases} \tag{5-210}$$

式中,$k = \omega/c$ 为波数,其中 ω 为自振频率,c 为波沿 x 轴方向的传播速度;$D_1(y)$ 和 $D_2(y)$ 为只与 y 有关的函数。

将上式代入式(5-202)、式(5-203)可得

$$\begin{cases} D_1''(z) + k^2 p_1^2 D_1(z) = 0 \\ D_2''(z) + k^2 p_2^2 D_2(z) = 0 \end{cases} \tag{5-211}$$

式中,$p_1 = \sqrt{c^2/c_P - 1}$,$p_2 = \sqrt{c^2/c_S - 1}$。

波动方程式(5-202)、式(5-203)的解可写为

$$\begin{cases} \varphi = A_1 \varphi_1 + A_2 \varphi_2 \\ \psi = B_1 \psi_1 + B_2 \psi_2 \end{cases} \tag{5-212}$$

式中,$\varphi_1 = e^{ik(x-p_1 z-ct)}$,表示自由边界面上的入射 P 波;$\varphi_2 = e^{ik(x+p_1 z-ct)}$,表示自由边界面上

的反射 P 波；$\psi_1 = e^{ik(x - p_2 z - ct)}$，表示自由边界面上的入射 SV 波；$\psi_2 = e^{ik(x + p_2 z - ct)}$，表示自由边界面上的反射 SV 波。

考虑 φ_1 的波阵面方程为

$$x - p_1 z - ct = 常数 \tag{5-213}$$

实际上，上式为一个运动平面的方程，其传播方向由它的单位法线矢量 $\boldsymbol{n}$ 来确定，即

$$\begin{cases} n_x = (1 - p_1^2)^{-1/2} = c_P/c \\ n_y = -p_1(1 - p_1^2)^{-1/2} = -\sqrt{1 - c_P^2/c^2} \end{cases} \tag{5-214}$$

其传播速度为

$$\bar{v} = cn_x = c_P \tag{5-215}$$

同理，对于 φ_2 运动平面有

$$n'_x = n_x, \quad n'_z = -n_y, \quad \bar{c}_P = c_P \tag{5-216}$$

式(5-212)中的常数 A_1、A_2、B_1、B_2 由以下边界条件确定：

$$z = 0: \quad \sigma_z = 0, \quad \tau_{zx} = 0 \tag{5-217}$$

根据位移表达式(5-194)及应力的表达式(5-204)～式(5-206)，由 φ、ψ 表示的位移及应力可写为

$$u = ik[A_1\varphi_1 + A_2\varphi_2 - p_2(B_1\psi_1 - B_2\psi_2)] \tag{5-218a}$$

$$v = -ik[p_1(A_1\varphi_1 - A_2\varphi_2) + B_1\psi_1 + B_2\psi_2] \tag{5-218b}$$

$$\sigma_x = Gk^2[(2p_1^2 - p_2^2 - 1)(A_1\varphi_1 + A_2\varphi_2) + 2p_2(B_1\psi_1 - B_2\psi_2)] \tag{5-219a}$$

$$\sigma_z = Gk^2[(1 + p_2^2)(A_1\varphi_1 + A_2\varphi_2) - 2p_2(B_1\psi_1 - B_2\psi_2)] \tag{5-219b}$$

$$\tau_{xz} = Gk^2[2p_1(A_1\varphi_1 - A_2\varphi_2) + (1 - p_2^2)(B_1\psi_1 - B_2\psi_2)] \tag{5-219c}$$

将边界条件(5-217)代入式(5-219b)、式(5-219c)，可得

$$\begin{cases} (1 - p_2^2)(A_1 + A_2) - 2p_2(B_1 - B_2) = 0 \\ 2p_1(A_1 + A_2) + (1 - p_2^2)(B_1 + B_2) = 0 \end{cases} \tag{5-220}$$

于是，如果入射波的振幅为 A_1 和 B_1，则由上式可确定振幅 A_2 和 B_2。

现针对入射 P 波和入射 SV 波分别进行讨论。对于入射 P 波，假设有一个振幅为 A_1 的平面压缩波以入射角 α_1 入射到自由边界面上，而 P 波的波数已知，则入射波表示为

$$\varphi = A_1 e^{ik(x - p_1 y - c_t)} = A_1 e^{\frac{ik}{\cos\alpha_1}(n_x + n_y - c_P t)} \tag{5-221}$$

波的频率 ω 和波长 λ 可由下式给出：

$$\begin{cases} \omega = kc \\ \lambda = 2\pi\cos\alpha_1/k \end{cases} \tag{5-222}$$

此时波长 λ 比 x 方向上的波长 λ_x 短，而响应的波数 $k\cos\alpha_1$ 较大，由于 $B_1 = 0$，由式(5-220)可得

$$\begin{cases} \dfrac{A_2}{A_1} = \dfrac{4p_1 p_2 - (1 - p_2^2)^2}{4p_1 p_2 + (1 - p_2^2)^2} \\ \dfrac{B_2}{A_1} = \dfrac{4p_1 - (1 - p_2^2)}{4p_1 p_2 + (1 - p_2^2)^2} \end{cases} \tag{5-223}$$

从而可知，入射 P 波将在边界上产生一个反射 P 波和一个反射 SV 波，P 波的出射角等于入射角 α_1，SV 波的反射角 β_2 由 Snell 定律得到：

$$\frac{c_P}{\cos\alpha_1} = \frac{c_S}{\cos\beta_2} \tag{5-224}$$

反射 P 波对应的 p_1 仍为入射 P 波的 p_1，而反射 SV 波对应的 p_2 由下式给出：

$$p_2 = \tan\beta_2 = \frac{c_P}{c_S}\left(\tan^2\alpha_1 + 1 - \frac{c_S^2}{c_P^2}\right)^{1/2} \tag{5-225}$$

如图 5-29 所示，由于 $c_P > \sqrt{2}\,c_S$，根据式(5-225)可知，$p_2 < 1$，由式(5-223)可知，B_2/A_1 恒为正值。图 5-30 给出了入射 P 波反射系数 A_2/A_1 及 B_2/A_1 随泊松比和入射角的变化关系。

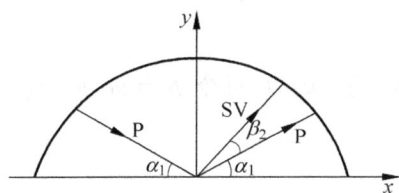

图 5-29　P 波的反射示意图

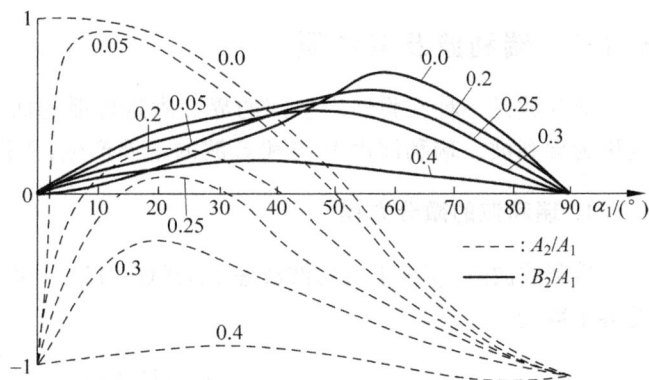

图 5-30　边界面上 P 波的反射

由式(5-224)和图 5-29 可知，只有当水平入射，即入射角 $\alpha_1 = 0$($p_1 = 0$)，和垂直入射，即入射角 $\alpha_1 = \pi/2$($p_1 = p_2 = \infty$)两种情况下才有 $B_2 = 0$。此时反射波中只包含 P 波，且有 $A_2/A_1 = -1$。为求出反射波只包含 SV 波的条件，可令 A_2/A_1 的分子为零，则得

$$4p_1\left[\frac{c_P^2}{c_S^2}(1+p_1^2) - 1\right]^{\frac{1}{2}} - \left[2 - \frac{c_P^2}{c_S^2}(1+p_1^2)\right]^2 = 0 \tag{5-226}$$

这一方程的根是 c_P/c_S 的函数。图 5-29 中并非所有的 c_P/c_S 和 p_1 都是实数，这表明有些弹性体中不存在 P 波。

对于入射 SV 波，可令 $A_1 = 0$，设入射角为 β_1，则入射波可表示为

$$\varphi = B_1 e^{ik(x - p_2 y - ct)} = B_1 e^{\frac{ik}{\cos\beta_1}(n_x x - n_y y - c_s t)} \tag{5-227}$$

边值条件表明，当入射 SV 波射在自由界面上时，一般情况下将出现一个反射 P 波和一个反射 SV 波，则有

$$\begin{cases} \dfrac{A_2}{B_1} = \dfrac{4p_2(1 - p_2^2)}{4p_1 p_2 + (1 - p_2^2)^2} \\[3mm] \dfrac{B_2}{B_1} = \dfrac{4p_1 p_2 - (1 - p_2^2)}{4p_1 p_2 + (1 - p_2^2)^2} \end{cases} \tag{5-228}$$

图 5-30 给出了反射系数与入射角 β 的关系曲线，反射 SV 波的出射角 β_2 等于入射角 β_1，反射 P 波的出射角 $\cos\alpha_2 = c_P/(c_S\cos\beta_1)$，则有

$$p_1 = \tan\alpha_2 = \frac{c_S}{c_P}\left(\tan^2\beta_1 + 1 - \frac{c_P^2}{c_S^2}\right)^{\frac{1}{2}} \tag{5-229}$$

$$p_2 = \tan\beta_1 \tag{5-230}$$

掠入射和正入射的 SV 波都没有反射 P 波。另外,入射的 SV 波不存在反射的 SV 波,则 B_2/A_1 的分子为零,因此,可得与式(5-226)同样的方程,此时入射 SV 波中 P_2 波为

$$p_2 = \frac{c_S}{c_P}\left(\frac{c_P^2}{c_S^2}(1 + p_1^2) - 1\right)^{\frac{1}{2}} \tag{5-231}$$

由上式可知,SH 波与 SV 波不同,SH 入射到水平表面上时,只出现一个 SH 波,且反射角等于入射角,反射 SH 波的振幅等于入射 SH 波的振幅;自由表面处总的水平位移振幅为入射波位移振幅的 2 倍。

5.4.3　瑞利波及其性质

瑞利波是一种在弹性半空间的界面附近传播的面波,最早由 Rayleigh(瑞利)发现,因此被称为瑞利波。瑞利波由 P 波和 S 波的干涉产生,在弹性半空间的分界面上进行传播。

1. 瑞利波的微分方程

瑞利波波速 c_R 小于剪切波波速 c_S,式(5-212)中的 p_1、p_2 均为虚数,可令 $p_1 = \mathrm{i}\alpha$,$p_2 = \mathrm{i}\beta$,设势函数为

$$\begin{cases} \varphi = D_1(z)\mathrm{e}^{\mathrm{i}\omega\left(t - \frac{x}{c_R}\right)} \\ \psi = D_2(z)\mathrm{e}^{\mathrm{i}\omega\left(t - \frac{x}{c_R}\right)} \end{cases} \tag{5-232}$$

将其代入式(5-202)、式(5-203)得

$$c_P^2\left[D_1''(z) - \frac{\omega^2}{c_R^2}D_1(z)\right] = -\omega^2 D_1(z) \tag{5-233}$$

$$c_S^2\left[D_2''(z) - \frac{\omega^2}{c_R^2}D_2(z)\right] = -\omega^2 D_2(z) \tag{5-234}$$

令

$$\alpha^2 = \frac{\omega^2}{c_P^2}\left(\frac{c_P^2}{c_R^2} - 1\right) \tag{5-235}$$

$$\beta^2 = \frac{\omega^2}{c_S^2}\left(\frac{c_S^2}{c_R^2} - 1\right) \tag{5-236}$$

将式(5-233)左右两边同时除以 c_P^2,将式(5-234)左右两边同时除以 c_S^2,再经过移项可得关于 D_1 和 D_2 的微分方程组

$$\begin{cases} D_1''(z) - \alpha^2 D_1(z) = 0 \\ D_2''(z) - \beta^2 D_2(z) = 0 \end{cases} \tag{5-237}$$

其解的形式为

$$\begin{cases} D_1(z) = A_1\mathrm{e}^{-\alpha z} + A_2\mathrm{e}^{\alpha z} \\ D_2(z) = B_1\mathrm{e}^{-\beta z} + B_2\mathrm{e}^{\beta z} \end{cases} \tag{5-238}$$

式中，A_1、B_1、A_2、B_2、α、β 均为常数，且 α 和 β 为实数，是表示瑞利波随深度增加而衰减的系数；ω 为自振频率。

当 z 趋向于无穷大，即弹性半空间中距离振源无限远处，瑞利波引起的位移幅值应当趋近于零，显然 $D_1(z)$ 和 $D_2(z)$ 的第二项不是该问题的解，即 $A_2 = 0$，$B_2 = 0$，则有

$$
\begin{cases}
\varphi = A_1 e^{-\alpha z} e^{i\omega\left(t - \frac{x}{c_R}\right)} \\
\psi = B_1 e^{-\beta z} e^{i\omega\left(t - \frac{x}{c_R}\right)}
\end{cases}
\tag{5-239}
$$

2. 边界条件

因为在弹性半空间表面，应力大小为零，即

$$
z = 0：\quad \sigma_z = 0，\quad \tau_{zx} = 0
\tag{5-240}
$$

由 σ_z 和 τ_{zx} 的表达式(5-205)及(5-206)以及相应的几何方程，可得

$$
\begin{cases}
\lambda\left(\dfrac{\partial u}{\partial x} + \dfrac{\partial w}{\partial z}\right) + 2G\dfrac{\partial w}{\partial z} = 0 \\
G\left(\dfrac{\partial u}{\partial z} + \dfrac{\partial w}{\partial x}\right) = 0
\end{cases}
\tag{5-241}
$$

将式(5-239)代入式(5-194)，再将所得结果代入式(5-241)，在 $z = 0$ 处有

$$
0 = (\lambda + 2G)\alpha^2 A - \lambda\frac{\omega^2}{c_R^2}A - 2G\beta\frac{i\omega}{c_R}B
\tag{5-242}
$$

$$
0 = 2i\alpha\frac{\omega}{c_R}A + \left(\beta^2 + \frac{\omega^2}{c_R^2}\right)B
\tag{5-243}
$$

将式(5-242)除以$(\lambda + 2G)$，再将 α 和 β 代入，可得

$$
\begin{cases}
\left(2\dfrac{c_S^2}{c_R^2} - 1\right)A - 2i\dfrac{c_S}{c_R}\sqrt{\left(\dfrac{c_S^2}{c_R^2} - 1\right)}B = 0 \\
2i\dfrac{1}{c_R}\sqrt{\left(\dfrac{1}{c_R^2} - \dfrac{1}{c_P^2}\right)}A + \dfrac{1}{c_S^2}\left(2\dfrac{c_S^2}{c_R^2} - 1\right)B = 0
\end{cases}
\tag{5-244}
$$

可以看出，这是一个关于 A、B 的二元一次方程组，要使该方程组有非零解，其系数行列式必为零，即

$$
\begin{vmatrix}
2\dfrac{c_S^2}{c_R^2} - 1 & 2i\dfrac{c_S}{c_R}\sqrt{\dfrac{c_S^2}{c_R^2} - 1} \\
2i\dfrac{1}{c_R}\sqrt{\dfrac{1}{c_R^2} - \dfrac{1}{c_P^2}} & \dfrac{1}{c_S^2}\left(2\dfrac{c_S^2}{c_R^2} - 1\right)
\end{vmatrix} = 0
\tag{5-245}
$$

3. 瑞利波波速的方程

将行列式(5-245)展开可得

$$
4\frac{c_S^2}{c_R^4} - 4\frac{1}{c_R^2} + \frac{1}{c_S^2} - 4\frac{c_S}{c_R^2}\sqrt{\frac{c_S^2}{c_R^2} - 1}\sqrt{\frac{1}{c_R^2} - \frac{1}{c_P^2}} = 0
\tag{5-246}
$$

将上式乘以系数 c_R^4/c_S^2，得

$$4 - 4\frac{c_R^2}{c_S^2} + \frac{c_R^4}{c_S^4} - 4\sqrt{1 - \frac{c_R^2}{c_S^2}}\sqrt{1 - \frac{c_R^2}{c_P^2}} = 0 \tag{5-247}$$

定义两个常量 v_1 和 v_2，分别为 $v_1^2 = c_P^2/c_S^2$，$v_2^2 = c_R^2/c_S^2$，并将其代入上式可得

$$(2 - v_2^2)^2 = 4\sqrt{1 - v_2^2}\sqrt{1 - \frac{v_2^2}{v_1^2}} \tag{5-248}$$

将上式两边分别平方，整理各项后可得关于瑞利波波速 c_R 的方程（v_2 中包含有 c_R）

$$v_2^6 - 8v_2^4 + \left(24 - \frac{16}{v_1^2}\right)v_2^2 - 16\left(1 - \frac{1}{v_1^2}\right) = 0 \tag{5-249}$$

该式为关于 v_2^2 的一元三次方程，而 $\lambda = \dfrac{2G\mu}{1 - 2\mu}$，则 v_1^2 可以写为

$$v_1^2 = \frac{c_P^2}{c_S^2} = \frac{\lambda + 2G}{G} = \frac{\lambda}{G} + 2 = 2\frac{1 - \mu}{1 - 2\mu} \tag{5-250}$$

因此式（5-249）可以写为

$$(v_2^2)^3 - (8v_2^2)^2 + 8\frac{2 - \mu}{1 - \mu}v_2^2 - \frac{8}{1 - \mu} = 0 \tag{5-251}$$

该方程表明，瑞利波波速的大小只取决于材料的泊松比 μ，对于一个给定泊松比的介质，就可以确定其表面附近瑞利波波速的大小。泊松比与瑞利波波速的关系见表 5-1。

表 5-1　$\dfrac{c_R}{c_S}$、$\dfrac{c_R}{c_P}$ 与泊松比的关系

泊松比 μ	$\dfrac{c_R}{c_S}$	$\dfrac{c_R}{c_P}$	泊松比 μ	$\dfrac{c_R}{c_S}$	$\dfrac{c_R}{c_P}$	泊松比 μ	$\dfrac{c_R}{c_S}$	$\dfrac{c_R}{c_P}$
0.00	0.874	0.618	0.18	0.908	0.567	0.36	0.936	0.438
0.02	0.878	0.614	0.20	0.911	0.558	0.38	0.939	0.413
0.04	0.882	0.610	0.22	0.914	0.548	0.40	0.942	0.385
0.06	0.886	0.606	0.24	0.918	0.537	0.42	0.945	0.351
0.08	0.889	0.601	0.26	0.921	0.525	0.44	0.948	0.310
0.10	0.893	0.595	0.28	0.924	0.511	0.46	0.950	0.259
0.12	0.897	0.589	0.30	0.927	0.496	0.48	0.953	0.187
0.14	0.900	0.583	0.32	0.931	0.479	0.50	0.955	0.000
0.16	0.904	0.575	0.34	0.934	0.460			

注：引自吴世明《土介质中的波》。

瑞利波、剪切波和压缩波波速的大小关系为 $0 < c_R < c_S < c_P$。这是由于当 $c_R = 0$ 时，式（5-249）的左端小于 0，而如果 $c_R = c_S$，则等号左边大于 0，因此该方程的解是一个小于剪切波波速的正数，这意味着瑞利波波速小于剪切波波速。

利用系数行列式（5-245）可以确定瑞利波的波速，在剪切波传播速度已知的情况下，瑞利波波速也可以由下式近似地确定：

$$c_R = \frac{0.862 + 1.14\mu}{1 + \mu}c_S \tag{5-252}$$

4. 瑞利波的位移解

将式（5-239）代入式（5-194），可得位移 u 和 w 的表达式

$$\begin{cases} u = -\left(\dfrac{i\omega}{c_R} A e^{-\alpha z} + \beta B e^{-\beta z} \right) e^{i\omega\left(t - \frac{x}{c_R} \right)} \\ w = -\left(\alpha A e^{-\alpha z} - \dfrac{i\omega}{c_R} B e^{-\beta z} \right) e^{i\omega\left(t - \frac{x}{c_R} \right)} \end{cases} \tag{5-253}$$

由式(5-244)得

$$B = \frac{-\left(2i \dfrac{\omega}{c_R} \alpha \right) A}{\beta^2 + \dfrac{\omega^2}{c_R^2}} \tag{5-254}$$

再结合欧拉三角代换式,有

$$e^{i\omega\left(t - \frac{x}{c_R} \right)} = \cos\omega\left(t - \frac{x}{c_R} \right) + i\sin\omega\left(t - \frac{x}{c_R} \right) \tag{5-255}$$

因为对于实际问题,取其实部才有物理意义,所以保留上式的实部部分,则式(5-253)可写为

$$u = \frac{\omega}{c_R} A \left(e^{-\alpha z} - \frac{2\alpha\beta}{\beta^2 + \dfrac{\omega^2}{c_R^2}} e^{-\beta z} \right) \sin\omega\left(t - \frac{x}{c_R} \right) \tag{5-256}$$

$$w = \frac{\omega}{c_R} A \left[\left(1 - \frac{c_R^2}{c_P^2} \right)^{1/2} e^{-\alpha z} - \frac{2 \dfrac{\omega}{c_R} \alpha}{\beta^2 + \dfrac{\omega^2}{c_R^2}} e^{-\beta z} \right] \cos\omega\left(t - \frac{x}{c_R} \right) \tag{5-257}$$

可以看出,这是一个关于 u 和 w 的椭圆参数方程,令

$$f_1(z) = \frac{\omega}{c_R} A \left(e^{-\alpha z} - \frac{2\alpha\beta}{\beta^2 + \dfrac{\omega^2}{c_R^2}} e^{-\beta z} \right) \tag{5-258}$$

以及

$$f_2(z) = \frac{\omega}{c_R} A \left[\left(1 - \frac{c_R^2}{c_P^2} \right)^{1/2} e^{-\alpha z} - \frac{2 \dfrac{\omega}{c_R} \alpha}{\beta^2 + \dfrac{\omega^2}{c_R^2}} e^{-\beta z} \right] \tag{5-259}$$

则关于瑞利波位移的椭圆标准方程为

$$\frac{u^2}{f_1^2(z)} + \frac{w^2}{f_2^2(z)} = 1 \tag{5-260}$$

引入波数 $k = \omega/c_R$,则有 $\alpha^2 = k^2 \dfrac{c_R^2}{c_P^2}\left(\dfrac{c_P^2}{c_R^2} - 1 \right)$,$\beta^2 = k^2 \dfrac{c_R^2}{c_S^2}\left(\dfrac{c_S^2}{c_R^2} - 1 \right)$。

瑞利波传播的示意图如图 5-31 所示。

5. 瑞利波位移放大系数沿深度的变化

以泊松材料($\mu = 0.25$)为例,瑞利波在泊松材料中传播的位移方程为

$$
\begin{cases}
u = -Ak(\mathrm{e}^{-0.8475kz} - 0.5773\mathrm{e}^{-0.3933kz})\sin\omega\left(t - \dfrac{x}{c_R}\right) \\
w = Ak(-0.8475\mathrm{e}^{-0.8475kz} + 1.4679\mathrm{e}^{-0.3933kz})\cos\omega\left(t - \dfrac{x}{c_R}\right)
\end{cases}
\tag{5-261}
$$

当 $z = 0$ 时，

$$
\begin{cases}
u_0 = -0.423Ak\sin\omega\left(t - \dfrac{x}{c_R}\right) \\
w_0 = -0.620Ak\cos\omega\left(t - \dfrac{x}{c_R}\right)
\end{cases}
\tag{5-262}
$$

则位移放大系数为

$$
\begin{cases}
\dfrac{u}{u_0} = \dfrac{\mathrm{e}^{-0.8475kz} - 0.5773\mathrm{e}^{-0.3933kz}}{0.423} \\
\dfrac{w}{w_0} = \dfrac{-0.8475\mathrm{e}^{-0.8475kz} + 1.4679\mathrm{e}^{-0.3933kz}}{0.620}
\end{cases}
\tag{5-263}
$$

由式(5-263)可以看出，在给定泊松比的条件下，瑞利波位移的放大系数取决于波数 k 以及瑞利波在 z 方向上传播的深度。

图 5-32 所示为水平位移放大系数、竖直位移放大系数沿深度变化曲线，图中，λ_R 表示瑞利波的波长。

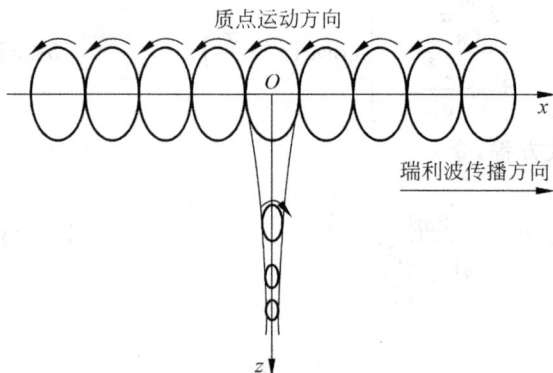

图 5-31　瑞利波传播示意图

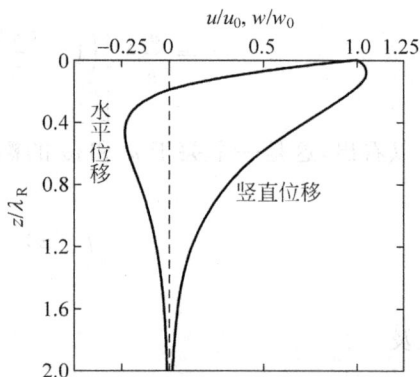

图 5-32　水平、竖直位移放大系数沿深度变化曲线(材料泊松比 $\mu = 0.25$)

6. 瑞利波的性质总结

(1) 瑞利波是由 P 波和 S 波的振动叠加而成的，且在同一介质中，瑞利波的传播速度小于 S 波。

(2) 瑞利波沿着介质表面传播，随着深度的加深迅速减弱。

(3) 瑞利波在弹性介质中传播时，质点的运动轨迹为一长轴垂直于地表的椭圆，且在地表处的运动方向为逆时针，而在达到一定深度后转为顺时针。

(4) 瑞利波在地表处的垂直位移分量大于其水平位移分量。

5.4.4　成层介质中乐夫波

均质半空间表面存在瑞利波,在成层半空间还存在另一类表面波——乐夫波(均质半空间中不存在乐夫波),它是由 SH 波在自由表面和分界面上经受多次全反射的加强干涉而形成的。乐夫波不同于瑞利波,其特点主要有以下几点。

(1) 由于半空间结构中存在不同性质的土层,剪切波 SH 波发生干涉即可产生乐夫波,其属于平面外的波,运动特性与土的压缩波速度无关,只与土层厚度、各层的质量密度和剪切波速度有关。

(2) 当乐夫波波长较短时,其速度接近于土层上的剪切波速度,反之则趋近于最下层土的剪切波速度。

(3) 乐夫波的弥散曲线和位移分布计算常采用解析法,但当结构层数多,以及波长短时,采用解析法迭代求解困难,甚至影响计算精度,说明解析法求解仍有局限性。可以用有限单元法来克服上述困难。

5.4.5　侧限条件下的半无限弹性介质中的波

1. 侧限条件下的半无限空间

对于一些给定边界条件的动力问题,常因计算困难,其解析解和数值解不易求得,因此常用一些特殊结果来反映动力问题的特性,如压缩波、剪切波的解,或对问题进行简化,比如当表面荷载作用于边界上时,水平位移远小于竖向位移,因而可忽略水平位移,只考虑竖向位移,即 $u=v=0, w=w(x,y,z)$。表面荷载类型很多,可分为冲击点荷载、线荷载以及周期荷载等,下面以周期荷载为例讨论侧限条件下半无限空间中产生的弹性波。

2. 表面周期荷载产生的波

当如图 5-33 所示的周期荷载作用在半无限弹性介质表面时,竖直位移远大于水平位移,方程(5-193)可简化为

$$\mu \frac{\partial^2 w}{\partial x^2} + (\lambda + 2G) \frac{\partial^2 w}{\partial z^2} = \rho \frac{\partial^2 w}{\partial t^2} \quad (5\text{-}264)$$

将上式写成极坐标形式为

$$\mu \left(\frac{\partial^2 w}{\partial r^2} + \frac{1}{r} \frac{\partial w}{\partial r} \right) + (\lambda + 2G) \frac{\partial^2 w}{\partial z^2} = \rho \frac{\partial^2 w}{\partial t^2}$$

$$(5\text{-}265)$$

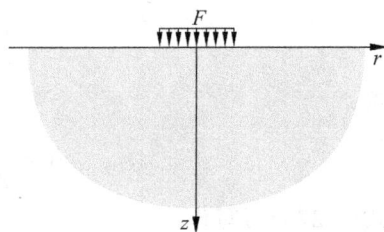

图 5-33　半空间上的荷载

土层深度 $z=0$ 处的边界条件为

$$(\lambda + 2G) \frac{\partial w}{\partial z} = \begin{cases} 0, & t < 0 \text{ 或 } r > a \\ -F\sin\theta t, & t > 0 \text{ 或 } r < a \end{cases} \quad (5\text{-}266)$$

式中，a 为荷载作用区域的半径；θ 为周期荷载的圆频率。

对竖向位移 w 进行拉普拉斯变换得

$$\bar{w} = \int_0^\infty w \mathrm{e}^{-st} \mathrm{d}t \tag{5-267}$$

假设初始时刻位移和速度为零，则式(5-265)可写为

$$\mu\left(\frac{\partial^2 \bar{w}}{\partial r^2} + \frac{1}{r}\frac{\partial \bar{w}}{\partial r}\right) + (\lambda + 2G)\frac{\partial^2 \bar{w}}{\partial z^2} = \rho s^2 \bar{w} \tag{5-268}$$

式中，s 为拉普拉斯变换系数。

边界条件式(5-266)经拉普拉斯变换后为

$$(\lambda + 2G)\frac{\partial \bar{w}}{\partial z} = \begin{cases} 0, & t < 0 \text{ 或 } r > a \\ -p\theta/(s^2 + \theta)^2, & t > 0 \text{ 或 } r < a \end{cases} \tag{5-269}$$

应用 Hankel 变换 $\bar{W} = \int_0^\infty \bar{w} r \mathrm{J}_0(r\xi)\mathrm{d}r$，式(5-268)可写为

$$(\lambda + 2G)\frac{\partial^2 \bar{W}}{\partial z^2} = (\rho s^2 + \mu \xi^2)\bar{W} \tag{5-270}$$

或

$$\frac{\partial^2 \bar{W}}{\partial z^2} = \left(\frac{s^2}{c_\mathrm{P}^2} + m^2 \xi^2\right)\bar{W} \tag{5-271}$$

式中，$c_\mathrm{P} = \sqrt{(\lambda + 2G)/\rho}$ 为压缩波波速；m 是弹性系数，表示为

$$m^2 = \frac{G}{\lambda + 2G} = \frac{1 - 2\mu}{2(1 - \mu)} \tag{5-272}$$

式中，μ 为泊松比。

引入一个参数 $\gamma^2 = s^2/c_\mathrm{P}^2 + m^2 \xi^2$，则式(5-271)的解可写作

$$\bar{W} = A \mathrm{e}^{-\gamma z} \tag{5-273}$$

上式中的积分常数 A 通常根据边界条件(即式(5-269))由 Hankel 变换法确定，应用 Bateman 的计算结果

$$\int_0^a r \mathrm{J}_0(r\xi)\mathrm{d}r = \frac{a}{\xi}\mathrm{J}_1(a\xi) \tag{5-274}$$

可得

$$A = \frac{F\theta a}{\gamma(\lambda + 2G)(s^2 + \theta^2)\xi}\mathrm{J}_1(a\xi) \tag{5-275}$$

则式(5-273)可写作

$$\bar{W} = \frac{F\theta a}{\gamma(\lambda + 2G)(s^2 + \theta^2)\xi}\mathrm{J}_1(a\xi)\mathrm{e}^{-\gamma z} \tag{5-276}$$

对上式进行 Hankel 逆变换得

$$\bar{w} = \frac{F\theta a}{(\lambda + 2G)(s^2 + \theta^2)}\int_0^\infty \frac{\mathrm{J}_1(a\xi)\mathrm{J}_0(r\xi)\mathrm{e}^{-\gamma z}}{\gamma}\mathrm{d}\xi \tag{5-277}$$

下面考虑周期荷载作用中心点 O，即 $r = 0, z = 0$ 处的位移 w_0，则 O 点的 $\bar{w}_0$ 为

$$\bar{w}_0 = \frac{F\theta a}{(\lambda + 2G)(s^2 + \theta^2)}\int_0^\infty \frac{\mathrm{J}_1(a\xi)}{\gamma}\mathrm{d}\xi \tag{5-278}$$

上式也可写作不含 γ 的形式,即

$$\bar{w}_0 = \frac{F\theta c}{(\lambda + 2G)s(s^2 + \theta^2)}(1 - \mathrm{e}^{-as/(mc)}) \tag{5-279}$$

对上式进行拉普拉斯逆变换可得

$$w_0 = \frac{Fc}{(\lambda + 2G)\theta}\{H(t) - H(t - 2t_0) - \cos(\theta t) + \cos[\theta(t - 2t_0)]\} \tag{5-280}$$

式中,$t_0 = a/(2mc)$ 为特征时间;$H(t)$ 为 Heaviside 单位阶跃函数,即

$$H(t) = \begin{cases} 0, & t < t_0 \\ 1, & t > t_0 \end{cases} \tag{5-281}$$

当 t 很大时,式(5-280)可简化为

$$w_0 = -\frac{Fc}{(\lambda + 2G)\theta}[\cos\theta t - \cos\theta(t - 2t_0)] \tag{5-282}$$

或

$$w_0 = \frac{2Fc}{(\lambda + 2G)\theta}\sin\theta(t - t_0) \tag{5-283}$$

显然,w_0 的相位角是 θt_0。当 $\theta \to 0$ 时,静位移 w_{st} 为

$$w_{\mathrm{st}} = \frac{Fa}{m(\lambda + 2G)} \tag{5-284}$$

动力放大系数 β 为

$$\beta = \frac{|w_0|}{|w_{\mathrm{st}}|} = \frac{|\sin\theta t_0|}{\theta t_0} \tag{5-285}$$

如图 5-34 所示,β 的值与 θ/θ_0 有关,θ_0 为特征频率,可表示为

$$\theta_0 = \frac{1}{t_0} = \frac{2mc}{a} = \sqrt{\frac{4\mu}{\rho a^2}} = \frac{2c_{\mathrm{s}}}{a} \tag{5-286}$$

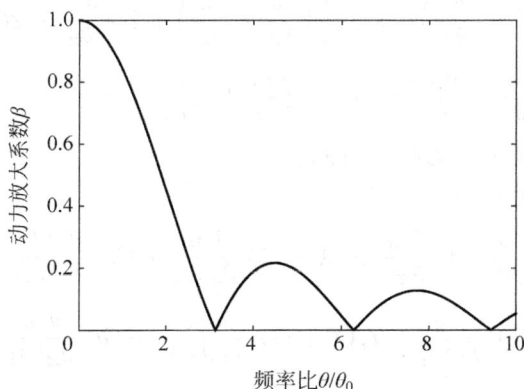

图 5-34　动力放大系数

通常情况下,剪切波波速的数量级为 100m/s,基础尺寸为 1m 或 10m 或更大的数量级,由式(5-286)可知,特征频率 θ_0 的数量级为 20s^{-1} 或 200s^{-1},则 θ/θ_0 的值很小,仅在振动频率很大时,θ/θ_0 可能大于 1,如打桩、锤击等高频振动情况。

由图 5-34、式(5-285)可知,当 θ/θ_0 很大时,β 将趋近于零;当 $\theta/\theta_0 = k\pi$(k 为正整数)时,周期荷载作用中心处的动位移 w_0 为零,这与实际情况不符,说明该理论存在不足。

相位角为 θt_0，因此当频率 θ 较大时，可能存在较大阻尼，这种现象被称作辐射阻尼，它由能量在较大范围内扩散引起。

5.5 表面移动荷载在半无限弹性平面中产生的波

表面移动荷载作用于半无限弹性平面时的情况如图 5-35 所示。在实际中，土体常表现出黏弹性特征，故下面对半无限黏弹性平面中产生的波进行说明。Verruijt 和 Cornejo Córdova(2001) 给出了荷载类型为移动波和移动条形荷载时的解析解，下面对其进行介绍。

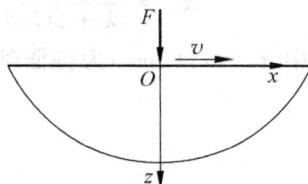

图 5-35　表面移动荷载作用于半无限弹性平面示意图

5.5.1　移动波作用于半空间表面的解析解

1. 黏弹性介质的波动方程

x-z 半平面中的运动方程可写为

$$\begin{cases} \dfrac{\partial \sigma_x}{\partial x} + \dfrac{\partial \tau_{zx}}{\partial z} = \rho \dfrac{\partial^2 u}{\partial t^2} \\[3mm] \dfrac{\partial \tau_{xz}}{\partial x} + \dfrac{\partial \sigma_z}{\partial z} = \rho \dfrac{\partial^2 w}{\partial t^2} \end{cases} \tag{5-287}$$

应力和位移的关系由几何方程和胡克定律给出，考虑到土体是黏弹性介质，其应力在时间上具有滞后性，则应力与位移的关系可写为

$$\begin{cases} \sigma_x = \lambda \left(\dfrac{\partial u}{\partial x} + \dfrac{\partial w}{\partial z} \right) + \lambda t_r \dfrac{\partial}{\partial t} \left(\dfrac{\partial u}{\partial x} + \dfrac{\partial w}{\partial z} \right) + 2G \dfrac{\partial u}{\partial x} + 2G t_r \dfrac{\partial}{\partial t} \dfrac{\partial u}{\partial x} \\[3mm] \sigma_z = \lambda \left(\dfrac{\partial u}{\partial x} + \dfrac{\partial w}{\partial z} \right) + \lambda t_r \dfrac{\partial}{\partial t} \left(\dfrac{\partial u}{\partial x} + \dfrac{\partial w}{\partial z} \right) + 2G \dfrac{\partial w}{\partial z} + 2G t_r \dfrac{\partial}{\partial t} \dfrac{\partial w}{\partial z} \\[3mm] \tau_{zx} = G \left(\dfrac{\partial u}{\partial z} + \dfrac{\partial w}{\partial x} \right) + G t_r \dfrac{\partial}{\partial t} \left(\dfrac{\partial u}{\partial z} + \dfrac{\partial w}{\partial x} \right) \end{cases} \tag{5-288}$$

式中，t 为荷载作用的时间；t_r 为松弛时间。

将上式代入运动方程可得

$$\begin{cases} (\lambda + 2G) \dfrac{\partial^2 u}{\partial x^2} + G \dfrac{\partial^2 u}{\partial z^2} + (\lambda + G) \dfrac{\partial^2 w}{\partial x \partial z} + G t_r \dfrac{\partial}{\partial t} \left(\dfrac{\partial^2 u}{\partial z^2} + \dfrac{\partial^2 w}{\partial x \partial z} \right) + \\[3mm] \quad t_r (\lambda + 2G) \dfrac{\partial^3 u}{\partial x^2 \partial t} + t_r (\lambda + G) \dfrac{\partial^3 w}{\partial x \partial z \partial t} + G t_r \dfrac{\partial^3 u}{\partial z^2 \partial t} = \rho \dfrac{\partial^2 u}{\partial t^2} \\[3mm] (\lambda + 2G) \dfrac{\partial^2 w}{\partial z^2} + (\lambda + G) \dfrac{\partial^2 u}{\partial x \partial z} + G \dfrac{\partial^2 w}{\partial x^2} + t_r (\lambda + 2G) \dfrac{\partial^3 w}{\partial z^2 \partial t} + \\[3mm] \quad t_r (\lambda + G) \dfrac{\partial^3 u}{\partial x \partial z \partial t} + G t_r \dfrac{\partial^3 w}{\partial z^2 \partial t} = \rho \dfrac{\partial^2 w}{\partial t^2} \end{cases} \tag{5-289}$$

上式即为黏弹性介质中的波动方程，求解移动波形荷载作用于半空间表面解析解的问题，实际上就是对该方程组进行求解。假设移动波形荷载作用于半空间表面情况下，竖向位移和水平位移解的形式为

$$\begin{cases} \theta u = A\,\mathrm{e}^{\mathrm{i}\theta(x-vt)}\,\mathrm{e}^{-a\theta z} \\ \theta w = B\,\mathrm{e}^{\mathrm{i}\theta(x-vt)}\,\mathrm{e}^{-a\theta z} \end{cases} \tag{5-290}$$

式中，A、B、a 均为复常数；z 为深度。

上式适用于波形荷载在 x 轴正方向上传播的情形，且在 $z \rightarrow +\infty$ 时，位移趋近于零。

2. 求解位移方程组中的未知常数

定义一个阻尼因子 ζ，令 $2\zeta = \theta v t_r$，引入两个参数进行简化计算：

$$\eta^2 = \frac{G}{\lambda + 2G} = \frac{1-2\mu}{2(1-\mu)} = \frac{c_\mathrm{S}^2}{c_\mathrm{P}^2} \tag{5-291}$$

$$\xi^2 = \frac{\rho v^2}{G} = \frac{v^2}{c_\mathrm{S}^2} \tag{5-292}$$

则式(5-289)可写为

$$\begin{cases} A\big[(1-\eta^2 a^2)(1-2\mathrm{i}\zeta) - \eta^2\xi^2\big] + \mathrm{i}aB(1-\eta^2)(1-2\mathrm{i}\zeta) = 0 \\ \mathrm{i}aA(1-\eta^2)(1-2\mathrm{i}\zeta) + B\big[(\eta^2 - a^2)(1-2\mathrm{i}\zeta) - \eta^2\xi^2\big] = 0 \end{cases} \tag{5-293}$$

等式右边为零，上式为包含未知数 a、A、B 的齐次线性方程组，经分析可知这些未知常数均有两个解。a_1、a_2 可根据该方程组有非零解的条件，即式(5-293)的系数行列式为零进行求解，可得

$$\begin{cases} a_1^2 = 1 - \dfrac{\xi^2}{1-2\mathrm{i}\zeta} \\ a_2^2 = 1 - \dfrac{\eta^2\xi^2}{1-2\mathrm{i}\zeta} \end{cases} \tag{5-294}$$

用 p_1 表示 a_1 的实部，q_1 表示 a_1 的虚部，用 p_2 表示 a_2 的实部，q_2 表示 a_2 的虚部，则上式可写作

$$a_1 = p_1 - \mathrm{i}q_1 \tag{5-295}$$

和

$$a_2 = p_2 - \mathrm{i}q_2 \tag{5-296}$$

式中，

$$p_1 = \frac{1-\xi^2+4\zeta^2}{1+4\zeta^2} \tag{5-297}$$

$$q_1 = -\frac{2\mathrm{i}\zeta\xi^2}{1+4\zeta^2} \tag{5-298}$$

$$p_2 = \frac{1-\eta^2\xi^2+4\zeta^2}{1+4\zeta^2} \tag{5-299}$$

$$q_2 = -\frac{2\mathrm{i}\zeta\eta^2\xi^2}{1+4\zeta^2} \tag{5-300}$$

将求得的 a_1、a_2 分别代入方程组(5-293)中，可得到 A、B 的两组解 A_1、B_1 和 A_2、B_2，其关系为

$$\begin{cases} A_1 = -\mathrm{i}a_1 B_1 = -\mathrm{i}(p_1 - \mathrm{i}q_1)B_1 = -\mathrm{i}p_1 B_1 - q_1 B_1 = -(q_1 + \mathrm{i}p_1)B_1 \\ B_2 = \mathrm{i}a_2 A_2 = \mathrm{i}(p_2 - \mathrm{i}q_2)A_2 = (q_2 + \mathrm{i}p_2)A_2 \end{cases} \tag{5-301}$$

根据位移解的形式(5-290)及式(5-294)、式(5-301),水平位移和竖向位移的完全解为

$$
\begin{cases}
\theta u = -\mathrm{i}a_1 B_1 \mathrm{e}^{\mathrm{i}\theta(x-vt)} \mathrm{e}^{-a_1 \theta z} + A_2 \mathrm{e}^{\mathrm{i}\theta(x-vt)} \mathrm{e}^{-a_2 \theta z} \\
\quad = (-\mathrm{i}a_1 B_1 \mathrm{e}^{-a_1 \theta z} + A_2 \mathrm{e}^{-a_2 \theta z}) \mathrm{e}^{\mathrm{i}\theta(x-vt)} \\
\omega w = B_1 \mathrm{e}^{\mathrm{i}\theta(x-vt)} \mathrm{e}^{-a_1 \theta z} + \mathrm{i}a_2 A_2 \mathrm{e}^{\mathrm{i}\theta(x-vt)} \mathrm{e}^{-a_2 \theta z} \\
\quad = (B_1 \mathrm{e}^{-a_1 \theta z} + \mathrm{i}a_2 A_2 \mathrm{e}^{-a_2 \theta z}) \mathrm{e}^{\mathrm{i}\theta(x-vt)}
\end{cases}
\tag{5-302}
$$

上式中未知常数的具体值需根据两个边界条件确定,下面进行分解。

土体表面剪应力为零,即

$$
z = 0: \quad \tau_{zx} = 0 \tag{5-303}
$$

由此可得

$$
\mathrm{i}(1 + a_1^2) B_1 = 2a_2 A_2 \tag{5-304}
$$

土体表面正应力的值已知,即

$$
z = 0: \quad \sigma_z = -F_0 \mathrm{e}^{\mathrm{i}\theta(x-vt)} \tag{5-305}
$$

式中,F_0 为作用于土体表面的竖向荷载大小。由此可得

$$
\mathrm{i}(1 + a_1^2) A_2 + 2a_1 B_1 = \frac{F_0}{G(1 - 2\mathrm{i}\zeta)} \tag{5-306}
$$

结合式(5-304)、式(5-306),可以确定 A_1、A_2、B_1、B_2 的值,得到的结果如下:

$$
\begin{cases}
A_1 = \dfrac{2F_0}{G(1-2\mathrm{i}\zeta)} \dfrac{\mathrm{i}a_1 a_2}{(1+a_1^2)^2 - 4a_1 a_2} \\[3mm]
B_1 = -\dfrac{2F_0}{G(1-2\mathrm{i}\zeta)} \dfrac{a_2}{(1+a_1^2)^2 - 4a_1 a_2} \\[3mm]
A_2 = \dfrac{F_0}{G(1-2\mathrm{i}\zeta)} \dfrac{\mathrm{i}(1+a_1^2)}{(1+a_1^2)^2 - 4a_1 a_2} \\[3mm]
B_2 = -\dfrac{F_0}{G(1-2\mathrm{i}\zeta)} \dfrac{a_2(1+a_1^2)}{(1+a_1^2)^2 - 4a_1 a_2}
\end{cases}
\tag{5-307}
$$

3. 移动波响应的解析表达式

将式(5-307)代入式(5-302),最终可以确定移动波形荷载作用于土体表面情况下水平位移和竖向位移的解。

由式(5-288),可得水平位移的解析表达式为

$$
\theta u = \frac{\mathrm{i}F_0}{G(1-2\mathrm{i}\zeta)} \frac{2a_1 a_2 \mathrm{e}^{-a_1 \theta z} - (1+a_1^2) \mathrm{e}^{-a_2 \theta z}}{(1+a_1^2)^2 - 4a_1 a_2} \mathrm{e}^{\mathrm{i}\theta(x-vt)} \tag{5-308}
$$

竖向位移的解析表达式为

$$
\theta w = -\frac{F_0}{G(1-2\mathrm{i}\zeta)} \frac{2a_2 \mathrm{e}^{-a_1 \theta z} + a_2(1+a_1^2) \mathrm{e}^{-a_2 \theta z}}{(1+a_1^2)^2 - 4a_1 a_2} \mathrm{e}^{\mathrm{i}\theta(x-vt)} \tag{5-309}
$$

根据式(5-308)和式(5-309)可求出竖向正应力、水平正应力、剪应力的解析解,这里尤其需要注意的是,由于目前得到的矢量结果均是基于材料力学中的规定,在材料力学中,正应力以拉应力为正,压应力为负,剪应力以顺时针为正,逆时针为负,而在土力学中,正应力以压应力为正,拉应力为负,剪应力以逆时针为正,顺时针为负,这与材料力学中的规定恰好相反,因此,若将所得到的应力结果应用到土力学中,还需要对符号进行变换。变换后的竖

向正应力的解析表达式为

$$\sigma_z = -\frac{(1+a_1^2)^2 e^{-a_2\theta z} - 4a_1 a_2 e^{-a_1\theta z}}{(1+a_1^2)^2 - 4a_1 a_2} F_0 e^{i\theta(x-vt)} \tag{5-310}$$

水平正应力的解析表达式为

$$\sigma_x = -\frac{(1+a_1^2)(1-a_1^2+2a_2^2) e^{-a_2\theta z} - 4a_1 a_2 e^{-a_1\theta z}}{(1+a_1^2)^2 - 4a_1 a_2} F_0 e^{i\theta(x-vt)} \tag{5-311}$$

剪应力的解析表达式为

$$\tau_{zx} = -\frac{2ia_2(1+a_1^2)}{(1+a_1^2)^2 - 4a_1 a_2}(e^{-a_1\theta z} - e^{-a_2\theta z}) F_0 e^{i\theta(x-vt)} \tag{5-312}$$

5.5.2　移动条形荷载作用于半空间表面的解析解

图 5-36 所示为移动条形荷载作用于土体表面的情况,其中条形荷载宽度为 $2b$。

1. 求解思路分析

条形荷载作用于半空间表面的边界条件为

$$z=0: \quad \sigma_z = \begin{cases} -F_0, & |x-vt| > b \\ 0, & |x-vt| < b \end{cases} \tag{5-313}$$

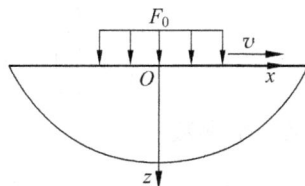

图 5-36　移动条形荷载作用于
半空间表面示意图

式(5-313)的傅里叶积分公式的三角函数形式为

$$z=0: \quad \sigma_z = -\frac{2F_0}{\pi} \int_0^{+\infty} \frac{\sin(\theta b)\cos[\theta(x-vt)]}{\theta} d\theta \tag{5-314}$$

若对之前的移动波形荷载作用下土体表面处竖向正应力的条件,即式(5-305)进行欧拉
三角变换,则有

$$-F_0 e^{i\theta(x-vt)} = -F_0 \{\cos[\theta(x-vt)]\} + i\sin[\theta(x-vt)] \tag{5-315}$$

取其实部得

$$\sigma_z = -F_0 \cos[\theta(x-vt)] \tag{5-316}$$

将式(5-314)和式(5-316)进行对比可知,式(5-314)实际上相当于式(5-316)乘以一个因
式,并对 ω 在 0 到正无穷的区间上进行积分,该因式为

$$\frac{2}{\pi} \frac{\sin(\theta b)}{\theta} \tag{5-317}$$

也即,将之前求出的移动波形荷载作用于半空间表面动力响应的解析解(以 $f(x,z,t,\omega)$ 表
示),乘以式(5-317),再对 θ 在 0 到 $+\infty$ 的区间上进行积分,并取其结果的实部,便可以求出
移动条形荷载作用于半空间表面问题的动力响应解析解(以 $F(x,z,t,\omega)$ 表示),即

$$F(x,z,t) = \frac{2}{\pi} \Re \int_0^{+\infty} \frac{\sin(\theta b) f(x,z,t,\theta)}{\theta} d\theta \tag{5-318}$$

以上就是 Verruijt 等人利用移动波荷载的结果求解移动条形荷载情况的思路。

2. 移动条形荷载作用于半空间表面动力响应的解析解

根据以上分析思路,对移动波作用于半空间表面的动力响应解析解进行傅里叶积分,得

到移动条形荷载作用于半空间表面时竖向位移的解析解为

$$w = -\frac{F_0}{G} \Re \left\{ \frac{a_2 [2I_1 - (1+a_1^2)I_2]}{(1-2\mathrm{i}\zeta)[(1+a_1^2)^2 - 4a_1 a_2]} \right\} \tag{5-319}$$

式中，

$$I_1 = \frac{2}{\pi} \int_0^{+\infty} \frac{\sin(\theta b)}{\theta^2} \mathrm{e}^{\theta[\mathrm{i}(x-vt)-a_1 z]} \mathrm{d}\theta \tag{5-320}$$

$$I_2 = \frac{2}{\pi} \int_0^{+\infty} \frac{\sin(\theta b)}{\theta^2} \mathrm{e}^{\theta[\mathrm{i}(x-vt)-a_2 z]} \mathrm{d}\theta \tag{5-321}$$

通过将动荷载情况与静荷载情况下的结果进行对比，得到动、静荷载位移的比值，从而可以看出动、静荷载作用下的区别。下面给出静态荷载作用下，土体表面竖向位移的推导过程。

当 $z=0$ 时，

$$I_1 = \frac{2}{\pi} \int_0^{+\infty} \frac{\sin(\theta b)}{\theta^2} \mathrm{e}^{\theta[\mathrm{i}(x-vt)-a_1 \times 0]} \mathrm{d}\theta = \frac{2}{\pi} \int_0^{+\infty} \frac{\sin(\theta b)}{\theta^2} \mathrm{e}^{\mathrm{i}\theta(x-vt)} \mathrm{d}\theta \tag{5-322}$$

$$I_2 = \frac{2}{\pi} \int_0^{+\infty} \frac{\sin(\theta b)}{\theta^2} \mathrm{e}^{\theta[\mathrm{i}(x-vt)-a_2 \times 0]} \mathrm{d}\theta = \frac{2}{\pi} \int_0^{+\infty} \frac{\sin(\theta b)}{\theta^2} \mathrm{e}^{\mathrm{i}\theta(x-vt)} \mathrm{d}\theta \tag{5-323}$$

定义一个参数

$$I_0 = I_1 = I_2 = \frac{2}{\pi} \int_0^{+\infty} \frac{\sin(\theta b)}{\theta^2} \mathrm{e}^{\mathrm{i}\theta(x-vt)} \mathrm{d}\theta \tag{5-324}$$

则有

$$w_\mathrm{d} = -\frac{F}{G} \Re \left\{ \frac{a_2 \xi^2}{(1-2\mathrm{i}\zeta)^2 [(1+a_1^2)^2 - 4a_1 4a_2]} I_0 \right\} \tag{5-325}$$

对于静态荷载的情况，令 $\xi \to 0$，则有

$$w_\mathrm{st} = \frac{F}{2G} \frac{1}{(1-2\mathrm{i}\zeta)(1-\eta^2)} I_0 \tag{5-326}$$

由式（5-325）和式（5-326），可以得到动力放大系数（动、静位移之比）为

$$\beta = \frac{|w_\mathrm{d}|}{|w_\mathrm{st}|} = \frac{1}{\sqrt{1+4\zeta^2}} \frac{|a_2| \xi^2}{(1-\mu) |(1+a_1^2)^2 - 4a_1 a_2|} \tag{5-327}$$

水平位移的解析表达式为

$$u = \frac{\mathrm{i}F_0}{G(1-2\mathrm{i}\zeta)} \frac{2a_1 a_2 I_1 - (1+a_1^2)I_2}{(1-2\mathrm{i}\zeta)[(1+a_1^2)^2 - 4a_1 a_2]} \tag{5-328}$$

与之前波形荷载作用的情况相同，应力的方向采用的是土力学中的规定，即对于正应力，压应力为正，拉应力为负；对于剪应力，以逆时针为正，顺时针为负。

竖向正应力的表达式为

$$\sigma_z = \Re \left[\frac{(1+a_1^2)^2 (J_1 + \mathrm{i}J_2) - 4a_1 a_2 (J_3 + \mathrm{i}J_4)}{(1+a_1^2)^2 - 4a_1 a_2} \right] F_0 \tag{5-329}$$

水平正应力的解析表达式为

$$\sigma_x = -\Re \left[\frac{(1+a_1^2)(1-a_1^2+2a_2^2)(J_1+\mathrm{i}J_2) - 4a_1 a_2 (J_1+\mathrm{i}J_2)}{(1+a_1^2)^2 - 4a_1 a_2} \right] F_0 \tag{5-330}$$

剪应力的解析表达式为

$$\tau_{zx} = -\Re\left[\frac{(1+a_1^2)(1-a_1^2+2a_2^2)(J_1+\mathrm{i}J_2-J_3+\mathrm{i}J_4)}{(1+a_1^2)^2-4a_1a_2}\right]F_0 \tag{5-331}$$

式中，

$$J_1 = \frac{2}{\pi}\int_0^{+\infty} \frac{\sin(\theta b)\cos[\theta(x-vt+q_2z)]}{\theta}\mathrm{e}^{-p_2\theta z}\mathrm{d}\theta \tag{5-332}$$

$$J_2 = \frac{2}{\pi}\int_0^{+\infty} \frac{\sin(\theta b)\sin[\theta(x-vt+q_2z)]}{\theta}\mathrm{e}^{-p_2\theta z}\mathrm{d}\theta \tag{5-333}$$

$$J_3 = \frac{2}{\pi}\int_0^{+\infty} \frac{\sin(\theta b)\cos[\theta(x-vt+q_1z)]}{\theta}\mathrm{e}^{-p_1\theta z}\mathrm{d}\theta \tag{5-334}$$

$$J_4 = \frac{2}{\pi}\int_0^{+\infty} \frac{\sin(\theta b)\sin[\theta(x-vt+q_1z)]}{\theta}\mathrm{e}^{-p_1\theta z}\mathrm{d}\theta \tag{5-335}$$

参考文献

[1]　谢定义. 土动力学[M]. 北京：高等教育出版社，2001.

[2]　白冰. 土的动力特性及应用[M]. 北京：中国建筑工业出版社，2015.

[3]　吴世明. 土的动力特性及应用[M]. 北京：中国建筑工业出版社，2000.

[4]　吴世明. 土介质中的波[M]. 北京：科学出版社，1997.

[5]　VERRUIJT A，VAN BAARS S. Soil mechanics[M]. Delft，the Netherlands：VSSD，2007.

[6]　LAMB H. On the propagation of tremors over the surface of an elastic solid[J]. proceedings of the Royal Society of London，1903，72：128-130.

[7]　STONELEY R. Elastic waves at the surface of separation of two solids[J]. Proceedings of the Royal Society of London，1924，106(738)：416-428.

[8]　夏唐代，陈云敏，吴世明. 成层地基中 Love 波的弥散特性[J]. 浙江大学学报（工学版），1992(s2)：81-87.

[9]　夏唐代，蔡袁强，吴世明. 各向异性成层地基中 Rayleigh 波的弥散特性[J]. 振动工程学报，1996(2)：191-197.

[10]　BATEMAN H. Tables of integral transforms[M]. New York：McGraw-Hill，1954.

[11]　BATEMAN H，PEKERIS C L. Transmission of light from a point source in a medium bounded by diffusely reflecting parallel plane surfaces[J]. Journal of the Optical Society of America，1945，35(10)：651-657.

[12]　HOPKINS H G. Dynamic expansion of spherical cavities in metals[J]. Progress in Solid Mechanics，1960，1(3)：5-16.

[13]　VERRUIJT A，CÓRDOVA C C. Moving loads on an elastic half-plane with hysteretic damping[J]. Journal of Applied Mechanics，2001，68(6)：915-922.

[14]　CHURCHILL R V. Operational mathematics[M]. 3rd ed. New York：McGraw-Hill，1972.

[15]　VERRUIJT A. Soil dynamics[M/OL]. (2004)[2019-03-01]. http://geo.verruijt.net.

第 **6** 章

饱和土体中的波

6.1 概述

第 5 章中,主要讨论了理想弹性介质中波的传播规律。饱和土体是一种两相多孔介质,即包含固相和液相,因此与理想弹性介质中的波相比,饱和土体中波的传播特性要更为复杂。

对于饱和土体来说,它往往不满足均匀性和一致性,也常常呈现出各向异性,且为非弹性介质。在研究土介质中的波传播问题时,必须注意土介质通常是成层存在的,因此一方面,波在土层中传播时,需要考虑不同类型的波遇到土层界面时发生的反射和折射现象;另一方面,每层土可视为均匀各向同性的材料,此时进行计算研究将方便得多。另外,土体不是一种完全弹性介质,有明显的塑性变形。波在土中传播,即使产生的塑性变形非常小,也将由于土介质的内摩擦而引起应力波能量的耗散,在对实际问题的分析中常常需要考虑这种摩擦的影响。

对于饱和土中波的研究始于 20 世纪 50 年代,Biot 建立了流体饱和多孔介质波传播理论。并成功预言了其中三种体波的存在,即第一压缩波(P_1 波)、第二压缩波(P_2 波)和剪切波(S 波)。此后,大量学者以此为基础展开研究。Stoll 等在此基础上开展了一些应用性研究,对海底沉积土中的波及其衰减作过较系统的理论和试验分析。Ishihara、门福录和陈龙珠等对饱和土中波传播速度作了简化近似分析,给出一些特殊情况下饱和土中弹性波速度的实用公式。Stoll、Rice 和 Cleary 以及 Kowalski 用更具确切含义的参数,弥补了 Biot 理论参数物理意义不明确的缺陷。

Biot 理论的实质是把连续介质力学应用于流体饱和多孔介质体系,并对饱和土体中的流体和土骨架的运动及其应力-应变关系分别进行了考虑。下面对其理论进行介绍。

6.2 Biot 理论

Biot 理论的动力学部分是用两个相互耦合的矢量方程分别描述流体和固体骨架的运动,且在两个方程中都包含固体骨架和流体间的惯性和黏性相互作用项,构成这两个方程的相互耦合。Biot 理论最成功之处在于预言了流体饱和多孔介质中三种体波的存在。与均匀各向同性弹性理论相比,Biot 理论多了一种压缩波。Biot 理论预言的这三种体波直至 1980 年才被 Plona 在试验中所证实。

6.2.1　基本假设

由于饱和土的性质十分复杂,土骨架的变形呈黏弹塑性,且为各向异性介质,土颗粒也可压缩,孔隙水具有可压缩性、黏滞性和不均匀性(从土颗粒表面向外分别是强结合水、弱结合水、自由水),孔隙水的流动只近似地服从 Darcy 定律。在荷载的作用下,土骨架与孔隙水之间将产生相对运动,孔隙水对土骨架的作用包括渗透阻力和惯性耦合效应,固液两相的接触面附近存在电化学作用,因此,研究波动问题时必须作出合理的简化假定。Biot 理论假定:

(1) 土颗粒是可压缩的,孔隙水是可压缩的、有黏性的;

(2) 土骨架是均质各向同性的弹性多孔介质,变形符合广义胡克定律;

(3) 孔隙相互连通,孔隙尺寸远小于波长;

(4) 渗流符合 Darcy 定律;

(5) 应力连续条件符合太沙基有效应力原理;

(6) 温度的影响忽略不计。

在 Biot 模型中,作如下定义:

$$\text{单元体上的平均应力} = \frac{\text{作用于固体和流体上的力之总和}}{\text{单元面积}}$$

而单元体内的势能为应变分量的二次函数,固体和流体的速度交叉乘积产生一个不明显的质量耦合项。

6.2.2　Biot 理论控制方程

1. 土骨架应力-应变关系

用张量 U 和 W 表示固体、流体部分的位移,其中

$$U = \begin{pmatrix} U_x \\ U_y \\ U_z \end{pmatrix}, \quad W = \begin{pmatrix} W_x \\ W_y \\ W_z \end{pmatrix} \tag{6-1}$$

由广义胡克定律可得饱和土体中总应力为

$$\sigma_{ij} = \lambda e \delta_{ij} + 2G \varepsilon_{ij} - \delta_{ij} p \tag{6-2}$$

式中,σ_{ij} 为土体单元总应力,$i = x, y, z$,$j = x, y, z$;λ、G 为固体土骨架的 Lame 常数;e 为土骨架的体积应变,$e = \text{div} U = \partial U_x / \partial x + \partial U_y / \partial y + \partial U_z / \partial z$;$\delta_{ij}$ 为克罗内克符号,$i = j$ 时为 1,$i \neq j$ 时为 0;ε_{ij} 为土骨架应变,$\varepsilon_{ij} = (U_{i,j} + U_{j,i}) / 2$;$p$ 为孔隙水压力。

式(6-2)即为土骨架的应力-应变关系式。

2. 渗流连续性方程

假设土颗粒不可压缩,因此土颗粒的变形可以忽略不计。这样,单位时间内,流体在土体中发生流动时,孔隙流体的压缩量等于土骨架的体变量与渗流时的流量差之和。

设 $w = n(W - U)$ 为孔隙水相对于土骨架的位移,其张量形式为

$$w = (w_x \quad w_y \quad w_z)^{\mathrm{T}} \tag{6-3}$$

则渗流连续方程为

$$-\frac{n}{K_f}\dot{p} = \dot{U}_{i,i} + \dot{w}_{i,i} \tag{6-4}$$

式中，n 为饱和土的孔隙率；K_f 为孔隙流体的体积模量；$\dot{p}$、$\dot{U}_{i,i}$、$\dot{w}_{i,i}$ 分别表示 p、$U_{i,i}$、$w_{i,i}$ 对时间 t 求导；$U_{i,i} = \partial U_i/\partial i, i = x, y, z, w_{i,i} = \partial w_i/\partial i, i = x, y, z$，之后出现的符号运算相同。

3. 饱和土中的运动方程

饱和土中的运动方程包含总应力 σ_{ij} 的动力平衡方程和孔隙水压力 p 的动力平衡方程。考虑流体和固体间的惯性和黏性耦合，并假定流体的黏滞性包含于渗透系数 k_d 中，则单元体上的总应力应当等于土骨架、同土骨架一起运动的流体以及相对土骨架运动流体的惯性力，于是有

$$\sigma_{ij,j} = \rho\ddot{U}_i + \rho_f\ddot{w}_i \tag{6-5}$$

式中，ρ 为饱和土总密度，$\rho = (1-n)\rho_s + n\rho_f$；$\rho_s$ 为土颗粒的密度；ρ_f 为孔隙水的密度；$\ddot{U}_i$、$\ddot{w}_i$ 表示 U_i 和 w_i 这两个量对时间 t 的二次偏导数，$i = x, y, z$。

而孔隙水压力等于全部孔隙水的惯性力（包括跟随土骨架运动流体的惯性力及相对土骨架运动流体的惯性力）和渗透力，即

$$-p_i = \rho_f\ddot{U}_i + \frac{\rho_f}{n}\ddot{w}_i + \frac{\rho_f g}{k_d}\dot{w}_i \tag{6-6}$$

式中，k_d 为考虑流体黏滞性的动力渗透系数（m/s）。

4. 基本控制方程

式（6-2）、式（6-4）～式（6-6）构成饱和土体中的基本控制方程：

$$\sigma_{ij} = \lambda e\delta_{ij} + 2G\varepsilon_{ij} - \delta_{ij}p \tag{6-7a}$$

$$-\frac{n}{K_f}\dot{p} = \dot{U}_{i,i} + \dot{w}_{i,i} \tag{6-7b}$$

$$\sigma_{ij,j} = \rho\ddot{U}_i + \rho_f\ddot{w}_i \tag{6-7c}$$

$$-p_i = \rho_f\ddot{U}_i + \frac{\rho_f}{n}\ddot{w}_i + \frac{\rho_f g}{k_d}\dot{w}_i \tag{6-7d}$$

6.2.3 饱和土中的弹性体波

1. 波动方程

将式（6-7a）、式（6-7b）代入式（6-7c），将式（6-7b）代入式（6-7d），整理可得 Biot 理论中饱和土体中的波动方程

$$G\nabla^2 \boldsymbol{U} + \left(\lambda + G + \frac{K_f}{n}\right)\mathrm{grad}\, e - \frac{K_f}{n}\mathrm{grad}\,\xi = \frac{\partial^2}{\partial t^2}(\rho\boldsymbol{U} + \rho_f\boldsymbol{w}) \tag{6-8a}$$

$$\frac{K_f}{n}\mathrm{grad}e - \frac{K_f}{n}\mathrm{grad}\xi = \frac{\partial^2}{\partial t^2}\left(\rho_f\boldsymbol{U} + \frac{\rho_f}{n}\boldsymbol{w}\right) + \frac{\rho_f g}{k_d}\frac{\partial \boldsymbol{w}}{\partial t} \tag{6-8b}$$

式中，∇^2 为拉普拉斯算子，$\nabla^2 = \dfrac{\partial^2}{\partial x^2} + \dfrac{\partial^2}{\partial y^2} + \dfrac{\partial^2}{\partial z^2}$；$\xi$ 为流体的相对膨胀比，$\xi = n\,\mathrm{div}(\boldsymbol{U} - \boldsymbol{W})$。

进一步，若用土骨架位移和孔隙水位移来表示控制方程，将式（6-7a）代入式（6-7c）中，则式（6-7）可写为

$$n\,\mathrm{div}\dot{\boldsymbol{W}} + (1-n)\,\mathrm{div}\dot{\boldsymbol{U}} + \frac{n}{K_f}\dot{p} = 0 \tag{6-9a}$$

$$G\nabla^2\boldsymbol{U} + (\lambda + G)\mathrm{grad}(\mathrm{div}\,\boldsymbol{U}) - \mathrm{grad}p = \rho_1\ddot{\boldsymbol{U}} + \rho_2\ddot{\boldsymbol{W}} \tag{6-9b}$$

$$-\mathrm{grad}p + b(\dot{\boldsymbol{U}} - \dot{\boldsymbol{W}}) = \rho_2\ddot{\boldsymbol{W}} \tag{6-9c}$$

式中，$\rho_1 = (1-n)\rho_s$；$\rho_2 = n\rho_f$；$b = n\rho_f g/k_d$。

Biot 理论与均匀各向同性的弹性理论相比，除 λ、G 两个 Lame 常数外，还引入了流体的体积模量 K_f、表示流体与土骨架间相互作用的常数 b，一共用四个弹性常数来描述饱和土体的应力-应变关系。

2. 饱和土中弹性体波的传播速度

由于饱和土是一种流固两相多孔介质，与均匀弹性介质相比，其中弹性波的传播有所不同，下面对饱和土中压缩波和剪切波的波速进行分析。Biot 理论指出，饱和土体中存在三种体波，分别为 P_1 波（固体体波）、P_2 波（流体体波）和 S 波。

为求解波速，以平面问题为例，引入膨胀势函数 φ_1、φ_2 和旋转势函数 ψ_1、ψ_2：

$$\begin{cases} \boldsymbol{U} = \mathrm{grad}\varphi_1 + \mathrm{curl}\psi_1 \\ \boldsymbol{W} = \mathrm{grad}\varphi_2 + \mathrm{curl}\psi_2 \end{cases} \tag{6-10}$$

式中，φ_1 为土骨架的膨胀势；ψ_1 为土骨架的旋转势；φ_2 为流体的膨胀势；ψ_2 为流体的旋转势。

因此根据胡克定律，土体应力和孔隙水压力可以表示为

$$\begin{cases} \sigma_x = \lambda\left(\dfrac{\partial^2 \varphi_1}{\partial x^2} + \dfrac{\partial^2 \varphi_1}{\partial z^2}\right) + 2G\left(\dfrac{\partial^2 \varphi_1}{\partial x^2} + \dfrac{\partial^2 \psi_1}{\partial x \partial z}\right) \\[2mm] \sigma_z = \lambda\left(\dfrac{\partial^2 \varphi_1}{\partial x^2} + \dfrac{\partial^2 \varphi_1}{\partial z^2}\right) + 2G\left(\dfrac{\partial^2 \varphi_1}{\partial z^2} - \dfrac{\partial^2 \psi_1}{\partial z \partial x}\right) \\[2mm] \tau_{xz} = G\left(2\dfrac{\partial^2 \varphi_1}{\partial x \partial z} + \dfrac{\partial^2 \psi_1}{\partial z^2} - \dfrac{\partial^2 \psi_1}{\partial x^2}\right) \end{cases} \tag{6-11}$$

将式（6-10）代入式（6-9c），可得孔隙水压力为

$$-p = \rho_2\ddot{\varphi}_2 + b(\dot{\varphi}_2 - \dot{\varphi}_1) \tag{6-12}$$

将式（6-10）中位移的膨胀势（$\boldsymbol{U} = \mathrm{grad}\,\varphi_1$，$\boldsymbol{W} = \mathrm{grad}\,\varphi_2$）代入式（6-9）中，得到饱和土中 P 波的波动方程为

$$\nabla^2\dot{\varphi}_1 = \frac{-n}{1-n}\left(\nabla^2\dot{\varphi}_2 + \frac{1}{K_f}\dot{p}\right) \tag{6-13a}$$

$$\left(\nabla^2 - \frac{1}{c_{P0}^2}\frac{\partial^2}{\partial t^2}\right)\varphi_1 = (p + \rho_2\ddot{\varphi}_2)\frac{1}{\lambda + 2G} \tag{6-13b}$$

$$-p + b(\dot{\varphi}_1 - \dot{\varphi}_2) - \rho_2 \ddot{\varphi}_2 = 0 \tag{6-13c}$$

式中，$c_{P0} = \sqrt{(\lambda + 2G)/\rho_1}$。

将式(6-10)中位移的旋转势$(\boldsymbol{U} = \mathrm{curl}\psi_1, \boldsymbol{W} = \mathrm{curl}\psi_2)$代入式(6-9)中，得到饱和土中 S 波的波动方程为

$$\left(\nabla^2 - \frac{1}{c_{S0}^2} \frac{\partial^2}{\partial t^2}\right)\psi_1 = \frac{\rho_2}{G}\ddot{\psi}_2 \tag{6-14a}$$

$$b(\dot{\psi}_1 - \dot{\psi}_2) - \rho_2 \ddot{\psi}_2 = 0 \tag{6-14b}$$

式中，$c_{S0} = \sqrt{G/\rho_1}$。

值得注意的是，由于 $\mathrm{div}\psi_1 = \mathrm{div}\psi_2 = 0$，将位移的旋转势代入式(6-9a)后无法得到关于位移的方程，因此 S 波的波动方程比 P 波的波动方程少一个式子。

对于平面波动情况，可令

$$\varphi_1 = F_1(z)\exp[-\mathrm{i}k(x - vt)] \tag{6-15a}$$

$$\varphi_2 = F_2(z)\exp[-\mathrm{i}k(x - vt)] \tag{6-15b}$$

$$\psi_1 = G_1(z)\exp[-\mathrm{i}k(x - vt)] \tag{6-15c}$$

$$\psi_2 = G_2(z)\exp[-\mathrm{i}k(x - vt)] \tag{6-15d}$$

式中，k 为波数；v 为质点振动的速度；角频率为 $\omega = kv$。

将式(6-15a)、式(6-15b)和式(6-13c)代入式(6-13a)、式(6-13b)，可以得到关于 P 波速度的方程组。Biot、吴世明等人已经证明，此方程组有两个不相等的正实数解，这表明介质中存在两种不同类型的 P 波，其中波速较大的称为 P_1 波，波速较小的称为 P_2 波，则关于 P 波传播速度的方程组可写为

$$\begin{cases} \left(\dfrac{\mathrm{d}^2}{\mathrm{d}z^2} + k^2 s_1^2\right)\left(\dfrac{\mathrm{d}^2}{\mathrm{d}z^2} + k^2 s_2^2\right)F_1 = 0 \\ F_2 = -\dfrac{\lambda + 2G}{\mathrm{i}b\omega}\left(F_1'' - k^2 F_1' + \dfrac{\omega^2}{c_{P0}^2}F_1\right) + F_1 \end{cases} \tag{6-16}$$

式中，

$$s_1^2 = \frac{v^2}{c_{P1}^2} - 1 \tag{6-17}$$

$$s_2^2 = \frac{v^2}{c_{P2}^2} - 1 \tag{6-18}$$

求解方程组(6-16)可以得到

$$\frac{1}{c_{P1}^2} \frac{1}{c_{P2}^2} = \frac{1}{K_f(\lambda + 2G)}\left(\rho_1 \rho_2 - \mathrm{i}\rho\rho_f \frac{b}{\rho_f \omega}\right) \tag{6-19a}$$

$$\frac{1}{c_{P1}^2} + \frac{1}{c_{P2}^2} = \frac{1}{n(\lambda + 2G)}\left(-\frac{\mathrm{i}b}{\omega} + \rho_1 n\right) - \frac{\mathrm{i}b - \rho_2 \omega}{\omega K_f} \tag{6-19b}$$

式中，c_{P1} 为 P_1 波的传播速度；c_{P2} 为 P_2 波的传播速度。

将式(6-15c)、式(6-15d)和式(6-14b)代入式(6-14a)，并消去指数项后，可由下式求得 S 波的传播速度 c_S：

$$\frac{1}{c_S^2} = \frac{1}{c_{S0}^2} + \frac{\mathrm{i}b\rho_2}{G(\mathrm{i}b - \rho_2 \omega)} \tag{6-20}$$

通过上式只能求得一个正实数解,这表明介质中只存在一种 S 波。需要指出的是,饱和土体中的三种波(P$_1$ 波、P$_2$ 波和 S 波)都是弥散衰减波,在波的频率、孔隙水渗流条件、孔隙率、流体黏滞性等因素变化时,它们的传播特性会发生明显变化。频率 f 对波速的影响(频散现象)和渗透性 k_d 对波速的影响(渗透现象)统称为弥散现象。Biot、门福录、吴世明、陈龙珠等人对饱和土中弹性体波的传播特性进行了具体研究,得到如下认识。

(1) 饱和土中 P$_1$ 波和 S 波的速度频散性较小,在低频段和高频段内基本不变,变化主要发生在中间频段。饱和土中 P$_2$ 波在低频段时波速趋近于零,随着频率增大,逐渐成为可传播的波。三种体波的衰减情况在低频段和高频段不明显,在中间频段有明显衰减,其中 P$_1$ 波和 S 波的衰减明显小于 P$_2$ 波。

(2) 饱和土中 P$_1$ 波和 S 波的速度在渗透系数较小时,随渗透性增大而增大,但变化率较小,在渗透系数较大时基本不随渗透性变化;P$_2$ 波的变化规律与之相似,但变化率很大。三种体波的衰减情况受渗透系数的影响较大。

(3) 饱和土中三种体波的速度与孔隙率近似呈线性关系,其中 P$_1$ 波的速度随孔隙率增大而减小,S 波和 P$_2$ 波的速度随孔隙率的增大而增大。三种体波的衰减随孔隙率的增大而增大,且在高频时更为显著。

(4) 饱和土中三种体波的波速、衰减性随流体黏滞性变化的规律与随渗透性变化的规律正好相反,这符合流体黏滞性越大,渗透系数越小的现象。

3. 两种极限情况下的体波

1) 孔隙流体可以自由流动的情况

在不计渗流阻力的情况下,孔隙流体可以自由流动,如饱和砾石、砂石可以近似为这种情况。此时,渗透系数 k_d 为无穷大,相应地,$b=0$,则式(6-13c)变为

$$p + \rho_2 \ddot{\varphi}_2 = 0 \tag{6-21}$$

将式(6-21)代入式(6-13a)、式(6-13b),得

$$
\begin{cases}
\nabla^2 \varphi_1 - \dfrac{1}{c_{P1}^2} \dfrac{\partial^2}{\partial t^2} \varphi_1 = 0 \\[2mm]
\nabla^2 \varphi_2 - \dfrac{1}{c_{P2}^2} \dfrac{\partial^2}{\partial t^2} \varphi_2 = -\dfrac{1-n}{n} \dfrac{1}{c_{P1}^2} \dfrac{\partial^2}{\partial t^2} \varphi_1
\end{cases}
\tag{6-22}
$$

式中,

$$c_{P1} = \sqrt{(\lambda + 2G)/\rho_1} \tag{6-23}$$

$$c_{P2} = \sqrt{K_f / \rho_2} \tag{6-24}$$

将 $b=0$ 代入式(6-14),得

$$
\begin{cases}
\nabla^2 \psi_1 - \dfrac{1}{c_S^2} \dfrac{\partial^2}{\partial t^2} \psi_1 = 0 \\[2mm]
\ddot{\psi}_2 = 0
\end{cases}
\tag{6-25}
$$

式中,

$$c_S = \sqrt{G/\rho_1} \tag{6-26}$$

对比一般情况下式(6-13)、式(6-14)的结果,可以看出此时的体波波速与振动频率 ω 无关,因

此不具有弥散性。在孔隙流体可以自由流动的饱和土体中,存在三种体波:固体体波 P_1 波、流体体波 P_2 波和剪切波 S 波。且 P_1 波不受 P_2 波的干扰,而 P_2 波受到 P_1 波的激发和干扰。

2)孔隙流体无渗流时

这种情况对应不排水条件下的饱和土体,如饱和黏土,此时渗透系数为零,相应地,b 为无限大。

与前面的推导类似,可得该条件下饱和土体中存在一个 P 波和一个 S 波,其波速为

$$\begin{cases} c_P = \sqrt{[(K_f/n) + (\lambda + 2G)]/\rho} \\ c_S = \sqrt{G/\rho} \end{cases} \tag{6-27}$$

此时的体波波速与频率无关,也不具有弥散性。

6.3　一维饱和土柱中的波

6.3.1　问题模型

6.2 节介绍了 Biot 理论的基本控制方程,为了更好地理解这一理论,本节将针对一维饱和土柱中的波进行分析。该问题的模型如图 6-1(a)所示,在饱和土柱顶部有一个随时间变化的正弦波,其变化情况如图 6-1(b)所示,土柱的总长度设为 L。

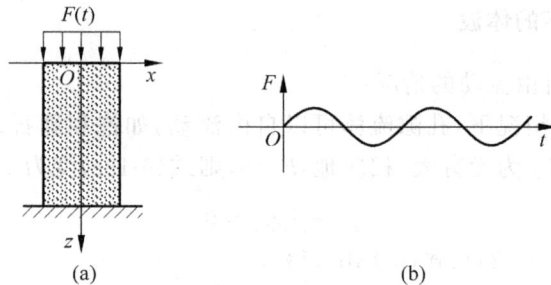

图 6-1　正弦波作用于一维饱和土柱

6.3.2　控制方程

由 Biot 理论,可推导出该问题的基本控制方程。

1. 土骨架的应力-应变关系

根据有效应力原理,竖直方向上的总应力为

$$\sigma = \sigma' + p \tag{6-28}$$

用 D 表示土骨架竖直方向上的压缩模量,则有效应力 σ' 可表示为

$$\sigma' = D\varepsilon \tag{6-29}$$

式中,ε 为土骨架竖直方向的应变。

上式即有效应力形式的物理方程,考虑土单元体的几何方程,则有下式:

$$\varepsilon = \frac{\mathrm{d}u}{\mathrm{d}z} \tag{6-30}$$

式中，u 为土体竖直方向的位移。

因此，土骨架的应力-应变关系式可写作

$$\sigma = D\epsilon + p \tag{6-31}$$

式中，p 为孔隙水压力。

2. 渗流连续方程

渗流连续方程为

$$-\frac{n\dot{p}}{K_f} = \dot{\epsilon} + \frac{\mathrm{d}\dot{w}}{\mathrm{d}z} \tag{6-32}$$

式中，K_f 为孔隙流体的体积模量；w 为孔隙水相对于土骨架的位移；n 为土体的孔隙率。

3. 土体运动方程

土体运动方程为

$$\frac{\mathrm{d}\sigma}{\mathrm{d}z} = \rho\ddot{u} + \rho_f\ddot{w} \tag{6-33}$$

4. 流体运动方程

流体运动方程为

$$-\frac{\mathrm{d}p}{\mathrm{d}z} = \rho_f\ddot{u} + \frac{\rho_f}{n}\ddot{w} + \frac{\rho_f g}{k_d}\dot{w} \tag{6-34}$$

式中，k_d 为考虑流体黏滞性的动力渗透系数。

6.3.3 u-w 形式的全耦合解

1. 位移的微分方程

为了求得 u 和 w，将式(6-31)代入式(6-33)，得

$$D\frac{\mathrm{d}^2 u}{\mathrm{d}z^2} - \frac{\mathrm{d}p}{\mathrm{d}z} = \rho\ddot{u} + \rho_f\ddot{w} \tag{6-35}$$

若将式(6-32)的左右两边同时对 t 积分，再乘以 K_f/n 将得到以下结果：

$$-p = \frac{K_f}{n}\epsilon + \frac{K_f}{n}\frac{\mathrm{d}w}{\mathrm{d}z} \tag{6-36}$$

则有

$$-\frac{\mathrm{d}p}{\mathrm{d}z} = \frac{K_f}{n}\frac{\partial\epsilon}{\partial z} + \frac{K_f}{n}\frac{\mathrm{d}^2 w}{\mathrm{d}z^2} \Leftrightarrow \frac{K_f}{n}\left(\frac{\mathrm{d}^2 u}{\mathrm{d}z^2} + \frac{\mathrm{d}^2 w}{\mathrm{d}z^2}\right) \tag{6-37}$$

将式(6-36)代入式(6-35)得

$$\left(D + \frac{K_f}{n}\right)\frac{\mathrm{d}^2 u}{\mathrm{d}z^2} + \frac{K_f}{n}\frac{\mathrm{d}^2 w}{\mathrm{d}z^2} = \rho\ddot{u} + \rho_f\ddot{w} \tag{6-38}$$

将式(6-37)代入式(6-34)得

$$\frac{K_f}{n}\left(\frac{\mathrm{d}^2 u}{\mathrm{d}z^2} + \frac{\mathrm{d}^2 w}{\mathrm{d}z^2}\right) = \rho_f\ddot{u} + \frac{\rho_f}{n}\ddot{w} + \frac{\rho_f g}{k_d}\dot{w} \tag{6-39}$$

将式(6-38)和式(6-39)结合起来,得到关于 u 和 w 的方程组如下:

$$\begin{cases} \left(D+\dfrac{K_f}{n}\right)\dfrac{\mathrm{d}^2 u}{\mathrm{d}z^2}+\dfrac{K_f}{n}\dfrac{\mathrm{d}^2 w}{\mathrm{d}z^2}=\rho\ddot{u}+\rho_f\ddot{w} \\ \dfrac{K_f}{n}\left(\dfrac{\mathrm{d}^2 u}{\mathrm{d}z^2}+\dfrac{\mathrm{d}^2 w}{\mathrm{d}z^2}\right)=\rho_f\ddot{u}+\dfrac{\rho_f}{n}\ddot{w}+\dfrac{\rho_f g}{k_d}\dot{w} \end{cases} \tag{6-40}$$

2. 微分方程的通解

由于在正弦激励下,荷载可以假设为

$$F=F_0 e^{i\omega t} \tag{6-41}$$

则与之相关的 u 和 w 的解中也将包含 $e^{i\omega t}$ 的形式,因此可假设

$$\begin{cases} u=\bar{u}\,e^{i\omega t} \\ w=\bar{w}\,e^{i\omega t} \end{cases} \tag{6-42}$$

其中,$\bar{u}$、$\bar{w}$ 分别为 u 和 w 的幅值。将上式代入式(6-40),并消去指数项 $e^{i\omega t}$ 后可得

$$\begin{cases} \left(D+\dfrac{K_f}{n}\right)\dfrac{\mathrm{d}^2 \bar{u}}{\mathrm{d}z^2}+\dfrac{K_f}{n}\dfrac{\mathrm{d}^2 \bar{w}}{\mathrm{d}z^2}=-\omega^2\rho\bar{u}-\omega^2\rho_f\bar{w} \\ \left(\dfrac{\mathrm{d}^2 \bar{u}}{\mathrm{d}z^2}+\dfrac{\mathrm{d}^2 \bar{w}}{\mathrm{d}z^2}\right)\dfrac{K_f}{n}=-\omega^2\rho_f\bar{u}-\omega^2\dfrac{\rho_f}{n}\bar{w}+i\omega\dfrac{\rho_f g}{k_d}\bar{w} \end{cases} \tag{6-43}$$

另外,通过前面已经定义的变量,可以求出以下几个参数。

土柱中压缩波的传播速度

$$c=\sqrt{\left(D+\dfrac{K_f}{n}\right)\Big/\rho} \tag{6-44}$$

荷载的周期

$$T=\dfrac{2\pi}{\omega} \tag{6-45}$$

压缩波的传播周期

$$\hat{T}=\dfrac{2L}{c} \tag{6-46}$$

为了使接下来的计算更加简便,定义如下几个变量:

$$K=\dfrac{K_f/n}{D+K_f/n};\quad \beta=\dfrac{\rho_f}{\rho};\quad \bar{z}=\dfrac{z}{L};\quad \Pi_1=\dfrac{2}{\beta\pi}\dfrac{k_d}{g}\dfrac{T}{\hat{T}^2};\quad \Pi_2=\pi^2\left(\dfrac{\hat{T}}{T}\right)^2 \tag{6-47}$$

则方程组(6-43)除以 $D+\dfrac{K_f}{n}$ 的结果为

$$\begin{cases} \dfrac{\mathrm{d}^2 \bar{u}}{\mathrm{d}\bar{z}^2}+K\dfrac{\mathrm{d}^2 \bar{w}}{\mathrm{d}\bar{z}^2}=-\Pi_2\bar{u}-\beta\Pi_2\bar{w} \\ K\dfrac{\mathrm{d}^2 \bar{u}}{\mathrm{d}\bar{z}^2}+K\dfrac{\mathrm{d}^2 \bar{w}}{\mathrm{d}\bar{z}^2}=-\beta\Pi_2\bar{u}-\dfrac{\beta}{n}\Pi_2\bar{w}+\dfrac{i}{\Pi_1}\bar{w} \end{cases} \tag{6-48}$$

这是因为

$$\Pi_2=\pi^2\left(\dfrac{\hat{T}}{T}\right)^2=\dfrac{L^2}{c^2}\omega^2=\dfrac{\rho L^2}{D+\dfrac{K_f}{n}}\omega^2 \tag{6-49}$$

$$\frac{1}{\Pi_1} = \frac{\beta\pi}{2}\frac{g}{k_d}\frac{\hat{T}^2}{T} = \frac{\beta\pi}{2}\frac{g}{k_d}\frac{\omega}{\pi}\frac{2L^2}{c^2} = \frac{g}{k_d}\omega\frac{L^2}{D+\dfrac{K_f}{n}}\rho_f \tag{6-50}$$

$$\mathrm{d}\bar{z}^2 = \frac{1}{L^2}\,\mathrm{d}z^2 \tag{6-51}$$

再将式(6-48)进行移项整理后可得

$$\begin{cases} \dfrac{\mathrm{d}^2\bar{u}}{\mathrm{d}z^2} = \dfrac{\beta\Pi_2 - \Pi_2}{1-K}\bar{u} + \dfrac{\dfrac{\beta}{n} - \dfrac{\mathrm{i}}{\Pi_1} - \beta\Pi_2}{1-K}\bar{w} \\[4mm] \dfrac{\mathrm{d}^2\bar{w}}{\mathrm{d}z^2} = \dfrac{-\beta\Pi_2 - \dfrac{(\beta-1)\Pi_2 K}{1-K}}{K}\bar{u} + \dfrac{-\dfrac{\beta}{n} + \dfrac{\mathrm{i}}{\Pi_1} - \dfrac{K\left(\dfrac{\beta}{n} - \dfrac{\mathrm{i}}{\Pi_1} - \beta\Pi_2\right)}{1-K}}{K}\bar{w} \end{cases} \tag{6-52}$$

定义式中

$$A = \frac{\beta\Pi_2 - \Pi_2}{1-K} \tag{6-53}$$

$$B = \frac{\beta}{n}\Pi_2 - \frac{\mathrm{i}}{\Pi_1} - \beta\Pi_2 \tag{6-54}$$

$$\Gamma = \frac{-\beta\Pi_2 - \dfrac{(\beta-1)\Pi_2 K}{1-K}}{K} \tag{6-55}$$

$$\Delta = \frac{-\dfrac{\beta}{n} + \dfrac{\mathrm{i}}{\Pi_1} - \dfrac{K\left(\dfrac{\beta}{n}\Pi_2 - \dfrac{\mathrm{i}}{\Pi_1} - \beta\Pi_2\right)}{1-K}}{K} \tag{6-56}$$

则上述偏微分方程(6-52)可简化为

$$\frac{\mathrm{d}^2\bar{u}}{\mathrm{d}z^2} = A\bar{u} + B\bar{w} \tag{6-57a}$$

$$\frac{\mathrm{d}^2\bar{w}}{\mathrm{d}z^2} = \Gamma\bar{u} + \Delta\bar{w} \tag{6-57b}$$

若将上式改写为一元偏微分方程的形式,则需继续对式(6-57a)作二次偏导运算,即

$$\frac{\mathrm{d}^4\bar{u}}{\mathrm{d}z^4} = A\frac{\mathrm{d}^2\bar{u}}{\mathrm{d}z^2} + B\frac{\mathrm{d}^2\bar{w}}{\mathrm{d}z^2} \tag{6-58}$$

将式(6-57b)代入上式,可得

$$\frac{\mathrm{d}^4\bar{u}}{\mathrm{d}z^4} = A\frac{\mathrm{d}^2\bar{u}}{\mathrm{d}z^4} + B\Gamma\bar{u} + \Delta B\bar{w} \tag{6-59}$$

根据式(6-57a),上式中的 $B\bar{w}$ 可改写为只含 $\bar{u}$ 的形式,移项后可以得到只与 $\bar{u}$ 相关的一元四阶偏微分方程,即

$$\frac{\mathrm{d}^4\bar{u}}{\mathrm{d}z^4} = (A+\Delta)\frac{\mathrm{d}^2\bar{u}}{\mathrm{d}z^2} + (B\Gamma - A\Delta)\bar{u} \tag{6-60}$$

对应上式的特征方程为

$$\alpha^4 - (A+\Delta)\alpha^2 + A\Delta - B\Gamma = 0 \tag{6-61}$$

求解上式可得四个特征根,分别记为 α_1、α_2、α_3、α_4,则偏微分方程(6-40)的通解为

$$\begin{cases} u = \sum_{i=1}^{4} C_i B \mathrm{e}^{\alpha_i z} \\ w = \sum_{i=1}^{4} C_i (\alpha_i^2 - A) \mathrm{e}^{\alpha_i z} \end{cases} \tag{6-62}$$

式中,α_i 是特征根,C_i 是常数,$i=1,2,3,4$,可由边界条件确定。

3. 由边界条件求解待定系数

在饱和土柱表面处,正应力的振幅为 $\overline{F}$,而孔隙水压力为零,故有

$$\overline{z} = 0, \quad \overline{\sigma} = \overline{F}, \quad \overline{p} = 0 \quad \Rightarrow \quad \frac{\mathrm{d}\overline{u}}{\mathrm{d}\overline{z}} = \frac{\overline{F}L}{D}, \quad \frac{\mathrm{d}\overline{w}}{\mathrm{d}\overline{z}} = -\frac{\overline{F}L}{D} \tag{6-63}$$

由于饱和土柱底部是固定边界,因此其位移分量为零:

$$\overline{z} = 1, \quad \overline{u} = 0, \quad \frac{\mathrm{d}\overline{p}}{\mathrm{d}\overline{z}} = 0 \quad \Rightarrow \quad \overline{u} = 0, \quad \overline{w} = 0 \tag{6-64}$$

由式(6-62)很容易计算出位移幅值通解的导数形式

$$\begin{cases} \dfrac{\mathrm{d}\overline{u}}{\mathrm{d}\overline{z}} = \sum_{i=1}^{4} \alpha_i C_i B \mathrm{e}^{\alpha_i \overline{z}} \\ \dfrac{\mathrm{d}\overline{w}}{\mathrm{d}\overline{z}} = \sum_{i=1}^{4} \alpha_i C_i (\alpha_i^2 - A) \mathrm{e}^{\alpha_i \overline{z}} \end{cases} \tag{6-65}$$

将边界条件(6-63)代入式(6-65),再将边界条件(6-64)代入式(6-62),可得

$$\begin{cases} \sum_{i=1}^{4} C_i \alpha_i = \dfrac{\overline{F}L}{DB} \sum_{i=1}^{4} C_i B \mathrm{e}^{\alpha_i \overline{z}} \\ \sum_{i=1}^{4} C_i (\alpha_i - A) \alpha_i = \dfrac{\overline{F}L}{D} \\ \sum_{i=1}^{4} C_i \alpha_i = 0 \\ \sum_{i=1}^{4} C_i (\alpha_i^2 - A) \alpha_i = 0 \end{cases} \tag{6-66}$$

通过上式即可将待定系数 $C_1 \sim C_4$ 全都求出。

4. 孔隙水压力的全耦合解

孔压 p 的解可由式(6-34)积分得到,即

$$\int_0^{\overline{z}} \mathrm{d}p = -\int_0^{\overline{z}} \left(\rho_{\mathrm{f}} \ddot{u} + \frac{\rho_{\mathrm{f}}}{n} \ddot{w} + \frac{\rho_{\mathrm{f}} g}{k_{\mathrm{d}}} \dot{w} \right) \mathrm{d}\overline{z} \tag{6-67}$$

其结果为

$$p = \left[\omega^2 \sum_{i=1}^{4} C_i \mathrm{e}^{\alpha_i \overline{z}-1} + \left(\frac{\rho_{\mathrm{f}}}{n} \omega^2 - \rho_{\mathrm{f}} g \mathrm{i} \frac{\omega}{k_{\mathrm{d}}} \right) \sum_{i=1}^{4} \frac{C_i}{\alpha_i} (\alpha_i^2 - A) (\mathrm{e}^{\alpha_i \overline{z}} - 1) \right] L \tag{6-68}$$

以上就是饱和土柱中孔隙水压力的全耦合解。

6.3.4　$u\text{-}p$ 形式的解

若忽略孔隙水对土骨架的相对加速度,参考全耦合解的步骤,可得该问题的 $u\text{-}p$ 形式的方程组如下,具体过程不再赘述。

$$\begin{cases} \dfrac{\mathrm{d}^2\bar{u}}{\mathrm{d}z^2} + \kappa\,\dfrac{\mathrm{d}^2\bar{w}}{\mathrm{d}z^2} = -\Pi_2\bar{u} \\[2mm] \kappa\,\dfrac{\mathrm{d}^2\bar{u}}{\mathrm{d}z^2} + \kappa\,\dfrac{\mathrm{d}^2\bar{w}}{\mathrm{d}z^2} = -\beta\Pi_2\bar{u} + \dfrac{\mathrm{i}}{\Pi_1}\bar{w} \end{cases} \tag{6-69}$$

由上式即可得出该问题的 $u\text{-}p$ 解,求解时需定义以下参数:

$$A = \frac{\beta\Pi_2 - \Pi_2}{1-\kappa}; \quad B = \frac{-\dfrac{\mathrm{i}}{\Pi_1}}{1-\kappa}; \quad \Gamma = \frac{-\beta\Pi_2 - \dfrac{(\beta-1)\Pi_2\kappa}{1-\kappa}}{\kappa} \tag{6-70}$$

6.3.5　全耦合解与 $u\text{-}p$ 解的对比

上述全耦合解和 $u\text{-}p$ 形式解的程序见附录 8 和附录 9。下面以一个典型的地震问题为例分析这两种解的差别。

算例模型如图 6-1 所示,对 $\omega=10\mathrm{rad/s}$(典型的地震问题)的条件下,k_{d} 分别为 $0.001\mathrm{m/s}$ 和 $0.2\mathrm{m/s}$ 的情况进行分析。当 $k_{\mathrm{d}}=0.001\mathrm{m/s}$ 时(见图 6-2(a)),$u\text{-}p$ 解和完全耦合解几乎完全一致,因此,在典型的岩土地震动力响应分析中,$u\text{-}p$ 近似解得到的结果是合理的,因为可以忽略流体渗流而视为不排水情况。然而,当流体速度非常高,如 $k_{\mathrm{d}}=0.2\mathrm{m/s}$ 时,由于土体中渗流现象明显,此时 $u\text{-}p$ 近似解下的位移、孔隙流体压力与全耦合解的结果有明显差异(见图 6-2(b)、图 6-3(b))。

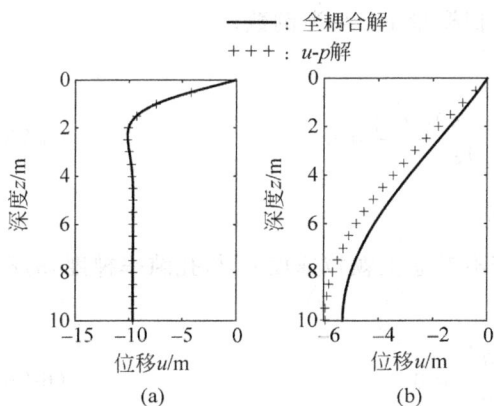

图 6-2　两种解法下位移的差异
(a) $k_{\mathrm{d}}=0.001\mathrm{m/s}$; (b) $k_{\mathrm{d}}=0.2\mathrm{m/s}$

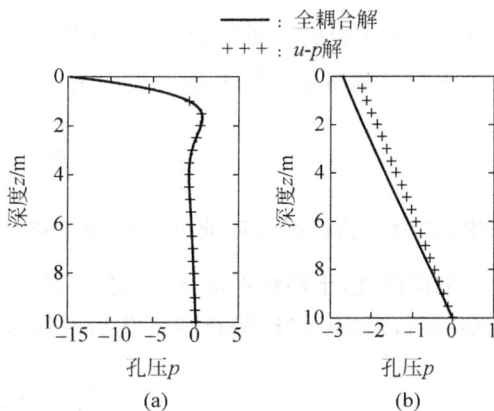

图 6-3　两种解法下孔隙水压力的差异
(a) $k_{\mathrm{d}}=0.001\mathrm{m/s}$; (b) $k_{\mathrm{d}}=0.2\mathrm{m/s}$

6.4　多孔介质中的一维平面波

为了更好地理解饱和多孔介质中波的传播问题,采用混合物理论对其进行进一步分析。Arnold Verruijt 基于 De Josselin de Jong(1956)和 Biot(1956)的研究成果,针对一维情况下平面波的传播问题进行了分析,其力学基础是土体的质量守恒及动量守恒。

6.4.1 基本控制方程

1. 质量守恒(连续方程)

质量守恒包括孔隙流体部分的质量守恒和土颗粒部分的质量守恒。其中,孔隙流体的质量守恒方程表示为

$$\frac{\partial(n\rho_f)}{\partial t} + \frac{\partial(n\rho_f \dot{W})}{\partial z} = 0 \tag{6-71}$$

式中,n 为孔隙率;ρ_f 为孔隙流体的密度;假定流体在孔隙中均匀流动,$\dot{W}$ 表示孔隙流体的运动速度。

可认为土颗粒是不可压缩的,因此将 ρ_s 看成常数,若不考虑速度 $\dot{W}$ 与孔隙率梯度 $\partial(n\rho_f)/\partial z$ 的乘积项,则得到式(6-71)线性化后的结果为

$$\frac{\partial(n\rho_f)}{\partial t} + n\rho_f \frac{\partial \dot{W}}{\partial z} = 0 \tag{6-72}$$

式中,假定 ρ_f 为与孔隙流体压力有关的函数:

$$\frac{\mathrm{d}\rho_f}{\mathrm{d}p} = C_f \rho_f \tag{6-73}$$

式(6-73)即为流体的本构方程。而 ρ_f 关于时间 t 的导数可以表示为

$$\frac{\mathrm{d}\rho_f}{\mathrm{d}t} = C_f \rho_f \frac{\mathrm{d}p_f}{\mathrm{d}t} \tag{6-74}$$

式中,C_f 为孔隙流体的压缩系数,与孔隙流体的体积模量 K_f 互为倒数。

土颗粒的质量守恒方程可表示为

$$\frac{\partial[(1-n)\rho_s]}{\partial t} + \frac{\partial[(1-n)\rho_s \dot{U}]}{\partial z} = 0 \tag{6-75}$$

式中,$\dot{U}$ 为土颗粒的运动速度;ρ_s 为土颗粒的密度。

如前所述,土颗粒不可压缩,将 ρ_s 看成常数,若不考虑土颗粒速度 $\dot{U}$ 与孔隙率梯度 $\partial n/\partial z$ 的乘积项,对式(6-75)进行线性化后的结果为

$$\frac{\partial n}{\partial t} - (1-n)\frac{\partial \dot{U}}{\partial z} = 0 \tag{6-76}$$

则由式(6-76)可以得到孔隙率关于时间的偏导数:

$$\frac{\partial n}{\partial t} = (1-n)\frac{\partial \dot{U}}{\partial z} \tag{6-77}$$

将式(6-77)代入式(6-72),再结合式(6-74),则有

$$n\frac{\partial \rho_f}{\partial t} + \rho_f \frac{\partial n}{\partial t} + n\rho_f \frac{\partial \dot{W}}{\partial z} = 0 \Rightarrow nC_f\rho_f \frac{\partial p}{\partial t} + \rho_f(1-n)\frac{\partial \dot{U}}{\partial z} + n\rho_f \frac{\partial \dot{W}}{\partial z} = 0 \tag{6-78}$$

消去 ρ_f 并移项后,可以得到

$$(1-n)\frac{\partial \dot{U}}{\partial z} + n\frac{\partial \dot{W}}{\partial z} = -nC_{\mathrm{f}}\frac{\partial p}{\partial t} \tag{6-79a}$$

或

$$n\frac{\partial(\dot{W}-\dot{U})}{\partial z} + \frac{\partial \dot{U}}{\partial z} = -nC_{\mathrm{f}}\frac{\partial p}{\partial t} \tag{6-79b}$$

式(6-79b)表示孔隙流体的压缩量、土骨架的体积变形与流体流动导致的流体变化量之间的平衡关系。

2. 动量守恒（运动方程）

除了质量守恒以外，动量守恒同样需要考虑。对于孔隙流体和土颗粒组成的混合物而言，总的动量守恒方程可以用下式表示：

$$-\frac{\partial \sigma}{\partial z} = n\rho_{\mathrm{f}}\frac{\partial \dot{W}}{\partial t} + (1-n)\rho_{\mathrm{s}}\frac{\partial \dot{U}}{\partial t} \tag{6-80}$$

式中，σ 表示土中的总应力。根据有效应力原理，总应力应当等于有效应力与孔隙水压力之和，那么上式可以表示为

$$n\rho_{\mathrm{f}}\frac{\partial \dot{W}}{\partial t} + (1-n)\rho_{\mathrm{s}}\frac{\partial \dot{U}}{\partial t} = -\frac{\partial \sigma'}{\partial z} - \frac{\partial p}{\partial z} \tag{6-81}$$

如果考虑由摩擦力引起的流体与固体间的相互作用，则孔隙流体部分的动量守恒关系为

$$n\rho_{\mathrm{f}}\frac{\partial \dot{W}}{\partial t} + \alpha n\rho_{\mathrm{f}}\frac{\partial(\dot{W}-\dot{U})}{\partial t} = -n\frac{\partial p}{\partial z} - \frac{n^2\mu}{\kappa}(\dot{W}-\dot{U}) \tag{6-82}$$

式中，α 为质量耦合因子；μ 表示孔隙流体的黏滞系数；κ 为不考虑流体黏滞性的动力渗透系数。

需要指出的是，如果忽略加速度的作用，则上式退化为 Darcy 定律。还需要注意的是，颗粒-流体相互作用项用流体相对于土骨架的相对速度来表示。

固体即土颗粒部分的动量守恒方程为

$$(1-n)\rho_{\mathrm{s}}\frac{\partial \dot{U}}{\partial t} - \alpha n\rho_{\mathrm{f}}\frac{\partial(\dot{W}-\dot{U})}{\partial t} = -\frac{\partial \sigma'}{\partial z} - (1-n)\frac{\partial p}{\partial z} + \frac{n^2\mu}{\kappa}(\dot{W}-\dot{U}) \tag{6-83}$$

而土颗粒的本构关系为

$$m_{\mathrm{v}} = \frac{\partial \sigma'}{\partial t} = -\frac{\partial \dot{U}}{\partial z} \tag{6-84}$$

式中，m_{v} 为土颗粒的体积压缩系数。

如果将式(6-82)和式(6-83)相加，可得到式(6-81)，即混合物的动量守恒，当然，流体-土骨架的相互作用项就消失了。

3. 控制方程

综上，饱和土中一维平面波的控制方程为

$$(1-n)\frac{\partial \dot{U}}{\partial z}+n\frac{\partial \dot{W}}{\partial z}=-nC_{\mathrm{f}}\frac{\partial p}{\partial t} \tag{6-85a}$$

$$m_{\mathrm{v}}\frac{\partial \sigma'}{\partial t}=-\frac{\partial \dot{U}}{\partial z} \tag{6-85b}$$

$$n\rho_{\mathrm{f}}\frac{\partial \dot{W}}{\partial t}+(1-n)\rho_{\mathrm{s}}\frac{\partial \dot{U}}{\partial t}=-\frac{\partial \sigma'}{\partial z}-\frac{\partial p}{\partial z} \tag{6-85c}$$

$$n\rho_{\mathrm{f}}\frac{\partial \dot{W}}{\partial t}+\alpha n\rho_{\mathrm{f}}\frac{\partial (\dot{W}-\dot{U})}{\partial t}=-n\frac{\partial p}{\partial z}-\frac{n^{2}\mu}{\kappa}(\dot{W}-\dot{U}) \tag{6-85d}$$

控制方程中,式(6-85a)表示土骨架和孔隙流体的质量守恒,式(6-85b)表示土骨架的本构关系,式(6-85c)表示土骨架和孔隙流体的动量守恒,式(6-85d)为考虑孔隙流体动量守恒的达西定律。

6.4.2 两种特殊情况下的解

1. 土颗粒运动速度与孔隙水运动速度相等(不排水条件)

此时,$\dot{W}=\dot{U}$,即忽略孔隙水渗流,可视为渗透系数很小或不排水的情况。假设土体压缩性很小。此时总应力 $\sigma=\sigma'+p$,其中孔压和有效应力部分与总应力之间分别有如下关系:

$$p=\frac{m_{\mathrm{v}}}{m_{\mathrm{v}}+nC_{\mathrm{f}}}\sigma \tag{6-86}$$

$$\sigma'=\frac{nC_{\mathrm{f}}}{m_{\mathrm{v}}+nC_{\mathrm{f}}}\sigma \tag{6-87}$$

则式(6-85a)此时变为

$$E\frac{\partial \dot{W}}{\partial z}=-\frac{\partial \sigma}{\partial t} \tag{6-88}$$

式(6-85b)此时变为

$$\rho\frac{\partial \dot{W}}{\partial t}=-\frac{\partial \sigma}{\partial z} \tag{6-89}$$

式中,E 为土体(包含固相与液相部分)的等价弹性模量,$E=\dfrac{1}{m_{\mathrm{v}}}+\dfrac{1}{nC_{\mathrm{f}}}=E_{\mathrm{s}}+\dfrac{K_{\mathrm{f}}}{n}$;$\rho$ 为土体的密度;$\rho=n\rho_{\mathrm{f}}+(1-n)\rho_{\mathrm{s}}$;$E_{\mathrm{s}}$ 为土颗粒的弹性模量;K_{f} 为孔隙水的体积模量。

经过整理,可将式(6-88)和式(6-89)写成一个式子,即

$$\frac{\partial^{2}\dot{W}}{\partial t^{2}}=c^{2}\frac{\partial^{2}\sigma}{\partial z^{2}} \tag{6-90}$$

式(6-90)是波传播的标准方程,其解的形式为

$$\begin{cases} \sigma-\dfrac{E}{c}\dot{W}=f_{1}(x+ct) \\[2mm] \sigma+\dfrac{E}{c}\dot{W}=f_{2}(x-ct) \end{cases} \tag{6-91}$$

式中,波速为 $c = \sqrt{E/\rho}$。

由于在饱和土体中,固相的刚度要远小于流体的刚度,此时等效弹性模量主要取决于流体的压缩性质,故认为 $1/m_v = 0$,有效应力几乎为零,孔隙水压力就等于总应力。在饱和土体中,几个常量的参考值为:$C_f = 0.5 \times 10^{-9}\,\mathrm{m^2/N}$,$n = 0.40$,$\rho = 2000\,\mathrm{kg/m^3}$,因此饱和土中的典型压缩波传播速度为 $c \approx 1600\,\mathrm{m/s}$。

2. 土颗粒的运动速度为零(自由排水条件)

此时,$\dot{U} = 0$,即忽略土颗粒的运动,土体可以看作是刚体,土骨架的本构关系和土的动量守恒不再满足式(6-85b)和式(6-85c),因此控制方程(6-85)变为

$$\frac{\partial \dot{W}}{\partial z} = -C_f \frac{\partial p}{\partial t} \tag{6-92}$$

$$(1+\alpha)\rho_f \frac{\partial \dot{W}}{\partial t} = -\frac{\partial p}{\partial z} - \frac{n\mu}{\kappa}\dot{W} \tag{6-93}$$

可以看出,上两式中仅剩两个基本变量:孔隙水流速 $\dot{W}$ 及孔隙水压力 p。下面以简谐波在土中传播为例,分析这个问题。

$$\begin{cases} \dot{W} = \dot{W}_0 \exp[\mathrm{i}(kz - \omega t)] = \dot{W}_0 \exp[\mathrm{i}k(z - ct)] \\ p = p_0 \exp[\mathrm{i}(kz - \omega t)] = p_0 \exp[\mathrm{i}k(z - ct)] \end{cases} \tag{6-94}$$

式中,k 为波数;ω 为波的频率;c 为波的传播速度,它与圆频率、波数的关系为 $c = \omega/k$;$\dot{W}_0$、p_0 分别为孔隙水流速和孔隙水压力的幅值。

将式(6-94)代入到式(6-92)、式(6-93)中,有

$$v_0 = C_f c p_0 \tag{6-95a}$$

$$(1+\alpha)\rho_f C_f \left[1 + \mathrm{i}\frac{n\mu}{(1+\alpha)\rho_f \omega \kappa}\right] c^2 = 1 \tag{6-95b}$$

定义

$$B = \frac{n\mu}{(1+\alpha)\rho_f \omega \kappa} = \frac{ng}{(1+\alpha)\omega \kappa} \tag{6-96}$$

式中,g 为重力加速度;κ 为不考虑流体黏滞性的渗透系数,取值大概为 $10^{-4}\,\mathrm{m/s}$。因此,除非波的频率很大(例如 $\omega > 10^5/\mathrm{s}$,这在一般土木工程中是不可能的),则波速 c 主要取决于式(6-95b)中的虚部,即

$$c = -\mathrm{i}\frac{kk_d}{n\mu C_f} \tag{6-97}$$

又因为 $c = \omega/k$,则

$$k^2 = \mathrm{i}\frac{nC_f \omega}{\kappa/\mu} \tag{6-98}$$

或

$$k = -(1+\mathrm{i})\sqrt{\frac{nC_f \omega}{2\kappa/\mu}} \tag{6-99}$$

由于阻尼的存在,波是衰减的。例如,设饱和土体中参数为 $\omega = 1\mathrm{s}^{-1}$,$n = 0.40$,$\kappa = 10^{-4}\,\mathrm{m/s}$,$C_\mathrm{f} = 0.5 \times 10^{-9}\,\mathrm{m^2/N}$,计算得到 $k = 1\mathrm{m}^{-1}$,这意味着波衰减很快,在一小段距离内就衰减了,而频率高的波衰减更快。同时,如果土的渗透性很小的话,波也会被阻止在振源周围,只有在频率很高或渗透性很大情况下,波才会向远方传播。

在极高频率的情况下,可以不考虑渗透性的影响,式(6-95b)中左边的第二个式子可以忽略,波速则为

$$c = \sqrt{1 \big/ \left[(1 + \alpha) \rho_\mathrm{f} C_\mathrm{f} \right]} \tag{6-100}$$

若忽略上式中的 $1 + \alpha$ 即可得到压缩波在流体中的传播速度。正如上面所述,这种类型波的传播受到土颗粒间摩擦的严重影响。对于饱和土,水的压缩系数 $C_\mathrm{f} = 0.5 \times 10^{-9}\,\mathrm{m^2/N}$,$\rho_\mathrm{f} = 1000\mathrm{kg/m^3}$,因此得到自由排水条件下,饱和土的典型压缩波在流体中的传播速度 $c = 1400\mathrm{m/s}$,小于不排水条件下的波速。

6.4.3 波动方程的数值解法

一般情况下,控制方程(6-85)的解析解很难得到,常用数值解法求解,将式(6-85a)两边同除以 nC_f 得

$$\frac{\partial p}{\partial t} = -\frac{1-n}{nC_\mathrm{f}}\frac{\partial \dot{U}}{\partial z} - \frac{1}{C_\mathrm{f}}\frac{\partial \dot{W}}{\partial z} \tag{6-101}$$

将式(6-85b)两边同除以 m_v 得

$$\frac{\partial \sigma'}{\partial t} = -\frac{1}{m_\mathrm{v}}\frac{\partial \dot{U}}{\partial z} \tag{6-102}$$

再将式(6-85c)中左端第一项移至等号右侧,并在两边同除以 $\rho_\mathrm{s}(1-n)$,得到

$$\frac{\partial \dot{U}}{\partial t} = -\frac{1}{\rho_\mathrm{s}(1-n)}\left(\frac{\partial \sigma'}{\partial z} + \frac{\partial p}{\partial z}\right) - \frac{n\rho_\mathrm{f}}{(1-n)\rho_\mathrm{s}}\frac{\partial \dot{W}}{\partial t} \tag{6-103}$$

将式(6-85d)两边同除以 $n\rho_\mathrm{f}$,得到下式:

$$\frac{\partial \dot{W}}{\partial t} + \alpha\frac{\partial (\dot{W} - \dot{U})}{\partial t} = -\frac{1}{\rho_\mathrm{f}}\frac{\partial p}{\partial z} - \frac{n\mu}{\rho_\mathrm{f}\kappa}(\dot{W} - \dot{U}) \tag{6-104}$$

其展开后的结果为

$$(1+\alpha)\frac{\partial \dot{W}}{\partial t} - \alpha\frac{\partial \dot{U}}{\partial t} = -\frac{1}{\rho_\mathrm{f}}\frac{\partial p}{\partial z} - \frac{n\mu}{\rho_\mathrm{f}\kappa}(\dot{W} - \dot{U}) \tag{6-105}$$

将式(6-103)代入式(6-105)得

$$(1+\alpha)\frac{\partial \dot{W}}{\partial t} + \frac{\alpha}{\rho_\mathrm{s}(1-n)}\left(\frac{\partial \sigma'}{\partial z} + \frac{\partial p}{\partial z}\right) + \frac{\alpha n\rho_\mathrm{f}}{(1-n)\rho_\mathrm{s}}\frac{\partial \dot{W}}{\partial t} = -\frac{1}{\rho_\mathrm{f}}\frac{\partial p}{\partial z} - \frac{n\mu}{\rho_\mathrm{f}\kappa}(\dot{W} - \dot{U}) \tag{6-106}$$

对项 $\partial \dot{W}/\partial t$ 进行合并后,得

$$\left[1 + \alpha + \frac{\alpha n\rho_\mathrm{f}}{(1-n)\rho_\mathrm{s}}\right]\frac{\partial \dot{W}}{\partial t} + \frac{\alpha}{\rho_\mathrm{s}(1-n)}\left(\frac{\partial \sigma'}{\partial z} + \frac{\partial p}{\partial z}\right) = -\frac{1}{\rho_\mathrm{f}}\frac{\partial p}{\partial z} - \frac{n\mu}{\rho_\mathrm{f}\kappa}(\dot{W} - \dot{U}) \tag{6-107}$$

经过整理后，得控制方程如下：

$$\frac{\partial p}{\partial t} = -\frac{1-n}{nC_f}\frac{\partial \dot{U}}{\partial z} - \frac{1}{C_f}\frac{\partial \dot{W}}{\partial z} \tag{6-108a}$$

$$\frac{\partial \sigma'}{\partial t} = -\frac{1}{m_v}\frac{\partial \dot{U}}{\partial z} \tag{6-108b}$$

$$\frac{\partial \dot{U}}{\partial t} = -\frac{1}{\rho_s(1-n)}\left(\frac{\partial \sigma'}{\partial z} + \frac{\partial p}{\partial z}\right) - \frac{n\rho_f}{(1-n)\rho_s}\frac{\partial \dot{W}}{\partial t} \tag{6-108c}$$

$$\left[1+\alpha+\frac{\alpha n\rho_f}{(1-n)\rho_s}\right]\frac{\partial \dot{W}}{\partial t} + \frac{\alpha}{\rho_s(1-n)}\left(\frac{\partial \sigma'}{\partial z}+\frac{\partial p}{\partial z}\right)$$
$$= -\frac{1}{\rho_f}\frac{\partial p}{\partial z} - \frac{n\mu}{\rho_f\kappa}(\dot{W}-\dot{U}) \tag{6-108d}$$

其差分格式为

$$p_{i+1} = p_i - \left[\frac{1-n}{nC_f}\frac{U_{i+1}-U_i}{\partial z} + \frac{1}{C_f}\frac{\dot{W}_{i+1}-\dot{W}_i}{\partial z}\right]\Delta t \tag{6-109a}$$

$$\sigma'_{i+1} = \sigma'_i - \frac{1}{m_v}\frac{\dot{U}_{i+1}-\dot{U}_i}{\Delta z}\Delta t \tag{6-109b}$$

$$\frac{\dot{U}_{i+1}-\dot{U}_i}{\Delta t} = -\frac{1}{\rho_s(1-n)}\left(\frac{\sigma'_i-\sigma'_{i-1}}{\Delta z}+\frac{p_i-p_{i-1}}{\Delta z}\right) - \frac{n\rho_f}{(1-n)\rho_s}\frac{\dot{W}_i-\dot{W}_{i-1}}{\Delta t} \tag{6-109c}$$

$$\left[1+\alpha+\frac{\alpha n\rho_f}{(1-n)\rho_s}\right]\frac{\dot{W}_{i+1}-\dot{W}_i}{\Delta t} + \frac{\alpha}{\rho_s(1-n)}\left(\frac{\sigma'_i-\sigma'_{i-1}}{\Delta z}+\frac{p_i-p_{i-1}}{\Delta z}\right)$$
$$= -\frac{1}{\rho_f}\frac{p_i-p_{i-1}}{\Delta z} - \frac{n\mu}{\rho_f\kappa}(\dot{W}-\dot{U}) \tag{6-109d}$$

根据以上差分格式，编制的 MATLAB 程序见附录 10。

下面以一个作用于一维饱和土体顶部的瞬时冲击荷载为例，说明上述数值解法的应用。设一维饱和土柱长为 500mm，当 $t=0$ 时，所有变量均为零，瞬时冲击波 F 作用于土体顶部，土体顶部的有效应力边界条件为：$x=0$：$p=F$，$\sigma'=0$。这可视为波浪穿过水层到达饱和土体边界的情况。

将土柱在空间上离散为 500 个单元，计算步数为 2000 步，由式(6-109a)计算孔隙流体运动速度 $\dot{W}$，由式(6-109b)计算土颗粒的运动速度，由式(6-109c)计算孔压 p，由式(6-109d)计算有效应力 σ'。由此计算出的距顶部 40mm 处孔压 p 与时间 t 的关系如图 6-4 所示，其中，F_0 表示外荷载 F 的幅值。

图 6-4 反映出在瞬时冲击荷载作用下，饱和土中有两个波，其中，第一个波到达该单元的

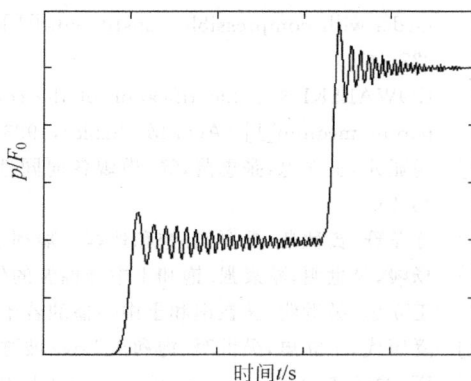

图 6-4　孔隙水压力随时间变化示意图

时间与不排水条件下波的到达时间一致,第二个波的出现是上述多孔介质(流体和固体压缩性相差不大)中的特有结果。另外,这两个波到达同一单元的时间不同,即这两个波在同一介质中的传播速度不同,这一结果可以用 Biot 理论进行解释:首先到达的波即为 P_1 波,稍晚到达的波即为 P_2 波,P_1 波的传播速度大于 P_2 波的传播速度,而在不排水条件下,饱和土中只有 P_1 波,无 P_2 波。高频振荡是数值解中迭代产生的影响,这在解析解中不会出现。

参考文献

[1] 吴世明. 土介质中的波[M]. 北京:科学出版社,1997.

[2] 白冰. 土的动力特性及应用[M]. 北京:中国建筑工业出版社,2016.

[3] BRAJA M DAS. 土动力学原理[M]. 吴世明,译. 杭州:浙江大学出版社,1984.

[4] 谢定义. 土动力学[M]. 北京:高等教育出版社,2011.

[5] 吴世明. 土动力学[M]. 北京:中国建筑工业出版社,2000.

[6] BIOT M A. The theory of propagation of elastic waves in a fluid-saturated porous soild. Ⅰ. Low-frequency range[J]. Journal of the Acoustical Society of America,1956,28(2):168-178.

[7] BIOT M A. The theory of propagation of elastic waves in a fluid-saturated porous soild. Ⅱ. Higher-frequency range[J]. Journal of the Acoustical Society of America,1956,28(2):179-191.

[8] BIOT M A. Generalized theory of acoustic propagation in porous dissipative media[J]. Journal of the Acoustical Society of America,1962,34(9):1254-1264.

[9] ISHIHARA K. Approximate forms of wave equations for water-saturated porous materials and dynamic modulus[J]. Soils and Foundations,1970,10(4):10-38.

[10] 门福录. 波在饱含流体的孔隙介质中的传播问题[J]. 地球物理学报,1981,24(1):65-76.

[11] 门福录. 地震波在含水地层中的弥散和耗散[J]. 地球物理学报,1984,27(1):61-73.

[12] 陈龙珠. 饱和土中弹性波的传播速度及其应用[D]. 杭州:浙江大学,1987.

[13] STOLL R D,BRYAN G M. Wave attenuation in saturated sediments[J]. Journal of the Acoustical Society of America,1970,47:1440-1447.

[14] STOLL R D. Acoustic waves in ocean sediments[J]. Geophysics,1977,42:715-725.

[15] STOLL R D. Experimental studies of attenuation in sediments[J]. Journal of the Acoustical Society of America,1979,66:1152-1160.

[16] STOLL R D,KAN T K. Reflection of acoustic waves at a water-sediment interface[J]. Journal of the Acoustical Society of America,1981,70:149-156.

[17] RICE J R,CLEARY M P. Some basic stress-diffusion solution for fluid saturated elastic porous media with compressible constituents[J]. Reviews of Geophysics and Space Physics,1976,14:227-241.

[18] KOWALSKI S J. Identification of the coefficients in the equations of motion for a fluid-saturated porous medium[J]. Acta Mechanica,1983,47(3/4):263-276.

[19] 胡亚元,王立忠,张忠苗,等. 横观各向同性饱和土体的实用波动方程[J]. 振动工程学报,1998(2):43-49.

[20] 陈龙珠,黄秋菊,夏唐代. 饱和地基中瑞利波的弥散特性[J]. 岩土工程学报,1998(3):6-9.

[21] 杨峻,吴世明,蔡袁强. 饱和土中弹性波的传播特性[J]. 振动工程学报,1996(2):128-137.

[22] 王立忠,吴世明. 波在饱和土中传播的若干问题[J]. 岩土工程学报,1995(6):96-102.

[23] 夏唐代,王立忠,吴世明. 饱和土 Love 波弥散特性[J]. 振动工程学报,1994,7(4):257-362.

[24] PLONA J. Observation of a second bulk compressional wave in a porous medium at ultrasonic frequency[J]. Applied Physics Letters,1980,36:259-261.

［25］　BIOT M A. General theory of three-dimensional consolidation［J］. Journal of Applied Physics,1941, 12(2):155-164.

［26］　VARDOULAKIS I. Dynamic behavior of nearly saturated porous media［J］. Mechanics of Materials,1986,5:87-108.

［27］　ZIENKIEWICZ O C,CHANG C T,BETTESS P. Drained, undrained, consolidating and dynamic behavior assumptions in soils［J］. Geotechnique,1980,30:385-395.

［28］　JONES J P. Rayleigh wave in a porous elastic saturated soild［J］. Journal of the Acoustical Society of America,1961,33:959-962.

［29］　CHIANG C M,MOSTAFA A F. Wave-induced responses in a fluid-filled poro-elastic soild with a free surface boundary layer theory［J］. Geophysical Journal Royal Astronomical Society,1981,66: 587-631.

［30］　TAJUDDIN M. Rayleigh wave in a poro-elastic half-space［J］. Journal of the Acoustical Society of America,1984,75(3):682-684.

［31］　LYSMER J,WAAS G. Shear wave in plane infinite structures［J］. Journal of Engineering Mechanics-ASCE,1972,98(1):85-105.

［32］　DE JONG G D J. Wat gebeurt er in de grond tijdens het heien［J］. De Ingenieur, 1956, 68(25):77-88.

［33］　DE JONG G D J. Consolidatie in drie dimensies［J］. LGM-mededelingen, 1963, 7:25-73.

［34］　VERRUIJT A. Soil dynamics［M/OL］. (2004)［2019-03-01］. http://geo.verruijt.net.

［35］　VYTINIOTIS A. Numerical simulation of the response of sandy soils treated with pre-fabricated vertical drains［D］. Massachusetts:Massachusetts Institute of Technology, 2009.

第 **7** 章
土的动变形与动强度特性

7.1 概述

7.1.1 动荷载作用下的土体平衡与失稳

在逐级增大的动荷载作用下（力幅增大、持时增大或振次增加），土的变形将经历振动压密、振动剪切和振动破坏三个阶段，如图 7-1 和图 7-2 所示，这三个阶段间的两个界限动力强度分别称为临界动力强度和极限动力强度。

当振动的力幅小或持续时间短时，土体处于振动压密阶段，振动压密变形是由土颗粒垂直位移引起的，土的结构没有或只有轻微的破坏，孔压上升、变形增大和强度降低均不明显；当动荷载的强度超过临界动力强度时，土体处于振动剪切阶段，剪切变形逐渐增大，孔压明显增大，强度明显降低；当动应力达到极限动力强度时，土体处于振动破坏阶段，孔压迅速上升，变形迅速增大，强度迅速减小，土体发生失稳破坏。

当动荷载作用下的土处于不同的阶段时，其上的建筑物将有不同的反应，表现出不同的后果。第一阶段危

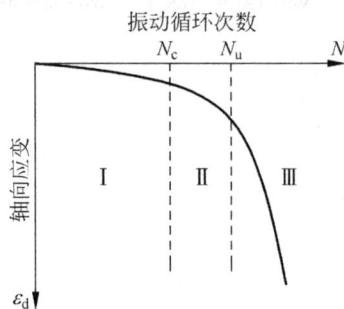

图 7-1 动荷载作用下土变形发展
的三个阶段

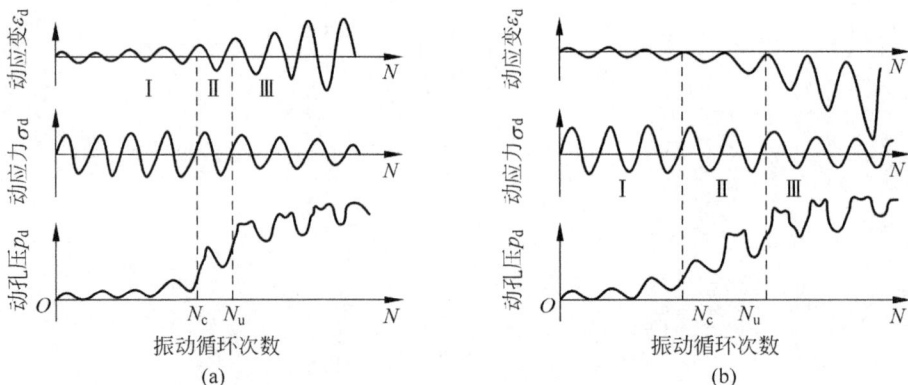

图 7-2 动应力、动孔压、动应变的时程变化
（a）均压固结；（b）偏压固结

害是较小的,而第三阶段是不能容许的,第二阶段是否能够容许应视具体建筑物的重要性和对地基变形的敏感程度确定。可见,确定这些不同阶段的界限条件、了解土所处的阶段特性有着重要意义。变形强度曲线上的转折点也可以用来估计不同阶段的变化,但往往具有很大的人为影响。在分析动力阶段的特性时引入静力极限平衡的概念,可以较为准确地认识土动力特性的发展阶段。此时,将作用动应力的一个周期区分为拉半周和压半周,则动极限平衡可能先在拉或压半周的某一瞬时首先达到,而在这个半周的其他时刻,或另一半周的各个时刻,均仍处于弹性平衡状态。随着动荷载的持续作用,极限平衡将会从一个瞬间发展为一个时段。与此同时,在原先未达到极限平衡的半周内,又开始出现瞬时的,进而发展为时段的极限平衡状态。当两个半周的极限平衡时段都发展到一定程度时,土产生完全破坏。随着动荷载的持续作用,极限平衡时段不再增大,动应变继续积累,直到振动结束。这种极限平衡与临近破坏的静极限平衡有着明显的差别,可称之为瞬态极限平衡。综上所述,如果任一半周均未出现极限平衡,变形增长缓慢,则称之为第一阶段。从一个半周开始出现并发展极限平衡到另一个半周出现极限平衡之前,变形速率逐渐增大,称之为第二阶段。当在一个半周发展极限平衡的同时,另一个半周也开始并发展极限平衡时,变形加速增长,直至失稳破坏,称之为第三阶段。由于这些不同阶段表现出的特点将视静、动应力的大小而有所不同,故土会表现出不同的失稳类型,从而可以了解它们不同的破坏特征。

7.1.2　土的动变形、动强度与动孔压

动应力、动变形与动孔压之间可通过不同土在不同排水条件下动应力-动应变-动孔压之间的关系,即强度标准、孔压模型与变形速率等的变化规律来反映,它对于连续且有界的土介质中的动应力场、动变形场和动孔压场(在土体内各个点上是变化的)都有着重要影响。因此,土的动强度、动孔压、动应变等动力分析问题是对土动力特性基本方面的一个初步的、基本的认识,也是认识和分析土体动力稳定性的基础。本章重点分析土的动变形与动强度特性,土的动孔隙水压力问题将在下一章结合土的动应力-动应变关系详细介绍。

7.2　土的动变形特性

7.2.1　土的残余变形与波动变形

动荷载作用下土的变形特性是土动力学的主要研究内容之一。土的动变形可分为残余变形和波动变形,其中,残余变形也称为永久变形,在动荷载停止作用后不可恢复,往返的动应力还将在土体中引起相对于残余变形的波动变形。在饱和土中,残余变形的增长与动孔压的单调增长相对应,波动变形与动应力的往返变化相对应。

一般而言,除在动应力小、土体结构性低的弹性变形条件下以外,土中都会出现残余变形,残余变形在动荷载作用过程中稳定增长。波动变形在不同变形阶段有着不同的特征,其在弹性变形阶段保持相同的幅值,在土体硬化阶段连续增大,在土体软化阶段连续降低,在土体破坏时接近于零。

7.2.2　砂土的残余变形特征

如上所述,土的残余变形具有不可恢复和单调增长的特点,因而在实际土木工程中受到

重视。土的残余变形特征与动荷载类型有关,由于在对场地进行地基处理时,通常可采用夯击、锤击、振冲等方法使砂土振密,从而达到提高场地抗液化性能的目的,因此下面从实用性的角度出发,分析振动荷载作用下砂土的残余变形特征。

振动荷载作用下残余变形的大小与土的初始密度、初始含水量、初始静应力状态、动荷载作用的强度和振动持时等因素密切相关。如图 7-3 所示,在无附加压力作用时,砂土的动残余变形和孔隙水压力随动荷载强度的增大而增大,随初始密度的增大而减小。如图 7-4 所示,当有附加压力作用时,附加压力越高砂土的动变形越大,动孔压越小,这表明砂土在附加压力下的较大位移是在孔压值较低,即土颗粒间相互接触面积较小的情况下发生的。

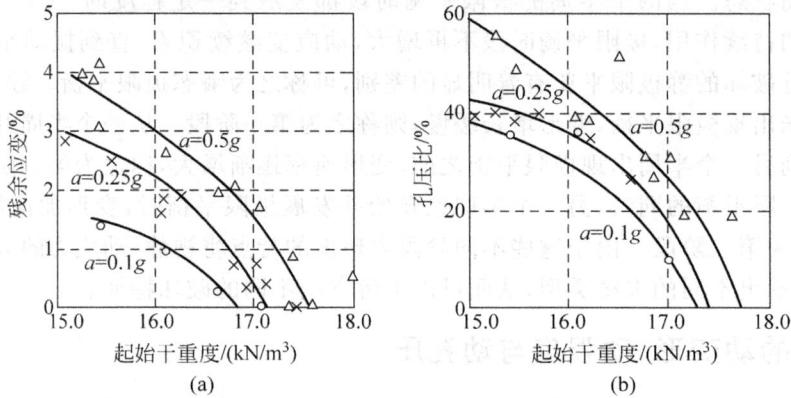

图 7-3 动变形和动孔压随动荷载强度及干重度的变化规律
(a)动变形;(b)动孔压

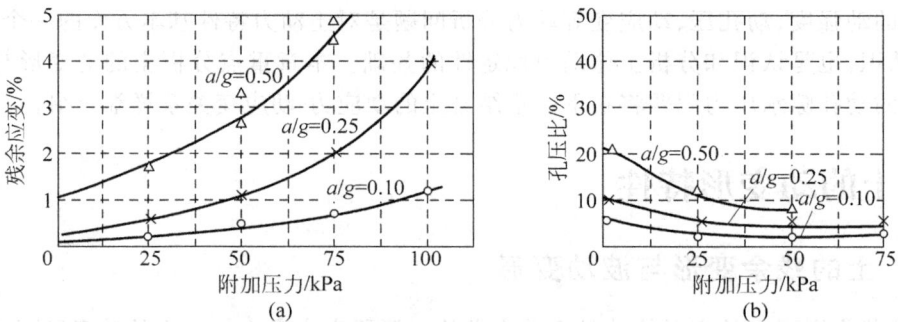

图 7-4 动变形和动孔压随附加压力的变化规律
(a)动变形;(b)动孔压

砂土动变形随振动持时的增长而增大,振动初期增长较快而后增长速度趋缓,且变形的稳定值对于孔压的最大值有一定的滞后现象。因此在砂土振密过程中,振动加速度越大,最终重度越大,但当动力加速度过大时,土体会发生松胀,起不到振密的效果,而过小的动力加速度不会在土体中引起变形。因此,振密必须达到一定的动力强度,但并非振动强度越大越好,一般应控制土体不发生松胀为宜。

7.2.3 黏性土的残余变形特征

黏性土的残余变形特征与砂土不同,黏性土的残余变形特征可通过周期荷载的作用来反映,目前已取得较多的研究成果。比如,Matsui(1980)分析了残余孔压与剪应变之间的相互关系以及循环荷载作用历史对剪切特性的影响,Baligh(1978)给出了一个较为完善的循环荷载作用下的固结理论。Seed 较早地考虑了低路堤在交通荷载作用下的变形特性,后来,Kawakami 和 Ogawa、Yamanouchi 和 Aoto 以及 Luo 等人也继续了这项工作。20 世纪80 年代,Yasuhara 等人提出了一个排水循环荷载作用下土体变形的近似预测方法,Fujiwara 考虑了在排水条件下固结影响的变形。

影响周期荷载作用下黏性土变形和孔压的因素主要包括:①土的类型及其性质(如扰动程度、含水量、塑性指数等);②试验方法(如三轴循环试验和单剪循环试验、单幅循环应变和双幅循环应变、应力控制方式和应变控制方式);③加荷波形和加荷频率;④固结围压的大小;⑤剪应力水平;⑥超固结状态;⑦土的各向异性等。

7.3　土的动强度特征

能够引起土发生变形破坏或土在动孔压达到极限平衡条件时的动应力即为土的动强度。土动强度的影响因素主要有:土性条件(如密度、湿度和结构)、起始静应力状态(如固结应力 σ_{1c}、σ_{3c} 或 σ_v',固结应力比 $K_c = \sigma_{1c}/\sigma_{3c}$ 或起始剪应力比 τ_0/σ_{3c})和动应力等。此外,土体密度越大,动强度越大;粒度越粗,动强度越大。本节将对土的动强度特征进行介绍。

7.3.1　典型荷载作用下土的动强度

土在不同类型动荷载作用下的动强度特性不同,本小节将介绍土在上述三种动荷载作用下的动强度特性。

1. 冲击荷载作用下土的动强度

冲击荷载是岩土工程实践中最常见的荷载,许多学者就土在冲击荷载作用下的强度特性进行了诸多研究。Casagrande 设计了多种冲击试验仪,以测定土在冲击荷载作用下的动力特性。此后,许多学者利用冲击试验仪进行了大量的研究,主要成果将在下文进行介绍。

图 7-5 所示的是干砂冲击试验得到的应力-应变关系曲线。若以瞬态破坏荷载的峰值应力 σ_{tp} 与围压 σ_3 的和为最大主应力 σ_1,则可得到最大主应力比 $(\sigma_1/\sigma_3)_{max}$ 与加载时间 t 的关系如图 7-6 所示。根据图 7-5 和图 7-6 可知,加载时间对干砂强度的影响不超过 20%,而对模量的影响则更小。

饱和砂土受冲击荷载作用时,由于加载持续的时间很短,因此相当于不排水条件。由于砂土的不排水特性取决于其密实度,因此密砂和松砂在冲击荷载作用下的特性有一定差异。如图 7-7 所示,密砂在剪切过程中产生剪胀势,不排水条件下产生负孔隙水压力,砂土的有效应力增大,动强度较静强度得到明显提高;松砂在剪切过程中产生剪缩

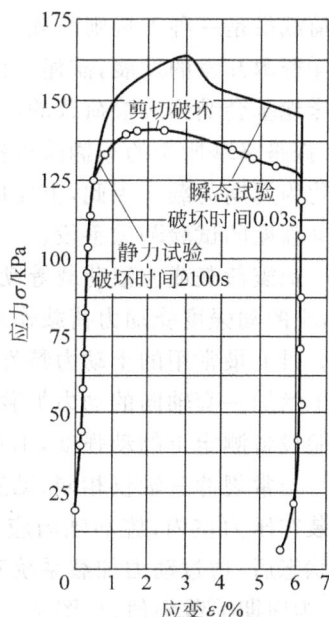

图 7-5　瞬态和静力下干砂
应力-应变关系

势,不排水条件下产生正孔隙水压力,砂土的有效应力降低,动强度有一定程度的降低。图 7-7 中的纵坐标为最大偏差应力,对于冲击试验来说,指的是试样达到剪切破坏时所承受的峰值冲击应力 σ_{tp}。由图 7-7 可知,该砂土在 $\sigma_3 = 200\text{kPa}$ 条件下的临界孔隙比近似为 0.79。当孔隙比小于临界孔隙比时,产生剪胀势,冲击荷载作用下的强度大于静荷载作用下的强度;当孔隙比大于临界孔隙比时,产生剪缩势,冲击荷载作用下的强度小于静荷载作用下的强度。

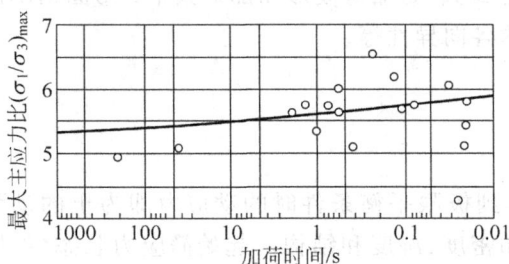

图 7-6　瞬态和静力下干砂最大应力比变化

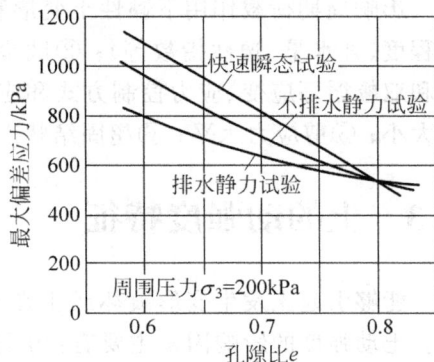

图 7-7　饱和砂最大偏应力与孔隙比的关系

2. 周期荷载作用下土的动强度

20 世纪 60 年代以来,以 1964 年日本新潟地震和美国加州大地震为代表的地震灾害频发,从而使人们越来越重视地震引起的灾害。土木工程中很多灾害是由地震动荷载引起地基等岩土结构物失稳所导致的,因此,土的动力特性逐渐得到了较大规模的系统性研究。地震荷载虽是一种不规则荷载,但在研究中往往可将其简化为简单的周期荷载。近年来随着海洋资源开发的发展,需建造许多大型的近海、离岸海工建筑物和海底管线,这类建筑物及海床地基会受到波浪荷载的经常性作用,波浪荷载即是一种典型的周期荷载。除此之外,公路、铁路路基所受的车辆荷载作用、高耸结构物在风荷载作用下地基土所受的往复作用皆可简化为周期荷载。因此,土在周期荷载作用下的动强度是土动力学研究的重点内容,下面介绍动强度的试验测试手段。

地震荷载或波浪荷载等动荷载在作用前,土工建筑物或地基处于原有应力状态下。因此,土的动强度受动力荷载作用前应力状态的影响,测定土的动强度必须模拟土的静应力状态。目前最常用的土动力特性室内试验设备是动三轴仪。动三轴仪相当于在静三轴仪的基础上增加一套轴向的动力加载装置。除了动三轴仪外,还可使用振动单剪仪、振动扭剪仪等试验设备测定土的动强度,本章对此不过多进行介绍。

与常规静三轴仪相同,动三轴仪中的土样为圆柱体试样,在进行动力加载前,应先将试样装在压力室内,施加轴向应力 σ_1 和围压 σ_3 模拟土体在振动前的原应力状态。达到原应力状态后,通过动力加载系统对试样施加周期应力,常用的是简谐应力 $\sigma_d = \sigma_{d0}\sin\omega t$,式中 σ_{d0} 为周期荷载幅值,如图 7-8 所示。在动力施加的试验过程中,使用传感器测定试样动应力、动应变及孔隙水压力的时程曲线,如图 7-9 所示,然后根据时程曲线,按合理的破坏标准确定土样在此种周期荷载作用下的破坏振次 N_f。

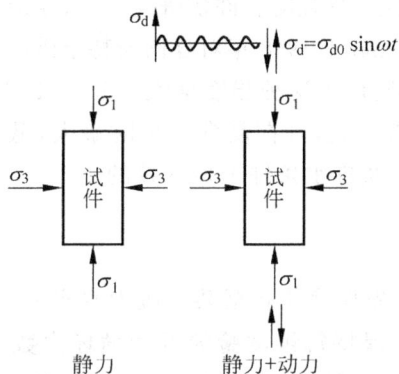

图 7-8　动三轴试验条件下试样的应力状态

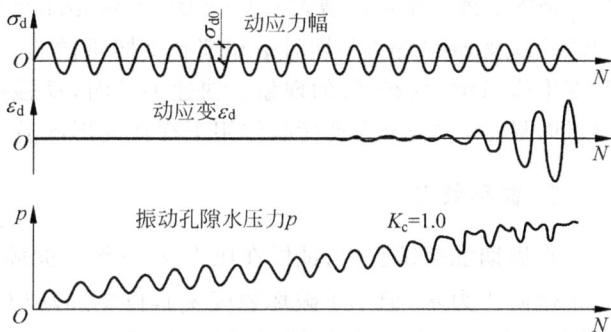

图 7-9　动力试验实测时程曲线

3．不规则荷载作用下土的动强度

地震荷载是最典型，也是最常见的不规则荷载，目前室内试验条件下已基本可以重现各类不规则荷载。但是，地震荷载变化规律复杂，想要确定将要发生的地震在土体内所引起的动力过程非常困难，直接研究土在不规则荷载作用下的动力特性具有一定的难度，且是不必要的。在实际工程分析与研究中，通常将不规则荷载简化为简单周期荷载，从而确定土的动强度指标，并可进一步分析土体整体的动力稳定性，这种方法详见 9.5.2 节中关于地震剪应力部分的内容。

7.3.2　动荷载的速率效应与循环效应

土的动强度随动荷载作用速率和循环次数的不同而改变。速率效应常使动强度提高，循环效应常使动强度降低。

1．速率效应

如图 7-10(a)所示，在不同加载速率的三轴试验中，土的强度随加载速率的增大而增大，且含水量越高，这种增大的趋势越显著，干土的内摩擦角与加载速率关系不大。加载时间为 100s 时的强度可视为静强度，图 7-10(b)则反映了加载速率增大时动强度的增长情况。

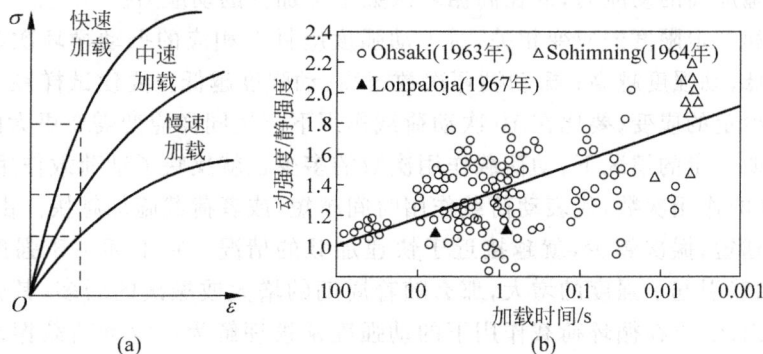

(a)　　　　　　　　　　　　(b)

图 7-10　加载速率的影响

(a) 不同加载速率示意图；(b) 动、静强度比和加载时间的关系从图 7-10 中可以看出,在快速加载时,土的动强度都大于静强度。许多研究指出,变形模量和极限强度甚至可以增大 1.1～3 倍。Casagrande 和 Shanon 于 1948 年对曼彻斯特干砂所做的试验以及 Seed 等人早期对饱和细砂试样所做的试验都发现了这种强度增大(15%～20%)和变形模量增大(30%)的现象。快速加载时,动强度显著增大,且在高含水量时最大,低含水量时最小,这是土在动荷载作用下存在变形滞后效应以及排水条件不良导致的。

2. 循环效应

在周期加载试验中,试样在压力 σ_r 下作等向固结后,先加静荷载至某一应力水平 σ_s(σ_s 大于侧向压力 σ_r,但小于破坏强度 σ_f),再施加动应力 σ_d,保持每组试验的振动循环次数 N 相同,改变动应力 σ_d 的幅值,可得到如图 7-11(a)、(b)、(c)所示的动应力-动应变曲线。图中表明,动应变 ε_d 随着动应力 σ_d 的增加而增大(相当于 A、B、C 点),图 7-11(d)中最大的应力值对应静荷载为 σ_s、振动循环次数为 N 时的动强度。

同样,如图 7-12(a)、(b)所示,在不同组的试验中,σ_s 保持不变,N 值改变时,或 N 值不变,σ_s 值改变时,都可得出相同类型的动应力-动应变曲线。以动、静强度比为纵坐标,可得图 7-13(b)。从图中可以看出:振动循环次数 N 相同时,动强度的增长率随着初始静应力的增大而减小;初始静应力相同时,动强度随着振动循环次数的增大而减小,并且逐渐接近或小于静强度。双向受载,即动荷载在拉、压两个半周内变化时的情况如图 7-13(a)所示,动、静强度比的变化如图 7-13(b)中的虚线所示,该比值在初始静应力较小时就会出现明显下降。

综上所述,土的动强度随着动荷载作用的速率效应和循环效应而不同。与静强度相比,速率效应会使土的动强度增大,循环效应会使土的动强度减小。因此,循环效应更引起人们的重视。如果要使试样在动荷载作用下达到某一水平的应变,可以在低循环次数下施加高的动应力,或在高循环次数下施加低的动应力。

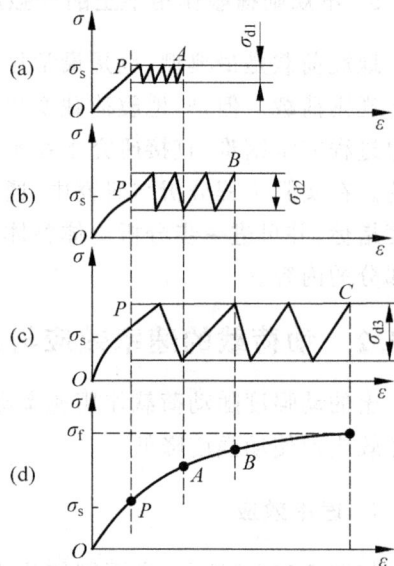

图 7-11　一定振次下的动应力-动应变曲线

土的强度和一定限度的应变相关,对于动强度应针对相应的振动循环次数来讨论。振动循环次数越低,动强度越高;振动循环次数越高,动强度越低。要使试样在 1 次动荷载作用下产生一个给定的应变,要比在 10 次动荷载作用下产生同样应变需要更大的动应力。在动荷载作用周期一定的情况下,动荷载作用次数的多少也就反映了动荷载作用历时的长短。周期越短,同样的作用次数,代表动荷载作用时间越短,或者荷载施加越快。由此可见,动荷载作用的周期越短,振次越少,就越接近于快速加载的情况。在上述关于强度概念的基础上,如果快速加载引起了强度的增大,那么随着周期的增大或振次的增多,其强度的增长率将逐渐降低。因此,土在循环荷载作用下的动强度常被理解为一定动荷载振动次数下产生某一破坏应变(或满足某一破坏标准)所需的动应力。

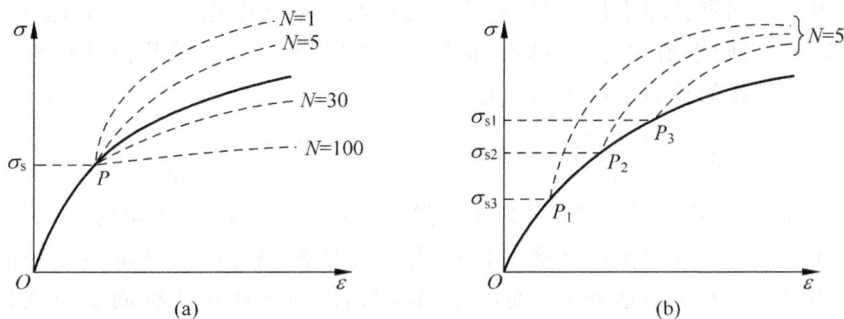

图 7-12　不同振次下和不同初始静应力下的动应力-动应变曲线

（a）不同振次下的动应力-动应变曲线；（b）不同初始静应力下的动应力-动应变曲线

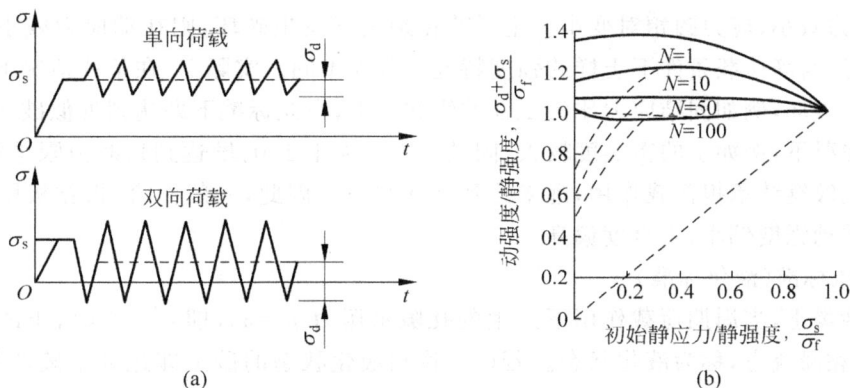

图 7-13　单向和双向动应力作用时的动应力-动应变曲线

（a）单向荷载与双向荷载；（b）动应力-动应变曲线

7.3.3　土的动力破坏标准与破坏曲线

1. 破坏标准

土的动强度与破坏标准密切相关,合理判定土的破坏是讨论土动强度问题的重要内容。根据动强度试验得到相关结果后,常采用以下三种破坏标准进行分析。

1）极限平衡标准

假设土的动力试验也满足静力平衡条件,且动荷载作用下的莫尔-库仑强度包线与静荷载作用下的一致,即认为动荷载作用下土的动力有效内摩擦角 φ'_d 和动力有效黏聚力 c'_d 分别等于静力有效内摩擦角 φ' 和有效黏聚力 c'。

图 7-14 所示为不排水条件下,土样在动力荷载作用下的有效应力状态演变情况。其中,应力圆①表示振动前试样的有效应力状态,应力圆②表示加载过程中的最大应力圆,即在动应力达到幅值时的有效应力状态。在动荷载加载过程中,试样内的孔隙水压力会不断发展,此时试样的有效应力逐渐降低,应力圆②不断向强度包线移动。

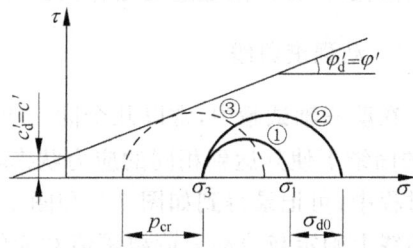

图 7-14　动力荷载作用下有效应力状态演变

当孔隙水压力达到临界孔隙水压力时,有效应力圆与抗剪强度包线相切,即达到应力圆③的状态时,试样达到极限平衡状态,亦即破坏状态。根据图 7-14 中的几何条件可以得到达到极限平衡状态时土样的孔隙水压力 p_{cr} 为

$$p_{cr} = \frac{\sigma_1 + \sigma_3}{2} - \frac{\sigma_1 - \sigma_3 - \sigma_{d0}(1 - \sin\varphi')}{2\sin\varphi'} + \frac{c'}{\tan\varphi'} \qquad (7\text{-}1)$$

式中,φ' 为土的静力有效内摩擦角;c' 为土的静力有效黏聚力;σ_{d0} 为动应力幅值。

根据上式计算得到极限平衡状态时的孔隙水压力 p_{cr} 后,可根据试验记录的孔隙水压力时程曲线确定孔隙水压力达到 p_{cr} 时的振动次数,即为土样在此种周期荷载作用下的破坏振次 N_f。

需要指出的是,图 7-14 中达到极限平衡状态(破坏状态)的应力圆③仅是在荷载达到动力荷载幅值时得到的,而实际条件下动应力是随时间不断变化的。因此,在达到动力荷载幅值后,动应力减小,应力圆相对变小。土样若在瞬间不发生破坏,则在动应力减小后又恢复其稳定状态,与静荷载条件下土样的强度特性有很大不同。实际上,在某些情况下土样会发生近似瞬态破坏,例如固结应力比为 1.0 的饱和砂土,在此标准下即达到近似破坏状态。而在另一些情况下,例如土的密实度较大,固结应力比大于 1.0,虽达到瞬时极限平衡状态,但土样仍然能够继续承担荷载作用,远未达到破坏状态。因此,一般而言,根据极限平衡标准确定的土的动强度偏小,安全度偏高。

2)孔压标准(液化标准)

对于砂类土,当周期荷载作用下产生的孔隙水压力 $p = \sigma_3$,即 $\sigma_3' = 0$ 时,土的强度完全丧失,处于黏滞流动,称为液化状态。若认为达到液化状态的砂土即达到了破坏状态,则此即为土的液化标准。通常只有饱和松散砂土或粉土,且在振动前的固结应力比 K_c 为 1.0 时,才会出现累计孔压 $p = \sigma_3$ 的情况。有关砂土液化的概念及机理将在 9.2 节、9.3 节进行介绍。

3)破坏应变标准

对于不会发生液化破坏的土,随着振动次数的发展,孔隙水压力增长的速率将逐渐减小并趋于一个小于 σ_3 的稳定值,但变形却随振次继续发展。因此,与静力试验一致,动力荷载下也可以确定一个限定应变作为土样的破坏标准。如图 7-15 所示,在各向等压固结条件下,即 K_c 为 1.0 时,常用双幅轴向动应变 $2\varepsilon_d$ 等于 5%或 10%作为破坏标准。K_c 大于 1.0 时,常以总应变(包括残余应变 ε_{re} 和动应变 ε_d)达 5%或 10%作为破坏标准。破坏应变标准的取值与建筑物性质等诸多因素有关,目前的规定还不统一。

关于上述三类破坏标准,当土会发生液化时,应使用液化标准作为破坏标准;当土不会发生液化时,常以限定应变值作为破坏标准。

2. 动强度曲线

在动三轴试验中,常以几个同一土类的土样为一组,在相同的轴向压力 σ_1 和周围压力 σ_3 的固结下使其达到相同的应力状态,分别施加不同幅值的周期荷载 σ_d。在各个试样的加载过程中,可记录得到如图 7-9 和图 7-15 所示的实测曲线,再根据所采用的破坏标准,从试验曲线上确定与该动力荷载幅值对应的破坏振次 N_f。

以 $\lg N_f$ 为横坐标,以试样 45°面上的动剪应力 τ_d(即动应力幅值 σ_{d0} 的一半)或动应力

比 $\sigma_{d0}/(2\sigma_3)$ 为纵坐标绘制得到如图 7-16 所示的曲线，可称为土的动强度曲线。根据土的动强度曲线可将土的动强度理解为：在某种静应力状态下，周期荷载使土样在某一预定的振次下发生破坏时，试样在 45°面上的动剪应力幅值为 $\sigma_{d0}/2$。因此，动强度不仅取决于土的性质，且受振动前的应力状态和预定振次的影响。由土的一般试验结果可知，动强度随围压 σ_3 和固结应力 K_c 的增加而增大。但松散且结构不稳定的土，或 K_c 较大时才会出现动强度随固结应力比增大而降低的现象。

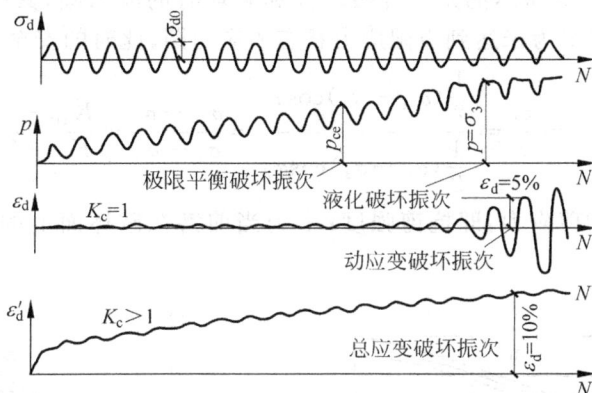

图 7-15　动力试验破坏标准

3. 土的动强度指标 c_d 和 φ_d

上述动强度的概念及判断标准只适用于判断原处于静力状态下的土单元在一定的动应力作用下是否会发生破坏。在进行土体整体稳定性分析时，在土的抗剪强度指标中需要同时考虑静力和动力的作用，此时可根据上述试验结果求取土的动强度指标 c_d 和 φ_d，方法如下。

将固结应力比 K_c 相同、围压 σ_3 不同的几个动力实验分为一组，根据每个实验中的固结应力比和围压，从图 7-16 所示的动强度曲线上查得与某一规定振次 N_f 对应的动应力幅值 σ_{d0}，在 σ_1 的基础上加上动应力幅值，在 τ-σ 平面上绘制出对应的破坏应力圆，绘制得到这一组内所有试样的破坏应力圆后，即可得到破坏应力圆的公切线，此公切线称为土的动强度包线。根据动强度包线即可确定土的动强度指标 c_d 和 φ_d，如图 7-17 所示。

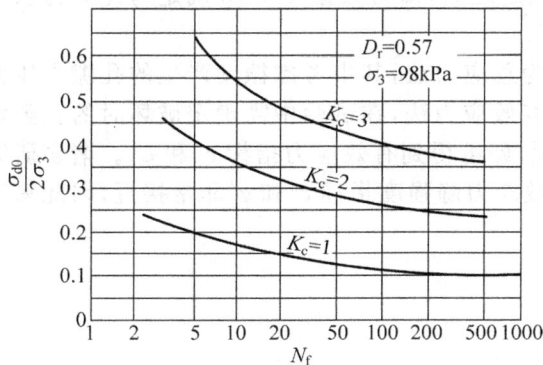

图 7-16　动强度曲线（D_r 为砂土相对密度）

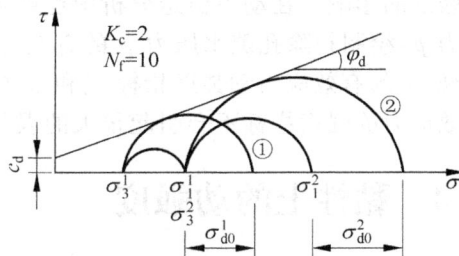

图 7-17　动强度破坏包线

需要指出的是,一种动强度指标是与某一特定破坏振次 N_f 和静力固结应力比 K_c 相对应的。图 7-18 所示即为某类砂在不同 N_f 值条件下的 φ_d-K_c 曲线。在实际应用时,可根据 9.5.2 节中的图 9-35 或表 9-2,由地震的震级确定破坏振次。K_c 代表土体整体滑动时滑动面上的平均固结应力比,已进行过应力-应变分析时,可取滑动面上多个土单元的平均固结应力比;未对土体进行应力-应变分析时,可用下述方法根据滑动面的稳定安全系数 F_s 确定滑动面的平均固结应力比。

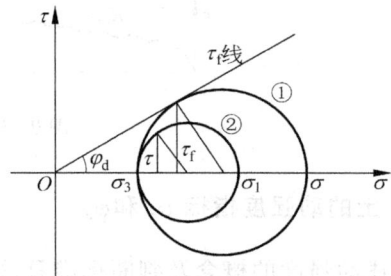

以砂土为例,图 7-19 所示的是土样破坏前和破坏时的应力圆,其中应力圆①为土的极限状态应力圆,应力圆②为未达到极限应力状态的应力圆,此时的安全系数为

$$F_s = \frac{\tau_f}{\tau} = \frac{\frac{1}{2}(\sigma_{1f} - \sigma_3)\cos\varphi_d}{\frac{1}{2}(\sigma_1 - \sigma_3)\cos\varphi_d} = \frac{\sigma_{1f} - \sigma_3}{\sigma_1 - \sigma_3} = \frac{K_{cf} - 1}{K_c - 1} \tag{7-2}$$

式中,τ_f 为破坏面上的剪应力,即抗剪强度;τ 为当前潜在破坏面上的剪应力;K_{cf} 为破坏时的固结应力比。

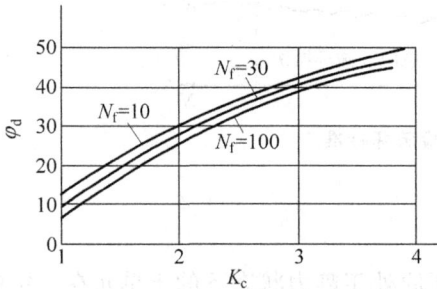

图 7-18　某类砂的 φ_d-K_c 曲线　　　　图 7-19　试样破坏前和破坏时的应力圆

根据极限平衡条件可得

$$K_{cf} = \frac{\sigma_{1f}}{\sigma_3} = \frac{1 + \sin\varphi_d}{1 - \sin\varphi_d} \tag{7-3}$$

将式(7-3)代入式(7-2)可得

$$K_c = \frac{1}{F_s} \frac{2\sin\varphi_d}{1 - \sin\varphi_d} + 1 \tag{7-4}$$

当破坏振次 N_f 和静力固结应力比 K_c 确定之后,即可根据图 7-18 确定与此应力状态对应的动力内摩擦角 φ_d。

以 c_d 和 φ_d 作为抗剪强度指标的方法称为总应力法,其中考虑振动产生的孔隙水压力对强度的影响。在动力稳定分析中也可采用有效应力法,在试验中需确定破坏时的孔隙水压力 p,绘制扣除孔隙水压力 p 的有效应力圆,即可得到有效应力指标 c_d' 和 φ_d'。诸多研究发现,土的有效应力动强度指标 c_d' 和 φ_d' 与有效应力静强度指标 c' 和 φ' 非常接近,因此采用有效应力静强度指标不会引起很大的误差。

7.4　黏性土的动强度

动力荷载作用下黏性土的变形和强度特性是土动力学的重要课题,常见的工程问题有:地震荷载作用下堤坝和隧道的结构稳定性、机器基础的振动、波浪荷载作用下近海构筑物的变形与稳定、交通荷载作用下路基的变形和稳定问题,以及输电线路基础、高层建筑物基础、大型桥梁基础在风荷载作用下的稳定问题。

在应变水平较小时,黏性土一般处于弹性状态,土体变形表现为弹性,强度没有明显的衰减。但在大应变条件下,土体内部产生孔隙水压力,出现较大的变形,抗剪强度降低。在一定的排水条件下,黏性土发生剪胀或剪缩,或出现新的固结变形。一些资料表明,这一应变幅值的界限值约为 10^{-3},同时对于不同的工程问题和不同的土性材料有不同的规定。不同的动力荷载作用形式和荷载施加速率、荷载循环次数对黏性土的动强度有不同的影响,下面讨论黏性土在瞬态荷载、循环荷载以及不规则荷载作用下的强度特征。

7.4.1　瞬态荷载作用下黏性土的动强度特性

土在瞬态荷载作用下的强度除与土本身的性质有关外,还与试验方法、试验条件等有关。Casagrande 和 Shannon(1948)、Casagrande 和 Wilson(1951)以及 Whitman(1957)较早地对不同加载速率条件下土的强度特性进行了研究,Ohsaki 等(1957)、Kawakami(1960)、Schimming 等(1966)、Olson 和 Parola 等(1967)也进行了类似的试验。Casagrande 等对黏性土的研究表明,当荷载施加速率从每分钟 1%增加到 8000%时,其强度值将增加一半,而其变形模量值增加 1 倍。

图 7-20 给出了黏性土无侧限抗压强度和三轴固结不排水试验随加载时间变化的试验结果。试验土样为 Cambridge 黏土,含水量范围为 $\omega=36\%\sim44\%$。进行三轴试验时,有效固结围压 $\sigma_0'=600\text{kPa}$。图 7-20 分别给出轴向应力 σ_a(或轴向应变 ε_a)随时间 t 的变化规律,以及峰值强度 σ_{ap} 与相应加荷时间 t 的关系。可以看出,黏性土的强度随加荷时间的减小而增大。

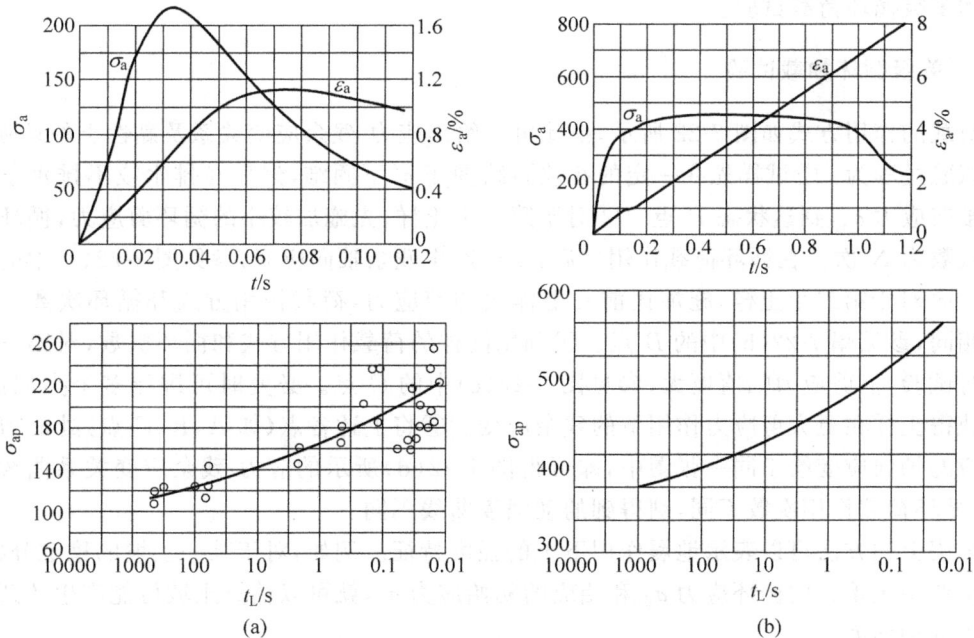

图 7-20　荷载作用时间与黏性土强度的关系
(a) 无侧限抗压强度试验;(b) 三轴固结不排水试验

此外，图 7-10(b) 中，Ohsaki(1964) 给出不同荷载施加速率对黏性土强度的影响关系，其中还包含了 Schimming 等(1966)、Olson 和 Parola(1967) 的一些结果。可以看出，强度随加载时间的缩短明显增大。由图 7-10 给出的平均增长曲线可以看出，荷载作用时间为 0.25s 时的强度大约比荷载作用时间为 100s 时的强度高出 40%。

Seed 等研究了加载速率对饱和细砂强度的影响。图 7-21 给出快速加载（变形速率为 100cm/min，相当于加载时间为 0.02s）、慢速加载（变形速率为 15cm/min，相当于加载时间为 4s）和静力加载的比较结果，可以看出：①当孔隙比 e 较小时，快速加载的动强度大于慢速加载以及静力加载时的强度。随孔隙比 e 的增大，其差值逐渐减小。当孔隙比 $e=0.8$ 时，三者强度相等。②慢速加载和静力加载不排水试验结果较为接近，而快速加载不排水试验中，当孔隙比 $e<0.8$ 时，其强度比前者大 15%～20%；当孔隙比 $e>0.8$ 时，其强度比前者低。

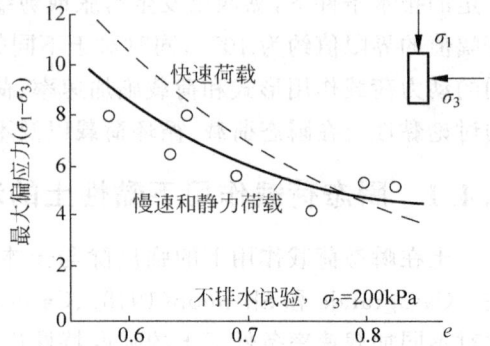

图 7-21　加载速率对饱和细砂强度的影响

7.4.2　循环荷载作用下黏性土的动强度特性

在循环荷载作用下，黏性土一般不会发生液化，但孔压的增长和有效应力的下降会引起土体的破坏。一般将一定循环荷载作用次数下残余应变达到某一值时的周期剪应力定义为黏性土的动强度。在确定土的强度特征时，根据土样是多个还是单个可分为单级循环荷载试验和多级循环荷载试验。

1. 单级循环加载试验

荷载的作用方式如图 7-22 所示，由此可以给出应力-残余应变关系及黏性土的动强度。

试验过程为：①试样先在一定的有效固结围压 σ'_c 下固结，然后在排水或不排水条件下施加轴向应力 σ_s，到达状态 P 点。②对于第一个土样，先施加较小的循环剪应力，循环荷载作用次数为 N 次。在循环荷载作用之后，土样产生残余轴向应变，参见图 7-22(a) 中的状态 A 点。③对于第二个土样，施加比前一土样大的剪应力，荷载作用方式和循环次数与前一土样相同，参见图 7-22(b) 中的 B 点。④利用同样的荷载作用方式和循环次数，对第三个土样进行试验，但剪应力幅值更大，参见图 7-22(c) 中的 C 点。必要时可进行多个类似试验，从而获得土样在更大剪应力作用下的残余应变。⑤将上述各点（如 A、B、C 点）处的剪应力与相应的轴向应变绘于同一张图中，即可得图 7-22(d) 所示的应力-残余应变关系曲线。应注意，循环荷载作用次数不同，则得到的动强度曲线不同。

采用上述方法可以表示地震作用下土的强度特征。例如，对于某一土坡的稳定分析，如果给出典型土单元的循环应力 σ_d 和相应的初始应力 σ_s，就可以估算土坡可能产生的残余应变及土的动强度。

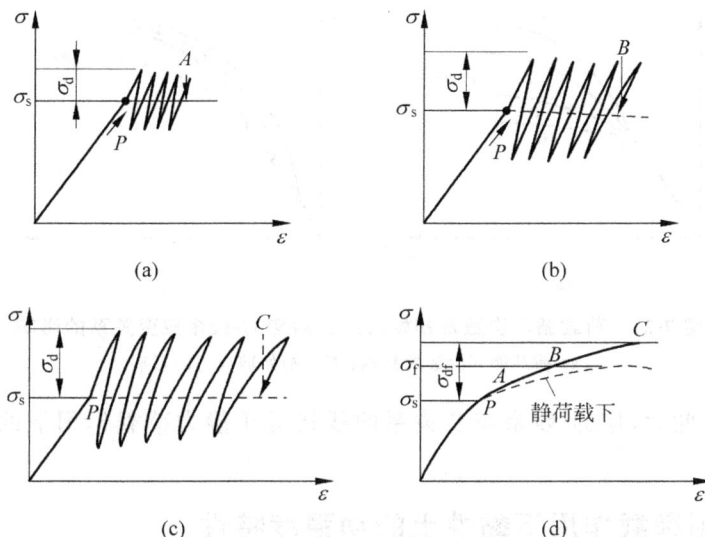

图 7-22　应力-残余应变关系的确定方法
（a）第一个土样；（b）第二个土样；（c）第三个土样；（d）应力-残余应变关系

2. 多级循环加载试验

单级循环荷载试验是对性质相同的多个土样进行试验,获得相应的应力-残余应变关系曲线,分析土的动强度。如果采用多级循环荷载试验可节约土样,简化试验流程。多级循环荷载的施加方式如图 7-23 所示。

试验过程为：①试样先在一定的有效固结围压下固结,并施加初始应力 σ_s,然后施加较小的等幅循环荷载,作用次数为 N 次后,试样产生残余应变,如图 7-23 中的 A 点；②提高循环荷载的幅值进行循环加载,作用次数也为 N 次,试样同样产生一定的残余应变,如图 7-23 中的 B 点；③继续提高剪应力幅值,进行等幅循环荷载试验,可得到 C 点、D 点等；④连接这些点（A、B、C、D 等）,即可得到相应的应力-残余应变关系曲线。

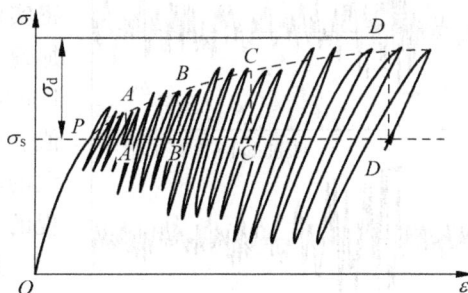

图 7-23　多级循环荷载的施加方式

多级循环加载试验是对同一个土样逐级施加循环荷载,即在已承受过较小循环荷载作用的土样上继续施加更大的循环荷载,先施加的循环荷载已使土样产生一定的残余应变,且体现在应力-残余应变关系曲线中,试样的刚度将减小。但为了方便,常忽略这种影响。

应力-残余应变关系曲线与初始剪应力幅值、荷载的循环次数等有关。图 7-24（a）表明,随荷载循环次数的增加,应力-残余应变关系曲线具有差异性。初始剪应力的影响如图 7-24（b）所示。可以看出,随荷载循环次数的增加,应力-残余应变关系曲线将趋于平缓,当循环次数 $N＝1$ 时（即快速单调荷载作用在土样的情形）,该曲线将非常陡峭,如图 7-24（a）。由图 7-24（b）可以看出,当循环应力幅值 σ_d 相对于初始应力 σ_s 很小时,加载速率效应与循环

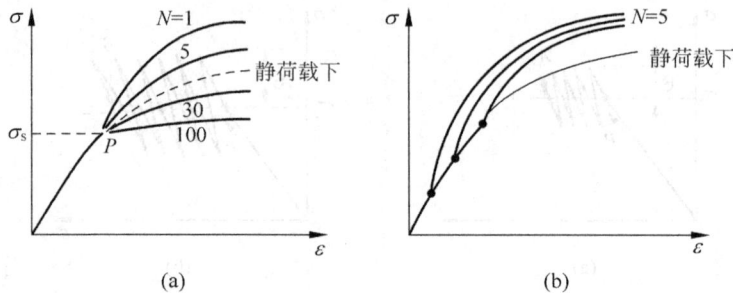

图 7-24　荷载循环次数及初始剪应力对应力-残余应变关系的影响

（a）荷载循环次数的影响；（b）初始剪应力的影响

效应将相互抵消，此时，应力-残余应变关系曲线接近于静力荷载作用下的应力-应变关系曲线。

7.4.3　不规则荷载作用下黏性土的动强度特性

本节以地震荷载为例，分析不规则荷载作用下黏性土的动强度特性。Ishihara 和 Nagao（1983）进行了未扰动火山灰土样的试验，所用原状黏土取自 1978 年日本 Near-lzu 地震（震级 $M=7$）中曾发生大规模地滑的小山坡滑动面上。土样的塑性指数 $I_P \approx 30$，含水量 $\omega=110\% \sim 140\%$，饱和度 $S_r=85\% \sim 90\%$，常规三轴试验测定的抗剪强度指标为 $c=48\mathrm{kPa}$ 和 $\varphi=17°$。

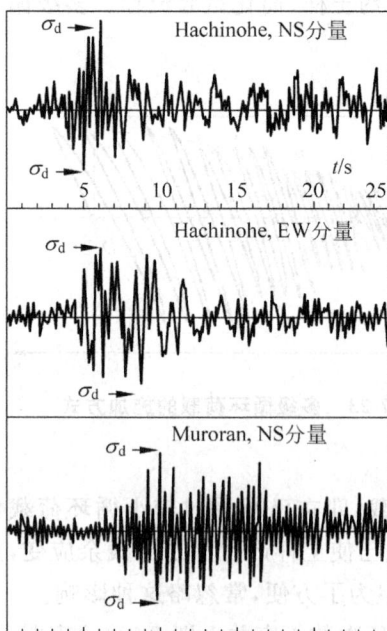

图 7-25　不规则荷载作用的加速度时程曲线

试验所施加的不规则荷载选用 1968 年日本 Tokachioki 地震中在 Hachinohe 和 Muroran 港区中等密实的砂层地表测得的水平方向的地震加速度，部分加速度时程曲线见图 7-25。从图中可以看出，Hachinohe 港和 Muroran 港加速度波形均有几个峰值。而 Hachinohe 港口 EW 方向分量的波形有好几个大的峰值，这类波形是地震作用下坚硬土层中可能出现的典型波形。

对于一个复杂的应力变化过程，总可以确定出其中峰值应力的位置。通过沿轴向上下往复的荷载作用可以模拟相应的变化过程，这类试验可称为 CM 试验（compression maximum test）。也可以将最大应力调整到活塞到达最高位置时的应力值，这类试验称为 EM 试验（extension maximum test）。事实上，为考察不规则荷载的作用效应，对于每一种荷载波形均可施加 CM 和 EM 两种作用方式来进行对比。

图 7-26 给出典型的试验结果（Ishihara 等，1983）。试验所施加的周围有效固结压力 $\sigma_c'=50\mathrm{kPa}$。图 7-26（a）为将在 Muroran 记录的 EW 方向的加速度时程曲线转换成三轴循环荷载作用时的轴向应力的时程曲线。图 7-26（b）、（c）、（d）给出不同的轴向应力幅值（分别为 $\sigma_a=87.5\mathrm{kPa}$，

110.7kPa,126.4kPa)条件下,试验中轴向应变随时间的变化过程。土样在静荷载作用下强度为 $\sigma_f = 84.4$ka,荷载的施加方式为 CM 型,所施加的初始轴向应力为静强度的 70%,即 $\sigma_s/\sigma_f = 0.7$。

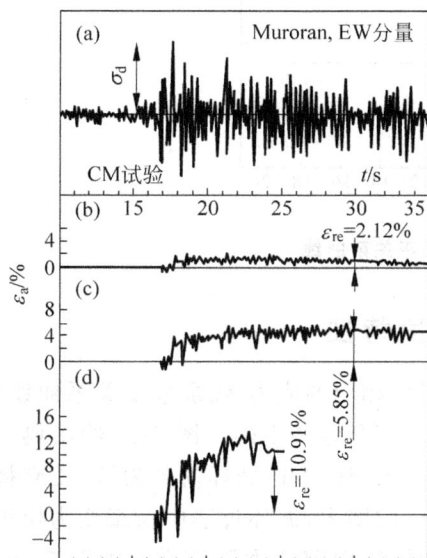

图 7-26　不规则荷载作用下的残余应变	图 7-27　反向不规则荷载作用下的残余应变

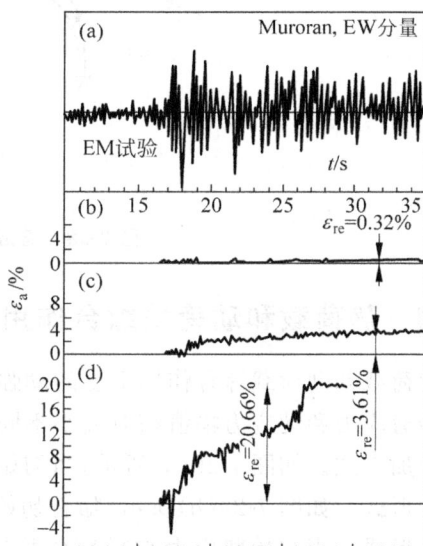

如图 7-26(b)所示,当轴向应力峰值 $\sigma_a = 87.5$kPa 时,轴向残余应变为 $\varepsilon_{re} = 2.12\%$。事实上,在上述不规则循环荷载作用前,试样已承受过另一系列的荷载作用,相应的残余应变为 $\varepsilon'_{re} = 1.88\%$。如图 7-26(c)所示,当不规则荷载的峰值提高到 $\sigma_a = 110.7$kPa 时,测得的轴向残余应变为 $\varepsilon_{re} = 5.85\%$。同样,在上述不规则循环荷载作用前,试样已经受过另一系列的荷载作用,相应的残余应变为 $\varepsilon'_{re} = 4\%$。如图 7-26(d)所示,当不规则荷载的峰值提高到 $\sigma_a = 126.4$kPa 时,测得的轴向残余应变为 $\varepsilon_{re} = 10.91\%$。

图 7-27 给出当波的作用方向相反时的试验结果。荷载的施加方式为 EM 型,不同的轴向应力幅值条件下,试样的轴向残余应变随时间的变化过程分别见图 7-27(b)、(c)、(d),分别对应于轴向应力峰值 $\sigma_a = 48.5$kPa,90.6kPa,116.9kPa,而此时相应的轴向残余应变为 $\varepsilon_{re} = 0.32\%$,3.61%,20.66%,以前经受的残余应变分别为 $\varepsilon'_{re} = 1.81\%$,2.13%,5.74%。这里应注意,此时峰值应力总是出现在轴向压缩过程中,同时初始应力 σ_s 也出现在轴向压缩过程中,因此相应的残余应变和试样的破坏出现在轴向压缩的一侧。

由图 7-26 和图 7-27 给出的轴向应变随时间的变化过程可以看出,峰值轴向应力出现时的残余应变占总残余应变的很大部分,而峰值过后,不规则荷载所引起的残余应变只占很小的一部分。这表明,地震作用下土坡的位移或破坏几乎在峰值应力出现的同时就已完全发生。

图 7-28 给出 $(\sigma_d + \sigma_s)/\sigma_f$ 与 ε_{re} 关系曲线。可见,如果土样预先承受一定的静力荷载作用,然后再施加动力荷载作用,则土样会呈现比只承受静荷载作用时大得多的刚度和抗剪强度。对于本试验所用火山灰土样,动荷载作用下的强度比静荷载作用下的强度提高约 100%。

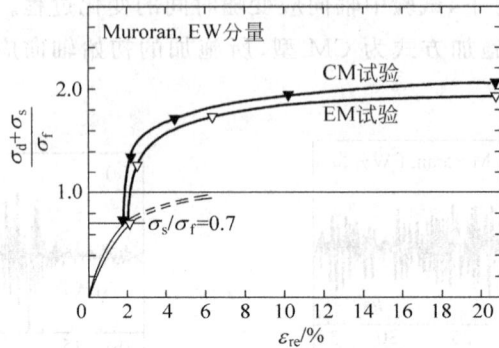

图7-28　剪应力-残余应变关系曲线

7.4.4　静荷载和动荷载综合作用下的强度特性

静荷载和动荷载综合作用下土的动强度特性可由相应的应力-残余应变关系曲线得到。当初始剪应力和动应力幅值相对大小不同时,荷载的组合方式不同。图7-29给出典型的动荷载施加方式。如图7-29(a)所示,当初始剪应力$\sigma_s=0$时,上述循环荷载为拉、压交替变化的作用形式。如图7-29(b)所示,随着初始剪应力σ_s的增大,循环过程中荷载变为拉压幅值不等的形式。当初始剪应力与循环荷载幅值相等时,反向剪应力不存在。如图7-29(c)所示,当初始剪应力σ_s继续增大时,荷载作用方式变为无反向剪应力的单幅荷载作用。改变荷载的施加方式也可以使土样只承受单一方向的荷载作用,如图7-29(d)所示。

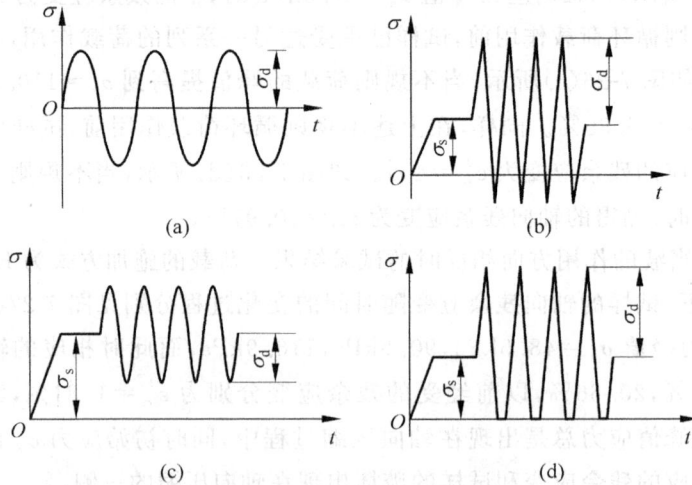

图7-29　单幅或双幅荷载作用方式
(a) 完全反向双幅荷载;(b) 有反向作用的双幅荷载;(c) 单幅荷载;(d) 截取反向作用的单幅荷载

图7-30给出单幅循环荷载作用下典型黏性土在循环荷载作用次数$N=1$和50时的试验结果(Seed,1960;Seed和Chan,1966)。土样为非饱和的压密黏土,荷载作用频率为1Hz,即循环荷载1/4周期为0.25s。纵坐标为循环荷载强度比,其定义为初始剪应力与循环动强度之和$(\sigma_s+\sigma_d)$与相应的静强度σ_f之比,即为$(\sigma_s+\sigma_d)/\sigma_f$,横坐标为$\sigma_s/\sigma_f$。

由图7-30可以看出,当$\sigma_s/\sigma_f=0$时(即无初始剪应力,$\sigma_s=0$),循环次数$N=1$时的循

环荷载强度大约为静强度的 1.4 倍。一次荷载循环实际上是一次轴向压缩和拉伸的反向作用过程。由于破坏总是发生在轴向压缩的过程中,则循环强度可认为是轴向压缩过程中引起破坏的最大轴向应力。当频率为 1Hz 时,循环一周引起的土样破坏相当于时间为 0.25s 的单调瞬态荷载作用。因此,可以认为荷载循环一周的循环荷载强度比静荷载增加 40% 的现象(见图 7-30)与作用时间为 0.25s 的瞬态荷载作用下强度增加 40% 的现象是同一物理本质的两个方面。

由图 7-30 还可以看出,当初始静应力增加到土的静强度值时(即 $\sigma_s/\sigma_f = 1$),循环荷载强度比逐渐减小到 1.0,即 $\sigma_d = 0$。这是由于初始剪应力的增加使循环应力强度相对减小,因而使应力状态越来越接近于静荷载作用下的状态。此外,单幅荷载循环次数 $N = 50$ 时的循环荷载强度变化规律与 $N = 1$ 时的情况类似,但强度值明显减小。

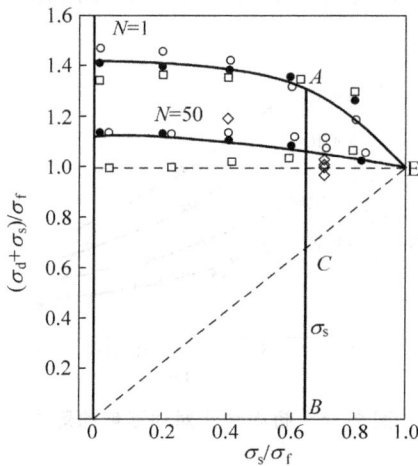

图 7-30　单幅荷载动强度比与初始
剪应力比的关系

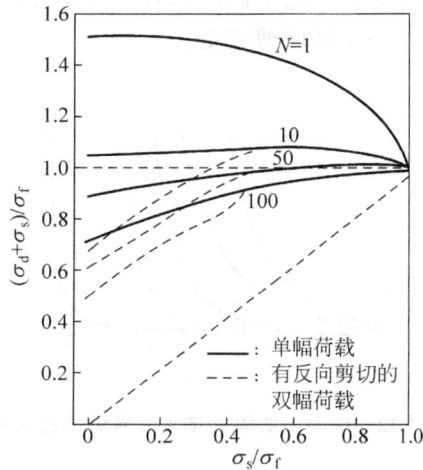

图 7-31　单幅荷载与双幅荷载作用下
强度变化比较

图 7-31 给出单幅荷载和双幅荷载作用下不同循环次数黏性土试验结果的比较。可以看出,双幅荷载作用条件下循环强度的衰减比单幅荷载作用条件下循环强度的衰减更快,即循环交替荷载作用比单一方向的循环荷载作用对土的强度有更大的破坏作用。

由图 7-31 还可以看出,当循环次数增加到 100 次时,循环强度逐渐减小到土的静强度。事实上,循环次数 $N = 1$ 时所表现出的较大的强度与快速单调荷载作用下土有较大的强度在物理本质上是一致的。随着荷载循环次数的增加,土的强度不断衰减,逐渐抵消了加载速率效应引起的强度增加现象。实际上,可以将循环荷载看作是快速荷载作用的重复,随着荷载作用次数的增加,循环作用逐渐占主导地位,导致动强度逐渐减小,甚至小于静强度。

7.4.5　黏性土的破坏准则

人们往往关注循环荷载作用下黏性土的破坏,Larew 等(1962)研究了往复荷载作用下的强度准则,提出"临界往复应力水平"的概念,其含义是,在往复荷载作用下不使土体发生破坏的最大应力水平,并以此作为分析地基土强度的依据。随后,Sangrey(1977)利用这一概念来研究土的特性,Koutsoftas(1978)、Matsui 等(1980)从研究周期荷载作用下孔压发展特性的角度出发,认为周期剪应变幅值是孔压积累的直接原因,是引起土体破坏的重要原因。而 Lo(1969)和 Wilson 等(1974)则认为正常固结黏土的孔压发展与应变成正比,即周期应力所引起的孔压为大主应变 ε_1 的单一函数。Ishihara(1985)等还发现,较大的周期应力比将会导致土样的应变软化,从而产生较大的剪应变幅值及较大的孔隙水压力。

Ogawa 等(1977)根据三轴试验成果,定义屈服应力循环次数的概念为轴向应变幅值 ε_a 和应力循环次数 N 关系曲线中曲率半径最小值所对应的应力循环次数,如图 7-32 所示。进一步的研究表明,不同围压 σ_c' 下的动应力比 $\sigma_d/(2\sigma_c')$ 与屈服应力循环次数 N 之间有唯一性的关系,且超固结比 OCR 对动强度的影响随着 N 的增大而减小,如图 7-33 所示。可见,用循环次数 N 作为动强度的判据仍有一定的局限性。Lu 等(1985)利用动单剪试验研究黏土的变形时发现,在不同的剪应力水平下(周期剪应力与土的抗剪强度之比),土样达到或接近破坏时的应变是不同的,如图 7-34 所示。如果以剪应变发展速率作为破坏的标准,则破坏准则是一个区域剪应变。

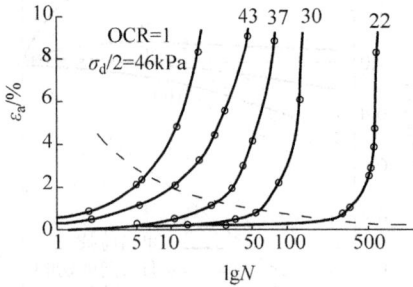

图 7-32　轴向应变幅值与应力循环次数关系　　图 7-33　超固结比对动强度的影响

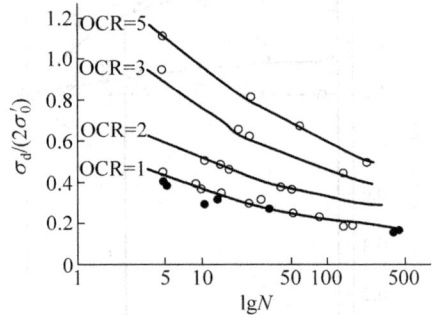

Matsui(1980)和 Lu(1985)通过室内周期剪切试验获得临界应力水平值范围大致在 $40\%\sim75\%$。需要指出,如果超固结比不同,则临界应力水平值就会大幅度变化。此外,不同的试验仪器和装置、不同的加荷方式和频率等都会对临界应力水平值的大小产生影响。

Sangrey 等(1978)对不同土类的临界往复应力进行研究,表明砂土不排水循环加载问题要比黏性土复杂得多,如图 7-35 所示。这是由于砂性土在较小的循环应力作用下就会引起孔隙水压力。因此,砂性土的归一化往复荷载的临界值比黏性土的要小得多。由于粉土既有黏性土的某些特性又有砂性土的某些特性,所以其往复荷载临界值介于砂性土和黏性土之间。

Sangrey 等还提出了"无破坏平衡"状态的概念。图 7-36 给出了黏性土的一些变化特征,由此可知,在较低的循环应力下,试样在附加周期荷载作用下不存在塑性应变或孔隙水压力累积。在达到无破坏平衡点前,周期荷载作用下应变和孔压逐渐积累,且在一个荷载循环内应变和孔压是变化的,但在到达平均状态点后,后续的每一个荷载循环内应变和孔压仍为原来的数值。

图 7-36 还说明极小的循环应力只产生很小的孔压值,并且土体很快就达到了无破坏平衡。在逐渐增大的循环应力作用下,平衡孔压值较大,且应力路径也越接近破坏状态,到某一循环应力时,应力路径与强度包线相交而应变迅速增加,若循环应力继续增大,土体将发

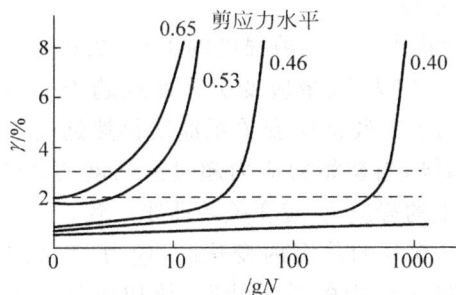

图 7-34 不同剪应力水平下剪应变与循环次数的关系

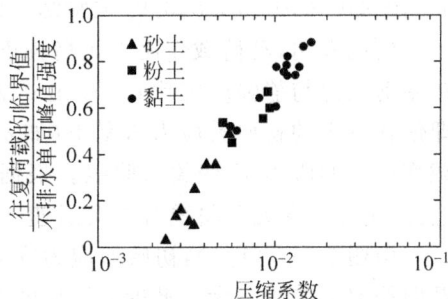

图 7-35 往复荷载临界值与压缩系数的关系

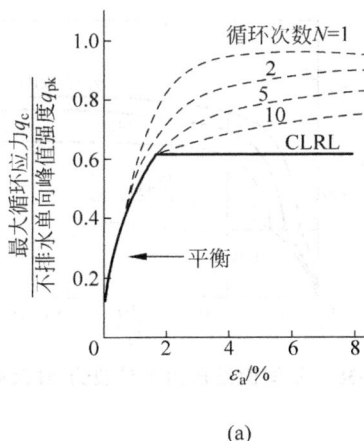

(a)

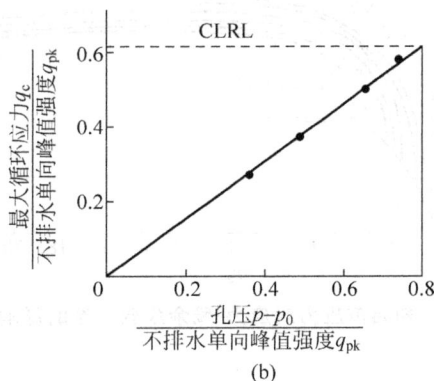

(b)

图 7-36 黏性土的变化特征

(a) 随应力的变化；(b) 随孔压的变化

生破坏。在循环应力作用的范围内，应力的循环次数和频率等都将对黏性土的力学响应产生重要影响。可见，循环应力临界值（破坏时的循环应力）和循环极限状态时的主应力差（或剪应力差）是区分土体破坏与否的重要依据。

Castro 等(1976)的研究表明，土的抗剪强度损失即使在较大的应力水平下也是不太显著的。然而，Thiers 和 Seed(1969)认为，如果周期应变与静力破坏应变比值很大，则土的强度就会显著降低。而 Anderson(1976)测得在 100 年设计风暴结束后的最大波浪所致的周期应变将是 0.7%，与之相应的不排水抗剪强度的减少为 5%左右。

7.4.6 黏性土动强度的影响因素

下面对初始剪应力和有效固结围压等的影响以及动强度与静强度的关系进行讨论。

1. 初始剪应力的影响

为了研究初始剪应力对应力-残余应变关系的影响，Ishihara 等对日本火山灰土样进行了试验研究。土样饱和度 $S_r=85\%\sim90\%$，塑性指数 $I_P=30$，含水量 $\omega=120\%\sim140\%$，静强度 $\sigma_f=84.4\mathrm{kPa}$。所施加的静力轴向应力变化范围为 $\sigma_s/\sigma_f=0.2\sim0.9$。试验时，所有试样先承受周围有效固结压力 $\sigma'_c=50\mathrm{kPa}$ 作用。图 7-37 给出不同初始剪应力条件下（$\sigma_s/\sigma_f=$

$0.2,0.4,0.6,0.7,0.8,0.9)$试验结果的平均变化趋势。

　　研究表明,动荷载作用下抗剪强度大约为静荷载作用下抗剪强度的 $1.9\sim2.0$ 倍。随着初始剪应力与静强度之比 σ_s/σ_f 由 0.2 增加到 0.9,应力-残余应变关系曲线趋于平缓。但即使在较大的初始剪应力水平下(如 $\sigma_s/\sigma_f=0.9$),应力-残余应变关系曲线仍然远高于静荷载作用下的应力-应变关系曲线。根据这一变化趋势,当初始剪应力超过静强度的 90% 时,应力-残余应变关系曲线可能会迅速下降,最终与土的静应力-应变关系曲线一致。

　　由图 7-38 可见,当初始剪应力在 $\sigma_s/\sigma_f=0.5\sim0.8$ 的范围内变化时,应力-残余应变关系曲线似乎变化不大。此时,应力水平相当于现场土坡中的受力情况,故初始剪应力对应力-应变的影响可以用应力水平 $\sigma_s/\sigma_f=0.7$ 时的应力-应变关系曲线来大致代替。

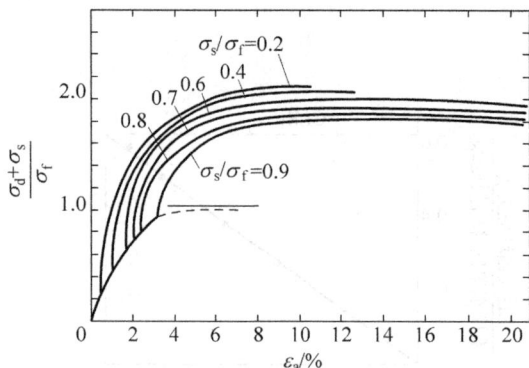

图 7-37　初始剪应力对应力-残余应变关系的影响

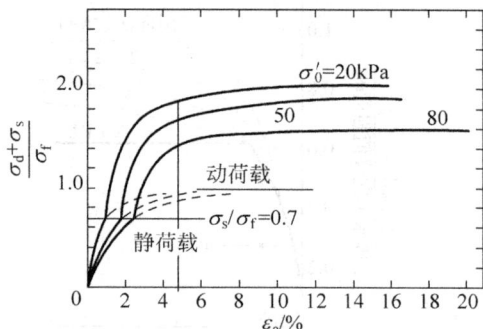

图 7-38　不同固结压力下剪应力-残余应变关系

2. 固结围压的影响

　　有效固结围压对应力-残余应变关系曲线有较大的影响。为此,在上述日本学者对火山灰试样进行的试验中可以看出,当进入循环荷载作用阶段时,土的残余应力-应变关系曲线迅速变陡,最终趋于一条水平线而达到破坏。当 $\sigma_c'=20kPa$ 时,动强度约为静强度的 2.15 倍,当 $\sigma_c'=50kPa$ 时,动强度约为静强度的 1.95 倍,而当 $\sigma_c'=80kPa$ 时,动强度约为静强度的 1.6 倍。显然,动荷载的作用使土的刚度和剪切强度大大增加。

3. 动强度和静强度的关系

　　以往的研究表明,当所施加的初始剪应力为静荷载强度的 $40\%\sim90\%$ 时,土的初始剪应力幅值大小对后续动荷载的作用影响不大,可以忽略。但有效固结围压对土的残余应变和强度特性有较大影响。

　　根据 Mohr-Coulomb 准则,有效固结围压对土静强度的影响很大。因此,建立动力荷载作用下土的 Mohr-Coulomb 准则,并与静荷载作用下的 Mohr-Coulomb 准则进行比较是十分有意义的。

　　图 7-39 所示为日本火山灰土样在静荷载以及动荷载作用下的强度包线。试样先承受有效固结围压 σ_c' 的作用,然后施加静荷载或动荷载使土样破坏,并分别给出静荷载或动荷载作用下的 Mohr 圆。

　　试验所得静荷载作用下的黏聚力为 $c=20kPa$,动荷载作用下的黏聚力为 $c_d=48kPa$。

静荷载和动荷载作用下的内摩擦角则几乎相等,对于本次试验土样,有 $\varphi = 17°$。事实上,不规则地震(快速荷载)作用下土强度的增加主要是由于土材料的黏滞特性引起的,因此动荷载作用下强度的增加主要体现在黏聚力 c 值的增加上。

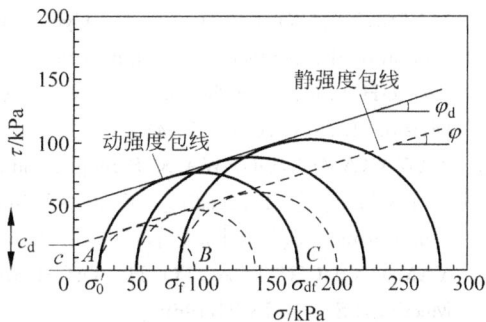

图 7-39　静荷载和动荷载作用下的破坏包线

基于以上分析,可推导出土的静强度指标与动强度指标之间的相互关系。静荷载作用下,土样达到极限平衡状态时的破坏应力 σ_f 可以表示为

$$\sigma_f = \frac{2\sin\varphi}{1 - \sin\varphi}\sigma'_c + \frac{2c\cos\varphi}{1 - \sin\varphi} \tag{7-5}$$

式中,σ'_c 为有效固结围压;c 为静荷载作用下的黏聚力;φ 为土的内摩擦角。

动荷载作用下,土样达到极限平衡状态时的破坏应力为

$$\sigma_{df} = \frac{2\sin\varphi}{1 - \sin\varphi}\sigma'_c + \frac{2c_d\cos\varphi}{1 - \sin\varphi} \tag{7-6}$$

式中,c_d 为动荷载作用下的黏聚力。

比较式(7-5)和式(7-6),可以得到

$$\frac{c_d}{c} - 1 = \left(1 + \frac{\sigma'_c}{c\cot\varphi}\right)\left(\frac{\sigma_{df}}{\sigma_f} - 1\right) \tag{7-7}$$

因此,如果已知土的静强度参数 c 和 φ,并根据动强度试验确定出某一周围固结压力 σ'_c 下土的动强度值 σ_{df},即可由式(7-7)估算动强度指标 c_d。反过来,如果已知土的动黏聚力 c_d 和内摩擦角 φ,也可以根据式(7-6)计算出相应于某一围压 σ'_c 下的动强度值 σ_{df}。

7.5　砂土的动强度与振动液化

对于砂土在冲击荷载和周期荷载作用下的强度特征在 7.3.1 节中已经介绍,当动应力达到一定值时,砂土的强度将会完全丧失从而出现液化,该动应力即为土能够抵抗液化发生的最大动应力,或称为抗液化强度。砂土液化现象将对上部土工结构造成极大危害,因此在土木工程中,砂土液化问题得到广泛的研究。砂土液化的具体内容将在第 9 章中进行详细介绍。

参考文献

[1] CASAGRANDE A. Characteristics of cohesionless soils affecting the stability of slopes and earth fills [J]. Journal of the Boston Society of Civil Engineering,1936,23(1):13-32.

[2] SEED B, LEE K L. Liquefaction of saturated sands during cyclic loading [J]. Journal of Soil Mechanics and Foundations Division,1966,92(6):105-134.

[3] HYDE A F L, Ward S J. A pore pressure and stability model for a silty clay under repeated loading [J]. Geotechnique,1985,35(2):113-125.

[4] MATSUI T,ITO T,OHARA H. Cyclic stress-strain history and shear characteristics of clay[J]. Journal of the Geotechnical Engineering Division,1980,106(10): 1101-1120.

[5] BALIGH M M. Consolidation theory for cyclic loading[J]. Journal of the Geotechnical Engineering Division,1978,104(4): 415-431.

[6] KAWAKAMI F,OGAWA S. Strength and deformation of compacted soil subjected to repeated stress applications[C]//Proceedings of the 6th International Conference on Soil Mechanics and Foundation Engineering. [S. l.]: [s. n.],1965,1: 264.

[7] YAMANOUCHI T, AOTO H. Deformation of soils under repeated loading[C]//24th Annual Meeting,[S. l.]: JSCE,1969.

[8] LUO W K. The characteristics of soils subjected to repeated loads and their applications to engineering practice[J]. Soils and Foundations,1973,13(1): 11-27.

[9] SEED H B,CHAN C K. Effect of stress history and frequency of stress application on deformation of clay subgrades under repeated loading[C]//Proceedings of the Thirty-Seventh Annual Meeting of the Highway Research Board,Washington,DC: [s. n.],1958,37: 555-575.

[10] OHSAKI Y, KOIZUMI Y, KISHIDA H. Dynamic properties of soils[J]. Transaction of the Architectural Institute of Japan,1957,54: 357-359.

[11] OLSON R E,PAROLA J F. Dynamic shearing properties of compated clay[C]//Proceedings of the International Symposium on Wave Propagation and Dynamic Properties of Earth Materials. Albuquerque,New Mexico: University of New Mexico,1967: 173-181.

[12] KAWAKAMI F. Properties of compacted soils under transient loads[J]. Soils and Foundations, 1960,1(2): 23-29.

[13] LO K Y. The pore pressure-strain relationship of normally consolidated undisturbed clays: Part I. Theoretical considerations[J]. Canadian Geotechnical Journal,1969,6(4): 383-394.

[14] CASAGRANDE A,SHANNON W L. Strength of soils under dynamic loadings[C]//Proceedings of American Society of Civil Engineers. [S. l.]: [s. n.],1948,74(4): 591-632.

[15] CASAGRANDE A,WILSON S D. Effect of rate of loading on the strength of clay and shales at constant water content[J]. Geotechnique,1951,2: 251-263.

[16] SCHIMMING B B ,HAAS H J ,SAXE H C . Study of dynamic and static failure envelopes[J]. Journal of Soil Mechanics and Foundations Division,1966,92(2): 105-124.

[17] WHITMAN, R. V. The behaviour of soils under transient loading[C]//Proceedings of the 4th International Conference on Soil Mechanics and Foundation Engineering. [S. l.]: [s. n.],1957,1: 207-210.

[18] WILSON N E, ELGOHARY M M. Consolidation of soils under cyclic loading[J]. Canadian Geotechnical Journal,1974,11(3): 420-423.

[19] KOUTSOFTAS D C. Effects of cyclic loads on undrained strength of two marine clays[J]. Journal of the Geotechnical Engineering Division,1978,104(5): 609-620.

[20] ISHIHARA K. Soil behavior in earthquake geotechnics[M]. Oxford: Clarendon Press,1996.

[21] ISHIHARA K,NAGAO A. Analysis of landslides during the 1978 Izu-Ohshima-Kinkai earthquake [J]. Soils and Foundations,1983,23(1): 19-37.

[22] THIERS G R,SEED H B. Strength and stress-strain characteristics of clays subjected to seismic loading conditions[J]. Vibration Effects of Earthquakes on Soils and Foundations,1969,450: 3-56.

[23] CASTRO G,CHRISTIAN J T. Shear strength of soils and cyclic loading[J]. Journal of the Geotechnical Engineering Division,1976,102(9): 887-894.

[24] FUJIWARA H,UE S. Effect of preloading on post-construction consolidation settlement of soft clay subjected to repeated loading[J]. Soils and Foundations,1990,30(1): 76-86.

[25] SANGREY D A,CASTRO G,POULOS S J,et al. Cyclic loading of sands,silts and clays[C]// Proceedings on the Specialty Conference on Earthquake Engineering and Soil Dynamics ASCE. Pasadena,California：[s. n.],1978：836-851.

[26] SANGREY D A, POLLARD W S, EGAN J A . Errors associated with rate of undrained cyclic testing of clay soils[J]. Astm Special Technical Publication,1978(654)：280-294.

[27] YASUHARA K. Postcyclic undrained strength for cohesive soils[J]. Journal of Geotechnical Engineering,1994,120(11)：1961-1979.

[28] SEED H B,CHAN C K. Clay strength under earthquake loading conditions[J]. Journal of the Soil Mechanics and Foundations Division,1996,92(2)：53-78.

[29] SEED H B. Soil strength during earthquakes[J]. Proceedings of the 2nd World Conference on Earthquake Engineering,1960,1：183-194.

[30] OHSAKI Y. Dynamic properties of soils and their application[J]. Japanese Society of Soil Mechanics and Foundation Engineering,1964(1)：29-56.

[31] ISHIHARA K. Stability of natural deposits during earthquakes[J]. Proceedings of 11th ICSMFE. [S. 1.]：[s. n.],1985,1：321-376.

[32] LAREW H G. A strength criterion for repeated loading[C]// Proceedings of the 41st Annual Meeting of the Highway Research Board. Washington DC：[s. n.],1962,41：529-556.

[33] ISHIHARA K. Evaluation of soil properties for use in earthquake response analysis[C]//Proc. Int. Symp. on Numerical Models in Geomechanics. [S. 1.]：[s. n.],1982：237-259.

[34] 白冰,周健. 周期荷载作用下黏性土变形及强度特性述评[J]. 岩土力学,1999,20(3)：84-90.

[35] OHARA S,MATSUDA H. Dynamic shear strength of saturated clay[J]. Japan Society of Civil Engineers,1978,18(1)：69-78.

[36] YASUHARA K,HIRAO K,HYDE A F L. Effects of cyclic loading on undrained strength and compressibility of clay[J]. Soils and Foundations,1992,32(1)：100-116.

[37] SEED H B,WONG R T,IDRISS I M,et al. Moduli and damping factors for dynamic analyses of cohesionless soils[J]. Journal of Geotechnical Engineering,1986,112(11)：1016-1032.

[38] 谢定义. 土动力学[M]. 西安：西安交通大学出版社,2011.

[39] 刘洋. 土力学基本原理及应用[M]. 北京：中国水利水电出版社,2016.

[40] 白冰. 土的动力特性及应用[M]. 北京：中国建筑工业出版社,2016.

[41] 卢廷浩,刘祖德,陈国兴. 高等土力学[M]. 北京：机械工业出版社,2006.

[42] 吴世明. 土动力学[M]. 北京：中国建筑工业出版社,2000.

[43] 汪闻韶. 土的动力强度和液化特性[M]. 北京：中国电力出版社,1997.

[44] SEED H B, CHAN C K. Strength under earthquake loading conditions[J]. Journal of Soil and Foundation Division, 1966, 92(2)：53-78.

[45] SANGREY, DWIGHT A. Marine geotechnology-state of the art[J]. Marine Geotechnology, 1977, 2：45-80.

[46] MILLER G F, PURSEY H. On the partition of energy between elastic waves in a semi-infinite isotropic solid[J]. Proceedings of Royal Society of London, 1955, 233：55-69.

[47] ANDERSEN K H, et al. Cyclic and static laboratory tests on drammen clay[J]. Journal of Geotechnical Engineering Division, 1980, 106(5)：499-529.

[48] KAWAKAMI F AND OGAWA S. Strength and deformation of compacted soil subjected to repeated stress applications[C]//Proc. 6th ICSMFE. Montreal：[s. n.], 1965, 1：264-267.

[49] OGAWA F, MATSUMOTO K. Inter-correlationships between various soil parameters in coastal area[J]. Report of the Port and Harbor Research Institute,1978,17(3)：3-89.

第 8 章

土的动应力-动应变关系

8.1 概述

8.1.1 土的动应力-动应变关系的基本特点

土是由土颗粒所构成的土骨架和孔隙中的水及空气组成的。由于土颗粒之间连接较弱,在外荷载的作用下颗粒将发生滑移重组,产生较大的塑性变形,因此土骨架具有不稳定性。当动荷载及变形很小时,塑性变形可以忽略,此时认为土处于理想的黏-弹性力学状态。随着动荷载的增大,土颗粒之间的连接逐渐破坏,土颗粒向新的稳定位置移动,土骨架将产生不可恢复的塑性变形。此时土不仅具有弹塑性,而且还有黏性,因此可将土视为具有弹性、塑性和黏滞性的黏-弹-塑性体。当动荷载增大到一定程度时,土颗粒之间的连接几乎完全破坏,土处于失稳破坏或流动状态。

此外,由于土具有明显的各向异性,加上土中水和空气的影响,使土的动应力-动应变关系表现得极为复杂,主要体现为变形的非线性、滞后性和累积性,因此描述土的动应力-动应变关系,必须对这三个方面的特性有较深入的了解。

1. 非线性

土在一个动力荷载周期内的应力-应变关系是一个以坐标原点为中心、封闭且上下大致对称的滞回圈,又称滞回曲线,如图 8-1 所示。骨干曲线是受同一固结压力的土在不同动应力作用下每一个滞回圈顶点的连线,见图 8-1。土的骨干曲线表明了最大剪应力和最大剪应变之间的关系,反映了土动应力-动应变关系的非线性,也反映了土等效剪切模量的非线性。

2. 滞后性

滞回曲线反映了应变对应力的滞后性,表现了土的黏性特性。从图 8-2 中可以看出,由于阻尼的影响,应力最大值与应变最大值的相位不同,变形滞后于应力。

3. 变形积累性

当动剪应力较大时,土体中会产生不可恢复的塑性变

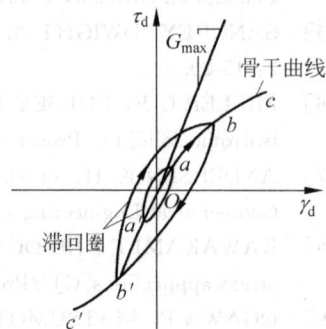

图 8-1 土的应力-应变滞回圈
和骨干曲线

形,这一部分变形在循环荷载的作用下会逐渐积累,使上述滞回曲线不能够封闭或对称,滞回曲线的中心逐渐向应变增大的方向移动,显示出应变逐渐累积的特性,如图 8-3 所示。从图中可以看出,即使荷载幅值不变,随着荷载作用周数的增加,变形也越来越大,滞回圈中心不断朝一个方向移动。滞回圈中心的变化反映了土对荷载的积累效应,它产生于荷载作用下土不可恢复的结构破坏。

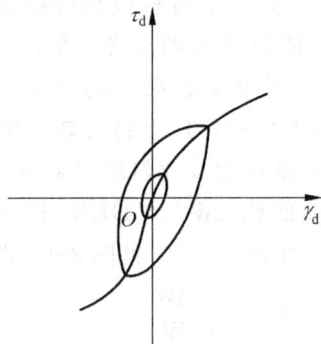

图 8-2　土体应力-应变关系滞回圈　　　　　图 8-3　循环荷载作用下土体应力-应变滞回圈

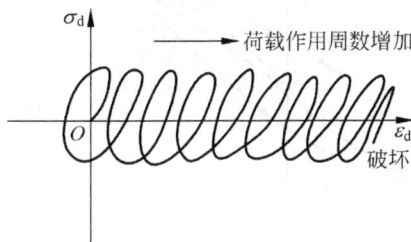

8.1.2　土的动应力-动应变关系的描述方法

　　骨干曲线表现了动荷载作用下最大动应力与最大动应变的关系,滞回曲线表现了同一周期内应力-应变曲线的形状,滞回圈中心位置的变化则反映了变形累积性,这三个特性的结合就可以反映出土动应力-动应变关系的基本特点以及动应力、动应变的全过程。因此对土动应力-动应变关系的分析,主要就是对这三方面进行描述。

　　需要指出的是,土的动应力-动应变关系并不是这三个特性的简单组合。对于简单问题,可以将这三者分别加以考虑得到土的动应力-动应变关系,在一定的范围内可取得足够精确的结果。对于复杂问题,就必须将这三者联合起来考虑,才有可能得到准确的结果。下面我们首先提出动剪切模量与阻尼比的概念,然后介绍描述骨干曲线、滞回曲线和变形累积性的思路和方法。

1. 动剪切模量与阻尼比

　　土的动剪切模量和阻尼比是土动力学中的两个基本概念,下面详细分析。

　　在动三轴试验中根据测得的轴向动应变 ε_d 和轴向动应力 σ_d 可以得到动弹性模量 E_d,进而可由泊松比 μ 计算动剪切模量 G_d。也可通过轴向动应变 ε_d 计算对应的动剪应变 γ_d,由轴向动应力 σ_d 计算对应的动剪应力 τ_d,从而计算动剪切模量 G_d。具体计算公式为

$$\begin{cases} \gamma_d = \varepsilon_d(1+\mu) \\ \tau_d = \dfrac{\sigma_d}{2} \\ G_d = \dfrac{\tau_d}{\sigma_d} = \dfrac{E_d}{2(1+\mu)} \end{cases} \tag{8-1}$$

由于土动应力-动应变关系的非线性,动剪切模量随应变发展的水平不同而变化。下面

对初始剪切模量(又称最大剪切模量)和等效剪切模量进行简单说明。

初始剪切模量是指在小应变条件下的剪切模量,如图 8-1 所示。它实际是土体处于完全弹性状态下的剪切模量,一般用 G_0 或 G_{max} 表示。滞回曲线顶点与原点连线的斜率称为等效剪切模量,即有 $G = \tau_{d0}/\gamma_{d0} = BF/AF$,如图 8-4 所示。因此,等效剪切模量总是针对某一剪应变幅值而言的。

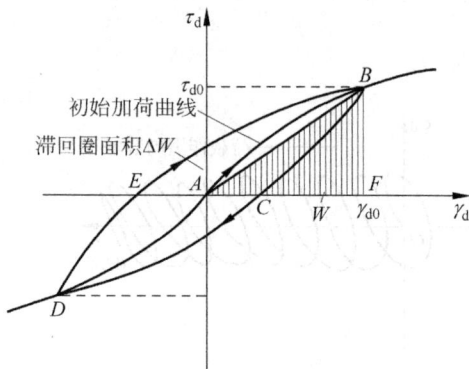

图 8-4 典型的应力-应变滞回曲线

一般认为阻尼是岩土材料或结构物体系在循环荷载作用下能量耗散的现象,通常以热能的形式出现,其结果是引起振动的衰减。较大阻尼的材料在动力荷载作用下将有较大的能量耗散,这种能量耗散可用等效阻尼比 λ_d 来反映。λ_d 可由滞回圈的面积 $\Delta W (BCDEB)$ 和三角形面积 $W(BFA)$ 的比值来定义(见图 8-4),即

$$\lambda_d = \frac{1}{4\pi} \frac{\Delta W}{W} \tag{8-2}$$

式中,ΔW 为一个周期内损耗的能量;W 为一周内作用的总能量。

一般可用共振柱试验、动三轴试验、动单剪试验等来测定动剪切模量和阻尼比。最大剪切模量 G_{max} 通常可用波动法(测定土中的波速)或共振法来测定,前者主要测定土的应变幅小于 10^{-6} 以下的情形,而后者所测应变幅可达 10^{-6} 左右。

2. 骨干曲线

骨干曲线描述了动应力-动应变关系的非线性。骨干曲线上每一个点的动应力 τ_{d0} 和动应变 γ_{d0} 均表示各自的幅值,它的曲线形态接近双曲线,不少学者提出了多种表达式,其中比较常用的是 Hardin-Drnevich、Konder,Ramberg-Osgood 的表达式。

Hardin 和 Drnevich(1972)建议了一个描述骨干曲线的表达式(简称 H-D 骨干曲线)

$$\tau_{d0} = \frac{\gamma_{d0}}{1/G_0 + \gamma_{d0}/\tau_{dmax}} \tag{8-3}$$

式中,τ_{d0} 为滞回圈上的最大剪应力;G_0 为初始剪切模量;τ_{dmax} 为骨干曲线上的最大剪应力;γ_{d0} 为滞回圈上的最大剪应变。

由此可知,上述模型为双曲线模型(Konder,1963)。实际上,如果定义 $\gamma_r = \tau_{dmax}/G_0$ 为参考应变,则上式可改写成

$$\frac{\tau_{d0}}{\tau_{dmax}} = \frac{\gamma_{d0}/\gamma_r}{1 + |\gamma_{d0}/\gamma_r|} \tag{8-4}$$

即为 Konder(1963)提出的骨干曲线表达式,其在 γ_{d0}/τ_{d0}-γ_{d0} 坐标系中呈线性关系,与邓肯-张模型的基本思想一致。

Ramberg 和 Osgood(1943)建议了另一种描述骨干曲线的形式(简称 R-O 骨干曲线),即

$$\frac{\gamma_{d0}}{\gamma_r} = \frac{\tau_{d0}}{\tau_{dmax}} \left[1 + \alpha \left| \frac{\tau_{d0}}{C_1 \tau_{dmax}} \right|^{R-1} \right] \tag{8-5}$$

式中，α、C_1、R 均为试验参数，绝对值符号表示考虑反向剪切的情况。

Martin 等(1982)提出的骨干曲线表达式如下：

$$\tau_{d0} = G_d\gamma_{d0} = G_0\gamma_{d0}[1 - H(\gamma_{d0})], \quad H(\gamma_{d0}) = \left[\frac{\left(\dfrac{\gamma_{d0}}{\gamma_0}\right)^{2B}}{1 + \left(\dfrac{\gamma_{d0}}{\gamma_0}\right)^{2B}}\right]^A \tag{8-6}$$

式中，A、B、γ_0 均为土性的试验参数。

H-D 表达式中有两个试验参数 $1/G_0$ 和 $1/\tau_{dmax}$，可根据动三轴试验所得的 γ_{d0}/τ_{d0}-γ_{d0} 直线的斜率和截距来获得。Ramberg-Osgood 模型表达式中的三个模型参数 α、C_1 和 R 亦可由动三轴试验得到。即试样等压固结后，分别施加不同的等幅轴向应力 $\pm\sigma_d$，根据应力-应变的时间过程曲线可做出第一周的应力-应变滞回圈。连接所有第一周滞回圈顶点求得最佳曲线，即为骨干曲线，由此可得到 τ_{dmax} 及 G_0，进而由 $\gamma_r = \tau_{dmax}/G_0$ 确定出参考应变 γ_r。然后，先假定一个 C_1（一般先取 1），由于在应变较大时，式(8-5)可近似简化为 $\lg\gamma_{d0} \infty R\lg\tau_{d0}$。因此，各个第一周滞回圈顶点坐标的动应力和动应变的对数值呈线性关系，对这一线性关系进行拟合，所得直线的斜率即为要求的 R。此时，再直接运用式(8-5)反算得到 α 值。如果由试验数据求得的 α 值变化范围过大，可通过调整假定的 C_1 值重新计算 R 和 α，直至得到优化的参数 α、C_1 和 R。

3. 滞回曲线

滞回曲线是描述卸载与再加载中不同时刻动应力-动应变性状的曲线，根据滞回曲线的变化形状就可以追踪动荷载作用过程中应力-应变变化的全过程，因此滞回曲线的描述就成为土动应力-动应变关系研究中的重点。但是要精确描述滞回曲线的形状是比较困难的，尤其在任意不规则荷载情况下。自 Seed 等人提出用等效线性方法近似考虑土的非线性以来，黏弹性理论得到广泛发展。对等幅荷载作用下的滞回曲线的描述主要有等效线性模型和 Masing 型非线性模型两大类，对于不规则荷载作用时的滞回曲线常采用扩展的Masing 法。

1）等效线性模型

该方法将土视为黏弹性体，以等效剪切模量 G 和等效阻尼比 λ_d 作为动力特性实际问题进行计算。这种方法不直接寻求滞回曲线的数学表达式，而是将不同应变幅值下的滞回特性和骨干曲线分别用阻尼比和剪切模量随剪应变的变化规律来反映，即 $\lambda_d = \lambda_d(\gamma_{d0})$ 和 $G = G(\gamma_{d0})$，因此这类方法被称为等效线性方法。下面介绍几个学者提出的方法。

（1）试验曲线法

该方法最早由 Seed 等提出，可通过查取试验得到的 G-γ_{d0} 和 λ_d-γ_{d0} 曲线直接得到 G 和 λ_d 的值，如图 8-5 所示，图中 G/G_{max} 反映了骨干曲线的特点，λ_d 反映了滞回曲线的特点。

（2）经验公式法

Hardin 和 Drnevich 给出了如下的经验公式：

$$G = G_{max}/(1 + \gamma_h) \tag{8-7}$$

$$\lambda_d = \lambda_{dmax}\gamma_h/(1 + \gamma_h) \tag{8-8}$$

式中，λ_{dmax} 为应变最大时的阻尼值，即最大阻尼比，由试验确定，也可由经验公式来确定；

γ_h 定义为 $\gamma_h = \beta \dfrac{\gamma}{\gamma_r}$，$\beta$ 为修正系数，与土性有关。

2）Masing 型非线性模型

这种方法由德国学者曼辛（Masing，1926）提出，其借助于骨干曲线，认为滞回曲线的形状与骨干曲线的形状一致，只是它的动应力-动应变坐标比例尺为骨干曲线的 2 倍，并且在荷载反向后的瞬间其剪切模量与初次加载曲线的初始剪切模量相等，故称为 Masing 二倍法。

如图 8-6 所示，假定荷载在骨干曲线的某点（反向点）处反向加载（卸载），则将此点视为再加载曲线的原点，与原坐标系下的骨干曲线类比，利用 Masing 二倍准则就得到滞回曲线的卸载段。当此曲线到达对称于反向点时，又开始再加载，此点视为再加载曲线的坐标原点，同样利用 Masing 二倍准则可得到滞回曲线的再加载段。此曲线必然经过卸载的反向点，从而形成一个完整的滞回曲线。骨干曲线可以采用前述的某种表达形式描述。

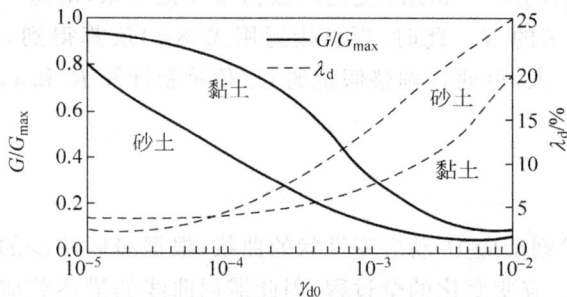

图 8-5　砂土与黏土的 G-γ_{d0} 和 λ_d-γ_{d0} 统计关系

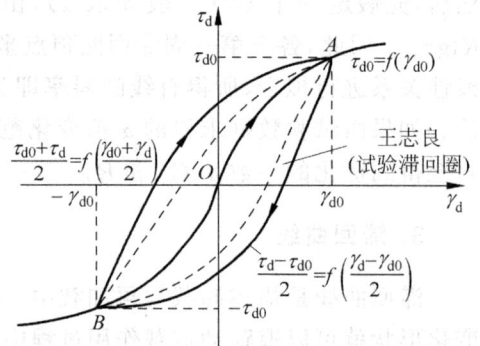

图 8-6　Masing 的二倍法及其函数构造

（1）Finn 滞回曲线

Finn（1975）采用 H-D 骨干曲线得到的滞回曲线形式如下：

$$\tau_d \pm \tau_{d0} = \frac{\gamma_d \pm \gamma_{d0}}{\dfrac{1}{G_0} + \dfrac{|\gamma_d - \gamma_{d0}|}{2\tau_{d\max}}} \tag{8-9}$$

或

$$\frac{\tau_d \pm \tau_{d0}}{\tau_{d\max}} = \frac{\gamma_d \pm \gamma_{d0}}{\gamma_r} \bigg/ \left(1 + \left|\frac{\gamma_d - \gamma_{d0}}{2\gamma_r}\right|\right) \tag{8-10}$$

（2）Richart 滞回曲线

Richart 采用 R-O 骨干曲线，则滞回曲线的卸载和再加载段可表示为

$$\frac{\gamma_d \pm \gamma_{d0}}{\gamma_{d0}} = \frac{\tau_d \pm \tau_{d0}}{\tau_{d\max}} \left[1 + \alpha \left(\frac{\tau_d - \tau_{d0}}{2C_1 \tau_{d\max}}\right)^{R-1}\right] \tag{8-11}$$

（3）修正的 Masing 曲线法

Masing 二倍法中关于滞回曲线与骨干曲线的形态相一致这一点并没有广泛的试验支持，它得到的滞回圈往往也比较大，为此一些学者提出了修正方法。

Pyke 通过定义一个可变的参数 C 来代替 Masing 二倍法的放大系数 2 来对式（8-11）进行修正：

$$C = \left| \pm 1 - \frac{\tau_{d0}}{\tau_{dmax}} \right| \qquad (8\text{-}12)$$

式中,正负号分别表示加荷和卸荷过程。

王志良引入一个阻尼比退化系数使 Masing 二倍法得到的滞回圈面积沿其对角轴线两侧压缩减小,以符合试验结果。令阻尼比退化系数为剪应力的函数 $K(\tau_{d0})$,其值为原滞回圈求得的阻尼比与实测的阻尼比的比值,即

$$K(\tau_{d0}) = \lambda_d(\gamma_{d0}) / \lambda_{d1}(\gamma_{d0}) \qquad (8\text{-}13)$$

由上式可知,阻尼比退化系数即为实测滞回圈面积和 Masing 二倍法的滞回圈面积之比,则式 $\tau_{d0} = f(\gamma_{d0})$ 可改写为 $\gamma_{d0} = F(\tau_{d0})$。

如果 (γ_{d0}, τ_{d0}) 点为卸载点,如图 8-7 所示,则由 Masing 二倍法可得

$$\frac{\gamma_d - \gamma_{d0}}{2} = F\left(\frac{\tau_d - \tau_{d0}}{2}\right) \qquad (8\text{-}14)$$

或写为

$$\gamma' = 2F\left(\frac{\tau'}{2}\right) \qquad (8\text{-}15)$$

将阻尼比退化系数代入上式,可得

$$\gamma' = -\frac{\tau'}{G} - K(\tau)\left[\frac{\tau'}{G} - 2F\left(\frac{\tau'}{2}\right)\right] = K(\tau)\left[2F\left(\frac{\tau'}{2}\right) - \frac{\tau'}{G}\right] + \frac{\tau'}{G} \qquad (8\text{-}16)$$

或

$$\gamma_d - \gamma_{d0} = K(\tau_{d0})\left[2F\left(\frac{\tau_d - \tau_{d0}}{2}\right) - \frac{\gamma_{d0}}{\tau_{d0}}(\tau_d - \tau_{d0})\right] + \frac{\gamma_{d0}}{\tau_{d0}}(\tau_d - \tau_{d0}) \qquad (8\text{-}17)$$

称之为广义的 Masing 曲线,可用来研究土的滞回特性,且它消除了卸载后瞬时的模量等于初始剪切模量这一限制。

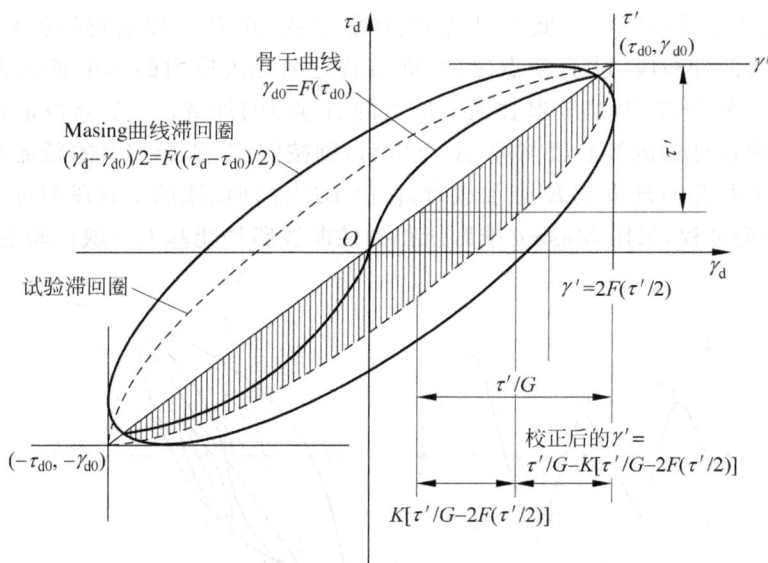

图 8-7　阻尼比退化系数与广义 Masing 曲线

3）其他方法

（1）多项式逼近法

该方法由日本学者 Y. Gyoden、K. Mizuhata 等提出，用数学多项式逼近得到滞回曲线，该表达式为

$$\frac{\tau_d}{\tau_{d0}} = a\left(\frac{\gamma_d}{\gamma_{d0}}\right)^4 + b\left(\frac{\gamma_d}{\gamma_{d0}}\right)^3 + c\left(\frac{\gamma_d}{\gamma_{d0}}\right)^2 + d\left(\frac{\gamma_d}{\gamma_{d0}}\right) + e \tag{8-18}$$

式中，a、b、c、d、e 为动应变 γ_{d0} 的函数，可由试验确定。

由式（8-18）可以看出，当 $\gamma_d = \gamma_{d0}$ 时，认为滞回曲线与骨架曲线的正切值 m 相等，且 $\tau_d = \tau_{d0}$，故加载与卸载时的曲线为

$$\frac{\tau_d}{\tau_{d0}} = \pm a\left(\frac{\gamma_d}{\gamma_{d0}}\right)^4 + b\left(\frac{\gamma_d}{\gamma_{d0}}\right)^3 \pm \left(\frac{m-1}{2} + 2a - b\right)\left(\frac{\gamma_d}{\gamma_{d0}}\right)^2 +$$
$$(1-b)\left(\frac{\gamma_d}{\gamma_{d0}}\right) \pm \left(\frac{m-1}{2} + a - b\right) \tag{8-19}$$

（2）组合曲线法

将滞回曲线用一些简化的直线或直线与曲线的组合来拟合，从而在计算中按其应力大小和加载条件取用相应的模量值，也是一种实际可行的方法。通常采用的双线性模型就是这一类方法的代表。此外还可采用多线性模型，如郑大同、王天龙等根据对试验成果的分析，采用直线与双曲线的组合。

4）不规则荷载的滞回曲线

不规则荷载作用下的滞回曲线较复杂，一般采用有附加加载的 Masing 二倍法对其进行描述，称为扩展的 Masing 准则。图 8-8 给出了采用这些加载准则确定不规则荷载作用时的滞回曲线的例子。初次加载曲线 OA 与骨干曲线重合；A 点到 B 点的卸载曲线符合以 A、B 为端点的新滞回曲线的卸载段；B 点到 C 点的加载曲线符合以 B、C 为端点的新滞回曲线的加载段；C 点转向 D 点（低于 B 点）的卸载曲线，在 B 点以前仍然符合以 B、C 为端点的新滞回曲线的卸载段，过了 B 点之后，则沿着之前最大应力的 AA' 滞回曲线的卸载段前进；对由 D 点转向 E 点（高于既往最大应力的 A' 点）的加载，在 A' 点以前仍要沿既往最大应力的 AA' 滞回曲线的卸载段前进，A' 点以后，则按照 E、E' 为端点的新滞回曲线的卸载段；直至下一次由 E 点转向到 E' 点加载时，再沿 EE' 滞回曲线的加载段前进。如此即可得到应力-应变的全过程，采用 Masing 准则所得到的曲线路径能基本反映试验的现象。

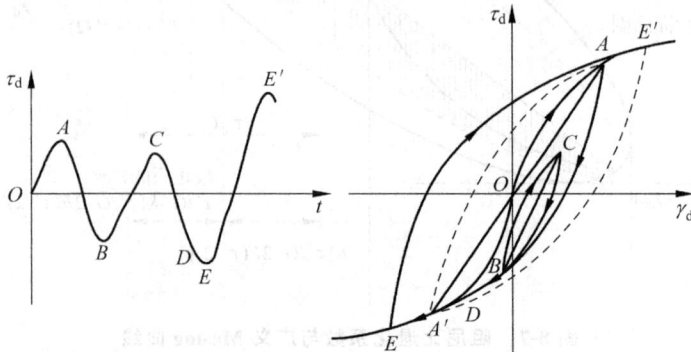

图 8-8　不规则荷载作用下的滞回曲线

通常可把 EE' 称为上骨干曲线,把 B 到 A' 称为上大圈,把 B 到 C 称为上小圈。大圈和小圈的形状均根据它的两个端点按某种求滞回曲线的方法确定,确定时只需在解析表达式中将原来的 γ_{d0}、τ_{d0} 代之以本转向点 (γ_{d0},τ_{d0}) 与前一转向点 $(\gamma'_{d0},\tau'_{d0})$ 相应坐标差的一半(即以两转向点间连线的中点为原点)即可。

4.累积变形

当动应力和初始的剪应力较大,且土没有完全饱和时,土常在动应力作用下出现残余应变。其中,残余动应变的逐周累积是引起土发生振陷的重要原因。对于残余应变的变化规律的描述及确定,最简单的方法是将波动变化的动应变和累积增长的残余动应变分别进行整理分析,得到波动变化部分的动模量(一般的动模量)和累积变化部分的动模量(残余动模量),进而建立它们与各自所发展动应变之间的关系,或者统一整理出两者综合的动应变与动应力或模量之间的关系。大量的试验已经表明,不同的方法在定性上均可得到类似规律的变化曲线,只是在其量上会有明显的不同。

如图 8-9 所示,对于应力控制的循环试验,当应力幅值 σ_{d0} 较大时,随着荷载循环次数 N 的增加,其应变幅值 ε_{d0} 会不断增大,即出现退化现象。类似地,对于应变控制的循环试验,其滞回圈则会变得越来越平缓。图 8-10 中的实线代表第一次循环时的 σ_d-ε_d 滞回圈,E_{S1} 为相应的割线模量;虚线代表第 N 次循环的 σ_d-ε_d 滞回圈,E_{SN} 为相应的割线模量。

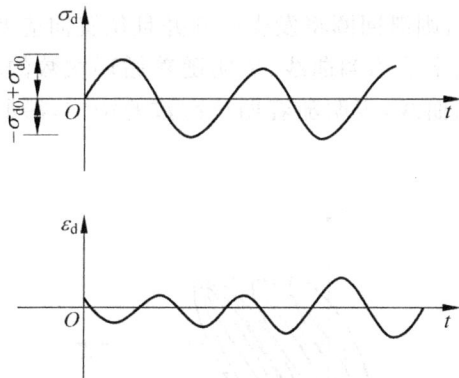

图 8-9 退化现象

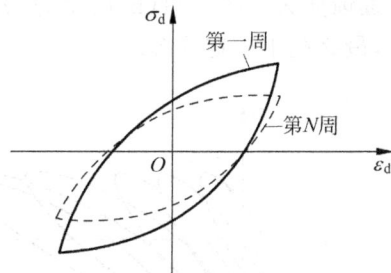

图 8-10 滞回圈的衰减

现引入衰减指数 δ 的概念:

$$\delta = \frac{E_{SN}}{E_{S1}} = N^{-d} \tag{8-20}$$

式中,N 为循环次数;d 为衰减参数。于是荷载循环次数为 N 时的骨架曲线方程可表达为

$$\varepsilon_{d0} = \frac{\sigma_{d0}}{\delta E_0}\left[1 + \alpha\left|\frac{\sigma_{d0}}{\delta C_1 E_0 \varepsilon_r}\right|^{R-1}\right] \tag{8-21}$$

式中,$\varepsilon_r = \sigma_{dmax}/E_0$ 为参考应变。而滞回圈曲线方程为

$$\varepsilon_d \pm \varepsilon_{d0} = \frac{\sigma_d \pm \sigma_{d0}}{\delta E_0}\left[1 + \alpha\left|\frac{\sigma_d \pm \sigma_{d0}}{2\delta C_1 E_0 \varepsilon_r}\right|^{R-1}\right] \tag{8-22}$$

需要指出,上面讨论的是等应变幅周期荷载作用的情况。实际上,工程中常常遇到的是非等应变幅周期荷载作用的情况,此时可按将 $0.65\varepsilon_{dmax}$ 简化为等应变幅周期荷载的情形来考虑。

确定骨架曲线的切线模量 G_t 是为了在动力反应分析中求得任一应力时的应变。将 $G_0 = \tau_{dmax}/\gamma_r$ 代入式(8-5)可得

$$\gamma_{d0} = \frac{\tau_{d0}}{G_0}\left[1 + \alpha\left|\frac{\tau_{d0}}{C_1\tau_{dmax}}\right|^{R-1}\right] \tag{8-23}$$

于是,Ramberg-Osgood 模型的骨架曲线又可写成

$$\tau_{d0} = G_0\gamma_{d0} - \alpha\frac{\tau_{d0}^R}{(C_1\tau_{dmax})^{R-1}} \tag{8-24}$$

式(8-24)对 γ_{d0} 求导得

$$\frac{d\tau_{d0}}{d\gamma_{d0}} = G_0 - \alpha R\frac{\tau_{d0}^{R-1}}{(C_1\tau_{dmax})^{R-1}}\frac{d\tau_{d0}}{d\gamma_{d0}} \tag{8-25}$$

$$G_0 = \left[1 + \alpha R\left|\frac{\tau_{d0}}{C_1\tau_{dmax}}\right|^{R-1}\right]\frac{d\tau_{d0}}{d\gamma_{d0}} \tag{8-26}$$

由定义 $G_t = d\tau_{d0}/d\gamma_{d0}$,于是有

$$\frac{G_0}{G_t} = \left[1 + \alpha R\left|\frac{\tau_{d0}}{C_1\tau_{dmax}}\right|^{R-1}\right] \tag{8-27}$$

可见,如果考虑土在循环荷载作用下的塑性应变,则滞回圈将发生倾斜并且位置向应变增大的方向移动(见图 8-11)。图 8-11(a)所示为软黏土滞回圈曲线,表明随着循环次数的增加,滞回圈逐渐变大。图 8-11(b)所示为松砂滞回圈曲线,表明随着循环次数的增加,滞回圈越来越小,最终趋于稳定状态。

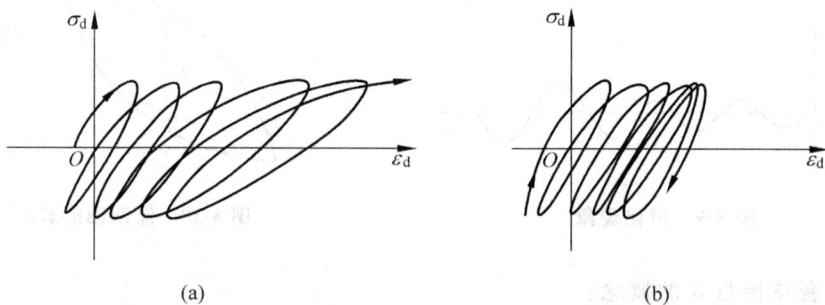

图 8-11　随循环作用次数的变化引起滞回圈的演变
(a) 软黏土;(b) 松砂

综上所述,骨干曲线、滞回曲线的形状及中心的位置分别描述了土动应力-动应变关系的非线性、滞后性和变形累积性,不同的黏弹性动本构关系就是采用了对骨干曲线和滞回曲线不同的描述方法,大体上可分为黏弹性线性动力模型和黏弹性非线性动力模型。

此外,土体中孔隙水的应力-应变关系一般需要单独进行分析,本章将介绍几种常用的动孔压模型。

8.2　基本力学模型

借助于静力作用下的三个基本力学元件（即弹性元件、黏性元件和塑性元件，如图 8-12 所示），将其进行组合，可形成近似描述土力学性能的模型。

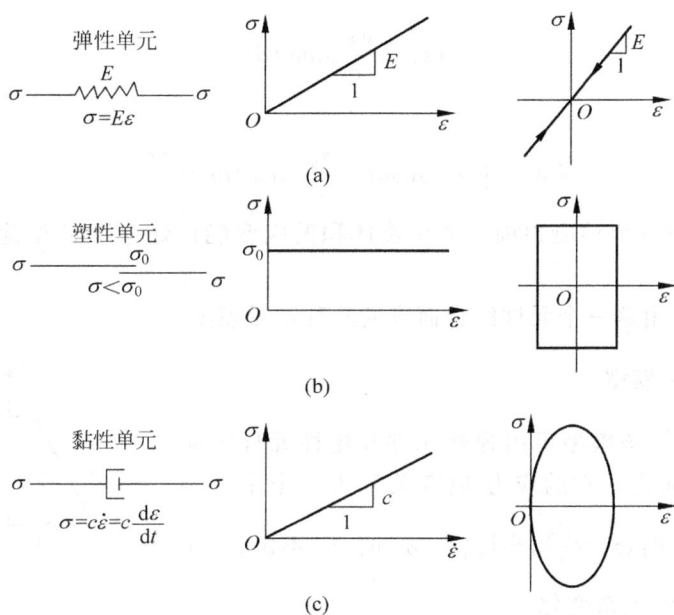

图 8-12　三种基本力学原件

若作用在上述每种力学元件的应力 σ_d 为往返应力，即 $\sigma_d = \sigma_{d0}\sin\omega t$，则可以看出，对于弹性元件，动应力-动应变关系为过原点的一条直线（见图 8-12(a)），直线的斜率取决于弹性元件的弹性模量 E，应力-应变曲线的面积等于零。对塑性元件，动应力-动应变关系为一个矩形（见图 8-12(b)），因为 $|\sigma_d| \leqslant \sigma_0$，当 $|\sigma_d| < \sigma_0$ 时，动应变 $\varepsilon_d = 0$，而当 $|\sigma_d| = \sigma_0$ 时，ε_d 不定。当荷载转向卸载时，动应变 ε_d 即保持不变。应力-应变曲线内的面积为 $4\sigma_0\varepsilon_d$。对于黏性元件（见图 8-12(c)），有

$$\sigma_d = c\dot{\varepsilon}_d = c\frac{d\varepsilon_d}{dt} \tag{8-28}$$

$$\sigma_d = \sigma_{d0}\sin\omega t \tag{8-29}$$

$$\varepsilon_d = \frac{1}{c}\int\sigma_d dt = \frac{1}{c}\int\sigma_{d0}\sin\omega t\,dt = -\frac{\sigma_{d0}}{c\omega}\cos\omega t + A \tag{8-30}$$

根据初始条件，当 $t=0$ 时，$\varepsilon_d=0$，由式(8-29)和式(8-30)可得

$$\left(\frac{\sigma_d}{\sigma_{d0}}\right)^2 + \left(\frac{\varepsilon_d - \dfrac{\sigma_{d0}}{c\omega}}{\dfrac{\sigma_{d0}}{c\omega}}\right)^2 = 1 \tag{8-31}$$

此式为一椭圆方程，中心点为 $\left(\dfrac{\sigma_{d0}}{c\omega}, 0\right)$，此椭圆的面积等于

$$A_0 = \pi ab = \pi\sigma_{d0}\frac{\sigma_{d0}}{c\omega} = \frac{\pi\sigma_{d0}^2}{c\omega} \tag{8-32}$$

且动应力一个周期内单位体积的应变能为

$$\delta W = \int_0^{\varepsilon_d} \sigma_d d\varepsilon_d \tag{8-33}$$

由

$$d\varepsilon_d = \frac{\sigma_{d0}}{c}\sin\omega t \, dt \tag{8-34}$$

及式(8-29)得

$$\delta W = \int_0^T \sigma_{d0}\sin\omega t \cdot \frac{\sigma_{d0}}{c}\sin\omega t \, dt = \frac{\pi\sigma_{d0}^2}{c\omega} \tag{8-35}$$

可见黏性体在一个动应力周期内单位体积的应变能正好等于应力-应变关系曲线所围成椭圆的面积。

下面讨论一下由这三个元件组合而成的几种常见模型。

1. 理想弹塑性模型

如图 8-13 所示,该模型可由弹性元件和塑性元件的应力-应变关系组合而得。它的应力-应变关系为一个平行四边形。当 $|\sigma_d| < \sigma_0$ 时,$\varepsilon_d = \dfrac{\sigma_d}{E}$,当 $|\sigma_d| = \sigma_0$ 时,ε_d 不定,直至 σ_d 转向时,再沿弹性关系变化。

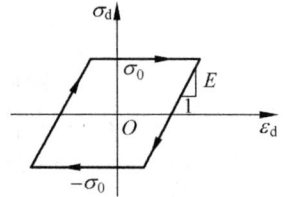

2. 黏弹性模型

通常可分为滞后模型-Kelvin 体和松弛模型-Maxwell 体,如图 8-14 所示。根据土动力学的需要,我们只分析滞后模型。此时用 σ_{ed} 及 σ_{cd} 分别表示动弹性应力及动黏性应力部分,则有

$$\sigma_{ed} = E\varepsilon_d, \quad \sigma_{cd} = c\dot{\varepsilon}_d \tag{8-36}$$

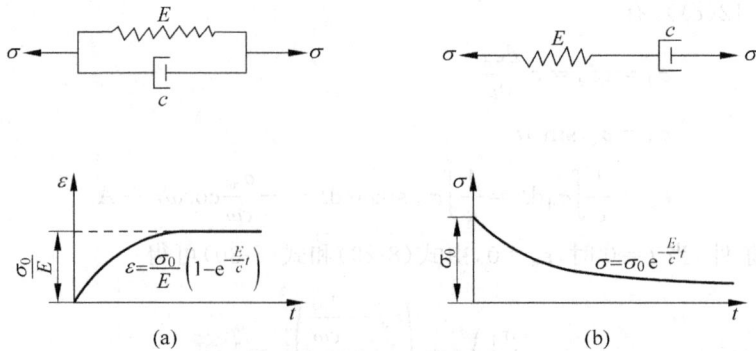

图 8-13 理想弹塑性模型

图 8-14 黏弹性模型

(a) Kelvin 体和蠕变曲线;(b) Maxwell 体和松弛曲线

故

$$\sigma_d = E\varepsilon_d + c\dot{\varepsilon}_d \tag{8-37}$$

或

$$E\varepsilon_d + c\dot{\varepsilon}_d - \sigma_{d0}\sin\omega t = 0 \tag{8-38}$$

此微分方程的解为

$$\varepsilon_d = \frac{\sigma_{d0}}{\sqrt{E^2 + (c\omega)^2}}\sin(\omega t - \delta) \tag{8-39}$$

其中

$$\delta = \arctan\frac{c\omega}{E}$$

令 $E_d = \sqrt{E^2 + (c\omega)^2}$，$\varepsilon_{d0} = \dfrac{\sigma_{d0}}{E_d}$，则上式可变为

$$\varepsilon_d = \frac{\sigma_{d0}}{E_d}\sin(\omega t - \delta) = \varepsilon_{d0}\sin(\omega t - \delta) \tag{8-40}$$

利用坐标变换可知黏弹性的应力-应变关系应为一椭圆曲线。由式(8-40)还可看出，由于滞后的影响，动应力最大值 σ_{d0} 和动应变最大值 ε_{d0} 的相位并不相同，此时求得的动弹性模量要大于弹性元件的弹性模量 E，反映了阻尼的影响。当材料的黏滞系数 c 不大时，相位差也不大，动应变最大值出现的时刻与动应力最大值出现的时刻很接近，此时，用 σ_{d0} 和 ε_{d0} 之比定义模量还是相当精确的，故一般常用此定义讨论问题。

3．黏塑性模型

黏塑性模型又称为 Bingham 体，其应力-应变关系在 $|\sigma_d| \leqslant \sigma_0$ 时为塑性元件的关系，在 $|\sigma_d| \geqslant \sigma_0$ 时为黏性元件的关系，因此组合成一个如图 8-15 所示的曲线形态。

4．双线性模型

如图 8-16 所示，当 $|\sigma_d| \leqslant \sigma_0$ 时，$\sigma_d = (E_1 + E_2)\varepsilon_d$；当 $|\sigma_d| \geqslant \sigma_0$ 时，$\sigma_d = \sigma_0 + E_1\varepsilon_d$。因此，双线性模型的应力-应变关系为一平行四边形，两条边的斜率分别为 E 及 E_1，其中 $E = E_1 + E_2$。

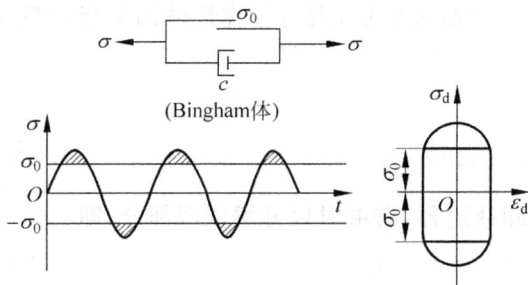

图 8-15　黏塑性模型

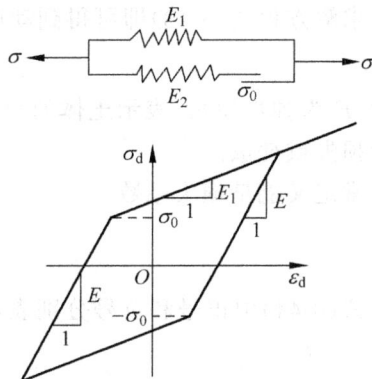

图 8-16　双线性模型

采用弹性元件、塑性元件、黏性元件的不同组合得到不同的模型,是为了要把复杂的土的性质用直观易得的方法表现出来,这样比较方便。而流变模型有助于从概念上认识变形的各种不同分量,并分别加以考虑再进行组合,同时流变模型的数学表达式能直接地描述蠕变、应力松弛及稳定变形等,所以,许多研究者仍经常使用流变模型来解释土的各种性质。

然而,由于土体具有异常复杂的特性,流变模型只能用以说明某些现象,不能反映其本质。例如,土的应力松弛,表明它与 Maxwell 体相似;它的弹性后效性能,则又与 Kelvin 体相似。从土的极限强度这一特性来看,它又有 Bingham 体的性质。因而,用流变模型来解释土的性质,显然存在许多困难。例如,对于非饱和土,考虑其中起始比降、骨架蠕变、渗透和压缩系数的变化,以及土的结构破坏等影响,就可以列出黏性土一维压缩的流变模量,但是这种模型的性质很复杂,只能用来作为定性的说明,而且即使是一维问题,模型内各元件的参数也是各不相同的。

因此,不应认为绘出土的结构模型,列出它的流变方程并求得方程解答,问题就得到了解决,那就把土的性质过于简单化了。流变模型的适用范围是有一定条件的,因而在采用流变模型来解释土的性质时,应结合具体土性、受载特点等因素慎重考虑。

8.3　黏弹性线性模型

在应变水平很低时,土的动本构模型可以用黏弹性理论来描述,其应力-应变关系可以认为是线性的,但需要考虑土体阻尼的存在对能量的耗散作用,土的黏弹性线性模型就是这两者的叠加。

假设黏弹性土体在循环动荷载作用下,剪应力和相应的剪应变的一般形式可写为

$$\tau_{d} = \tau_{d0} \sin\omega t \tag{8-41}$$

$$\gamma_{d} = \gamma_{d0} \sin(\omega t - \delta) \tag{8-42}$$

式中,τ_{d0} 为剪应力幅值;t 为时间;ω 为圆频率;γ_{d0} 为剪应变幅值。设 δ 为表征应变对应力滞后作用的相位差。

消去式(8-41)和式(8-42)中的 ωt 项,则可以得到下面的应力-应变关系:

$$\left(\frac{\tau_{d}}{\tau_{d0}}\right)^{2} - 2\cos\delta \cdot \frac{\gamma_{d}}{\gamma_{d0}} \frac{\tau_{d}}{\tau_{d0}} + \left(\frac{\gamma_{d}}{\gamma_{d0}}\right)^{2} - \sin^{2}\delta = 0 \tag{8-43}$$

求解方程式(8-43)即可得到动应力-动应变关系为

$$\tau_{d} = E\gamma_{d} \pm E' \sqrt{\gamma_{d0}^{2} - \gamma_{d}^{2}} \tag{8-44}$$

式中,E 为弹性模量,表示土体的弹性变形;E' 为损失模量,表示黏弹性体因变形而发生的能量损失或耗散。

常定义能量损失系数

$$\eta = \frac{E'}{E} = \tan\delta \tag{8-45}$$

式(8-44)中正号和负号分别表示加载和卸载过程,右端可以分解成两部分,即

$$\tau_{d} = \sigma_{1} + \sigma_{2} \tag{8-46}$$

$$\sigma_{1} = E\gamma_{d} \tag{8-47}$$

$$\sigma_{2} = \pm E' \sqrt{\gamma_{d0}^{2} - \gamma_{d}^{2}} \tag{8-48}$$

式(8-48)又可写成

$$\left(\frac{\sigma_2}{E'\gamma_{d0}}\right)^2 + \left(\frac{\gamma_d}{\gamma_{d0}}\right)^2 = 1 \tag{8-49}$$

式(8-47)表示应力-应变关系为线性的,其斜率为 E,即图 8-17(a)中的直线。而式(8-49)表示应力与应变为椭圆形变化关系,即图 8-17(a)所示的椭圆。

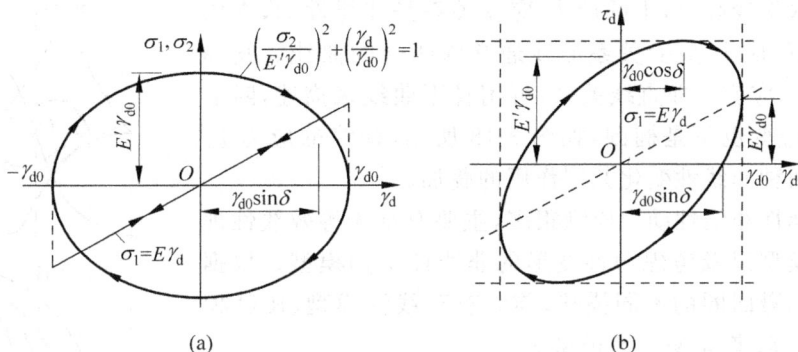

图 8-17　黏弹性线性模型应力-应变关系
(a) 弹性部分与阻尼部分的分解;(b) 合成后的应力-应变滞回曲线

因此式(8-44)所给出的应力-应变关系可以看作是上述两个函数的组合,其中一个为线性往复作用,一个为椭圆形的运动轨迹。二者叠加即为图 8-17(b)所示的斜轴形椭圆滞回曲线,滞回曲线所包围的面积反映了循环荷载加荷一周的能量损失。图中椭圆与纵轴的交点为 $E'\gamma_{d0}$,因此损失模量 E' 可以表征椭圆的扁平程度,E' 值越大,椭圆越趋于圆形,能量损失越大;E' 值越小,其能量损失越少;当 $E' = 0$ 时,无能量耗散。

能量损失的程度可由阻尼比 λ_d 来反映,黏弹性体的阻尼比 $\lambda_d = \eta/2$,可由滞回曲线进行计算。根据椭圆面积积分公式得

$$\Delta W = \int \tau_d \mathrm{d}\gamma_d = E'\pi\gamma_{d0}^2 \tag{8-50}$$

另一方面,黏弹性体内的最大弹性势能为(见图 8-17(b))

$$W = \frac{1}{2}\sigma_1\gamma_{d0} = \frac{1}{2}E\gamma_{d0}^2 \tag{8-51}$$

损失的能量与最大应变能之比为

$$\frac{\Delta W}{W} = \frac{E'\pi\gamma_{d0}^2}{\frac{1}{2}E\gamma_{d0}^2} = 2\pi\frac{E'}{E} \tag{8-52}$$

因此

$$\lambda_d = \frac{\eta}{2} = \frac{E'}{2E} = \frac{\Delta W}{4\pi W} \tag{8-53}$$

此即阻尼比的物理意义。不同黏弹性模型得到的阻尼比表达式不同。式(8-53)也可写成下面的形式:

$$\lambda_d = \frac{E'\gamma_{d0}}{2E\gamma_{d0}} \tag{8-54}$$

式中,$E'\gamma_{d0}$ 为应变为零时的剪应力值;$E\gamma_{d0}$ 为应变最大时的剪应力值。

在实验室中即根据这一特点来确定土的阻尼比,对于不完全符合线性黏弹性的土体也可以采用这种方法确定阻尼比。

8.4 黏弹性非线性模型

在应变水平较高时,土的应力-应变关系是非线性的,在周期荷载作用下,应力-应变关系曲线通常为闭合的曲线。其弹性部分的应力-应变并非直线关系,可用骨干曲线来描述,阻尼部分的应力-应变也不是椭圆,如图 8-18 所示,最终的应力-应变关系是这两种非线性变化共同作用的叠加。

土的黏弹性非线性动力模型很多,主要有基于等效线性理论的非线性模型以及考虑塑性变形的非线性本构模型。根据对骨干曲线和滞回圈的不同描述,前者有双线性模型、R-O 模型、H-D 模型,后者有 M-F-S 模型等。

8.4.1 等效线性理论

等效线性理论把土视为黏弹性非线性弹性介质,它采用等效弹性模量 E 或 G 和等效阻尼比 λ_d 来反映土动应力-动应变关系的滞后性,通常将弹性模量和阻尼比表示为动应变幅的函数,即 $G=G(\gamma_{d0})$ 和 $\lambda_d=\lambda_d(\gamma_{d0})$,同时在确定上述关系时考虑固结应力的影响。

图 8-18 非线性模型的应力-应变关系

采用等效线性模型分析问题时,一般先预估剪切模量和阻尼比的值,据以求出土层的平均剪应变,然后根据上述模量与阻尼比的函数关系,由得到的平均剪应变求出相应的 G、λ_d 值,并与开始预估的 G、λ_d 值比较,反复计算和迭代直到协调为止。因此在等效线性理论中,等效模量和等效阻尼比与应变幅值之间的函数关系的确定是关键问题。

1. 等效模量

等效模量与应变幅值之间的函数关系一般可由骨干曲线得到。

如果取 Hardin 等由试验得出的骨干曲线表达式(8-3),可得等效剪切模量 G 的函数关系式为

$$G = \frac{1}{1+\gamma_{d0}/\gamma_r}G_0 \tag{8-55}$$

或

$$\frac{G}{G_0} = \frac{1}{1+\gamma_{d0}/\gamma_r} \tag{8-56}$$

如果取 Ramberg 和 Osgood 等提出的骨干曲线表达式(8-5),可得等效剪切模量 G 的函数关系式为

$$\frac{G}{G_0} = \frac{1}{1+\alpha(\tau_{d0}/\tau_{dmax})^{R-1}} \tag{8-57}$$

确定等效动剪切模量一般需要确定两个基本参数:初始剪切模量 G_0 与参考剪应变 γ_r。

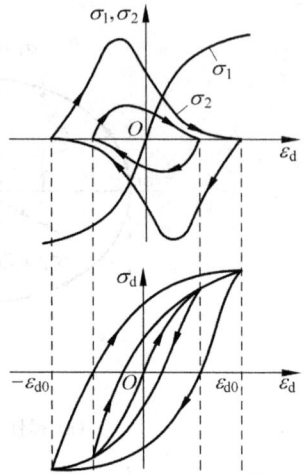

初始剪切模量 G_0 可由动单剪试验求得,也可根据动三轴试验中 σ_d-ε_d 关系曲线求得初始剪切模量 G_0 和参考应变 ε_r,进而求得,还可根据有关的经验成果来确定。如 Hardin 和 Black 指出土的剪切模量受一系列因素的影响,可表达为

$$G_0 = f(\sigma'_m, e, \gamma_{d0}, t, H, f, c, \theta, \tau_0, S, T) \tag{8-58}$$

式中,σ'_m 为平均有效主应力;f 为频率;e 为孔隙比;c 为颗粒特征;γ_{d0} 为剪应变幅;θ 为土的结构效应;t 为次固结时间效应;τ_0 为八面体剪应力;H 为受荷历史;S 为饱和度;T 为温度。

对于无黏性土来说,当剪应变幅小于 10^{-4} 时,除 σ'_m 和 e 外,其他因素的影响较小。对于圆粒砂土($e<0.8$)和角粒砂土:

$$G_0 = 6934 \frac{(2.17-e)^2}{1+e} \sigma'^{\frac{1}{2}}_m \tag{8-59}$$

$$G_0 = 3229 \frac{(2.97-e)^2}{1+e} \sigma'^{\frac{1}{2}}_m \tag{8-60}$$

对于黏性土来说,除主要影响因素 σ'_m 和 e 外,还应考虑超固结比 OCR 的影响,此时

$$G_0 = 3229 \frac{(2.97-e)^2}{1+e} \text{OCR}^k \sigma'^{\frac{1}{2}}_m \tag{8-61}$$

式中,k 值可以由表 8-1 按塑性指数 I_P 内插求得,G_0 及 σ'_m 均以 kPa 计。

表 8-1　黏性土 k 值

塑性指数	0	20	40	60	80	≥100
k	0	0.18	0.3	0.41	0.48	0.5

由于参考应变和初始剪切模量之间存在关系 $G_0 = \tau_{dmax}/\gamma_r$,因此在得到 G_0 后,确定参考应变 γ_r 就变成确定 τ_{dmax} 的问题了。同样可以采用动单剪试验或动三轴试验来确定 τ_{dmax},通常 τ_{dmax} 就是试验确定的骨干曲线渐近线的对应值。

τ_{dmax} 还可以根据摩尔-库仑破坏准则求得,如图 8-19 所示,则 τ_{dmax} 可写为

$$\tau_{dmax} = \left[\left(\frac{1+K_0}{2} \sigma'_v \sin\varphi' + c'\cos\varphi' \right)^2 - \left(\frac{1+K_0}{2} \sigma'_v \right)^2 \right]^{\frac{1}{2}} \tag{8-62}$$

式中,K_0 为静止侧压力系数,$K_0 = 1 - \sin\varphi'$;σ'_v 为垂直有效覆盖压力;φ' 为土的有效强度指标。

考虑到在动力条件下的抗剪强度与静力条件下的抗剪强度不同,对由式(8-62)求得的 $(\tau_{dmax})_{静}$ 引入一个应变速率校正系数 λ_1,将其换算成动力条件下的 $(\tau_{dmax})_{动}$,即

$$(\tau_{dmax})_{动} = \lambda_1 (\tau_{dmax})_{静} \tag{8-63}$$

根据 Whitman 和 Richart 的研究,对于干砂采用 $\lambda_1 = 1.10 \sim 1.15$;对于部分饱和土采用 $\lambda_1 = 1.5 \sim 2.0$;对于饱和黏性土采用 $\lambda_1 = 1.5 \sim 3.0$。Lee 等在动三轴试验中得到,当应变速率为每分钟 $0.1\% \sim 10000\%$ 时,松砂在限制压力小于 147N/cm^2

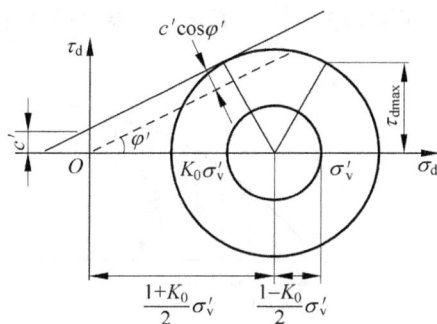

图 8-19　摩尔-库仑准则确定 τ_{dmax}

和密砂在限制压力小于 58.8N/cm^2 时,应变速率系数为 1.07,而密砂在高限制压力时应变速率系数为 1.20。由此可见,对于干砂,应变速率的影响相对来说并不太重要,而对黏土,在高应变速率下影响较大。

在周期荷载作用下,土体受到小于 $(\tau_{dmax})_{\text{静}}$ 的循环应力时也会发生破坏,其破坏前加荷的循环次数取决于初始应力水平、往复应力脉冲的形式、脉冲施加的频率、试验仪器的类型以及试验用土的特性,黏土和饱和砂土都存在这种破坏形式,不过后者通常由液化所引起。对于干砂,循环荷载会使其孔隙比减小和颗粒排列更好进而导致土体硬化,但由于土颗粒连续移动,将会较静力条件下引起更大的变形,在土应力-应变关系曲线中表现为滞回圈越来越倾向于应力轴。这是因为在加载的初始几周应变速率影响占主导地位,导致 τ_{dmax} 增大,而随着循环次数的增加,循环效应逐渐占主导地位,从而使 τ_{dmax} 减小。

2. 等效阻尼比

等效阻尼比 λ_d 为实际的阻尼系数 c 与临界阻尼系数 c_{cr} 之比,在 8.1.2 节已经讨论过,它和能量损失 ψ 之间的关系为

$$\lambda_d = \frac{c}{c_{cr}} = \frac{c}{2m\omega} = \frac{\psi}{4\pi} = \frac{1}{4\pi}\frac{\Delta W}{W} \tag{8-64}$$

式中,ψ 为能量损失数,

$$\psi = \frac{\Delta W}{W} \tag{8-65}$$

式中,ΔW 为一周期内损耗的能量;W 为一周内作用的总能量。

因此,要求得土的阻尼比 λ_d,就需要确定总能量 W 和能量损耗 ΔW。由于应力-应变曲线下的面积表示单位土体中储存的应变能 W,如图 8-20 所示,故

$$W(t) = \int_0^{\varepsilon_d(t)} \sigma_d(t)\,\mathrm{d}\varepsilon_d(t) \tag{8-66}$$

对于弹性体(见图 8-21),$\sigma_d(t) = E_d\varepsilon_d(t)$,故

$$W(t) = \int_0^{\varepsilon_d(t)} E_d\varepsilon_d(t)\,\mathrm{d}\varepsilon_d(t) = \frac{1}{2}E_d\varepsilon_d^2(t) = \frac{1}{2}\sigma_d(t)\varepsilon_d(t) \tag{8-67}$$

在图 8-21 中,当荷载由 O 点到 A 点时,对应的弹性应变能为 $W_1(A)$,当荷载由 A 点到 B 点再返回到 A 点时对应的弹性应变能为 $W_2(A)$,有

$$W_1(A) = \int_0^{\varepsilon_d(A)} E_d\sigma_d(t)\,\mathrm{d}\varepsilon_d(t) \tag{8-68}$$

$$W_2(A) = \int_0^{\varepsilon_d(A)} E_d\sigma_d(t)\,\mathrm{d}\varepsilon_d(t) + \int_{\varepsilon_d(A)}^{\varepsilon_d(B)} E_d\sigma_d(t)\,\mathrm{d}\varepsilon_d(t) + \int_{\varepsilon_d(B)}^{\varepsilon_d(A)} E_d\sigma_d(t)\,\mathrm{d}\varepsilon_d(t) \tag{8-69}$$

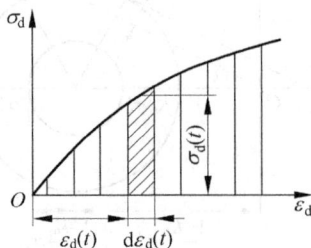

图 8-20　黏弹性体应力-应变关系　　　　　图 8-21　弹性体应力-应变关系

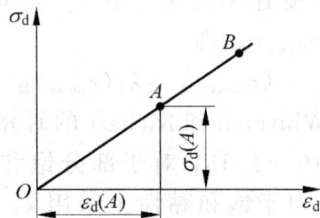

由于

$$\int_{\varepsilon_d(A)}^{\varepsilon_d(B)} E_d \sigma_d(t) d\varepsilon_d(t) = -\int_{\varepsilon_d(B)}^{\varepsilon_d(A)} E_d \sigma_d(t) d\varepsilon_d(t) \tag{8-70}$$

因此有

$$W_1(A) = W_2(A) \quad \text{或} \quad \Delta W = W_1(A) - W_2(A) = 0 \tag{8-71}$$

式(8-71)表明,对于黏弹性体,一个周期内弹性力的能量损耗等于零,所以它的能量损耗应该等于阻尼力所做的功,即

$$\Delta W = \int_0^{\varepsilon_d} c \dot{\varepsilon}_d d\varepsilon_d = \int_0^t c \dot{\varepsilon}_d \frac{d\varepsilon_d}{dt} dt = \int_0^t c \dot{\varepsilon}_d^2 dt \tag{8-72}$$

由 $\varepsilon_d = \varepsilon_{d0} \sin(\omega t - \delta)$,得

$$\Delta W = \int_0^t c\omega^2 \varepsilon_m^2 \cos^2(\omega t - \delta) dt = c\omega \varepsilon_{d0}^2 \int_0^t \cos^2(\omega t - \delta) d(\omega t) = c\omega \varepsilon_{d0}^2 \int_0^{\frac{2\pi}{\omega}} \cos^2(\omega t - \delta) d(\omega t) \tag{8-73}$$

上式积分后得

$$\Delta W = \pi c\omega \varepsilon_{d0}^2 \tag{8-74}$$

可以证明,黏弹性体在一个周期内的能量损耗 ΔW 近似等于滞回曲线所围成的面积 A_0,即

$$\Delta W = A_0 = \pi c\omega \varepsilon_{d0}^2 \tag{8-75}$$

一个周期内加载所储存的总能量 $W = \sigma_{d0} \varepsilon_{d0}/2$,即等于图 8-22 中 $\triangle OAA'$ 的面积 A_T,$A(\sigma_{d0}, \varepsilon_{d0})$ 为最大幅值点,则

$$\lambda_d = \frac{1}{4\pi} \frac{A_0}{A_T} = \frac{1}{4\pi} \frac{\text{滞回圈面积}}{\triangle OAA' \text{的面积}} \tag{8-76}$$

上式即为动三轴试验中确定阻尼比的基本关系式,试验中对于不同的应变幅值 ε_{d0} 可由上式得到不同的阻尼比 λ_d,对 λ_d、ε_{d0} 进行拟合就可以得到阻尼比函数 $\lambda_d = \lambda_d(\gamma_{d0})$ 的关系式。

利用式(8-76)计算阻尼比时,滞回圈应接近于一个椭圆,如果实测的滞回圈不是椭圆曲线,则采用上式可能会带来较大的误差,此时可对测得的滞回圈作适当的简化处理,使其尽可能接近椭圆曲线形态再进行计算,如 H-D 模型中对阻尼比计算的修正(详见 8.4.4 节)。

阻尼比也可以采用相关的经验成果来确定,Seed 和 Idriss(1970)对一些研究者测得的阻尼比进行了综合分析,如图 8-23(a)所示。在影响砂土阻尼比的主要因素——平均有效主应力 σ_m'、孔隙比 e 和应变幅 γ_{d0} 中,e 的影响相对比较次要。图 8-23(b)为孔隙比为 0.5 时砂土的阻尼比与剪应变的关系曲线,图 8-24 所示为各研究者对黏性土得出的阻尼比的基本资料,可作为应用时的参考。由这些图可以看出,阻尼比随应变幅的增大而增大。当应变幅很小($<10^{-4}\%$)时,阻尼比接近于零,因此,计算中可以不考虑阻尼的影响,即将土视为在弹性状态下工作。

通过采用动模量函数 $G(\gamma_{d0})$ 和阻尼比函数 $\lambda_d(\gamma_{d0})$,就可以建立基于等效线性理论的黏弹性非线性模型,又称

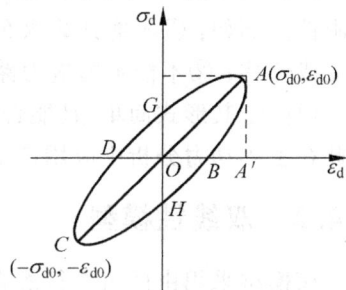

图 8-22 滞回圈与阻尼比

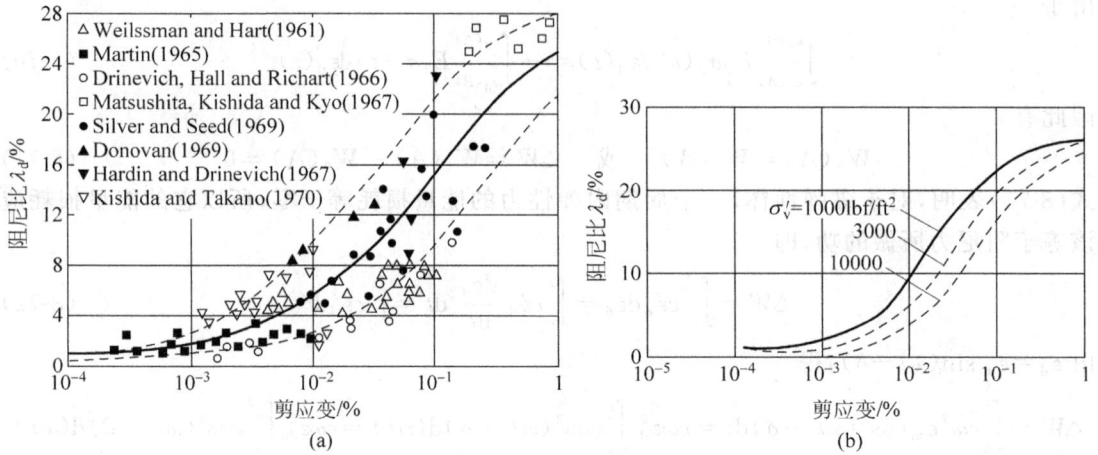

图 8-23　砂土阻尼比与剪应变幅关系曲线

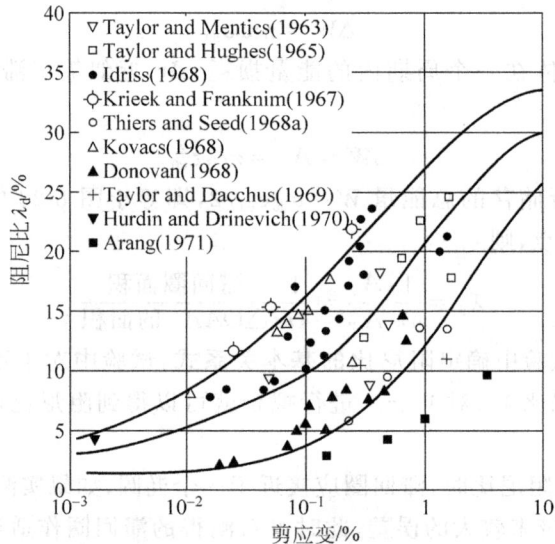

图 8-24　黏性土阻尼比与剪应变幅关系曲线

为等效线性模型,如双线性模型、R-O 模型、H-D 模型等。

　　这类模型把土视为黏弹性介质,没有考虑影响土动力变形特性的因素,因此具有一定的局限性。例如:①不能计算永久变形,也不能计算土体在周期荷载连续作用下发生的残余应变或位移;②不能考虑应力路径的影响;③不能考虑土的各向异性;④大应变时误差较大。但由于其形式简单,且能合理地确定土体在地震加速度作用下的剪应力和剪应变反应,因此在土体动力分析中应用广泛。

8.4.2　双线性模型

　　该模型采用由两组平行的直线所形成的一个平行四边形来表示土的动应力-动应变曲线的滞回特性,如图 8-25 所示。

　　当动应变小于屈服应变(即参考应变)γ_r 时,骨干曲线是一条斜率为 G_0 的直线;超过屈服应变后,骨干曲线为一条斜率为 G_f 的直线,且 $G_f < G_0$,梯形阴影区域表示阻尼部分。通过将骨干曲线进行扩展,即可得模型的滞回曲线。可知该模型有 G_0、G_f、γ_r 三个参数,$G_f = 0$ 时转化为弹塑性模型。滞回圈两端顶点连线的斜率 G 表示任一剪应变幅 γ_{d0} 时的等效剪切模量。

双线性模型中的等效模量函数为

$$\begin{cases} \gamma_{d0} \leqslant \gamma_r, & \dfrac{G}{G_0} = 1 \\[3mm] \gamma_{d0} > \gamma_r, & \dfrac{G}{G_0} = \dfrac{\gamma_r}{\gamma_{d0}} + \dfrac{G_f}{G_0}\left(1 - \dfrac{\gamma_r}{\gamma_{d0}}\right) \end{cases} \tag{8-77}$$

由上式可知,当 $\gamma_{d0} \to \infty$ 时,G 收敛于 G_f。

由式(8-77)可得双线性模型的阻尼比函数为

$$\gamma_{d0} \leqslant \gamma_r, \quad \lambda_d = 0$$

$$\gamma_{d0} > \gamma_r, \quad \lambda_d = \frac{2}{\pi} \frac{\left(1 - \dfrac{G_f}{G_0}\right)\left(\dfrac{\gamma_{d0}}{\gamma_r} - 1\right)\dfrac{\gamma_r}{\gamma_{d0}}}{\dfrac{G_f}{G_0}\left(\dfrac{\gamma_{d0}}{\gamma_r} - 1\right) + 1} \tag{8-78}$$

由上式可知,当 $\gamma_{d0} \to \infty$ 时,G 收敛于 G_f,则 λ_d 收敛于 0,这与实际情况不符,因为随着剪应变的增大,阻尼比应该是增大而不是减小。

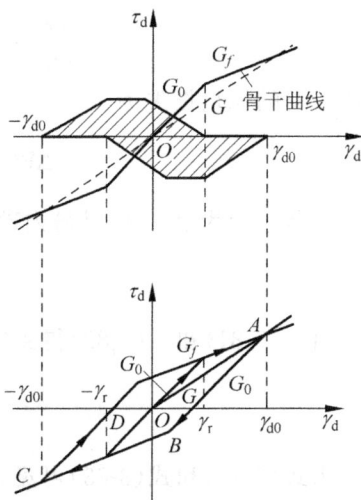

图 8-25　双线性模型的应力与应变
关系曲线

8.4.3　Ramberg-Osgood 模型

Ramberg-Osgood 模型(简称 R-O 模型)也属于等效线性模型,它将剪切模量和阻尼比表示为动应变幅值的函数,同时考虑了静力固结平均主应力的影响。该模型概念清晰,应用广泛。

R-O 模型的骨干曲线形式见式(8-5),由于屈服应力 $\tau_{dmax} = G_0 \gamma_r$,则式(8-5)也可写成

$$G_0 \gamma_{d0} = \tau_{d0} + \frac{\alpha \tau_{d0}^R}{(G_0 \gamma_r)^{R-1}} \tag{8-79}$$

式中,α 为试验参数;R 为大于 1 的数,表示剪应变大于 γ_r 以后的非线性程度,当 $R=1$ 时,式(8-79)为线性骨干曲线的表达式。

R-O 模型的应力-应变关系如图 8-26 所示。当剪应变的幅值 γ_{d0} 小于屈服应变 γ_r 时,其应力-应变关系与上述双线性模型一样,骨干曲线是斜率为 G_0 的直线;当剪应变的幅值 γ_{d0} 超过 γ_r 时,进行了如式(8-79)的修正。

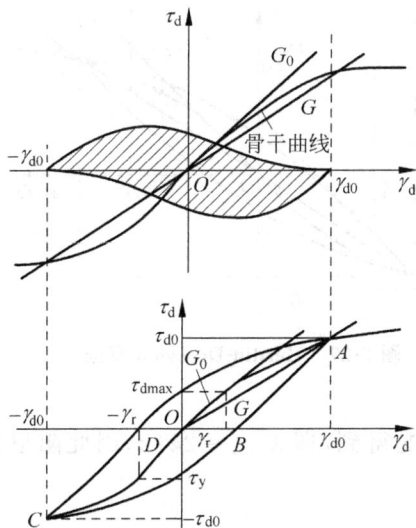

图 8-26　Ramberg-Osgood 模型的
应力与应变关系曲线

模型有 γ_r、G_0、α、R 四个参数,等效剪切模量 G 可由式(8-80)计算:

$$\frac{G}{G_0} = \frac{1}{1 + \alpha (\tau_{d0} / \tau_{dmax})^{R-1}} \tag{8-80}$$

加荷一周的能量损失为

$$\Delta W = 4\tau_{dmax} \gamma_r \alpha \left(\frac{R-1}{R+1} \right) \left(\frac{\tau_{d0}}{\tau_{dmax}} \right)^{R+1} \tag{8-81}$$

当剪应变为 γ_{d0} 时,材料内部的应变能近似为

$$W = \frac{1}{2} G \gamma_{d0}^2 \tag{8-82}$$

由式(8-81)和式(8-82)得到等效阻尼比函数的表达式为

$$\lambda_d = \frac{1}{4\pi} \frac{\Delta W}{W} = \frac{2}{\pi} \frac{R-1}{R+1} \left(1 - \frac{G}{G_0} \right) \tag{8-83}$$

由式(8-79)和式(8-83)可见,当 $\gamma_{d0} \to \infty$ 时,G 收敛为零,λ_d 达到最大值 $\frac{2}{\pi} \frac{R-1}{R+1}$。

8.4.4 Hardin-Drnevich 模型

Hardin-Drnevich 模型(简称 H-D 模型)也是一种等效线性模型,如图 8-27 所示,其动应力-动应变呈双曲线关系,故该模型也被称作双曲线模型。

H-D 模型的骨干曲线形式见式(8-3),由骨干曲线可得 H-D 模型等效剪切模量的表达式为

$$\frac{G}{G_0} = \frac{1}{1 + \gamma_{d0}/\gamma_r} \tag{8-84}$$

其滞回曲线形式通过如下方法确定:在滞回曲线的折返点 A、C 各作平行于骨干曲线初始斜率 G_0 的直线和平行于横轴的直线,构成平行四边形 $ABCD$,其面积为 $4\tau_{d0}^2 (1/G - 1/G_0)$。假设滞回曲线的面积与平行四边形 $ABCD$ 的面积之比为一定值 k,则加载一周的能量损失为

$$\Delta W = 4k \tau_{d0}^2 \left(\frac{1}{G} - \frac{1}{G_0} \right) \tag{8-85}$$

根据应变能计算公式,可得等效阻尼比函数形式如下:

$$\lambda_d = \frac{2}{\pi} k \left(1 - \frac{1}{G_0} \right) \tag{8-86}$$

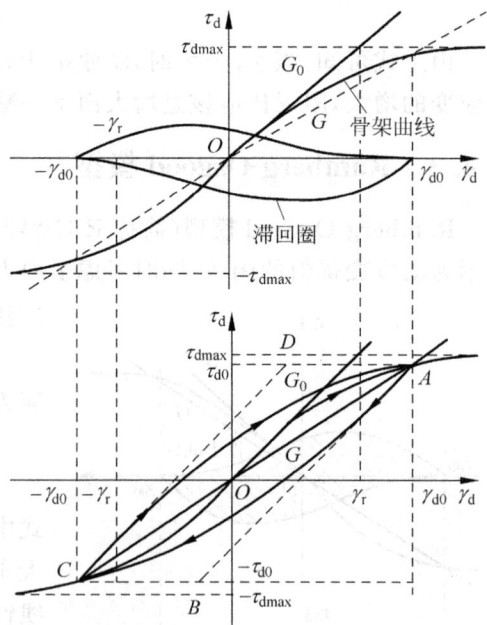

图 8-27 Hardin-Drnevich 模型

最大等效阻尼比 λ_{dmax} 可由剪应变 $\gamma_{d0} \to \infty$ 时的情况得到,即 $\lambda_{dmax} = 2k/\pi$,因此阻尼比函数又可改写为

$$\frac{\lambda_d}{\lambda_{dmax}} = 1 - \frac{G}{G_0} \tag{8-87}$$

最初的 H-D 模型有 G_0、γ_r、λ_{dmax} 三个模型参数。但用双曲线来表示土的骨架并不符合实

际情况,因此 Hardin 和 Drnevich 后来将剪切模量函数和阻尼比函数修正为式(8-7)和式(8-8)。

8.4.5　M-F-S 模型

等效线性模型能够反映动力荷载作用下土体变形的非线性和滞后性,但没有考虑塑性应变的累积性,而土的塑性变形积累是土的重要特性之一,这一点在往复荷载作用下表现得尤为明显。对于软黏土来讲,其滞回曲线位置随着荷载作用周数的增加而右移,且越来越大,越来越向应变轴倾斜,并出现周期衰化现象;对于松砂(干砂)来讲,其滞回圈随作用周数的增加而越来越小,并逐渐靠近,最终达到稳定状态。在动应力-动应变关系中要反映变形的累积性,可在等效线性模型基础上,配合一些能够计算永久变形的公式来实现,也可以直接采用弹塑性理论来实现,前者可称为等效的黏弹塑性模型,如本节将要介绍的 Martin-Finn-Seed 模型(简称 M-F-S 模型)。

Martin、Finn、Seed 通过采用物态参数 K 来反映往复荷载的影响,并给出物态参数 K 与周数 N 的关系,根据土的初始状态、受力条件和当前 K 值得到下一步物态参数变化。假设参数 K 随周数 N 单调增长,即

$$\frac{\mathrm{d}K}{\mathrm{d}N} = Q(K, \tau_{\mathrm{d0}}) > 0 \tag{8-88}$$

或

$$\frac{\mathrm{d}K}{\mathrm{d}N} = \hat{Q}(K, \gamma_{\mathrm{d0}}) > 0 \tag{8-89}$$

式中,Q、$\hat{Q}$ 是与土性及初始状态有关的函数,可由试验确定。

若 Q 或 $\hat{Q}$ 已知,又知道 K 在往复荷载下的变化规律,即可确定能够反映土累积变形的应力-应变关系,可由应力表示,也可由应变表示,即

$$\gamma_{\mathrm{d0}} = F(K, \tau_{\mathrm{d0}}) \tag{8-90}$$

或

$$\tau_{\mathrm{d0}} = \hat{F}(K, \gamma_{\mathrm{d0}}) \tag{8-91}$$

参数 K 的确定是这种关系的关键,通常可将 K 与一些可观测量联系起来,如 K 可选取为与变形积累密切相关的可观测量。此时,通过一系列等应变幅(或等应力幅)的往复剪切试验确定。对于排水条件,可采用累积体应变 ε_{v} 作为物态参数 K;对于不排水条件,可采用累积孔压 p 作为物态参数 K。排水和不排水试验中测得的 ε_{v}-τ_{d0} 曲线(或 ε_{v}-γ_{d0} 曲线)和 p-γ_{d0}(或 p-τ_{d0} 曲线),即给出了函数 $Q(K, \tau_{\mathrm{d0}})$ 或 $\hat{Q}(K, \gamma_{\mathrm{d0}})$,并由此来计算累积的塑性变形。将等效线性模型或双线性模型与用物态参数表征变形积累的方法结合起来,就可以得到考虑残余变形的动应力-动应变关系。

1. 排水条件下的 M-F-S 模型

排水条件下的 M-F-S 模型,可采用累积体应变 ε_{v} 作为物态参数 K,某一循环周数内体应变的增量 $\Delta\varepsilon_{\mathrm{v}}$ 可用下式计算:

$$\Delta\varepsilon_{\mathrm{v}} = C_1(\gamma_{\mathrm{d0}} - C_2\varepsilon_{\mathrm{v}}) + \frac{\varepsilon_{\mathrm{v}}^2 C_3}{\gamma_{\mathrm{d0}} + C_4\varepsilon_{\mathrm{v}}} \tag{8-92}$$

式(8-92)即为排水条件下的函数 $\hat{Q}(K,\gamma_{d0})$，其中的物态参数 K 为 ε_v。这样，将前一周对应的累积体应变 ε_v 与作用的动剪应变幅 γ_{d0} 代入式(8-92)，即可计算得到该计算周的体应变增量 $\Delta\varepsilon_v$，它与前一周 ε_v 的代数和，即 $\varepsilon_v+\Delta\varepsilon_v$ 应为该计算周对应的物态参数，如此得到各周作为物态参数的 ε_v。

考虑土的不同埋深，垂直应力 σ_v' 的影响可由一定 γ_{d0} 条件下 τ_{d0} 与 σ_v' 的平方根成正比的关系来反映，即

$$\tau_{d0}=\frac{\sqrt{\sigma_v'}}{a+b\gamma_{d0}}\gamma_{d0} \tag{8-93}$$

式中，a 和 b 均为物态参数 ε_v 的函数，可表示为

$$\begin{cases} a=A_1-\dfrac{\varepsilon_v}{A_2+A_3\varepsilon_v} \\[3mm] b=B_1-\dfrac{\varepsilon_v}{B_2+B_3\varepsilon_v} \end{cases} \tag{8-94}$$

模型中有 A_1、A_2、A_3、B_1、B_2、B_3 六个参数，可由三组等应变往复剪切试验结果确定。

2. 不排水条件下的 M-F-S 模型

不排水条件下取孔隙水压力相关的物态参数，试样不发生体积应变，但引起体变的势依然存在，表现为土中孔隙水压力上升 Δp 和有效应力 σ_v' 的减小，从而使土骨架产生回弹体胀的应变势，这种体胀应变势可用对应的排水条件下的体缩应变 $\Delta\varepsilon_v$ 表示。若假设水不可压缩，上述提到的应变势就可以与土骨架的回弹势建立关系：

$$\Delta p=\overline{E}_r\Delta\varepsilon_v \tag{8-95}$$

式中，$\overline{E}_r$ 和 $\Delta\varepsilon_v$ 需要通过相同应力状态的排水往复剪切试验和一维加卸载试验求得，其中回弹模量 $\overline{E}_r$ 的计算公式如下：

$$\overline{E}_r=\frac{d\sigma_v'}{d\varepsilon_v^e}=\frac{(\sigma_v')^{1-m}}{mk(\sigma_{v0}')^{n-m}} \tag{8-96}$$

式中，m、n、k 为三个参数，可从一组卸载曲线求出。这样式(8-95)、式(8-96)、式(8-92)就构成了不排水条件下的 M-F-S 模型。

8.5　弹塑性模型

上节中的非线性模型不能对土体剪胀和软化特性进行描述，也未能反映平均主应力 p 与广义剪应力 q 的交叉影响，对于应力路径对应力变形的影响也仅能近似反映，且该类模型还将土体默认为各向同性的，不能反映土的真实变形特性，因此基于经典塑性理论的土动弹塑性模型得到发展。

8.5.1　弹塑性理论

土在受力过程中表现出明显的塑性特性，其动应力-动应变关系受到多种因素的影响，如剪应变幅值、平均有效应力、孔隙比和周期加荷次数，以及土的物理性质。通常采用的经典弹塑性理论以增量法来描述应力-应变发展的非线性规律，其基本思路是将应变增量 $d\varepsilon$

分为弹性应变增量 $d\varepsilon^e$ 和塑性应变增量 $d\varepsilon^p$，即

$$d\varepsilon = d\varepsilon^e + d\varepsilon^p \tag{8-97}$$

或

$$\begin{cases} d\varepsilon_v = d\varepsilon_v^e + d\varepsilon_v^p \\ d\varepsilon_q = d\varepsilon_q^e + d\varepsilon_q^p \end{cases} \tag{8-98}$$

式中，e、p 分别表示弹性及塑性情况；ε_v、ε_q 分别表示体应变和剪应变。

弹性应变部分可由弹性理论的应力-应变关系直接给出，即

$$\begin{cases} d\varepsilon_v^e = \dfrac{dp}{K} \\ d\varepsilon_q^e = \dfrac{dq}{3G} \end{cases} \tag{8-99}$$

式中，K 为体积弹性模量；G 为剪切弹性模量。

塑性应变指的是不可恢复的变形，只在材料发生屈服以后才会产生。在复杂应力条件下，通常使用德鲁克（Drucker）公设或依留申公设来判断是否产生塑性应变。他们认为在一个应力或应变循环中所做的功大于零时才会产生塑性应变。Drucker 公设不适用于软化条件，依留申公设则既适用于硬化条件也适用于软化条件。

根据塑性理论计算塑性应变需要根据塑性变形发展过程中屈服面变化的硬化规律来定量地建立硬化模量场，所以必须考虑硬化规律、屈服面形状和流动法则等。

1. 屈服条件与破坏准则

屈服条件是产生塑性应变时需要满足的条件。它在应力空间中为一个包括原点（无应力状态）在内的封闭曲面，称为屈服面，表达式为 $f(\sigma_{ij}) = 0$。当应力点位于屈服面内时，产生弹性变形；应力点位于屈服面上时，产生塑性变形。最早出现塑性变形的屈服面称为初始屈服面。对于硬化材料，初始屈服面产生以后，如果应力继续增加引起塑性变形时，屈服面会扩大或移动，形成新的屈服面，称为后继屈服面或加载面，其对应的应力或应变条件称为加载条件。

对于加载状态，

$$\frac{\partial f}{\partial \sigma_{ij}} d\sigma_{ij} > 0 \tag{8-100}$$

对于卸载状态，

$$\frac{\partial f}{\partial \sigma_{ij}} d\sigma_{ij} < 0 \tag{8-101}$$

式中，$\dfrac{\partial f}{\partial \sigma_{ij}}$ 表示垂直于屈服面方向的向量；$d\sigma_{ij}$ 为应力增量。

当加载面随应力增大而逐渐扩大（或移动）到材料强度所代表的状态即发生破坏，此时的曲面称为状态边界面，它对应的应力条件称为破坏条件或破坏准则，可通过强度试验确定。常用的破坏准则有 Mohr-Coulomb 准则、Tresca 准则、Mises 准则、Zienkiewicz-Pande 准则、广义 Tresca 准则、广义 Mises 准则、松冈元准则、Lade 准则等。

假定屈服条件和加载条件均与破坏条件代表的曲面形状相似，但位置及大小不同。破

坏条件的函数式为

$$f = f(\sigma_{ij}) - K = 0 \tag{8-102}$$

式中，K 为取决于土性的参数。

在屈服条件和加载条件的函数式中，若 K 随塑性应变的发展而变化，此时函数式为

$$f(\sigma_{ij} - \alpha_{ij}) - \alpha^n = 0 \tag{8-103}$$

式中，n 为材料常数；α_{ij} 和 α 为某种固态参数（如塑性应变）的函数，分别反映屈服面在应力空间中的位置和大小，可由试验确定。

为了研究屈服面和破坏面在应力空间内的变化，通常将其投影到不同的特征平面内进行对比与分析，如 π 平面、子午面、σ_1-$\sqrt{2}\sigma_3$ 平面等。其中，π 平面（图 8-28）较为常用。一个 π 平面对应于一个球应力 p（或 I_1、平均主应力 σ_m），且法向应力为 $\sigma_\pi = I_1/3$。π 平面内的应力偏量由 $\tau_\pi = \sqrt{2J_2}$ 和应力洛德角 θ_σ（π 平面上应力偏量与 σ_3' 轴间的夹角）的大小表示。不同的破坏条件在 π 平面上的形状如图 8-29 所示。根据需要，应力状态可在其他的平面如子午面（I_1-$\sqrt{J_2}$ 平面，见图 8-30）、p-q 平面（见图 8-31）和 σ_1-$\sqrt{2}\sigma_3$ 平面（Rendulic 平面，见图 8-32）中表示。考虑到岩土（主要为黏性土）在球应力下仍有可能屈服，故还可能有如图 8-30、图 8-31 和图 8-32 中右边弧线所示的一组屈服面。它相当于在图 8-28 中再加上一个帽子，也称为帽盖屈服面，其形状和大小也由试验确定。

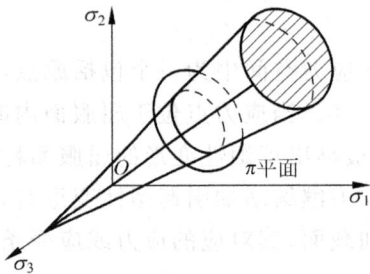

图 8-28　π 平面

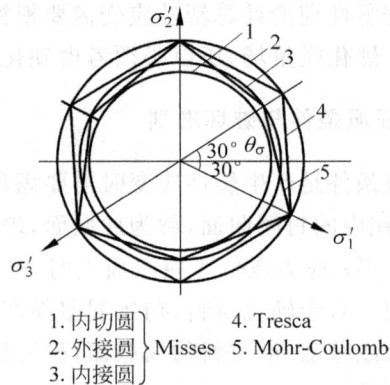

1. 内切圆
2. 外接圆 ⎫ Misses
3. 内接圆
4. Tresca
5. Mohr-Coulomb

图 8-29　不同的破坏条件在 π 平面上的形状

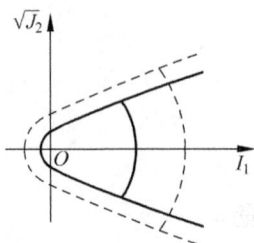

图 8-30　I_1-$\sqrt{J_2}$ 的子午面

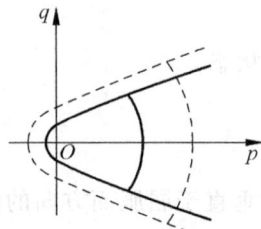

图 8-31　p-q 平面

2. 流动法则

塑性应变的方向可由流动法则确定，经典塑性力学认为塑性应变增量 $d\varepsilon_{ij}^p$ 的方向与塑

性势面 $g=(p,q,H)=0$ 正交,此即正交流动法则,即

$$d\varepsilon_{ij}^p = d\lambda \frac{\partial g}{\partial \sigma_{ij}} \tag{8-104}$$

或

$$d\varepsilon_v^p = d\lambda \frac{\partial g}{\partial p} \tag{8-105}$$

$$\overline{d\varepsilon^p} = d\lambda \frac{\partial g}{\partial q} \tag{8-106}$$

式中,$\overline{d\varepsilon^p}$ 为塑性八面体剪应变,$d\lambda$ 为一个非负的常数,且有

$$d\varepsilon_v^p = d\varepsilon_{ii}^p \tag{8-107}$$

图 8-32　$\sigma_1-\sqrt{2}\sigma_3$ 平面(Rendulic 平面)

$$\overline{d\varepsilon^p} = \left(\frac{2}{3} de_{ij}^p de_{ij}^p \right)^{\frac{1}{2}} \tag{8-108}$$

$$de_{ij}^p = d\varepsilon_{ij}^p - \delta_{ij} \frac{d\varepsilon_v^p}{3}, \quad \delta_{ij} = \begin{cases} 1, & i=j \\ 0, & i \neq j \end{cases} \tag{8-109}$$

正交流动法则可分为相关联流动($g=f$)和非相关联流动($g \neq f$)两种情形。传统塑性理论在研究金属材料时使用 $g=f$ 的相关联流动法则,对于岩土材料,采用不同的硬化参数可以得出不同的屈服面和屈服轨迹,故流动法则需通过试验和试算,寻求一种能够使 $f=(p,q,H)=0$ 和 $g=(p,q,H)=0$ 相一致的硬化参数 H。

3. 硬化规律

在式(8-104)中,$d\lambda$ 是一个确定塑性应变大小的函数,它与应力状态有关,也受应力历史和应力水平的制约,其在塑性变形发展过程中的变化反映了屈服面随塑性应变增大而发展变化的规律,即材料的硬化规律,通常假定

$$d\lambda = \frac{1}{A} \frac{\partial f}{\partial \sigma_{ij}} d\sigma_{ij} = -\frac{1}{A} \frac{\partial f}{\partial H} dH \tag{8-110}$$

式中,A 为硬化参量 H 的函数。

用来表征材料硬化特性的参量很多,如塑性应变的各分量、塑性功或代表热力学状态的内变量等,只要它是不可逆过程的某种量度,其所相应的 A 值就可用对应的硬化规律来计算。从便于计算的角度,常用硬化模量 K_p 的变化来研究硬化规律。硬化模量为沿屈服面外法线 n 方向的应力增量与塑性应变增量之比。根据硬化模量的变化,可得到应力与塑性应变之间的发展过程。在相关联流动规则下,硬化模量的矢量式为

$$K_p = \frac{d\boldsymbol{\sigma}_n}{d\boldsymbol{\varepsilon}^p} \tag{8-111}$$

写成标量式为

$$d\boldsymbol{\varepsilon}^p = \frac{1}{K_p} \boldsymbol{n} d\sigma_n \tag{8-112}$$

式中,$\boldsymbol{n}$ 为屈服面法线的单位矢量。

8.5.2　卸荷引起的塑性变形

按照经典塑性理论,荷载通常被分为加载和卸载过程来研究,它们引起的应力和应变变

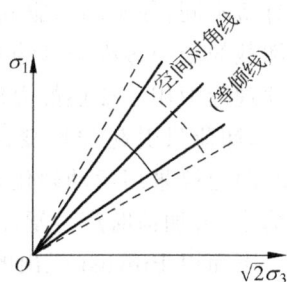

化有所不同,使土的屈服和硬化特性也发生变化,通常可采用等向硬化、运动硬化来描述。加卸载的动力过程与其静力过程是有所差别的,如果动力的速率效应可以忽略不计,则传统塑性理论中用于描述静力加卸载的方法在土动力学中仍然可以借鉴应用。但按照经典塑性理论,卸荷只引起弹性变形,不产生残余的体积应变或残余孔隙水压力。为此,Cater 等(1982)建议采用运动硬化多屈服面的硬化函数,在卸载时使屈服面随着应力点移动,弹性范围缩小,再加荷时产生塑性变形,消除了经典塑性理论中周期加载问题的局限性。

下面以 Prevost 提出的黏土不排水应力-应变模型来说明多屈服面运动硬化模型怎样表示土的应力-应变关系。图 8-33(a)中的折线表示三轴试验得到的应力-应变关系,其相应的屈服面如图 8-33(b)所示。图中,σ_y、ε_y 分别为轴向应力与轴向应变,σ_x、σ_z 为侧向应力。

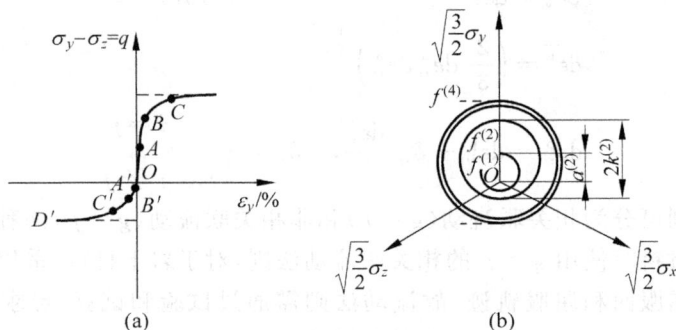

图 8-33 多屈服面模型
(a) 应力与应变关系曲线;(b) 屈服面

设 K_0 固结试验沿 y 轴方向加载,图 8-33 中 AA' 段表示弹性变形部分,A 点之后产生塑性变形,塑性应变增量为

$$\mathrm{d}\varepsilon_{ij}^{\mathrm{p}} = \frac{1}{H'} \frac{\partial f}{\partial \sigma_{ij}} \frac{\dfrac{\partial f}{\partial \sigma_{rs}} \mathrm{d}\sigma_{rs}}{\dfrac{\partial f}{\partial \sigma_{mn}} \mathrm{d}\sigma_{mn}} \tag{8-113}$$

在三轴不排水压缩试验中,若采用广义 Von-Mises 屈服条件,并假设相关联的流动法则,则上式改写为

$$\mathrm{d}\varepsilon_{ij}^{\mathrm{p}} = \frac{2}{3H'} \mathrm{d}\sigma_{11} \tag{8-114}$$

式中,$\mathrm{d}\sigma_{11}$ 为轴向应力增量;H' 为 AB 段的塑性模量。

弹塑性模量 H 用 AB 段的斜率表示,它与弹塑性模量 H'、弹性剪切模量 G 之间的关系式为

$$H = \left(\frac{1}{2G} + \frac{1}{H'} \right)^{-1} \tag{8-115}$$

如图 8-34(b)所示从 A 点继续加荷至 B 点,屈服面 $f^{(1)}$ 不断移动并与 $f^{(2)}$ 相接触,塑性应变用 BC 段的塑性模量计算。继续加荷至 D 点,则所有屈服面都接触在一点,如图 8-34(a)所示。

从 D 点开始卸荷,卸荷范围是 $2k^{(1)}$,土体先在屈服面 $f^{(1)}$ 内产生弹性变形,即图 8-33(b)中 $a^{(2)}$ 范围内的部分。继续卸荷,土体将再产生塑性变形,塑性模量取 EF 段的斜率,其值

与 AB 段相同。该曲线的初次加载段与实验结果非常吻合,但卸荷段不完全符合,且将该模型用于有限元分析中,需要跟踪每个单元的屈服面移动,这会对计算造成困难,为此有学者发展了边界面模型,8.5.3 节中将进行详细介绍。

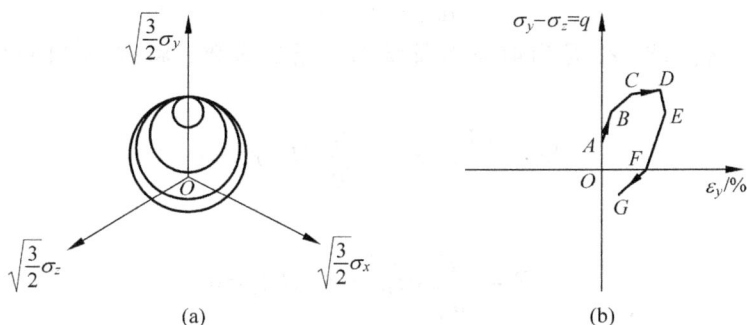

图 8-34　多屈服面的卸荷路径
(a) 应力增大到 D 点时的屈服面;(b) 应力与应变关系曲线

8.5.3　边界面模型

20 世纪 80 年代加州大学分校的 Dafalias 和 Hermann 提出了边界面模型的基本框架,用于正常固结土及超固结土的静力和动力分析。它具有以下特点。

(1) 取消了屈服面的概念。即使在超固结情况下其应力-应变关系也是平滑曲线,由此合理地反映了超固结黏土的特性。

(2) 适用于周期荷载。

(3) 不需要大量的嵌套面(nested surfaces)来表达土的塑性关系。

边界面模型是多重屈服面模型的进一步发展,它用映射方法将实际应力点投影至边界面上,得到对应的对偶应力点,根据该点的边界面法向确定塑性应变方向,并根据两点间距离确定塑性模量场。实际上,它只有一个不动的边界面和可移动的内屈服面。应力点到达边界面时模量为零,离边界面越远模量越大,由于模量是连续变化的,所以应力-应变曲线是光滑的。如同屈服面一样,边界面可以用一个单值函数表示:

$$F = F(\bar{\sigma}_{ij}, q_n) = 0 \tag{8-116}$$

式中,$\bar{\sigma}_{ij}$ 是一个虚应力,是真实应力 σ_{ij} 的函数;q_n 是一组内部状态变量。

图 8-35 表示出虚应力与真实应力的关系。图中 J_1 是第一应力不变量,J_{2D} 是剪切应力张量的第二不变量,$\bar{\sigma}_{ij}$ 是由一个假设的投影规则确定的。图中显示的是径向投影规则,即 $\bar{\sigma}_{ij}$ 是由一个曲投影中心 C_p 出发,经过 σ_{ij} 而投影到边界面上得到的。投影中心可以是固定的,也可以是移动的。如果投影中心是固定的,则 C_p 是一个材料常数;如果投影中心是移动的,则它可以是一个状态变量。

边界面理论中的塑性流动可表示为

$$\mathrm{d}\varepsilon_{ij}^p = \langle L \rangle \frac{\partial F}{\partial \bar{\sigma}_{ij}} = 0 \tag{8-117}$$

式中,L 是荷载指数。〈〉表示一种运算,如果 $L > 0$,〈L〉$= L$;如果 $L \leqslant 0$,〈L〉$= 0$。

式(8-117)表示塑性应变增量的方向垂直于虚应力处的界面。根据一致性条件,有

$$dF = \frac{\partial F}{\partial \sigma_{ij}} d\overline{\sigma_{ij}} + \frac{\partial F}{\partial q_n} dq_n = 0 \qquad (8\text{-}118)$$

而状态变量的增量可被假设为应力增量的线性函数,即

$$dq_n = \langle L \rangle \gamma_n \qquad (8\text{-}119)$$

式中 $\gamma_n = \gamma_n(\sigma_{ij}, q_n)$,即 γ_n 是当前应力及状态变量的函数。将式(8-119)代入式(8-118)中,得

$$dF = \frac{\partial F}{\partial \overline{\sigma_{ij}}} d\overline{\sigma_{ij}} + \frac{\partial F}{\partial q_n} \langle L \rangle \gamma_n = 0 \qquad (8\text{-}120)$$

或

$$dF = \frac{\partial F}{\partial \overline{\sigma_{ij}}} d\overline{\sigma_{ij}} - \overline{K}_p \langle L \rangle = 0 \qquad (8\text{-}121)$$

式中,$\overline{K}_p = -\dfrac{\partial F}{\partial q_n} \gamma_n$。

由式(8-121)得

$$L = \frac{1}{K_p} \frac{\partial F}{\partial \overline{\sigma_{ij}}} d\overline{\sigma_{ij}} \qquad (8\text{-}122)$$

将式(8-122)代入式(8-117)得

$$d\varepsilon_{ij}^p = \left(\frac{1}{\overline{K}_p} \frac{\partial F}{\partial \overline{\sigma_{ij}}} d\overline{\sigma_{ij}} \right) \frac{\partial F}{\partial \overline{\sigma_{ij}}} \qquad (8\text{-}123)$$

同样地,塑性应变也可以表达为如下真实应力增量的函数:

$$d\varepsilon_{ij}^p = \left(\frac{1}{K_p} \frac{\partial F}{\partial \sigma_{ij}} d\sigma_{ij} \right) \frac{\partial F}{\partial \overline{\sigma_{ij}}} \qquad (8\text{-}124)$$

图 8-36 表示出了虚应力增量与真实应力增量间的关系。

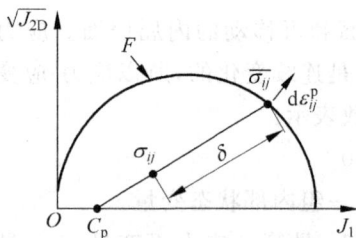

图 8-35 虚应力与真实应力的关系   图 8-36 虚应力增量与真实应力增量的关系

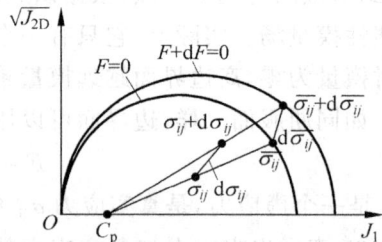

由式(8-123)和式(8-124)可得

$$\frac{\partial F}{\partial \overline{\sigma_{ij}}} d\overline{\sigma_{ij}} = \frac{\overline{K}_p}{K_p} \frac{\partial F}{\partial \sigma_{ij}} d\sigma_{ij} \qquad (8\text{-}125)$$

式中,K_p 为塑性模量;$\overline{K}_p$ 为在边界面上求得的塑性模量值。

十分明显,当 $\sigma_{ij} = \overline{\sigma_{ij}}$ 时,即真实应力在边界上时,$d\sigma_{ij} = d\overline{\sigma_{ij}}$,$K_p = \overline{K}_p$。当 σ_{ij} 在边界面以内时,K_p 和 $\overline{K}_p$ 间的关系是 σ_{ij} 和 $\overline{\sigma_{ij}}$ 之间距离(图 8-35 中的 δ)的函数,表达为

$$K_p = \overline{K}_p + H(\delta) \qquad (8\text{-}126)$$

式中,函数 $H(\delta)$ 须满足如下三个条件:

$$H(\delta) \geqslant 0 \tag{8-127a}$$

$$H(0) = 0 \tag{8-127b}$$

$$H(\delta_{in}) = \infty \tag{8-127c}$$

式中,δ_{in} 指的是材料刚开始产生塑性变形时的 δ 值。

塑性应变从零开始变化时,塑性模量为无穷大。式(8-127a)说明在任何情况下,塑性模量的值都不小于其在边界面上的值。式(8-127b)满足当 $\sigma_{ij} = \overline{\sigma_{ij}}$ 时 $K_p = \overline{K_p}$ 的条件。

将式(8-125)代入式(8-121)中得

$$\frac{\overline{K_p}}{K_p} \frac{\partial F}{\partial \overline{\sigma_{ij}}} d\sigma_{ij} - \langle L \rangle \overline{K_p} = 0 \tag{8-128}$$

而根据弹性理论,有

$$d\sigma_{ij} = E_{ijkl}(d\varepsilon_{kl} - d\varepsilon_{kl}^p) = E_{ijkl} d\varepsilon_{kl} - E_{ijkl} \langle L \rangle \frac{\partial F}{\partial \overline{\sigma_{kl}}} \tag{8-129}$$

将式(8-129)代入式(8-128)中,得

$$\frac{\overline{K_p}}{K_p} \frac{\partial F}{\partial \overline{\sigma_{ij}}} E_{ijkl} d\varepsilon_{kl} - \langle L \rangle \frac{\overline{K_p}}{K_p} \frac{\partial F}{\partial \overline{\sigma_{ij}}} E_{ijkl} \frac{\partial F}{\partial \overline{\sigma_{kl}}} - \langle L \rangle \overline{K_p} = 0 \tag{8-130}$$

或

$$\frac{\partial F}{\partial \overline{\sigma_{ij}}} E_{ijkl} d\varepsilon_{kl} - \langle L \rangle \frac{\partial F}{\partial \overline{\sigma_{ij}}} E_{ijkl} \frac{\partial F}{\partial \overline{\sigma_{kl}}} - \langle L \rangle K_p = 0 \tag{8-131}$$

所以,荷载指数 L 为

$$L = \frac{\dfrac{\partial F}{\partial \overline{\sigma_{ij}}} E_{ijkl} d\varepsilon_{kl}}{\dfrac{\partial F}{\partial \overline{\sigma_{ab}}} E_{abcd} \dfrac{\partial F}{\partial \overline{\sigma_{cd}}} + K_p} \tag{8-132}$$

将式(8-132)代回式(8-129),得应力-应变增量间的关系如下:

$$d\sigma_{ij} = E_{ijkl} d\varepsilon_{kl} - h(L) \frac{\left(E_{ijmn} \dfrac{\partial F}{\partial \overline{\sigma_{mn}}} \right) \left(\dfrac{\partial F}{\partial \overline{\sigma_{pq}}} E_{pqkl} \right)}{\left(\dfrac{\partial F}{\partial \overline{\sigma_{ab}}} E_{abcd} \dfrac{\partial F}{\partial \overline{\sigma_{cd}}} \right) + K_p} d\varepsilon_{kl} \tag{8-133}$$

所以,边界面弹塑性刚度张量可以表达为

$$D_{ijkl} = E_{ijkl} - h(L) \frac{\left(E_{ijmn} \dfrac{\partial F}{\partial \overline{\sigma_{mn}}} \right) \left(\dfrac{\partial F}{\partial \overline{\sigma_{pq}}} E_{pqkl} \right)}{\left(\dfrac{\partial F}{\partial \overline{\sigma_{ab}}} E_{abcd} \dfrac{\partial F}{\partial \overline{\sigma_{cd}}} \right) + K_p} \tag{8-134}$$

式中,$h(L)$ 为 Heaviside 函数,若 $L > 0$,则 $h(L) = 1$,否则 $h(L) = 0$。

式(8-134)和一般的弹塑性刚度张量相比,形式是一样的。但在边界面理论中,边界面取代了屈服面,边界面上的虚应力扮演了经典塑性理论中屈服面上真实应力的角色,塑性模量 K_p 是真实应力与虚应力之间距离的函数。

由以上的介绍可以看出,要开发一个边界面模型,我们需要:

（1）定义一个边界面；

（2）定投影规则；

（3）定义函数 $H(\delta)$，使 K_p 可以平滑地从无穷大（纯弹性）变化到 K_p。

边界面模型可以真实地反映土的塑性体应变的累积性，近年来一些学者把边界面看作可以扩大的等向硬化面，进一步扩展了这类模型的适用范围，它能比较全面地反映循环荷载作用下应力-应变的瞬时过程。下面以 Bardet(1986)建立的模型为例来说明其基本概念。

Bardet 采用如下椭圆形屈服面作为边界面：

$$F = \left(\frac{\sigma_m - a\sigma_{m0}}{1-a}\right)^2 + \left(\frac{\sigma_s^2}{M(\theta)}\right)^2 - f = 0 \tag{8-135}$$

式中，

$$M(\theta) = \frac{2M_e M_c}{M_c + M_e - (M_c - M_e)\sin\theta} \tag{8-136}$$

式中，θ 为洛德角，M_c、M_e 可分别表示为

$$M_c = \frac{6\sin\varphi_c}{3-\sin\varphi_c}, \quad M_e = \frac{6\sin\varphi_e}{3-\sin\varphi_e} \tag{8-137}$$

式中，φ_c 和 φ_e 分别为压缩试验和伸长试验确定的残余内摩擦角。

当应力点落在边界面上时，以边界面的法线方向作为塑性应变方向；当应力点在边界面内时，则通过坐标原点与应力点的连线在边界面上找出映射点，映射点的法线方向即为流动方向。塑性模量的计算式为

$$H = H_b + \frac{\sigma_m}{C_c - C_e} \frac{d}{d_{max} - d} h_0 \left(\frac{M_p}{M_e} - \frac{\sigma_s}{M\sigma_{m0}}\right) \tag{8-138}$$

式中，$M_p = 6\sin\varphi_p/(3-\sin\varphi_p)$，$\varphi_p$ 为峰值内摩擦角；d 为实际应力点与映射点间的距离；H_b 为应力点落在边界面上的塑性模量，按下式计算：

$$H_b = \frac{\sigma_{m0}M^2}{C_c - C_e}(\gamma - 1)\left(\gamma + \frac{1-2a}{\alpha^2}\right) \tag{8-139}$$

式中，

$$\gamma = \frac{\alpha^2 + (1-\alpha)\sqrt{\alpha^2 + (1-2\chi)\chi^2}}{\alpha^2 + (1-\alpha^2)\chi^2} \tag{8-140}$$

$$\chi = \frac{\sigma_m}{M(\theta)\sigma_m} \tag{8-141}$$

当 $d \geqslant d_{max}$ 时，$H \to \infty$。当 $M \geqslant M_c$ 时，$H_b < 0$，它可以反映应变软化的现象。

根据以上各式可以推算增量形式的应力-应变关系如下：

$$\Delta\sigma_{ij} = 2G\Delta\varepsilon_{ij} + \left(B - \frac{2}{3}G\right)\Delta\varepsilon_{ij}\delta_{ij} - \frac{1}{K}N_{kl}\Delta\varepsilon_{kl}N_{ij} \tag{8-142}$$

式中，

$$K = H + B\left(\frac{\partial F}{\partial\sigma_m}\right)^2 + G\left(\frac{\partial F}{\partial\sigma_3}\right)^2(1 + 9\xi^2\cos^2 3\theta) \tag{8-143}$$

$$N_{ij} = \left(B\frac{\partial F}{\partial\sigma_m} - G\xi\frac{\partial F}{\partial\sigma_s}\right)\delta_{ij} + G\frac{\partial F}{\partial m}(1 - \xi\sin 3\theta)\frac{s_{ij}}{\sigma_s} + G\frac{\partial F}{\partial\sigma_s}\frac{s_{ik}s_{kj}}{\sigma_s^2} \tag{8-144}$$

$$\xi = \frac{M_e - M_c}{2M_c M_e} M(\theta) \tag{8-145}$$

$$\frac{\partial F}{\partial \sigma_m} = (\gamma - 1) M(\theta) \tag{8-146}$$

$$\frac{\partial F}{\partial \sigma_s} = \gamma \chi \left(\frac{1-a}{a} \right)^2 \tag{8-147}$$

上述各式中，C_c、C_e、a、φ_c、φ_e、φ_p 和 h_0 均为计算参数，B 和 G 为弹性体积模量和弹性剪切模量。

8.5.4　临界状态模型

土的临界状态模型仍然是一种弹塑性模型，但它是以临界状态力学为基础，在 q-p-e 空间内研究土的力学特性，并引入了"状态边界面"概念。这是弹塑性理论在应用上的一个重要发展。

1. 状态边界面

状态边界面包括了正常固结线、罗斯科线、临界状态线、伏斯列夫线以及零拉应力线等。下面以正常固结土为例来说明状态边界面中的各类曲线的含义及其作用。

图 8-37 所示为 q-p-e 空间内正常固结饱和土的状态边界面，图中 $ACEF$ 就是这个面的一部分。原始各向等压固结线（VICL，或正常固结线 NCL）是正常固结土在等向压缩条件下的应力-应变曲线，其在 e-p 平面内的投影为 AC 线。空间曲线 EF 为临界物态线（或简称 CSL），指塑性剪应变无限增大，塑性体应变增量和有效压力增量为零，土处于完全塑性状态时的应力状态线。CSL 在 e-p 平面和 q-p 平面的投影可分别表示为

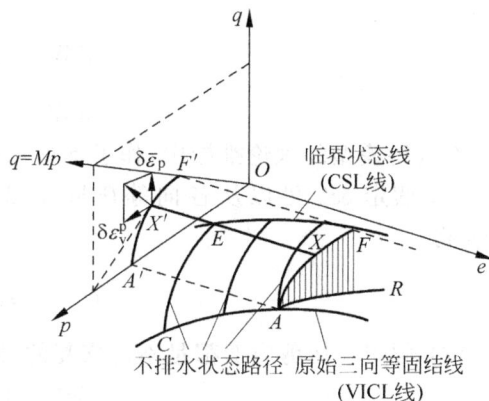

图 8-37　状态边界面

$$q = Mp \tag{8-148}$$
$$e = r - \lambda \ln p \tag{8-149}$$

其中，r 和 λ 为试验参数。

如果由 VICL 线上某一点 p 开始，改变应力 p 和 q 时，e 也不断改变，如图 8-37 所示，其在 q-p-e 空间内的应力路径将形成一条由 VICL 线到 CSL 线的曲线 AF。由不同 p 点开始的这种曲线，可以构成一个联结 VICL 线与 CSL 线的空间曲面，称为罗斯科面（Roscoe surface）。

正常固结饱和黏土和较松的砂，在剪切时只发生收缩而无膨胀现象，它们的存在状态通常是在 VICL 线和 CSL 线两线所包括的状态边界面的部分范围内。剑桥模型也只适用于这种情况的"湿黏土"和松砂。

2. 剑桥模型和修正剑桥模型

剑桥模型是英国剑桥大学罗斯科(Roscoe)等人基于正常固结黏土和弱超固结黏土(也就是他们所谓的"湿黏土")的试验,建立的一个有代表性的土的弹塑性模型。这个模型采用了帽子屈服面和相适应的流动规则,并以塑性体应变为硬化参数,它在国际上被广泛地接受和应用。

正常固结黏土和轻超固结黏土也被称为湿黏土,这类土在卸载时会发生可恢复的体应变。图 8-37 中,AR 为卸载回弹曲线,当荷载变化时,无塑性体积变化。如果选择塑性体应变为硬化参数,那么等塑性体应变面即为屈服面,等塑性体应变线 AF 就是屈服轨迹。$A'F'$ 即为剑桥模型在 p'-q' 平面上的屈服轨迹。

剑桥模型引入了能量方程来计算试验的应力-应变曲线,其中能量方程实质上是一种假设,如与实测不符,可修改至二者一致。设单位体积的土在 p、q 的应力作用下发生应变 $\delta\varepsilon_v$ 和 $\delta\bar\varepsilon$,则变形能增量 δE 为

$$\delta E = p\,\delta\varepsilon_v + q\,\delta\bar\varepsilon \tag{8-150}$$

式中,δE 可分为可恢复的弹性能 δW_e 和不可恢复的消耗能或塑性能 δW_p,即

$$\delta E = \delta W_e + \delta W_p \tag{8-151}$$

式中,

$$\begin{cases} \delta W_e = p\,\delta\varepsilon_v^e + q\,\delta\bar\varepsilon^e \\[2mm] \delta W_p = p\,\delta\varepsilon_v^p + q\,\delta\bar\varepsilon^p \end{cases} \tag{8-152}$$

在剑桥模型的理论推导中,作了下列一些补充假定。

(1) 假定 $\delta\varepsilon_v^e$ 可以从各向等压固结试验中所得的回弹曲线求取,即由式 $e = e_{a0} - \chi\ln p$ 得

$$\delta\varepsilon_v^p = \delta\varepsilon_v - \frac{\chi}{1+e}\frac{\delta p}{p} \tag{8-153}$$

(2) 假定一切剪应变都是不可恢复的,即假定

$$\delta\bar\varepsilon^e = 0, \quad \delta\bar\varepsilon^p = \delta\bar\varepsilon \tag{8-154}$$

因此,式(8-152)的第一式为

$$\delta W_e = p\,\delta\varepsilon_v^e = \frac{\chi}{1+e}\delta p \tag{8-155}$$

(3) 假定全部消耗能 δW_p 等于 $Mp\,\delta\bar\varepsilon$,即

$$\delta W_p = Mp\,\delta\bar\varepsilon \tag{8-156}$$

故得能量方程为

$$p\,\delta\varepsilon_v + q\,\delta\bar\varepsilon = \frac{\chi\delta p}{1+e} + Mp\,\delta\bar\varepsilon \tag{8-157}$$

根据物态边界面的公式

$$n = \frac{q}{p} = \frac{M}{\lambda-\chi}(e_{a0} - e - \lambda\ln p) \tag{8-158}$$

微分得

$$\delta e = -\left[\frac{\lambda-\chi}{Mp}(\delta q - n\delta p) + \frac{\lambda}{p}\delta p\right] \tag{8-159}$$

$$\delta \varepsilon_v = \frac{\lambda}{1+e}\left[\frac{1-\chi/\lambda}{Mp}(\delta q - n\delta p) + \frac{\delta p}{p}\right] \tag{8-160}$$

再根据能量方程式(8-157)可得

$$\delta \bar{\varepsilon} = \frac{\lambda - \chi}{(1+e)Mp}\left(\frac{\delta q}{M-n} + \delta p\right) \tag{8-161}$$

式(8-160)、式(8-161)就是应力-应变增量关系公式。

因 $n = \dfrac{q}{p}$，$\delta q = p\delta n + n\delta p$，将其代入到式(8-160)、式(8-161)中，得

$$\delta \varepsilon_v = \frac{1}{1+e}\left(\frac{\lambda - \chi}{M}\delta n + \lambda\frac{\delta p}{p}\right) \tag{8-162}$$

$$\delta \bar{\varepsilon} = \frac{\lambda - \chi}{1+e}\left[\frac{p\delta n + M\delta p}{Mp(M-n)}\right] \tag{8-163}$$

由 $\dfrac{\delta q}{\delta p} - \dfrac{q}{p} + M = 0$，可得

$$\frac{\delta q}{\delta p} = -M + n$$

再利用正交条件，由上式可得

$$\delta \varepsilon_v = \frac{\lambda}{1+e}\left[\frac{\delta p}{p} + \left(1 - \frac{\chi}{\lambda}\right)\frac{\delta n}{\psi + n}\right] \tag{8-164}$$

$$\delta \bar{\varepsilon} = \frac{\lambda - \chi}{1+e}\left(\frac{\delta p}{p} + \frac{\delta n}{\psi + n}\right)\frac{1}{\psi} \tag{8-165}$$

由式(8-162)、式(8-163)或式(8-164)、式(8-165)可以看出，通过简单的常规三轴试验测定 λ、χ、M 三个常数，就可以应用这个模型的理论来确定土的弹塑性应力-应变关系。这是剑桥模型的优点。但是，这种优点是依靠前文所述及的、在推导中所作的种种补充或简化假定而获得的。因此，其可靠性需要进行进一步验证。

实践证明，如果 $n = q/p$ 值较小，则根据上述剑桥模型式(8-162)、式(8-163)或式(8-164)、式(8-165)所得的计算应变值一般偏大。而如果 n 值较大，计算值与实际值就很接近，计算的静止侧压力值也偏大。为了改进原来的模型，可在此模型中用

$$\delta W_p = p\left[(\delta \varepsilon_v^p)^2 + (M\delta \bar{\varepsilon}^p)^2\right]^{1/2} \tag{8-166}$$

代替剑桥模型中的假定

$$\delta W_p = Mp\delta \bar{\varepsilon} \tag{8-167}$$

根据这种修正推得的屈服轨迹公式为

$$\frac{p}{p_0} = \frac{M^2}{M^2 + n^2} \tag{8-168}$$

物态边界面公式为

$$\frac{e_{a0} - e}{\lambda \ln p} = \left(\frac{M^2}{M^2 + n^2}\right)^{\left(1 - \frac{\chi}{\lambda}\right)} \tag{8-169}$$

$$\psi = \frac{\delta \varepsilon_v^p}{\delta \bar{\varepsilon}} = \frac{M^2 - n^2}{2n} \tag{8-170}$$

$$\delta \varepsilon_v^p = \frac{\lambda - \chi}{1+e}\left(\frac{2n\delta n}{M^2 + n^2} + \frac{\delta p}{p}\right) \tag{8-171}$$

$$\delta\varepsilon_v = \frac{1}{1+e}\left[(\lambda-\chi)\frac{2n\delta n}{M^2+n^2}+\lambda\frac{\delta p}{p}\right] \tag{8-172}$$

$$\delta\bar{\varepsilon} = \delta\bar{\varepsilon}^p = \frac{\lambda-\chi}{1+e}\frac{2n}{M^2-n^2}\frac{2n\delta n}{M^2+n^2}+\frac{\delta p}{p} \tag{8-173}$$

与实测结果进行比较可知,修正剑桥模型的计算值一般过小,但总的情况比剑桥模型好些。

3. 正常固结土的加卸载

在上述状态边界面概念的基础上研究加、卸载情况下土的弹性应变与塑性应变时,如果如图 8-38 所示,正常固结土在由 p_A 到 p_B 固结后,再卸载到 p_A,然后再加载到 p_B,最后到 p_C 时又卸载到 p_A,则在经过 $DBCE$ 的一个应力往复之后,试样的 e 减小(由 D 到 E),即产生了塑性变形,但实验在 DB、EC 段上的应变为弹性应变,即塑性应变只产生于 BC 段上,即产生在应力路径沿罗斯科面的 BC 段上。因此可以认为,应力路径在罗斯科面以下只产

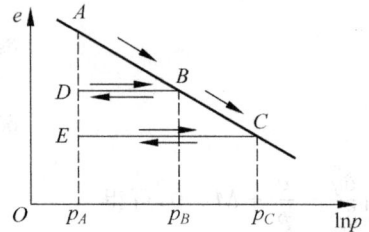

图 8-38 正常固结土的 e-$\ln p$ 曲线

生弹性应变,经过罗斯科面时才产生塑性应变(同时也产生弹性应变)。而且在罗斯科面以下加载、卸载产生弹性应变时的应力路径,因必定要发生在罗斯科面以下竖立在卸载膨胀曲线 DB 上的平面(称为弹性墙)内,故它可由弹性墙和试验平面(排水或不排水)的交线(标有箭头的直线)确定,如图 8-39 所示。

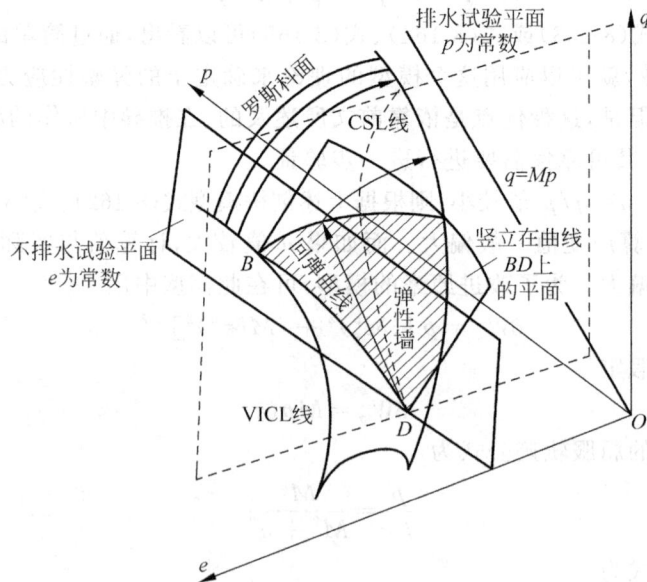

图 8-39 弹性应变时的应力路径与弹性墙

为了将临界状态模型应用于往复加载情况,除一些参数的确定应该考虑动荷载的影响外,Baladi 假定,帽子屈服面在卸载时将跟着收缩,到达新的位置(见图 8-40),再加载时,超出它的应力路径,又重新进入塑性区。这样,在反复加载过程中,每个周期都会有残余应变的积累(或残余孔压的积累),最后会导致液化的出现。

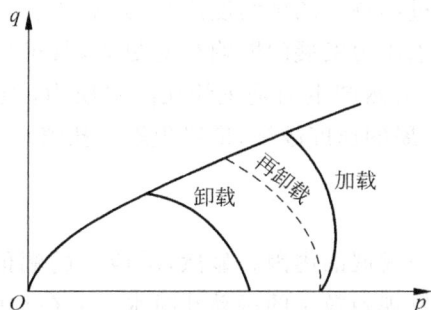

图 8-40　往复荷载情况下临界状态模型应用的假设

8.6　土的动孔压模型

动荷载作用下土中孔隙水压力的发展与消散是土体变形演变和强度变化的根本原因，也是采用有效应力法进行土体动力反应分析的关键，因此，土体振动过程中孔隙水压力发生、增长和消散问题的研究一直是土动力学的重点内容。很多学者对此类问题进行研究，提出了不同的计算模型。本节将对动孔压的概念、影响因素及计算模型进行介绍。

8.6.1　动孔压的概念及影响因素

如前所述，土在排水剪切条件下将发生剪胀或剪缩，在不排水剪切条件下这种剪胀势或剪缩势表现为超静孔隙水压力的发展，其值可正可负。对于砂性土来说，其剪胀特性取决于密实度；对于黏性土来说，其剪胀特性取决于固结程度。土受到的周期荷载的作用相当于往复的剪切作用，在不排水条件下必然伴随着孔隙水压力的产生和发展。与静力条件下有所不同的是，不论松砂还是密砂，每一次应力循环过程中都会引起正孔隙水压力的增加，密实度越大，增加的速度越慢。

诸多土的动力试验结果发现，振动孔隙水压力的发展主要取决于土的性质、振动前应力状态、动荷载的特点等因素。这三类主要影响因素的影响机制如下。

1. 土的性质

黏性土由于有黏聚力，即使孔隙水压力等于全部总应力，抗剪强度也不会全部丧失，因而不具备液化的内在条件。粗粒砂土由于透水性好，孔隙水压力易于消散，在周期荷载作用下，孔隙水压力亦不易累积增长，因而一般也不会产生液化。只有没有黏聚力或黏聚力很小的处于地下水位以下的粉细砂或粉土，渗透系数较小不足以在第二次荷载施加之前把孔隙水压力全部消散掉，才具有累积孔隙水压力并使强度完全丧失的内部条件。因此，土的粒径大小是一个重要因素。实测资料表明，粉细砂土、粉土比中、粗砂土容易液化；级配均匀的砂土比级配良好的砂土易发生液化。

2. 振动前应力状态

振动前应力状态用围压 σ_c 和固结应力比 K_c 表示。围压 σ_c 在土体内不引起剪应力，它对孔隙水压力的影响主要通过影响土的密实度产生,σ_c 越大,土越密,孔隙水压力的发展越慢。固结应力比对振动孔隙水压力发展的影响相对更大,其可反映振动前土样已经受到的剪切程度。周期应力作用下,虽然产生的是正的孔隙水压力,但是 K_c 越大的土,振动前的剪切变形越大,孔隙水压力发展的速度越慢,最终积累的孔隙水压力也越小。

3. 动荷载的特点

动荷载是引起孔隙水压力发展的内因。显然,动应力的幅值越大,循环次数越多,积累的孔隙水压力也越高。试验发现粗粒土的振动孔隙水压力在常用的试验频率范围内受到频率变化的影响很小,一般可不考虑。

8.6.2 砂土的动孔压模型

砂土的动孔压模型可分为应力模型、应变模型、能量模型、内时模型、有效应力路径模型和瞬态模型等。其中应力路径模型和应变模型一般是基于土动力学试验(如等应力幅动三轴试验、振动单剪试验、振动扭剪试验)的成果,将动孔隙水压力与振动次数或其他特性指标(如剪应力、剪应变等)建立某种经验关系来进行数学拟合;有效应力路径模型能清晰地反映饱和砂土从开始振动到发生初始液化过程中的应力路径,有助于我们理解孔隙水压力发展的波动性。谢定义等(1987)将振动荷载作用下的孔隙水压力分为应力孔压、结构孔压和传递孔压,在此基础上提出了孔压的瞬态模型。此外,还有用内时理论表征饱和砂土在周期加载条件下孔压发展规律的内时模型、考虑孔压与加载一周耗损的能量值之间关系的能量模型等。

1. 孔压的应力模型

孔压应力模型的特点是将孔压和施加的应力联系起来。由于动应力作用应从应力幅值和持续时间两个方面来考虑,因此这类模型通常考虑动应力和振次,或者用引起液化的周数 N 反映动应力的大小,得出孔压比 p/σ_c' 和振次比 N/N_L 的关系,其中,p 为孔隙水压力,σ_c' 为有效固结围压,N 为循环荷载作用次数,N_L 为达到液化时的循环次数。这类模型中最典型的是 Seed 等在等向固结不排水动三轴试验基础上提出的关系:

$$\frac{p}{\sigma_c'} = \frac{2}{\pi}\arcsin\left(\frac{N}{N_L}\right)^{1/2a} \tag{8-174}$$

或

$$\frac{\Delta p}{\sigma_c'} = \frac{1}{\pi a N_L \sqrt{\left(1-\frac{N}{N_L}\right)^{1/a}}}\left(\frac{N}{N_L}\right)^{\frac{1}{2a}-1}\Delta N \tag{8-175}$$

式中,a 为试验常数,取决于土类和试验条件,大多数情况下可取 $a=0.7$;N_L 为液化破坏时的振次。

对于非等向固结情况,Finn 等提出的修正公式为

$$\frac{p}{\sigma_c'} = \frac{1}{2} + \frac{1}{\pi}\arcsin\left[2\left(\frac{N}{N_L}\right)^{1/a}-1\right] \tag{8-176}$$

由于偏压固结下土体初始液化时的振动次数难以确定,可以用孔压达到侧向固结压力

50%时的振动次数 N_{50} 代替 N_L，则上式修正为

$$\frac{\alpha}{\sigma'_c} = \frac{1}{2} + \frac{1}{\pi}\arcsin\left[\left(\frac{N}{N_{50}}\right)^{1/\beta} - 1\right] \tag{8-177}$$

式中，N_{50} 为孔压比等于 50% 时的循环次数；对于尾矿砂，$\beta = 3K_c - 2$，其中有效固结应力比 $K_c = \sigma'_{1c}/\sigma'_{3c}$，$\sigma'_{3c}$ 为有效固结围压。

式(8-177)的计算结果如图 8-41 所示，随着 K_c 增大，在孔压比超过 50% 时，μ/σ'_c 的增长速率随 N/N_L 的增大而减小，这与试验结果接近。但 Finn 的公式无法反映出 K_c 增大时，孔压极限值降低的规律，因此 C. S. Chang 提出如下修正公式：

$$u = \frac{u_f}{2} + \frac{u_f}{\pi}\arcsin\left[\left(\frac{N}{N_{50}^*}\right)^{1/\alpha} - 1\right] \tag{8-178}$$

式中，N_{50}^* 为孔压等于 u_f 的 50% 时的循环次数；u_f 为非等向固结的孔压极限值，其值为

$$u_f = \sigma'_{3c}\left(\frac{1+\sin\varphi'}{2\sin\varphi'} - \frac{1-\sin\varphi'}{2\sin\varphi'}K_c\right) \tag{8-179}$$

参数 α 为

$$\alpha = 2.25 - 2.53\frac{0.5}{(1+K_c)D_r} \tag{8-180}$$

由式(8-178)得到修正的孔压随荷载作用次数的关系曲线如图 8-42 所示。

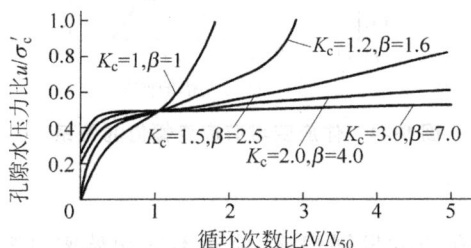

图 8-41　偏压固结时孔压比与循环次数比的关系

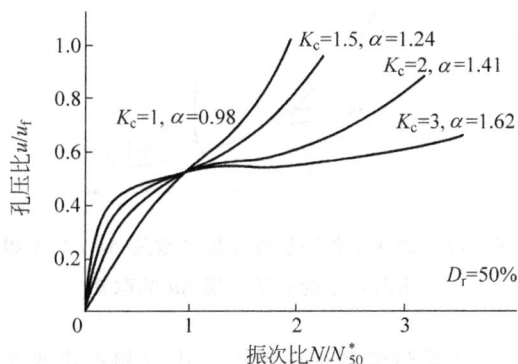

图 8-42　修正的孔压比曲线

徐志英考虑了初始剪应力比 $\beta_0 = \tau_0/\sigma'_c$ 的影响，提出如下公式：

$$\frac{u}{\sigma'_c} = \frac{2}{\pi}(1 - m\beta_0)\arcsin\left(\frac{N}{N_L}\right)^{\frac{1}{2a}} \tag{8-181}$$

式中，m 为反映孔压比随 β_0 衰减的一个经验系数，一般取 1.1～1.3。

孔压的应力模型还有许多，这里不一一讲述，读者可参考其他书籍资料。值得注意的是，孔压应力模型的一个明显缺陷是无法解释偏应力卸荷时孔压增长的现象，即反向的剪缩特性，而这时孔压的变化往往起着明显的作用。这类模型的发展与早期动荷试验的仪器设备多为应力控制式有关。

2. 孔压的应变模型

孔压应变模型的特点是将动孔压和某种应变联系起来，目前许多学者主张采用剪应变

作为变化量,如 M-F-S 模型和汪闻韶模型。M-F-S 模型假设水的刚度远大于土骨架的刚度,水在不排水周期荷载作用下引起的体应变可以忽略,即不排水试验为常体积试验。当土骨架受到动荷载作用引起结构的一定破坏时,在不排水条件下表现为孔压增高,此时有效应力降低,土骨架将产生弹性体应变。这种常体积试验中,塑性体应变与弹性应变的大小相等,方向相反,如图 8-43 所示。如果能够求得循环应力在每个周期内的塑性体应变增量 $\Delta\varepsilon_{vd}$,并根据上述塑性体应变与弹性体应变相等的关系,就可以求出孔压的增量 Δu,即

$$\Delta u = \overline{E}_r \Delta\varepsilon_{vd} \tag{8-182}$$

式中,$\overline{E}_r$ 为土在一次应力循环开始时有效应力状态下的回弹模量。

M-F-S 模型已在 8.4.5 节中进行过阐述,需要补充的是,$\Delta\varepsilon_{vd}$ 和 $\overline{E}_r$ 在不排水条件下都是无法测定的。如图 8-44 所示,排水单剪试验结果表明 $\Delta\varepsilon_{vd}$ 与剪应变幅值有关,而与竖向应力的大小无关,故可认为这种体应变增量是由颗粒间的滑移所引起的,它应与不排水试验中相同剪应变幅值条件下的体应变增量相等,因此可用排水条件下的 $\Delta\varepsilon_{vd}$ 代替不排水条件下的 $\Delta\varepsilon_{vd}$,并由式(8-182)估算孔隙水压力的增量 Δu。

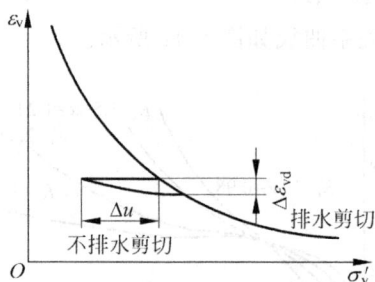

图 8-43　排水条件下塑性体应变增量 $\Delta\varepsilon_{vd}$ 与不排水条件下的孔压增量 Δu 的联系

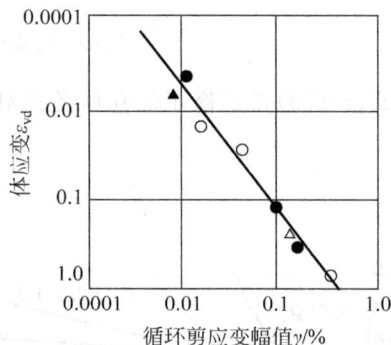

图 8-44　体应变与剪应变幅值的关系

汪闻韶模型综合考虑了排水和不排水条件下孔压的发展规律,他对不同初始密度砂土进行排水压缩试验,得到如图 8-45(a)所示的压缩曲线,图中孔隙率 n 和压力 p 的关系曲线是互相平行的曲线群,因此他认为,除低应力范围外,压缩曲线可视为一簇平行直线,并假设在不排水条件下土的体积不变,在完全排水条件下土的有效应力不变。如图 8-45(b)所示,对于由 A 点固结到 B 点(密度-压力状态为 n_B、σ'_{mB})的土,它在不排水条件下孔压增量为 Δu^*,有效应力减小到 E 点 $\sigma'_{mE} = \sigma'_{mB} - \Delta u^*$ 的水平,则其在完全排水条件下压缩时的孔隙率变化 Δn 可由过 E 点压缩曲线上的 D 点与 B 点的孔隙率之差来确定,即 $\Delta n = n_B - n_D$,由此孔压的计算式为

$$\Delta n = \alpha \Delta u^* \tag{8-183}$$

或

$$\frac{\partial n}{\partial t} = \alpha \frac{\partial u^*}{\partial t} \tag{8-184}$$

或

$$\Delta u^* = E_c \Delta n \tag{8-185}$$

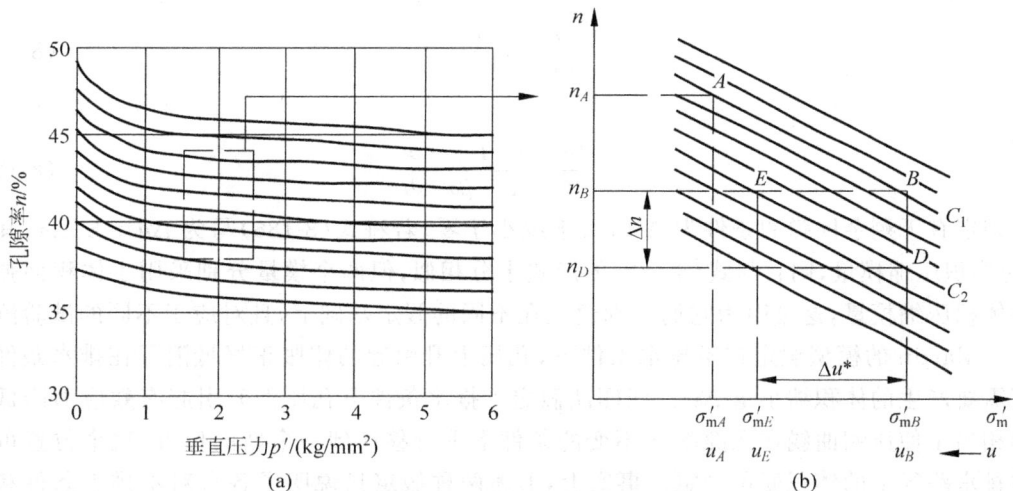

图 8-45　排水压缩试验的压缩曲线

式中，α 为土的体积压缩系数；E_c 为体积压缩模量；Δu^* 为不排水条件下的孔压。

图 8-46 表示部分排水条件下的孔压发展过程，Δn_t 和 Δu_t 分别表示土体在部分排水条件下达到 t 时刻时的孔隙率增量和孔压增量，Δu_t^* 表示土体在不排水条件下达到 t 时刻时的孔压增量。由图 8-46 可知，在部分排水条件下，实际发展的孔压小于 Δu^*，表示为 Δu，则式(8-184)改为

$$\frac{\partial n}{\partial t} = \alpha \left(\frac{\partial u^*}{\partial t} - \frac{\partial u}{\partial t} \right) \tag{8-186}$$

在部分排水的条件下，尚有孔压扩散时，因渗水吸入会出现回弹，而这种回弹并没有超过骨架正常卸荷回弹所可能发展的最大回弹增量 dn_c($dn_c = \beta dn_c$，β 为土的体积回弹系数)时，或 $du < du_c$ 时，称为无剩余回弹情况，此时由图 8-47 有

$$\frac{\partial n}{\partial t} = -\alpha \left(\frac{\partial u^*}{\partial t} - \frac{\partial u}{\partial t} \right) \tag{8-187}$$

如果引起回弹的扩散孔压增量超过了 du，此时，孔压所引起的回弹增量超过了正常卸荷回弹，则称为有剩余回弹，此时由图 8-47 得

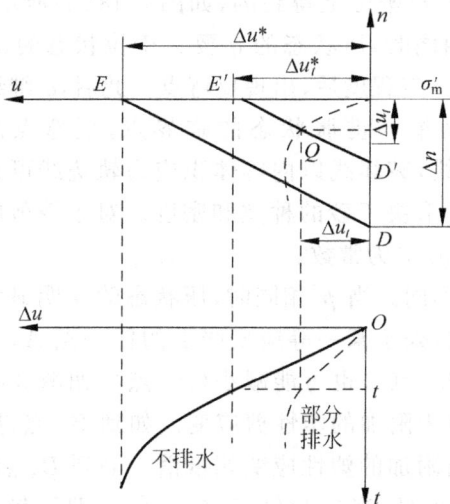

图 8-46　部分排水条件下的孔压发展

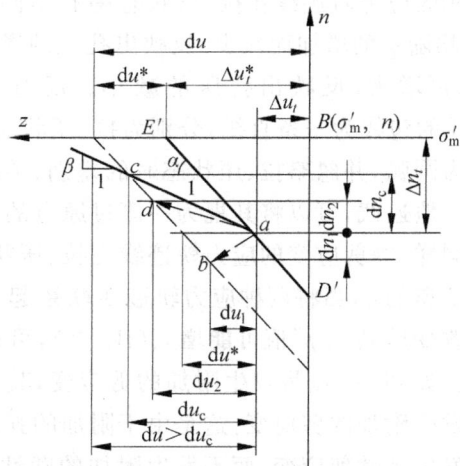

图 8-47　部分排水、尚有孔压扩散条件下的孔压发展

$$\frac{\partial n}{\partial t} = \beta \frac{\partial u}{\partial t} \tag{8-188}$$

令

$$A = \frac{\partial u}{\partial t} - \frac{1}{1-\beta\alpha}\frac{\partial u^*}{\partial t} \tag{8-189}$$

判定有无剩余回弹的条件为 A 值大于或小于零,若将式(8-185)写为 $\Delta u = E_c \Delta n$,其中 E_c 为体积压缩模量,则它与式(8-182)的形式十分相似,但两个模量分别采用了体积回弹模量与体积压缩模量,这是因为它们分别建立在不同的假定基础上,且对应于不同的试验测定方法。Martin 的模型假定在不排水条件下,孔压上升引起的体胀正好抵消了在排水条件下受荷需要产生的体积缩小量 $\Delta\varepsilon_r$。汪闻韶假定不排水条件下孔压上升引起有效应力降低的过程相当于使压缩曲线在孔隙率 n 不变的条件下平行移动到一个新的位置,这个位置可以通过排水路径上的体积变量确定。事实上,上述两种假定只说明了各自对不排水条件和排水条件的情况建立联系的方法,并不能反映实际变化机理。无论 $\overline{E}_r$ 或 E_c 都只能视为两种条件下的一个转换系数,并不具有严格的物理意义。

将孔压与剪应变建立联系的思想是一个新的发展。Lo 的研究表明,孔压可以表达为大主应变 ε_1 的单调函数,Dobry 等也发现,循环荷载下饱和砂土的孔压增长与循环剪应变 γ_c 明显相关,并存在一个极限剪应变 γ_t。当 $\gamma_c \leqslant \gamma_t$ 时试样无残余孔压。由于孔压的应变模型可以解决应力模型中的矛盾,又可以直接和动力分析中的应变幅联系起来,因此得到快速发展,应变控制式动力试验设备也随之得到了进一步的发展。

3. 孔压的有效应力路径模型

孔压有效应力路径模型的特点是将动孔压和有效应力路径联系起来,这种模型是 Ishihara 等人根据大量饱和砂土的静剪切试验提出的,该方法依据的是两条应力轨迹线,一条是等体积的应力轨迹线,另一条是等剪应变的应力轨迹线。等体积的应力轨迹线由固结不排水试验时的剪应力 q 和有效平均应力 p' 的关系得到,如图 8-48(a)所示;等剪应变的应力轨迹线是使土的剪应变达到一定水平的 p'、q 在 q-p' 坐标上得到的,如图 8-48(b)所示。等体积的应力轨迹线在拉、压状态稍有不同,当 p' 相同时,压状态的 q 要大于拉状态的 q。但 p' 均随 q 的增加而减少,反映出孔压的增加,且到一定程度后,出现反弯点。此后,q 继续增加,p' 增大,反映出孔压的减小。反弯点是土剪缩与剪胀状态的临界点,反弯点后 q-p' 线的包线为一条直线,分别为拉、压状态的破坏线,破坏线以内等体积应力轨迹线可近似取为圆弧,并忽略拉、压状态时的差别,圆心的位置取决于砂的种类和密度。对于等剪应变应力轨迹线,可以将其视为一簇过原点的直线,即 q/p' 为常数。

同样,等剪应变的应力轨迹线在拉、压状态下也不同。当 p' 相同时,压状态的 q 明显大于拉状态的 q,当将两种应力轨迹线联系起来分析时,处于某一等应变线上的任一点 A,在应力改变后其 q/p' 值可能增大(B_1 点),可能不变(B_2 点),也可能减小(B_3 点),如图 8-49 所示。如到 B_1 点将发生附加的剪应变,其中一部分为附加的塑性剪应变。如到 B_2 点,则将不发生附加的剪应变,这是由于附加的弹性应变与附加的塑性应变相抵消。如到 B_3 点,则只发生弹性剪应变,而不发生附加的塑性剪应变,可见,当 $(q/p')_B \geqslant (q/p')_A$,即加载状态时,土将发生附加的塑性剪切变形,当 $(q/p')_B < (q/p')_A$,即卸载状态时,土只发生弹性

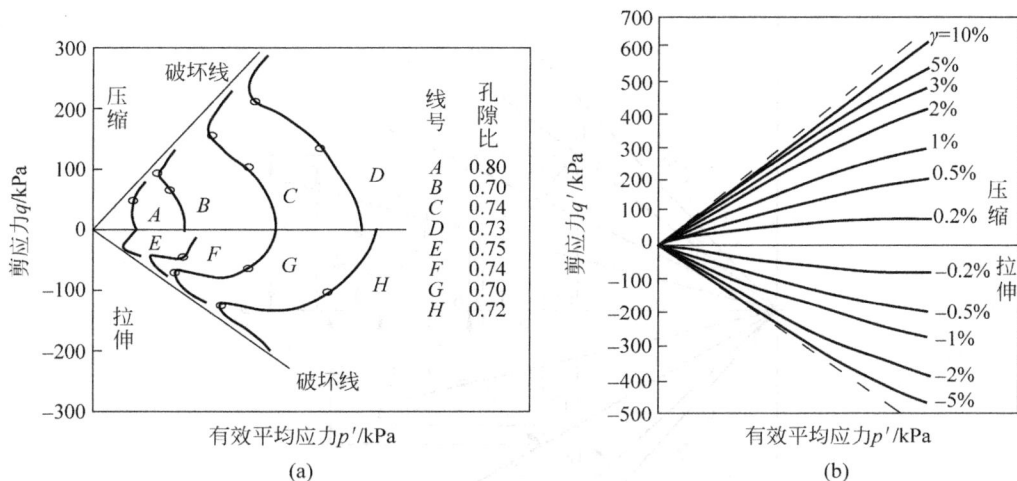

图 8-48　等体积的应力轨迹线和等剪应变的应力轨迹线

（a）等体积的应力轨迹线；（b）等剪应变的应力轨迹线

变形。实际上，土是否会发生附加的塑性变形，将取决于土以前经受过的最大剪应力比 $(q/p')_{max}$。如 $(q/p')_{max}$ 对应于图 8-49 中 C 点所示的等剪应变轨迹线，则只有作用应力为 $q/p' \geqslant (q/p')_{max}$ 时才发生附加塑性剪应变，而在 $q/p' < (q/p')_{max}$ 时不会发生。在不排水条件下，荷载改变时，应力点位置改变，其轨迹为沿等体积应力轨迹线的圆弧。由于弹性变形不引起附加的塑性剪应变，也不引起孔隙水压力，故只有发生屈服产生塑性变形时，才产生附加的孔隙水压力增量，其变化量等于沿圆弧轨迹变化时有效平均应力 p' 的变化量。

对于图 8-50 所示的剪应力过程，其不排水条件下孔压的变化过程可按下述方法确定。如果土为等压固结，即 1 点的有效平均应力为 p'_1，剪应力 q_1 为零，应力点在 q-p' 坐标上位于 1 处（图 8-51）。当剪应力由 1 到 2 变化时，q-p' 坐标图上的应力点即由 1 点沿等体积应力轨迹线到纵坐标等于 q_2 的 2 点，孔压增量为 $p'_1 - p'_2$（图 8-52）。当应力由 q_2 变到 q_3 再到 q_4 时，其坐标图上的应力点均在屈服线 O2 之下，只发生弹性变形，不产生附加孔压，即 p' 不变，3、4 点均在过 2 点的铅垂线上。当应力从 q_4 到 q_5 时，开始发生屈服，应力点沿过 4 点（同 2 点）的圆弧变化，孔压增量为 $p'_5 - p'_2$。接着，应力从 q_5 减小到 q_6，只发生弹性变形，

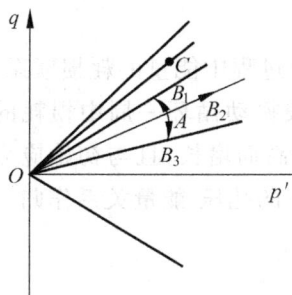

图 8-49　q/p' 的变化与塑性变形

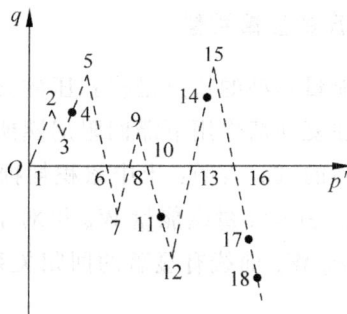

图 8-50　剪应力过程

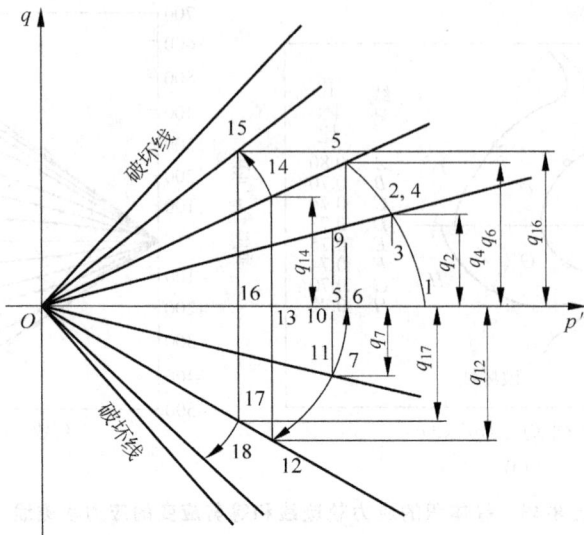

图 8-51 由剪应力过程求取孔压变化过程

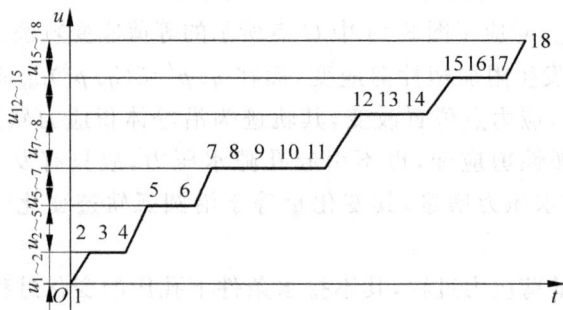

图 8-52 孔压发展过程

无附加孔压。当应力由 q_6 变到 q_7 时,土处于受拉状态,并发生反向屈服。应力点沿过 6 点(同 5 点)的反向圆弧变化到 7 点,孔压增量为 $p'_7 - p'_5$。此后,应力由 q 变到 q_8、q_9、q_{10} 及 q_{11} 时,只发生弹性变形,不产生附加孔压。如此一直向下计算,直到土体破坏,即应力点达到等体积应力轨迹线的反弯点(即破坏线)时为止。

4. 孔压的能量模型

孔压能量模型的特点是将孔压的升高与土粒重新排列过程中能量的耗损联系起来。曹亚林等用往复动荷作用下滞回阻尼圈所包围的面积来代表振动循环一周中损耗的能量值,其对标准砂的试验表明:土中累积耗损的能量随孔压的升高而增长,且与初始应力状态 K_c 及 σ'_0 有关。引入无量纲能量 W_R 可对不同初始应力状态下的孔压-能量关系作归一化处理,所得的 u/σ'_0-W_R 曲线有显著的回归关系,可表示为

$$\frac{u}{\sigma'_0} = K W_R^\beta \tag{8-190}$$

式中,

$$W_R = (1 - \lg K_c^3)W_0 \tag{8-191}$$

$$W_0 = \frac{\sum W}{\sigma_0'} \tag{8-192}$$

式中，$\sum W$ 为振动过程中单位体积土体内累积耗损的能量；K 和 β 为试验常数，对标准砂 $K = 1.270$ 及 $\beta = 0.310$。该模型相比于 Seed 和 Finn 模型具有良好的一致性，表明了该模型的合理性。由于能量是一个标量，尚可用叠加原理解决复杂荷载下的问题。

5．孔压的内时模型

孔压的内时模型的特点是将孔压与某个单调增长的内时参数 K 联系起来，K 是表示振次 N 和剪应变幅值 γ 影响的一个参数，也称破损参数。孔压比 u/σ_0' 与振次 N 的关系一般用剪应变 γ 为参变量的曲线簇表示，即 $u/\sigma_{v0}' = f(N, \gamma)$，如图 8-53 所示。而内时理论将土视为非线性的弹塑性材料，假设土体非弹性变形和孔压是由土颗粒的重新排列引起，而这种重新排列由应变路径长度即内时 ξ 决定。内时 ξ 表示加载过程中土的累积应变，对应 N 周剪切时的剪应变，增量用 $d\xi$ 表示，$d\xi$ 与土颗粒排列的变化及其引起的应变增量 $d\varepsilon_{ij}$ 有关。将内时 ξ 与破损参数 K 联系起来，则上述曲线簇可表示为单一函数 $u/\sigma_{v0}' = G(K)$，即不同的 γ 点均落在同一函数曲线上（图 8-54）。此时只要根据试验确定出函数 $G(K)$，即可估计孔压的大小。下面简要介绍用单一曲线表示曲线簇的分析方法。

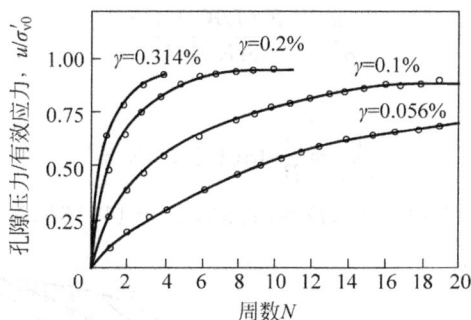

图 8-53　渥太华砂超孔压比-循环周数曲线（$\sigma_{v0}' = 200 \text{kN/m}^2$，$D_r = 45\%$）

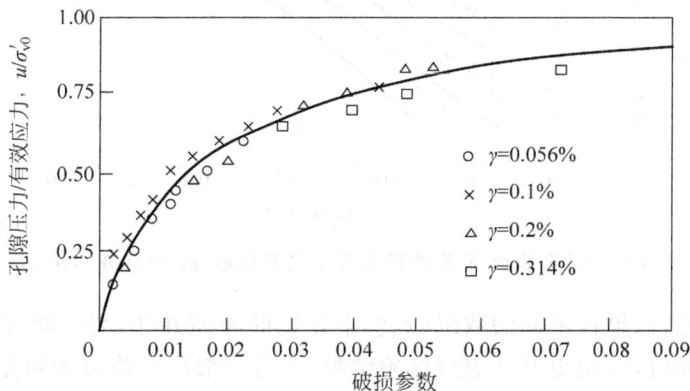

图 8-54　渥太华砂超孔压比-K 关系曲线（$\sigma_{v0}' = 200 \text{kN/m}^2$，$D_r = 45\%$）

对于单剪试验，

$$d\xi = |d\varepsilon_{1,2}| = \frac{1}{2}|d\gamma| \tag{8-193}$$

故可将 $u/\sigma'_{v0} = f(N, \gamma)$ 变换为 $u/\sigma'_{v0} = g(\gamma, \xi)$，相应的曲线如图 8-54 所示。令

$$K = T\xi \tag{8-194}$$

式中，T 是一个表示 γ 影响的变化量，并能够使所有的 (γ_1, ξ_1) 和 (γ_2, ξ_2) 满足

$$T_1\xi_1 = T_2\xi_2 \tag{8-195}$$

则孔压比可用含 K 的函数表示。令 $T = e^{\lambda\gamma}$，则由 $e^{\lambda\gamma_1}\xi_1 = e^{\lambda\gamma_2}\xi_2$，可得

$$e^{\lambda(\gamma_1-\gamma_2)} = \frac{\xi_2}{\xi_1} \tag{8-196}$$

或

$$\lambda = \frac{\ln\dfrac{\xi_2}{\xi_1}}{\gamma_1 - \gamma_2} \tag{8-197}$$

按上式求得的 λ 可以满足用 K 表示 γ、N 影响的要求。由试验所得曲线（见图 8-55）上取不同的 (γ_1, ξ_1) 和 (γ_2, ξ_2) 计算出的 λ 值变化很小，故可取其平均值。Finn 得出 $\lambda = 4.99$，故破损参数 $K = \xi e^{4.99\gamma}$。

按此将图 8-55 转换成 u/σ'_{v0}-K 关系。试验点如图 8-56 所示，由曲线拟合得

$$\frac{u}{\sigma'_{v0}} = \frac{K(DK+C)}{AK+B} \tag{8-198}$$

和

$$\frac{u}{\sigma'_{v0}} = \frac{A_1}{B_1}\ln(1 + B_1 K) \tag{8-199}$$

式中，$A = 79.42$，$B = 0.93$，$C = 93.58$，$D = 71.86$，$A_1 = 111.50$，$B_1 = 452.46$。

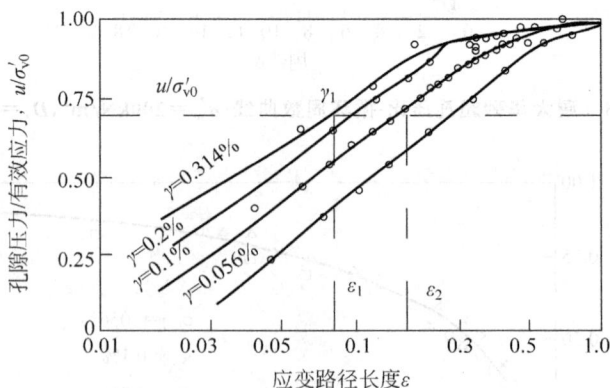

图 8-55　渥太华砂超孔压比-应变路径长度 ε 关系曲线（$\sigma'_{v0} = 200\text{kN/m}^2$, $D_r = 45\%$）

需要指出的是，如果在不同的数组 (γ, ξ) 下计算的 λ 值并非单值，则可在相应的应变范围内计算 λ 的附加值，以便更好地逼近试验结果，不过一般取均值可无须作进一步修正。此外，上述单一关系 $u/\sigma'_{v0} = G(K)$ 同样可以在等应力幅周期单剪试验和周期循环动三轴试验下验证。此时，对于应力单剪试验有

$$d\xi = \mid dS_{ij} dS_{ij} \mid = \mid d\tau \mid \qquad (8\text{-}200)$$

$$T = \frac{e^{\lambda\tau}}{\sigma'_{v0}} \qquad (8\text{-}201)$$

式中，S_{ij} 为偏应力，$i,j=1,2$；τ 为 σ'_{v0} 时的周期剪应力幅。

对于动三轴试验有

$$T = \frac{e^{\lambda\tau_d}}{2\sigma'_{v0}} \qquad (8\text{-}202)$$

式中 τ_d 为周期偏应力。

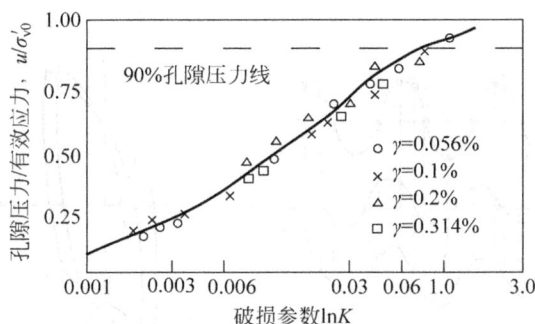

图 8-56　渥太华砂 u/σ'_{v0}-ln$K$ 关系图（$\sigma'_{v0}=200$kN/m²，$D_r=45\%$）

对于取自美国和日本的六种砂样，上述结果都得到了良好的验证。如果为不规则应变史时，则可将不规则应变史逐渐增加，变换为连续变量，求出应变路径长度 ξ，然后利用等应变幅试验所得的数据确定 λ 及 $T=e^{\lambda\gamma}$，把 ξ 转换为 K，最后按等应变幅试验的公式 $u/\sigma'_{v0}=G(K)$ 计算因 K 增加引起的孔压曲线。由此计算得出的 u/σ'_{v0}-N 关系与不规则应变史的试验曲线非常接近。

6．孔压的瞬态模型

上述的各类孔压模型虽然可以综合确定孔压的数值，但并没有揭示孔压发展变化的机理，只能按动荷载作用周次的增大，计算残余孔压的累积即孔压变化的单调增长，而不能确定任一时刻孔压的瞬态变化。谢定义、张建民提出的孔压瞬态模型可以弥补这一缺点。他们指出，在动荷载作用下，表征土所受应力状态的有效应力点将从静应力状态点开始，在破坏边界面所限定的范围内连续移动，移动的方向取决于瞬时应力-应变的发展水平，这反映了应力-应变历史的影响和作用动荷载的特性（大小、增荷或卸荷等）。如图 8-57 所示，对于具体的土性条件，作用应力的变化可以反映出增荷剪缩、增荷剪胀、卸荷回弹或反向剪缩等不同特性，它们分别在应力空间内对应不同的空间特性域，称为 c、p、e、s 域。不同特性域内的孔压发展特性不同。在 c 域内孔压变化较慢，在 p 域内孔压下降大，在 e 域内孔压变化很小，在 s 域内孔压上升较大，因此，当有效应力点以特定选择的顺序和持续时间通过相应的特性域时，孔压发展的规律得以确定。

为便于求得孔压的具体数值，可将其按成因分为应力孔压、结构孔压和传递孔压。应力孔压指土没有出现塑性破坏时，因应力或土骨架发生弹性变形时的孔压，也称作弹性孔压，这类孔压在应力卸除后消失，因此仅研究往复荷载每周的残余孔压时一般不予考虑，但研究

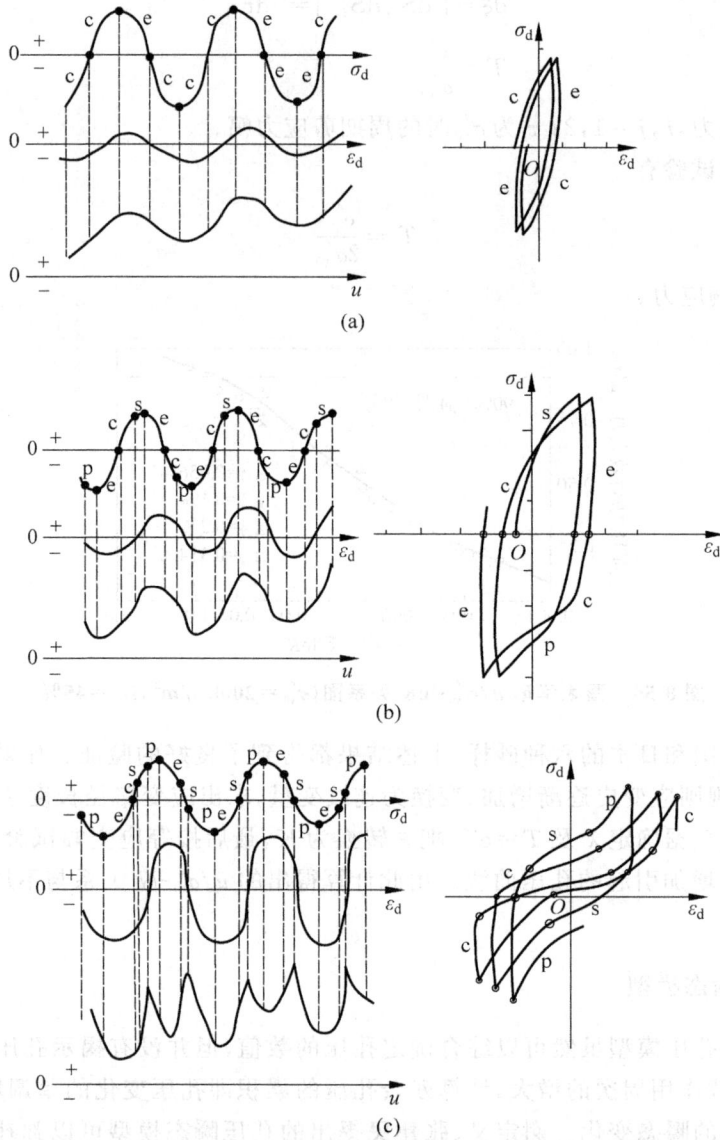

图 8-57　孔压瞬态模型的三个阶段

（a）动力失稳第一阶段（A_0 型）；（b）动力失稳第二阶段（A_0 型）；（c）动力失稳第三阶段（A_0 型）

瞬时孔压时,计算有效应力的变化时不可忽略。结构孔压是土结构破坏引起的孔压,其大小因结构破坏程度而不同,与荷载路径有关。传递孔压是土中孔压的消散和扩散引起的变化部分,它影响有效应力的重新分布,伴随着土骨架的胀缩变化。瞬时孔压等于这三者之和,即

$$u(t+\Delta t)=u(t)+\Delta u=u(t)+\Delta u_e+\Delta u_c+\Delta u_T=u(t+\Delta t)^*+\Delta u_T \qquad (8\text{-}203)$$

式中,Δu_e、Δu_c 和 Δu_T 分别为 ΔT 时段发展的应力孔压增量、结构孔压增量和传递孔压增量;$u(t+\Delta t)^*$ 为无消散扩散时刻 $t+\Delta t$ 的孔压;$u(t+\Delta t)$ 为经过消散扩散时刻 $t+\Delta t$ 的孔压。

因此,只要确定了 Δu_e、Δu_c 和 Δu_T,即可由起始孔压条件计算出孔压的发展过程。

8.6.3　黏性土的动孔压模型

对于周期荷载作用下饱和黏性土孔隙水压力发展规律的研究也有多种模型。如 Yasuhara 等(1982)给出了计算饱和黏性土孔隙水压力发展规律的双曲线模型：

$$\frac{u}{\sigma'_{c}} = \frac{\varepsilon}{a + b\varepsilon} \tag{8-204}$$

式中，u 为累积振动孔隙水压力；ε 为轴向应变幅值；σ'_{c} 为初始有效固结应力；a、b 为土的试验参数。

Matsui 等(1980)根据试验结果，认为振动孔隙水压力与最大单幅剪应变之间存在如下的对数型函数关系：

$$\frac{u}{\sigma'_{c}} = \beta \lg \frac{\gamma_{d}}{A(OCR - 1) + B} \tag{8-205}$$

式中，β、A、B 为土的试验参数；γ_{d} 为最大单幅剪应变。

Hyde 等(1985)基于应力控制式低频循环荷载对重塑粉质黏土的试验表明，振动孔隙水压力增长速率是循环次数、应力水平和土样应力历史的函数，并提出了如下关系式：

$$\frac{u}{\sigma'_{c}} = \alpha N^{\beta} \tag{8-206}$$

式中，N 为循环次数；α、β 为土的试验参数，其中 α 可表达为偏应力水平的函数

$$\lg \alpha = A + B \frac{q'_{r}}{\sigma'_{c}} \tag{8-207}$$

式中，q'_{r}/σ'_{c} 为偏应力水平。

该模型考虑了应力历史的影响，认为不同超固结比土样的振动孔隙水压力增长规律都符合上述各式，只是参数 β、A 和 B 均与超固结比 OCR 有关。

Matasovic(1995)在对应变控制式直剪试验结果进行分析后，通过衰减指数 δ 和衰减参数 d，建立了考虑超固结比的统一孔压计算模型。衰减指数定义为在等幅循环剪应变条件下剪切模量或剪切应力之比，即

$$\delta = \frac{G_{SN}}{G_{S1}} = \frac{\tau_{CN}/\gamma_{C}}{\tau_{C1}/\gamma_{C}} = \frac{\tau_{CN}}{\tau_{C1}} \tag{8-208}$$

式中，G_{SN} 为第 N 次循环时的割线剪切模量；G_{S1} 为第 1 次循环时的割线剪切模量；τ_{C1} 和 τ_{CN} 分别为第 1 次及第 N 次的循环剪应力幅值；γ_{C} 为循环剪应变幅值。

衰减参数 d 的概念早先由 Idriss(1978)提出，它表征衰减的速率，定义为

$$d = -\frac{\lg \delta}{\lg N} \tag{8-209}$$

衰减指数和衰减参数的关系为

$$\delta = N^{-d} \tag{8-210}$$

上式表明，对于给定的超固结比 OCR 和等幅剪应变幅值 γ_{e}，在双对数坐标上 δ 和 N 为线性关系。图 8-58 所示为典型的试验结果。

对正常固结黏土，Idriss 假定衰减指数和孔压的产生有关。Matasovic 的试验表明，对于不同超固结比土样可以建立如图 8-58 所示的关系。将孔压值 u_{N} 标准化，即 $u_{N}^{*} = u_{N}/\sigma'_{vc}$($\sigma'_{vc}$ 为初始固结垂直有效应力)，则可建立如下孔隙水压力计算公式：

$$u_N^* = A\delta^3 + B\delta^2 + C\delta + D \tag{8-211}$$

式中，A、B、C 和 D 为试验拟合参数，与超固结比 OCR 有关。

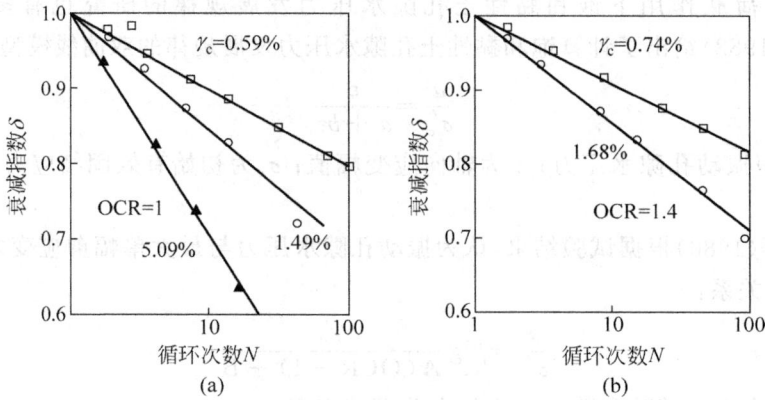

图 8-58　衰减指数与循环次数间的相互关系
(a) OCR=1；(b) OCR=1.4

式(8-211)表明孔压值 u_N^* 可由衰减指数 δ 的三次函数表达，其关系如图 8-59 所示。衰减参数 d 可表达为循环剪应变幅值 γ_c 的函数，即

$$d = s(\gamma_c - \gamma_v)^r \tag{8-212}$$

式中，s 和 r 为试验参数；γ_v 为循环体积门槛值，即当 $\gamma_c < \gamma_v$ 时无残余孔压产生，也无残余应变。

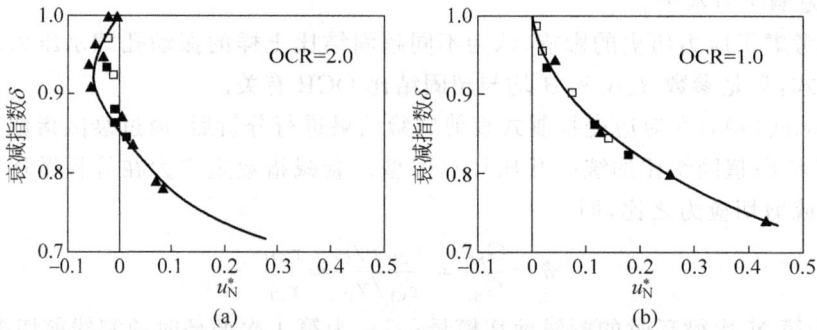

图 8-59　衰减指数与残余空压的相互关系
(a) OCR=2.0；(b) OCR=1.0

对于黏性土的研究表明，γ_v 取决于塑性指数 I_P，而超固结比 OCR 的影响较小 (Vucetic，1994)，d 随 γ_c 增大而增大，随 OCR 增大而减小。将式(8-212)和式(8-210)代入式(8-211)可得

$$u_N^* = AN^{-3s(\gamma_c - \gamma_v)^r} + BN^{-2s(\gamma_c - \gamma_v)^r} + CN^{-s(\gamma_c - \gamma_v)^r} + D \tag{8-213}$$

上式中涉及基本土性参数 γ_v 和 6 个试验参数。这一模式认为循环衰减与孔压的变化均是由土结构的变化（土颗粒之间的连接破坏而导致）所引起的，并考虑了孔压变化的内因。

参考文献

[1] HARDIN B O,DRNEVICH V P. Shear modulus and damping in soils：measurements and parameter effects[J]. Journal of Geotechnical Engineering Division,1972,98(6)：603-624.

[2] KONDNER R L. Hyperbolic stress-strain response：cohesive soils[J]. Journal of the Soil Mechanics & Foundations Division,1963,89(1)：115-143.

[3] RAMBERG W, OSGOOD W R. Description of stress-strain curves by three parameters［R］. Washington,DC：NASA Scientific and Technical Information Facility,1943.

[4] MARTIN P P, SEED H B. One dimensional dynamic ground response analysis［J］. Journal of Geotechnical Engineering Division,1982,108(7)：935-954.

[5] SCHNALBEL B, LYSMER J, SEED H B. Shake：a computer program for earthquake response analysis of horizontally layered sites,EERC,72-12[R]. Berkeley：University of California,1972.

[6] HARDIN B O,DRNEVICH V P. Shear modulus and damping in soils：design equations and curves [J]. Journal of Soil Mechanics & Foundations Division,1972,98(7)：667-692.

[7] MASING G, MAUKSCH W. Eigenspannungen und verfestigung des plastisch gedehnten und gestauchten Messings［M］. Springer Berlin Heidelberg：Wissenschaftliche Veröffentlichungen aus dem Siemens-Konzern,1925.

[8] MARTIN G R, FINN W D L, SEED H B. Fundamentals of liquefaction under cyclic loading［J］. Journal of Geotechnical Engineering Division,1975,101(5)：423-438.

[9] STREETER V L,WYLIE E B,RICHART F E. Soil motion computations by characteristics method：12F,16R[J]. Journal of Geotechnical & Geoenvironmental Engineering,1974,100(3)：247-263.

[10] PYKE R M. Nonlinear soil models for irregular cyclic loading［J］. Journal of Geotechnical & Geoenvironmental Engineering,1979,105(6)：715-726.

[11] 王志良,王余庆,韩清宇. 不规则循环剪切荷载作用下土的粘弹塑性模型[J]. 岩土工程学报,1980(3)：10-20.

[12] 郑大同. 土的滞回特性及其模型化[C]//中国土木工程学会. 中国土木工程学会第四届土力学及基础工程学术会议论文选集. 北京：中国建筑工业出版社,1983：302-308.

[13] HARDIN B O. Vibration modulus of normally consolidated clay[J]. Journal of the Soil Mechanics & Foundations Division,1968(94)：353-370.

[14] WHITMAN R V, RICHART F E. Design procedures for dynamically loaded foundations［J］. Journal of the Soil Mechanics & Foundations Division,1967,93(6)：169-193.

[15] SEED H B, IDRISS I M. Soil moduli and damping factors for dynamics response analyses［R］. Berkeley：University of California,Berkeley. Earthquake Engineering Research Center,1970.

[16] CARTER J P, BOOKER J R, WORTH C P. Critical state soil model for cyclic loading［M］// ZIENKIEWICZ O C,BETTESS P. Soil mechanics-transient and cyclic loading. New York：John Wiley and Sons,1982.

[17] PREVOST J H. Mathematical modeling of monotonic and cyclic undrained clay behavior［J］. International Journal for Numerical & Analytical Methods in Geomechanics,1977,1(2)：195-216.

[18] DAFALIAS Y F, HERMANN L R. Bounding surface formulation of soil plasticity［M］// ZIENKIEWICZ O C,BETTESS P. Soil Mechanics-Transient and Cyclic Loading. New York：John Wiley and Sons,1982.

[19] BARDET J P. Bounding surface plasticity model for sands[J]. Journal of Engineering Mechanics,1986,112(11)：1198-1217.

[20] BALADI G Y. An effective stress model for ground motion calculations[R]. Vicksburg,MS：Army

Engineer Waterways Experiment Station,1979.

[21] SEED H B,MARTIN P P,LYSMER J. The generation and dissipation of pore water pressures during soil liquefaction[R]. Berkeley：University of California,Berkeley. Earthquake Engineering Research Center,1975.

[22] FINN W D L,LEE K W,MARTIN G R. An effective stress model for liquefaction[J]. Electronics Letter,1977,103(6)：517-533.

[23] 徐志英,沈珠江.地震液化的有效应力二维动力分析方法[J].华东水利学院学报,1981,9(3)：1-14.

[24] MARTIN G R,FINN W D L,SEED H B. Fundamentals of liquefaction under cyclic loading[J]. Journal of Geotechnical Engineering Division,1975,101(5)：423-438.

[25] ISHIHARA K,TATSUOKA F,YASUDA S. Undrained deformation and liquefaction of sand under cyclic stresses[J]. Soils & Foundations,1975,15(1)：29-44.

[26] NEMAT-NASSER S, SHOKOOH A. A unified approach to densification and liquefaction of cohesionless sand in cyclic shearing[J]. Canadian Geotechnical Journal,1979,16(4)：659-678.

[27] BERRILL J B,DAVIS R O. Energy dissipation and seismic liquefaction of sands：revised model[J]. Soils and Foundations,1985,25(2)：106-118.

[28] 曹亚林,何广讷,林皋.土中振动孔隙水压力升长程度的能量分析法[J].大连工学院学报,1987,26(3)：83-88.

[29] FINN W D L,BHATIA S. Endochronic theory of sand liquefaction[C]//Proceedings of the 7th Word Conference on Earthquake Engineering. Turkey：Istanbul,1980.

[30] 谢定义,张建民.往返荷载下饱和砂土强度变形瞬态变化的机理[J].土木工程学报,1987,20(3)：57-70.

[31] DOBRY R. Some basic aspects of soil liquefaction during earthquakes[J]. Annals of the New York Academy of Sciences,1989,558(1)：172-182.

[32] YASUHARA K. YAMANOUCHI T,HIRAO K,et al. Cyclic strength and deformation of normally consolidated clay[J]. Soils & Foundations,1982,22(3)：77-91.

[33] MATSUI T,ITO T,OHARA H. Cyclic stress-strain history and shear characteristics of clay[J]. Journal of the Geotechnical Engineering Division,1980,106(10)：1101-1120.

[34] HYDE A F L,WARD S J. A pore pressure and stability model for a silty clay under repeated loading [J]. Geotechnique,1985,35(2)：113-125.

[35] MATASOVIC N. Generalized cyclic degradation pore pressure generation model for clays[J]. Journal of Geotechnical Engineering,1995,32(8)：32-42.

[36] IDRISS I M,DOBRY R,SIHGH R D. Nonlinear behavior of soft clay during cyclic loading[J]. Journal of Geotechnical Engineering,1978,104(12)：1427-1447.

[37] VUCETIC M. Cyclic threshold shear strains in soils[J]. Journal of Geotechnical Engineering,1994,120(12)：2208-2228.

[38] CHANG C,KUO C,SELIG E. Pore pressure development during cyclic loading[J]. Journal of Geotechnical Engineering,1983,109(1)：103-107.

[39] 汪闻韶.往返荷载下饱和砂土的强度、液化和破坏问题[J].水利学报,1980(1)：14-27.

[40] Roscoe K H, Schofield A N, Wroth C P. On the yielding of soils[J]. Geotechnique, 1958, 8(1)：22-53.

[41] MASING G. Eiganspannungen und verfestigung beim messing[C]//Proceedings of the Second International Conference of Applied Mechanics. [S. l.]：[s. n.],1926,1：332-335.

[42] HARDIN B O, BLACK W L. Vibration modulus of normally consolidated clay[J]. Journal of the Soil Mechanics and Foundations Division, 1968, 94(2)：353-370.

[43] CHANG C S, KUO C L, SELIG E T. Pore pressure development during cyclic loading[J]. Journal of Geotechnical Engineering, 1983, 109(1)：103-107.

[44] GYODEN Y, MIZUHATA K. A new soil model and dynamic soil properties[C]// International Conferences on Recent Advances in Geotechnical Earthquake Engineering and Soil Dynamics. St. Louis，Missouri：University of Missouri-Rolla，1981.

第9章

饱和砂土液化问题

9.1 概述

饱和砂土液化是指饱和砂土在振动荷载作用下,由于孔隙水压力上升,有效应力减小所导致的从固态到液态变化的现象。中国古代就有"活沙"之说。美国土木工程协会岩土工程分会土动力学专业委员会对"液化"一词的定义为:"液化是任何物质转为液体状态的行为或过程。就无黏性土而言,这种由固体状态变为液体状态的转化是孔隙水压力增大和有效应力减小的结果。"液化问题的研究主要涉及土液化的可能性、液化的触发条件、液化灾害影响及评价和液化地基处理等问题。

Casagrande 最早用"临界孔隙比"的概念来解释砂土的液化现象。他根据无黏性土在剪切变形过程中体积变化的剪胀和剪缩两个特性,认为在两者之间存在一个临界孔隙比,在此孔隙比状态下,土体经受任何大的剪切变形或流动时将无体积变化。之后太沙基、泰勒等几位学者讨论临界孔隙比的测定方法,以更好地用于液化问题研究。1954 年,马斯洛夫在巴尔坎砂土振动压密试验结果基础上,提出了临界加速度的概念,并建立了饱和砂土稳定性动力破坏渗透理论。

我国学者黄文熙认为按马斯洛夫等采用圆筒进行振动液化的试验条件与实际地基中的应力状态不符,建议采用具有特殊加载设备的三轴压缩仪来进行。汪闻韶等较早地提出了饱和砂土振动孔隙水压力的增长及消散规律,并进一步将马斯洛夫的一维动力渗透理论扩展到三维。Seed 和 Lee 等在研究了日本 Niigata 地震中的液化问题,采用动三轴试验模拟了饱和砂层在地震水平循环剪切作用下产生的液化现象后,首先将孔压值作为判断砂土是否发生液化的依据,并提出了后来被广泛引用的"初始液化"概念。之后关于砂土地震液化、与地震液化密切相关的动孔隙水压力变化规律及其大变形问题的研究迅速发展,成为当时土动力学研究最活跃的部分。到了 20 世纪 70 年代后期,Casagrande 和 Castro 重新调整了"临界孔隙比"的概念和试验方法,进一步提出了"流动结构""稳态抗剪强度"等概念。沿着这一思路,Castro、Dobry、Poulos、Ishihara 等做了系统工作,"流滑"和"循环活动"等概念被提出来用于分析砂土的液化机理,并得到了广泛的认可。

早期关于砂土液化机理的研究,主要是宏观的唯象描述,近年来国内外一些学者开始关注砂土液化破坏过程中的微细观力学机理,并开始在不连续介质力学和散粒介质力学范围内研究砂土的液化问题。从物理本质上来看,饱和砂土是由砂或粉土颗粒以及充填其中的流体组成的混合物,基于不同颗粒之间以及颗粒与流体之间的相互作用,其呈现出高度复杂的非线性力学特性。传统的方法把其当作连续介质来研究,连续介质力学模型虽然可以从宏观上描述混合物的液化行为,但用来模拟砂土这种具有散粒特性的材料是有局限性的。因此一些学者开始从微细观的角度分析砂土液化的内在机理,分析砂土在液化过程中的颗粒运动、接触力发展、微细观组构演化等,并分析这些微细观量与宏观的剪胀、局部失稳和液化失稳之间的关系与影响,试图从微细观的角度揭示饱和砂土液化的物理机制,并取得了一些进展。

此外,随着 20 世纪六七十年代关于饱和多孔介质波动理论的发展和有限元等数值方法的成熟,基于 Biot 动力固结理论的饱和砂土地震液化数值分析也得到了发展,这部分内容我们将在第 10 章中详细介绍,本章主要介绍砂土的液化机理、地基液化判别方法和处理技术。需要指出的是,由于地震液化机理及其影响因素的复杂性,也由于地震发生的不可预测性,因此在土动力学领域,饱和土液化问题始终是一个重要的研究课题。

9.2　液化的相关概念

9.2.1　孔隙水压力

当振动作用到土上时,土骨架会因振动的影响而受力,这种力传递到土颗粒上会在土粒的接触点引起新的应力。当这种应力超过一定数值时,一些颗粒的接触就会破坏,颗粒发生滑移、重新排列。原来由土骨架承担的有效应力将发生变化,这种变化转移到孔隙水上,会引起孔隙水压力的突然增高。孔压的增高将使孔隙水在超静孔隙水压力的作用下向上排出,同时土颗粒在其重力作用下又力图下沉,但土粒的向下沉落受到孔隙水向上排出的影响,从而使土粒处于悬浮(孔隙水压力等于有效覆盖压力)状态,此时土的抗剪强度局部或全部丧失,即出现不同程度的液化。随着孔隙水逐渐排出,孔隙水压力逐渐减小,土粒重新排列,压力重新由孔隙水传递给土粒,砂土即达到新的稳定状态。

因此,在持续的振动荷载作用下,砂土经历了压力由土粒传给孔隙水,再由孔隙水传给土粒两个阶段。前一阶段即为振动液化过程,此过程孔隙水压力逐渐增长;后一阶段为振动压密过程,随着孔隙水排出,超静孔隙水压力逐渐消散,这将导致土体产生附加变形,即液化后大变形或振陷。

振动液化的发生和发展需要两个基本条件:一是振动作用要足以使土体结构发生破坏;二是土体发生破坏后,土粒压密,使动孔压迅速增大。因此饱和松砂容易发生振动液化,密砂不易振动液化,其原因是:一方面它的结构不易为振动所破坏;另一方面它的结构即使遭到破坏,土体发生剪胀而不是压密,不满足土体发生液化的条件。但从原则上讲,只要满足动荷载能使土的结构破坏,土体破坏后又有压密趋势,就会发生液化,故在地震作用后经常发现原地层中密实的饱和砂土也会喷出地面,这是因为密砂发生剪胀变松后,又导致了液化。

9.2.2　剪缩土与剪胀土

密砂在剪应力作用下发生体胀,松砂在剪应力作用下发生体缩。理论上存在某一临界孔隙比,土在这个孔隙比下既不会剪胀也不会剪缩,如图 9-1 所示,这个临界孔隙比一般与

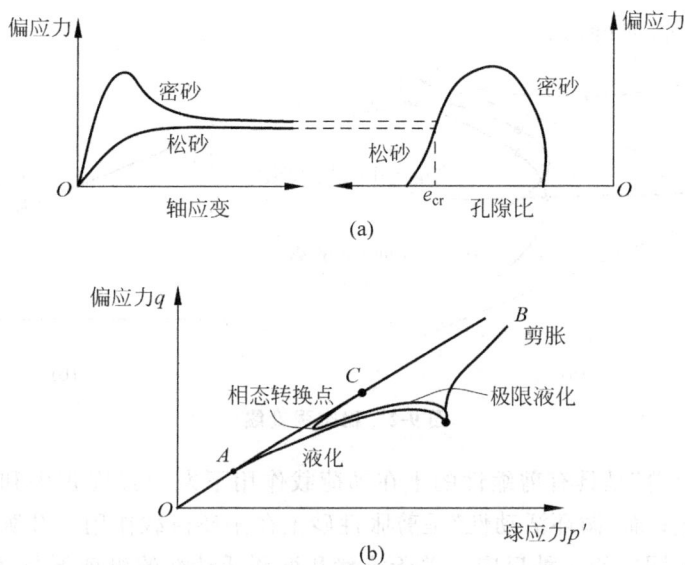

图 9-1　临界孔隙比及剪缩土和剪胀土中的应力路径特点
（a）临界孔隙比；（b）剪缩土和剪胀土中的应力路径特点

作用在土上的法向固结应力有关，可用临界孔隙比 e_{cr} 与法向固结应力 σ_3 坐标平面内的某类曲线来描述。

如果土的实际孔隙比 e 与法向固结应力 σ_3 的对应点位于曲线之上，即 $e > e_{cr}$，则这种土称为剪缩土，其容易发生液化；如果土的实际孔隙比 e 与法向固结应力 σ_3 的对应点位于曲线之下，即 $e < e_{cr}$，则称为剪胀土，除非有特定条件，否则它不容易发生液化。还可以在偏应力 q 与球应力 p' 平面内研究剪缩土和剪胀土在振动过程中的应力路径，如图 9-1(b) 所示。对于剪缩土，孔压上升导致有效应力下降，应力路径将迅速向土的强度线逼近；对于剪胀土，孔压下降导致有效应力上升，应力路径在另一个方向上也向土的强度线逼近；对于先剪缩后剪胀的土，孔压先升高后降低，应力路径上有一个由剪缩到剪胀的转折点，称为相态转换点，不同应力路径上这类点的连线称为相态转换线。

9.2.3　初始液化、流滑与循环活动性

1966 年，Seed 和 Lee 提出"初始液化"的概念，即饱和砂土在地震或循环荷载作用下孔隙水压上升并首次等于上覆有效应力时，土强度丧失，一般称为初始液化。

土体在初始液化后，如果动荷载继续作用，每一次振动均能使土发生迅速而持续的变形，土体将发生"实际液化"，表现出无限流动的特征，称为流滑。流滑一般只发生在具有剪缩性的饱和土中。发生流滑时土处于常剪应力、常有效应力、常体积和常速率的流动中，称为稳态。稳态时土具有的抗剪强度称为稳态强度，如图 9-2(a) 所示。投影到 e-$\lg\sigma'_{3c}$ 平面内为一条直线，如图 9-2(b) 所示。

如果在动荷载作用下，每一次振动只能产生有限的变形，这种变形具有随振动而逐渐增加的特性或趋于往复变化的趋势，则称为循环活动性。循环活动性一般发生在具有剪胀性的砂土中。

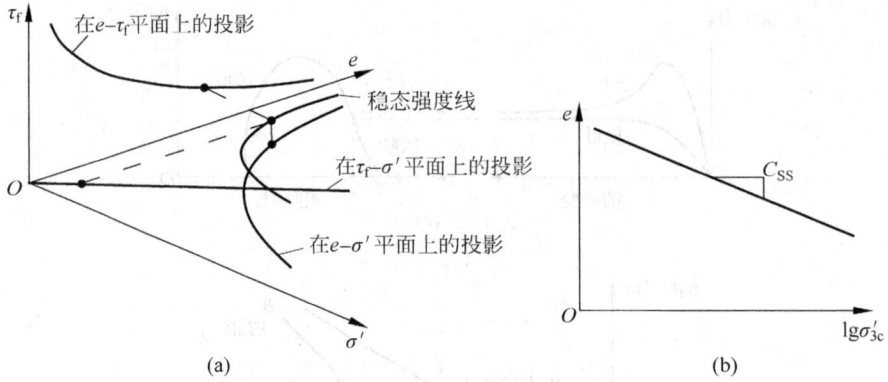

图 9-2　稳态强度线

　　简而言之,"流滑"是具有剪缩性的土在动荷载作用下发生强度丧失和极端情况下流动的"实际液化"反应;而"循环活动性"是剪胀性砂土在循环荷载作用下孔隙水压力在每一循环中峰值瞬间等于围压的一种反应。关于流滑和循环活动性的机理下节将详细介绍。

9.3　饱和砂土的液化机理

　　饱和砂土主要有三种不同的液化机理,即砂沸、流滑和循环活动性。砂沸本质上是一种渗透不稳定现象,而流滑和循环活动性则与砂土的变形和应力状态相关,其概念在上节中已经给出,本节重点分析其物理机理并通过稳态强度和流动结构的概念来进一步分析饱和砂土的液化机理。

9.3.1　砂沸

　　当饱和砂土中孔隙水压力上升到等于或超过它的上覆压力时,土体就会发生上浮或"沸腾"现象。这个过程与砂的密实度和体积应变无关,而是渗透压力引起的液化,常被考虑为"渗透不稳定"现象。但是,从物态转变行为来看,"砂沸"也属于土的液化范畴。

　　对于饱和砂土中深度为 z 处的某点,在没有渗流通过时,其应力为

$$\begin{cases} \sigma_z = \gamma' Z + p \\ \sigma_x = \xi' \gamma' Z + p \end{cases} \tag{9-1}$$

式中,σ_z 和 σ_x 分别为垂直和水平法向总应力;γ' 为土的浮容重;$p = \gamma_w Z$ 为孔隙水压力,其中 γ_w 为水的重度;ξ' 为有效侧压力系数。

　　假设地下水变化而使深度 Z 处的孔隙水压力增量 Δu 接近于 $\gamma' Z$,则

$$\begin{cases} \sigma_z' \to 0 \\ \sigma_x' \to 0 \\ \sigma_z' \to p \to \gamma_{sat} Z = \sigma_z \end{cases} \tag{9-2}$$

此时,饱和砂土向上渗流的水力梯度为

$$i = \frac{\Delta p}{\gamma_w Z} \to \gamma' / \gamma_w = i_{cr} \tag{9-3}$$

这里的 i_{cr} 就是大家熟知的出现砂沸时的临界水力梯度。

需要指出的是,地震中也会发生类似于砂沸的喷水冒砂现象,这与在临界水力梯度条件下发生的砂沸是有本质区别的。

9.3.2 流滑

土体实际液化的破坏表现为过大的位移、变形或应变,而不完全取决于应力条件。研究液化问题的核心是防止土体出现流滑破坏,流动结构与稳态强度是理解流滑破坏的关键,下面重点分析。

1. 流动结构与稳态

流滑现象早已被人们所认识,它实际上是饱和松砂的颗粒骨架在剪切作用下呈现出不可逆的体积压缩,在不排水条件下引起孔隙水压力增大和有效应力减少,导致"无限度"的流动变形。Casagrande 和 Castro 以及 Poulos 等人的研究表明,当土发生结构破坏时,土粒会在不断的运动中寻找摩擦力最小的结构状态。因此,在发生大变形时,土的初始结构、应力-应变历史、加载条件等的影响将最终被掩盖,此时土会达到一种所谓的"流动状态"。在这种状态下土处于常剪应力、常有效应力、常体积和常速率的流动中,土的变形只依赖于密实度(对压缩和拉伸的应力路径不同),称为稳态。

Casagrande 在他早年提出的临界孔隙比的基础上,对 Fort Peck 坝破坏进行重新分析后,提出了流动结构的假设。他对以前采用的测量临界孔隙比的试验方法作了改进,提出在固结不排水三轴试验中采用轴向"死荷增量"的加载办法,这样就能发生流动结构的现象,如图 9-3 所示。图中曲线 A 是相对密度 $D_r = 30\%$ 的试样在固结压力 $\sigma'_{30} = 4 \times 98 \text{kPa}$ 下的试验结果,曲线 D 是对与 A 相对密度相同的试样的排水三轴试验结果;曲线 B 和 C 是相对密度分别为 $D_r = 44\%$ 和 $D_r = 47\%$ 的试样在相同固结压力下的试验结果。

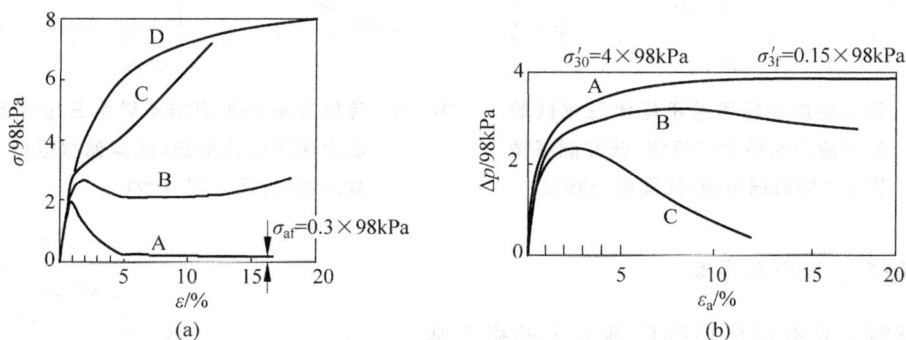

图 9-3　等压固结不排水和排水"死荷增量"加载三轴试验结果示例(Casagrande,1979)

对于 A 试样,试验中经过轴向逐次死荷加载到轴向应力差 $\sigma_a = \sigma_1 - \sigma_3 = 2 \times 98 \text{kPa}$(此时轴向应变 $\varepsilon_a = 1\%$)时,在下一微小增量死荷加载时试样发生骤然液化,在 0.2s 内 ε_a 即由 1% 增加到 18%,而轴向应力差骤降到 $0.3 \times 98 \text{kPa}$,此时附加孔隙水压力 $\Delta p = 3.85 \times 98 \text{kPa}$,有效围压 $\sigma'_c = 0.15 \times 98 \text{kPa}$。此过程中,认为出现了"流动结构"。流动时的有效内摩擦角 φ' 约为 30°,此值与图 9-3 中相对密度相同试样 D 的排水三轴试验结果很接近。

B 试样出现了短暂的"流动结构",在 σ_a 达到峰值后,仅在 0.4s 内 ε_a 骤增至 18%,但此后未再发展,流动时的有效内摩擦角 φ' 约为 32°,试样发生了"有限液化"。C 试样虽然也有开始"液化"的迹象(曲线上出现曲折),但是随着 ε_a 增大而表现为剪胀性质。

上述"流动结构"也可发生在不等压固结($\sigma'_{10} > \sigma'_{30}$)的"死荷增量"单向加载和循环加载不排水三轴试验中,如图 9-4～图 9-7 所示。图中 AN 线为不等压固结($\sigma'_{10}/\sigma'_{30} = 2$)不排水试验结果,CY 曲线为等压固结不排水循环加载三轴试验结果,它们最终都出现了"流动结构",并都达到相近的 $\sigma'_{3f} \approx 0.15 \times 98\text{kPa}$ 和 $\sigma'_{af} \approx 0.3 \times 98\text{kPa}$。

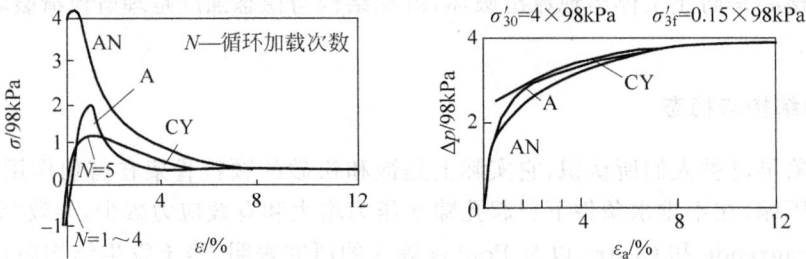

图 9-4　三种不同固结不排水三轴试验结果比较

应力路径的发展如图 9-5 所示,可以看出有无初始剪应力和加载方式的影响:从 A、AN 和 CY 三条曲线看,饱和松砂不论有无初始剪应力,是单调加载还是循环加载,都发生了流滑。B 线虽然出现了一段流滑,但随着应变的发展,流滑停滞并发生回胀,因此称之为有限液化或有限流动。在整个流滑过程中试样的应力状态均未越过其极限平衡界限 LEL。

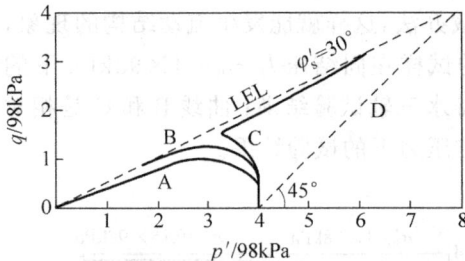

图 9-5　不同密度等压固结不排水三轴试验有效应力路径比较示例(汪闻韶根据图 9-3 的数据绘制(汪闻韶,1997))

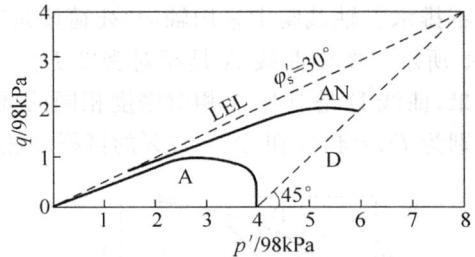

图 9-6　等压与不等压固结不排水三轴试验有效应力路径比较示例(汪闻韶根据图 9-4 的数据绘制(汪闻韶,1997))

2. 稳态线与稳态强度

稳态时土具有的抗剪强度称为土的稳态强度,稳态强度一般很小。此时密实度 e、法向有效应力 σ' 和剪切强度 τ_f 在 $e\text{-}\sigma\text{-}\tau_f$(或 $e\text{-}p'\text{-}q$)的三维空间坐标内绘出的曲线称为稳态强度线,将其投影到 $e\text{-}\lg\sigma'_{3c}$ 平面内,可得到如图 9-2(b)所示的稳态线。

将上述试验结果汇总在图 9-8 中,图中数据点是试样液化(或有限液化)后的状态点(e_{cr} 和

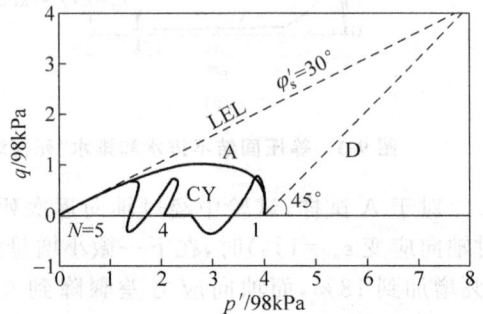

图 9-7　等压固结不排水单程与循环三轴试验有效应力路径比较示例(汪闻韶根据图 9-4 的数据绘制(汪闻韶,1997))

σ'_c),可以看出所有试验点基本上都分布在一条线上,Casagrande 称为 F 线。显然,不同初始应力状态(等压或偏压固结)的试样通过不同应力路径(单调加载或循环加载)产生流滑时,其状态均落在了 F 线上。"F"的意思为具有"流动结构"状态液化时的临界孔隙比 e_{cr} 与最小有效主应力 σ'_3 的关系曲线。

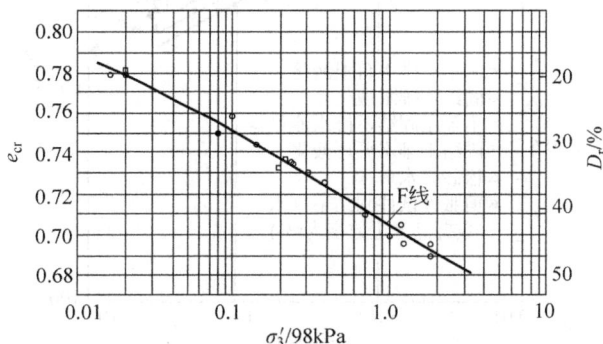

图 9-8 由固结不排水"死荷增量"加载和循环三轴试验结果得到的临界孔隙比"F"线示例

但后来 Castro 进一步的研究表明,并不是所有初始状态在"F"线之上的饱和砂土在不排水三轴试验中都会发生流滑。图 9-9 所示为不排水三轴剪切试验前的初始状态及结果示例,图中"·"点都发生了"实际液化","△"点都发生了"有限液化",而"○"点则都产生了剪胀。"液化"与"有限液化"间可用 L 线划界,P 线以下出现了剪胀,而 P 线则高于前述 F 线(图 9-9 中的虚线),因此在 F 线以上仍可有剪胀发生。Castro 的研究表明,剪胀性砂土在饱和固结不排水三轴试验中 σ'_3 随轴向应变增加而不断增大,并跨越 F 线而向排水三轴试验得到的临界孔隙比线即 S 线(图 9-10 中的"▲"数据点)逼近。S 线与 L 线很接近。所以 F 线并不是剪胀与剪缩的分界线,而是是否出现"流动结构"的分界线,其只有在抗剪强度急剧下降时才会出现。

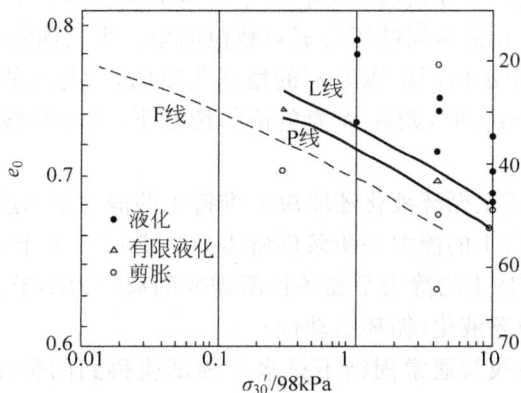

图 9-9 饱和砂固结不排水三轴试验初始状态及结果示例

F 线后来被 Poulos 等人引申为"稳态线",与此相应的强度被称为"稳态强度",如图 9-11 所示。由于它是在不排水条件下的强度,故又称"不排水稳态抗剪强度 S_{us}",其计算公式如下:

$$S_{us} = \frac{1}{2} \sigma_{af} \cos\varphi' = \sigma'_c \frac{\sin\varphi' \cos\varphi'}{1 - \sin\varphi'} \tag{9-4}$$

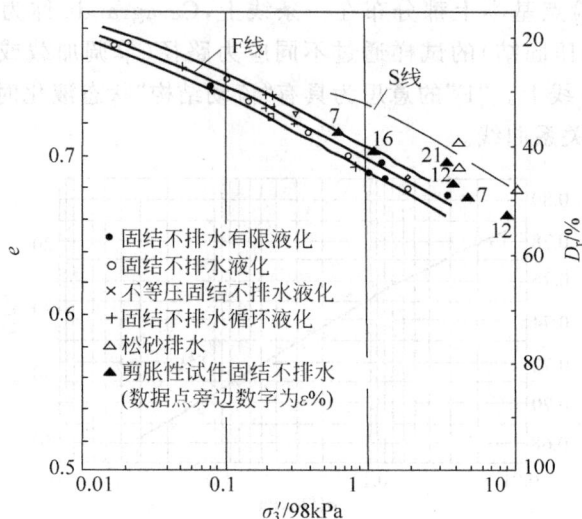

图 9-10　多种三轴试验结果示例

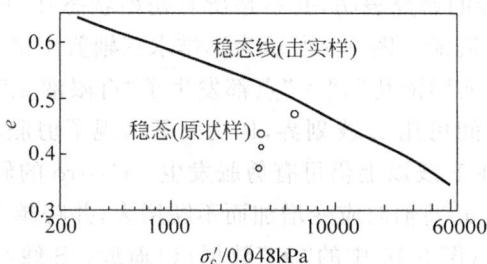

图 9-11　稳态线与稳态强度示例

综上所述,稳态强度是土在流动结构状态下所具有的强度。它与土的孔隙比和法向固结应力有关,在孔隙比 e 和法向固结压力 σ_c' 对数值的坐标平面内将是一条直线,称为稳态强度线。如果取相应于一定法向固结压力 σ_c' 的稳态孔隙比 e_{ss} 与土的实际孔隙比 e 之差作为状态参数 ψ,即取 $\psi = e - e_{ss}$ 时,则在 ψ 为负值的情况下,土不会液化;在 ψ 为正值的情况下,土可能会液化。

最终发生流滑破坏还是循环液化还取决于维持土的静力平衡所需要的剪应力与稳态强度的大小比较。如果维持土的静力平衡条件所需要的剪应力大于土的稳态强度,则将发生流滑破坏;否则,如果维持土的静力平衡条件所需要的剪应力小于土的稳态强度,土就不会发生流滑破坏,而发生循环液化(循环活动性)。

需要指出的是,稳态线与通常固结不排水三轴试验得到的临界状态线 CSL(临界孔隙比线)既有联系又有区别。临界状态是土体在常应力和常孔隙比下的连续变形状态(Roscoe,1958),而稳态是在常体积、常有效应力、常剪应力和常应变速率下的一种连续变形状态(Polous,1981)。两者除了常应变速率外,几乎没有什么区别,但 Polous 指出,临界状态没有指明流动结构是否发生,流动结构是稳态变形的充要条件;临界状态仅是土的初始结构的早期破坏阶段,而稳态时已经彻底消除了初始结构。因此,一般稳态线在数值上低于临界孔隙比线,因为在临界状态时土的流动结构没有出现或者只是局部出现,如果土所受的静剪应力超过了稳态强度,土将发生流滑破坏。

9.3.3　循环活动性

循环活动性主要出现在相对密度较大(中密以上到紧密)的饱和无黏性土的固结不排水循环剪切试验中。Seed 通过试验发现,在循环荷载作用下某些瞬间出现孔隙水压力等于固结围压,有效应力为零的状态,即出现瞬态液化现象。

循环活动性的物理机制比较复杂,Casagrande 曾认为是由于试样中相对密度和含水量在不排水循环荷载剪切作用下的重分布和不均匀性所致。宏观上看,可认为它与试样在循环剪切作用中的剪缩和剪胀交替变化有关,即循环荷载作用初期的累积剪缩及后期的加载剪胀和卸载剪缩的交替作用形成了循环活动性。因此,提出了相转换线(PTL)的概念,用于分析循环活动性。

Ishihara 等(1985)在中密砂的不排水试验中发现,在单调剪切荷载作用下,中密砂开始表现为剪缩行为,随着应变向稳态发展逐渐呈现出剪胀性,因此在 p'-q 应力空间上定义了一条线(应力路径),即相转换线(PTL),其在破坏面的下方,经过原点(也有学者认为其不一定过原点),如图 9-12 所示。在这条线的上面是剪胀区,应力路径向左发展,孔隙水压力增加,平均有效应力降低;当应力路径达到状态转换线,剪缩趋势减小了,应力路径接近垂直;当应力路径穿过状态转换线后,发生剪胀,产生负的孔隙水压力,平均有效应力增加,应力路径向右移动。

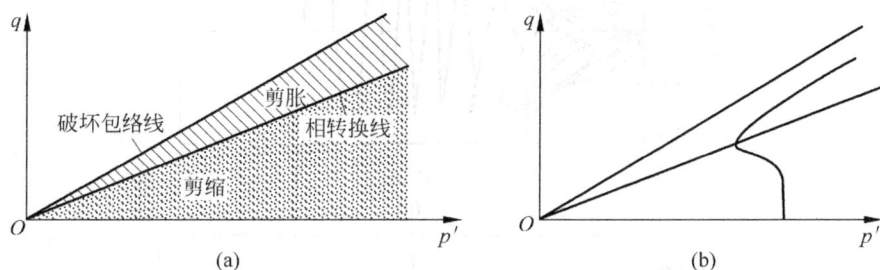

图 9-12　相转换线

上面状态转换的研究是在单调荷载作用下得出的结果,破坏面和状态转换线在负的剪应力条件下同样存在,在循环剪应力作用下,同样可以看到在不同方向经历的剪胀和剪缩的状态转换。在循环荷载作用下,应力路径多次穿越状态转换线,砂土也表现为在循环软化和循环硬化之间交替发展,最终会形成"香蕉状"的应力-应变关系曲线,如图 9-13 所示。

图 9-14 所示为饱和密砂的空心圆柱不排水循环扭剪试验结果。其中,图 9-14(a)所示为循环剪应力、剪应变和孔隙水压力时程曲线,图 9-14(b)所示为相应的应力路径和应力-应变关系曲线。从图 9-14 中可以看出,仅在循环剪切的后期某些瞬间出现了有效应力接近于零的状态,且其基本没有越过强度包线。在每一循环周期内,加载至状态转换线后试样由剪缩变成剪胀,孔隙水压力开始降低,卸载剪缩,孔隙水压力升高,然后反向加载至下面的相转换线,又由剪缩变成剪胀。这样,加载剪胀和卸载剪缩交替作用就形成了饱和中密砂在循环剪切作用下的循环活动性。

循环活动性的发生不仅与砂土的密实程度有关,而且与有效固结压力的大小、主应力比、循环动应力幅值及荷载循环次数等因素密切相关,从而形成了间歇性瞬态液化和有限度断续变形的格局。

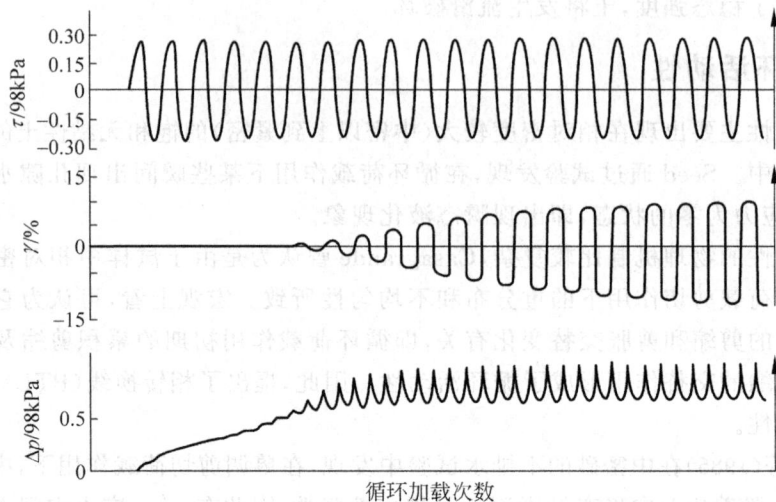

图 9-13　饱和密砂的空心圆柱等压固结不排水水平循环扭剪三轴试验记录示例

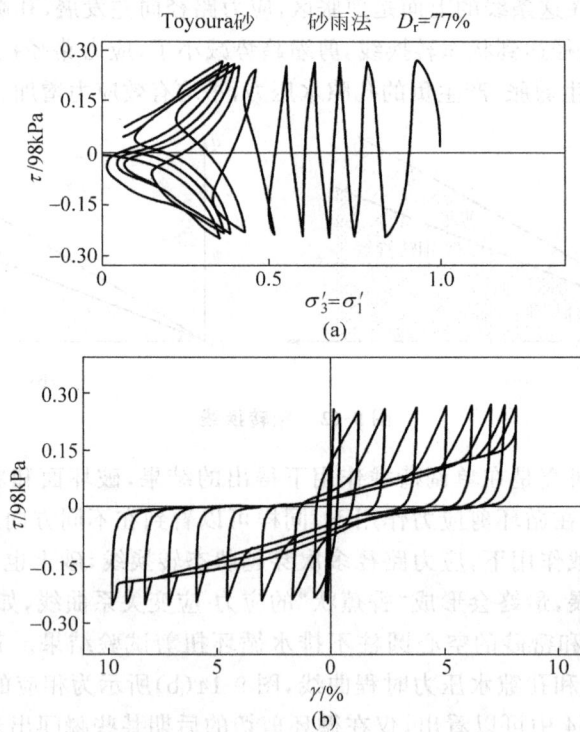

图 9-14　饱和密砂循环扭剪试验结果分析（村松正重，1981）

（a）循环剪应力、剪应变和孔隙水压力时程曲线；（b）相应的应力路径和应力-应变关系曲线

9.3.4　液化机理研究的新进展

1. 经典理论方面

液化本质上是砂土的一种材料不稳定（失稳）行为，从应力-应变曲线上看，偏应力的峰

值点是液化失稳过程中一个重要的特征状态点。在此特征点上,任何外界的微小扰动都会导致试样的大变形和强度的迅速减小,因此这个特征状态点通常被称为不稳定状态点。据此,一些学者提出"崩塌线"(Sladen 等,1985)和"不稳态线"(Vaid 和 Lade 等,1985,1992)的概念,用以描述砂土发生静力液化时的失稳特性。

经典塑性极限理论通常认为土体的失稳破坏是由于其所受剪应力达到抗剪强度造成的,常伴随着局部大变形的发展。但砂土液化的典型特征是:试样发生整体的急剧失稳,但失稳时应力状态尚处于峰值强度线以内。随着研究的深入,人们发现,岩土材料在达到塑性极限强度之前会出现失稳现象。松砂不仅在不排水剪切条件下会发生液化,在排水条件下也会发生失稳;而密实的砂土在特定的应变路径下也会出现类似的失稳现象(如等比例应变控制试验中)。针对岩土材料在塑性极限内的失稳破坏现象,一些学者从研究土体破坏模式的数学与力学问题出发,提出了两类破坏模式的概念:应变局部化(strain localization)和分散性失稳(diffuse instability)(Darve 等,1998;Nicot 等,2011)。砂土液化就是一种典型的分散性失稳现象。

鉴于分散性失稳现象用传统的弹塑性理论无法判别,有的学者(如 Lade 等,2002)提出应用 Hill 的二阶功准则来解释不排水三轴试验中观察到的静力液化现象。在二阶功准则应用于分散性失稳方面的研究中,法国 Grenoble 大学的 Darve 教授及其合作者做了大量的工作。他们采用二阶功分析了分散稳定性问题及相关的边值问题,并进一步探求了该理论背后隐含的物理意义。

2. 微细观机理方面

关于砂土液化机理的研究,目前主要是宏观的唯象的描述,虽然关于初始液化、稳态变形、循环活动性的认识也渐趋一致,但关于稳态线的唯一性等问题还存有争论。此外,国内外一些学者开始关注砂土液化破坏过程中的微细观力学机理,并开始在不连续介质力学和散粒介质力学范围内研究砂土的液化问题。从物理本质上来看,饱和砂土是由砂或粉土颗粒以及充填其中的流体组成的混合物,基于不同颗粒之间以及颗粒与流体之间的相互作用,其呈现出高度复杂的非线性力学特性。传统的方法把其当作连续介质来研究,连续介质力学模型虽然可以从宏观上描述混合物的液化行为,但用来模拟砂土这种具有散粒特性的材料是有局限性的,基于此,一些学者开始从微细观的角度分析砂土液化的内在机理,就目前来看,基于颗粒介质力学的离散单元法是模拟分析砂土液化微细观机理最为有效的方法。

这方面的研究主要集中在两个方面。一方面是采用离散单元法模拟室内单元试验,在重现砂土在单调或者循环荷载下的液化现象的同时,分析砂土在液化过程中的颗粒运动、接触力发展、微细观组构演化等,并分析这些微细观量与宏观的剪胀、局部失稳和液化失稳之间的关系与影响,试图从微细观的角度揭示饱和砂土液化的物理机制,并取得了一些进展。图 9-15~图 9-17 所示为采用离散元法模拟的松砂在不排水循环荷载作用下应力-应变关系曲线、应力路径、孔隙水压力和平均接触数(配位数)、接触力演化的结果(刘洋等,2007)。从图中可以看出,采用微细观的数值方法,可以重现砂土液化时的宏观力学响应,同时还可以分析液化过程中的细观量的变化。

另一方面的研究是采用颗粒-流体耦合数值模拟,模拟真实的饱和砂土。图 9-18 所示为一个简单的颗粒-流体耦合模型分析图,用于分析砂土在振动荷载作用下孔隙水压力升高

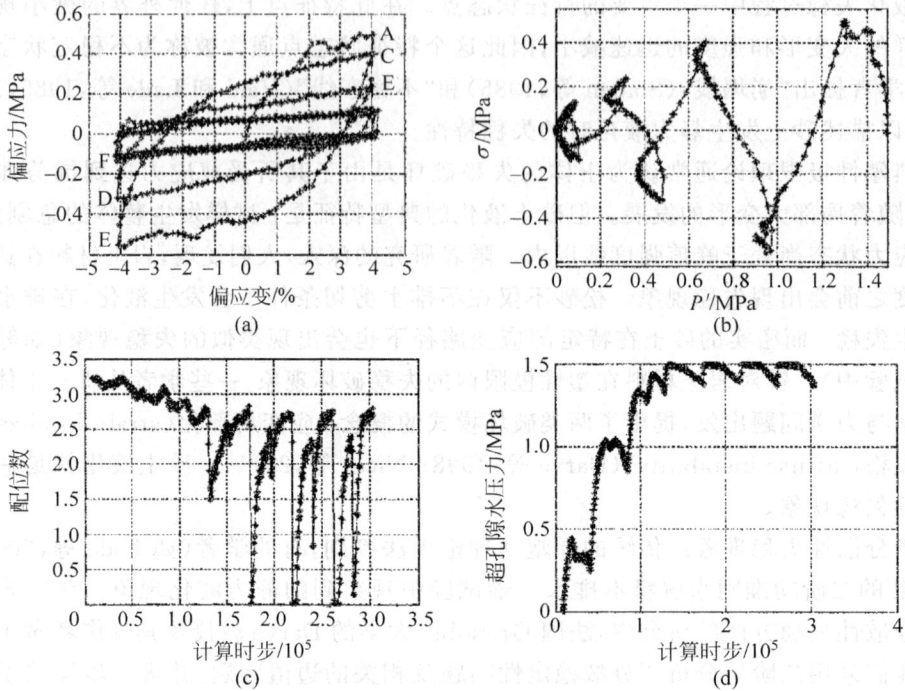

图 9-15 松砂试样不排水等应变循环剪切试验结果

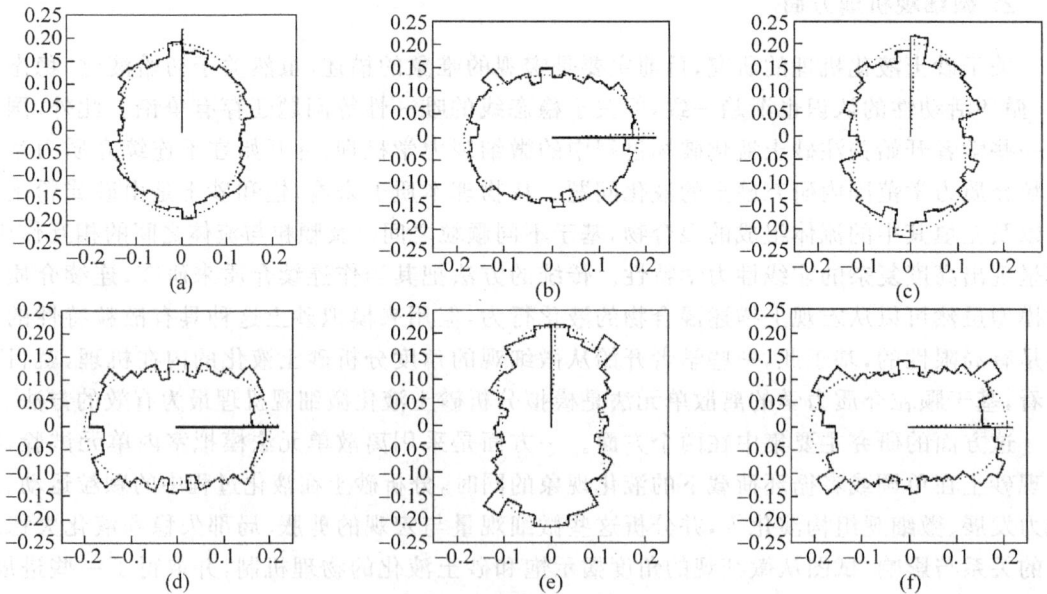

图 9-16 不排水等应变循环剪切接触正向分布

和颗粒间接触力变化的结果。图中箭头长短代表粒间接触力的大小,从模拟结果看,采用的模型能够反映砂土液化中的微细观量(包括接触力、组构各向异性等)的演化过程。

微细观的模拟技术需要在颗粒和流体两相分析中都采用微细观的尺度,固相颗粒的分析在颗粒尺寸的水平上进行,液相流体的微细观分析可以在孔隙尺度上或比孔隙尺度稍大

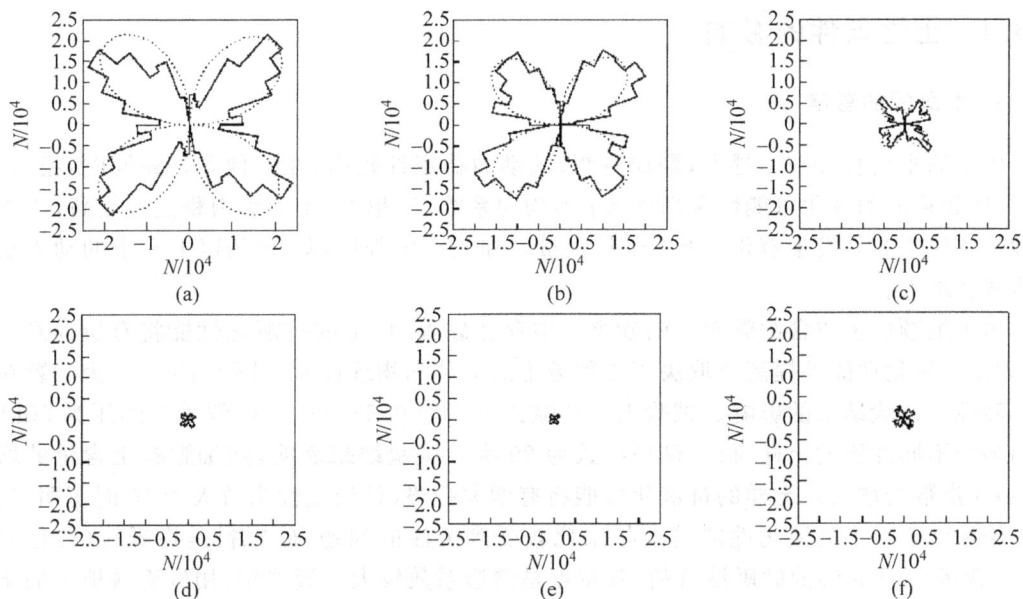

图 9-17　不排水等应变循环剪切试验切向接触力分布

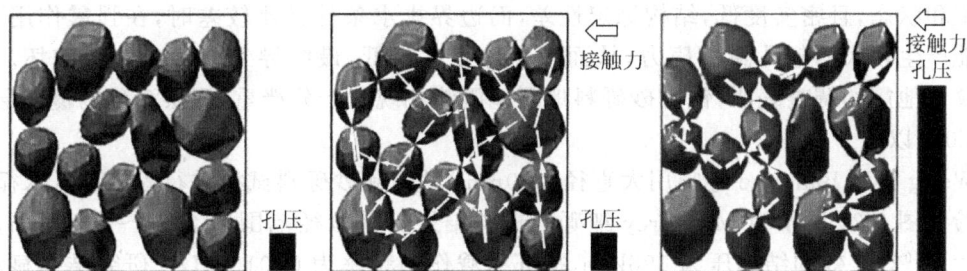

图 9-18　颗粒-流体耦合模型分析图

的尺寸水平上进行。这样的模拟分析模型才是完全的饱和砂土固-液耦合的微细观模型。对于固相颗粒,采用离散单元法可以得到较为满意的结果;但对于液相流体,完全的微观方法应用范围有限,计算代价太高,因此有的学者采用比孔隙尺度稍微粗糙一点的尺度对流体进行模拟,取得了不错的效果。关于这方面的研究,有兴趣的读者可以参考相关文献(刘洋等,2009)。

9.4　砂土液化的影响因素

影响砂土液化的主要因素包括:①土性条件,包括土的种类、密实度、结构性、级配、扰动程度和颗粒特征。②应力条件,包括初始应力,如动荷载施加之前土体所承受的应力状态,以及应力历史,如砂土预剪切后对后续抗液化特性的影响。③动荷载的影响,包括动荷载的波形、振幅和频率、振动持时、振动方向。此外,在实验室中进行砂土的液化试验,还受到土样制备方法、试样尺寸、加载方式等的影响。④实验条件,包括制备土样的方法、试样尺寸等。⑤初始应力条件。⑥砂土的应力历史。下面对一些重要的因素进行讨论。

9.4.1 土性条件的影响

1. 土级配的影响

砂土的平均粒径 d_{50} 越大，颗粒越粗，其动力稳定性越高，在其他条件相同时，粗砂、中砂、细砂和粉砂的液化可能性逐渐增大；不均匀系数 C_u 越大，土的动力稳定性越高，$C_u>10$ 的砂土一般不容易发生液化；土中黏粒含量增加到一定程度（如 10% 以上），土的动力稳定性将显著增大。

由于细颗粒土或含细颗粒土的砂类土中存在黏聚力，土的抗液化性能将有所提高。当然，砂土抗液化性能的提高也取决于细颗粒土的成分和物理性质。图 9-19 所示为细颗粒含量对砂性土试验结果的影响。试验土样孔隙比范围为 0.53～1.6，有效固结围压为 50kPa，包括多种不同性质的土样，荷载循环次数为 20 次。试验结果表明，随细颗粒土含量的增加（即塑性指数的增大），土样的抗液化性能将有增大趋势，且当塑性指数大于 10 时更明显。

饱和砂砾料土的液化性能是近年来比较受到关注的问题，砂砾料是指砾粒（粒径大于 2mm）含量大于 50% 的砂砾混合料，其特点是渗透系数较大。近些年，用砂砾料填筑的土石坝很多。由于土石坝或地基中的砂砾料有良好的排水条件，当饱和砂砾料发生体积压缩变形时，孔隙水易于排出，减小了孔隙水压力的累积增长量，故不易发生液化。但是，当砂砾料处于饱和状态，且密实度低，结构稳定性差，而边界排水条件又比较差时，在强震作用下，就有可能产生较大的超孔隙水压力，从而使土体强度降低，最终导致失稳或流滑破坏。2008 年对汶川地震的调查表明，饱和砂砾料地层地震液化现象十分严重，深层液化的覆盖层厚度可达 20m 以上。

Wong 等和 Banerjee 等曾用大直径（300mm）的饱和砂砾料试样进行固结不排水循环三轴试验。图 9-20 所示为 Monterey 细砾的试验结果。其粒径范围为 2.36～4.76mm，相对密度为 60%，有效固结围压为 196kPa，循环荷载作用频率为 0.0167Hz。研究结果显示，制备的试样均出现了"初始液化"的特征。

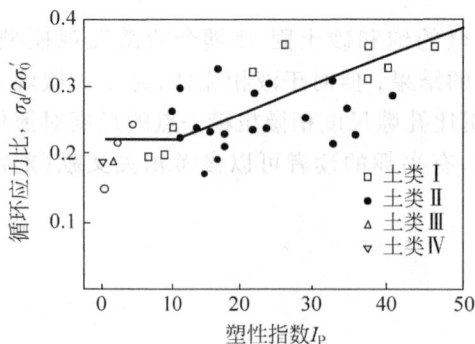

图 9-19　细颗粒含量对砂土循环强度的影响

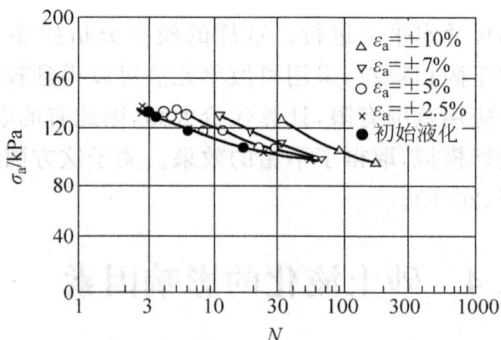

图 9-20　饱和细砾固结不排水循环三轴试验结果

2. 土相对密度的影响

砂土的相对密度 D_r 越大或孔隙比越小，其抗液化能力越强。图 9-21 所示为纯净的 Toyoura 砂在不同相对密度下的循环三轴试验结果。试验的有效固结围压力为 $\sigma_0'=$

100kPa。图中循环应力比是当循环次数为 20 次时，双幅剪切轴向应变为 5% 时的结果，此即循环荷载的作用强度。

Toyoura 砂的试验结果表明，当砂土相对密度小于 70% 时，循环剪应力比几乎随相对密度的增大而线性增大。而当砂土相对密度大于 70% 时，循环剪应力比随相对密度的增大更为明显。这一结果表明，增加砂土的相对密度可大大提高其抗液化性能。Seed 和 Lee 对饱和 Sacramento 河砂的动力三轴试验结果也表明，当相对密度增大时，液化破坏所需的循环次数将显著增大。

Seed 等通过分析 12 次不同地震中 35 类土层条件下地面震动和液化的资料，建立了如图 9-22 所示的循环剪应力比与相对密度之间的关系。这一关系适用于平均粒径范围在 0.07~0.1mm 的土样承受相当于应力循环次数为 25 次的地震荷载作用。对于粒径大于 0.1mm 或者应力循环次数小于 25 的情况，可把由图 9-22 中得到的循环剪应力值适当提高。

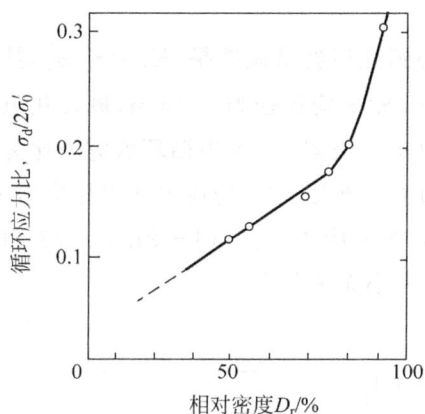

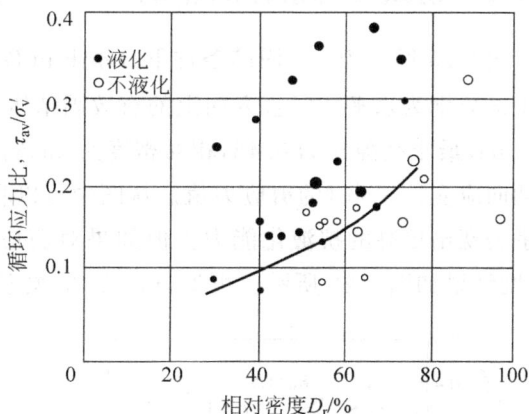

图 9-21 相对密度对纯净砂土液化强度的影响　图 9-22 现场条件下循环剪应力比与相对密度的关系

3. 土结构的影响

排列结构稳定和胶结状况良好的砂土均有较高的抗液化能力，但即使相对密度相同，扰动后的重塑土也比原状土容易液化。图 9-23 给出了冷冻法取出的原状土样与新近沉积土样试验结果的比较，高质量原状土样的抗液化性能（即强度）是新近沉积土样抗液化性能的 2 倍。因此，由室内循环剪切试验确定砂土液化剪应力与循环次数关系曲线时，最好使用原状土。

在实验室中，采用不同的制样方法得到试样的结构不同。Mulilis 等针对饱和 Monterey 砂研究了湿捣法与干法制备土样试验结果的差别，见图 9-24。湿捣法是将含水量大约为 8% 的砂土撒入试验模内，并分层捣实到固定的密度。干法是将干砂连续不断地注入试样模内，经过饱和及固结后再进行循环剪切试验。

试验结果表明，湿捣法制备的土样有较大的循环剪切强度，而干法制备的土样则有较小的抗液化强度。这是因为制备土样的方法不同，造成了土样结构的不同，其抗液化性能也不同，这也进一步说明了原状土样与重塑土样抗液化性能有显著不同的原因。

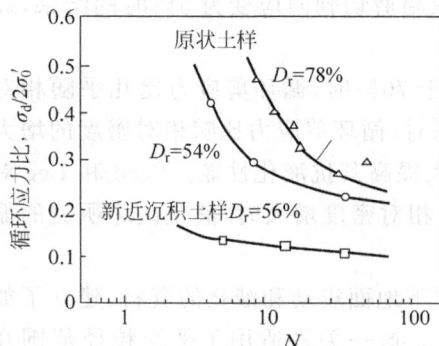

图 9-23　相同沉积条件未扰动土样试验结果

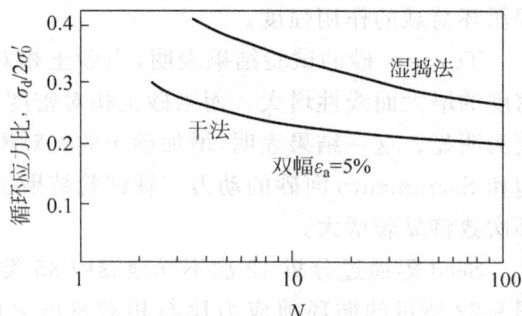

图 9-24　试样制备方法对循环剪切强度的影响

9.4.2　初始应力条件的影响

图 9-25 所示为 K_0 固结条件下日本 Fuji 砂的空心圆柱扭剪试验结果，$K_0 = \sigma_h' / \sigma_v'$，其中 σ_h' 和 σ_v' 分别为水平和竖直方向上的有效固结压力。Fuji 砂平均粒径为 0.4mm，最大孔隙比为 1.03，最小孔隙比为 0.48，相对密度为 55%，试验中 $\sigma_v' = 98$kPa。图中循环剪应力比为双幅轴向应变为 5% 时的剪应力值。从图中可以看出，随 K_0 增大，循环剪应力比也相应增大，似乎表现出更高的抗液化能力。但如果对剪应力用平均主应力 $\sigma_m' = (1 + 2K_0)\sigma_v'/3$ 归一化，则结果如图 9-26 所示。可见，τ_d / σ_m'-N 关系与 K_0 大小无关。

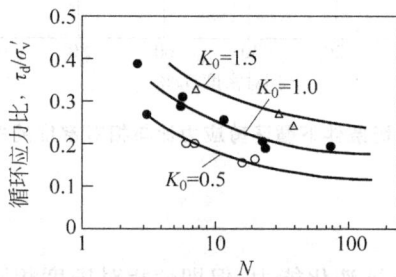

图 9-25　K_0 固结对试验结果的影响

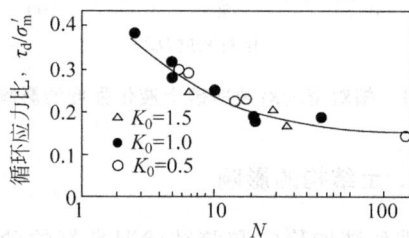

图 9-26　不同 K_0 值条件下的归一化结果

9.4.3　预剪切的影响

所谓砂土的"预剪"是指砂土受到周期荷载作用时，先对试样施加低剪应力水平的循环周期荷载，并使其排水固结，再施加高剪应力水平的不排水周期荷载，这样松砂的强度值会显著提高，如图 9-27 所示。预剪对砂土液化性能的影响与砂土结构的重新排列有关，亦即与砂土组构的变化相关。Oda 认为，土颗粒的空间排列（包括孔隙的空间排列）控制着砂土的瞬态力学响应，而组构取决于土颗粒的级配、形状、表面粗糙度以及土的沉积历史、方式等。其中，颗粒空间排列的均匀程度和颗粒之间接触以及接触压力的大小和方向都起着十分重要的作用。在低剪应力幅值的周期荷载作用下，土颗粒空间排列的均匀程度和颗粒之间接触分布及接触力都发生了较大变化。这种组构变化并不会使砂土的密度发生明显改变,但会使砂土的抗液化能力显著提高。

Ishihara 等通过沿三轴压缩方向施加大的预剪作用使砂土试样液化,然后重新固结,发现这一过程形成的新结构是以水平轴为对称轴的正交各向异性结构。对两种试样进一步施加周期荷载,结果表明液化过的砂土其后续液化能力不仅与预剪应力的大小有关,而且与预剪应力的方向有关。

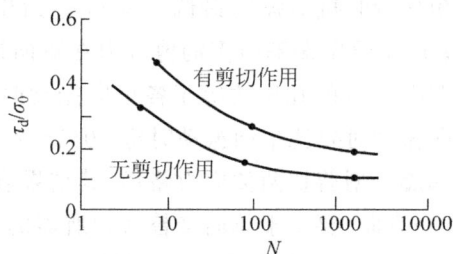

图 9-27　预剪对砂土抗液化强度的影响

Teruyuki 等提出将预剪作用分为"同向预剪"和"反向预剪",并认为预剪作用对再加载引起的体应变取决于预剪应力的方向与再加载方向是否相同。同向预剪使再加载时试样体积变小,而反向预剪则使再加载时的体积变大。同向预剪效应所需的预剪应力值比反向预剪效应所需的预剪应力值要小,而且同向预剪效应和反向预剪效应几乎是独立存在的。

9.4.4　动荷载条件的影响

1. 动荷载波形

振动波形可分为冲击型(仅在部分时间内具有相同的最大加速度,在它前只有 1~2 个峰的振幅超过最大振幅的 60%)和振动型(在最大振幅的一侧波形内有 3 个以上的峰,其振幅超过最大振幅的 60%)两大类。在冲击型波荷载作用下,孔隙水压力突然增高;在振动型波荷载作用下,孔隙水压力逐渐上升。冲击型波作用下达到液化所需的应力比要大于振动型波,砂土抗液化能力在冲击型波作用时最大,振动型波作用时次之,正弦型波作用时最小。

2. 振幅和频率

动荷载的振幅 F_0 和频率 θ 与振动的最大加速度直接相关,即 $\alpha = 4\pi^2\theta^2 F_0$。一定数值的振动加速度可以由振幅和频率的不同组合来获得。试验表明,只要加速度不变,则低频高幅、高频低幅的不同组合对土的动力效应一般并没有多大的差别;但如试验的频率过低,则类似于缓慢的大幅运动,它会失去动荷载的特性,显示出不同的效果。

3. 振动持时

如果振动的时间很长,幅值很小的动荷载也会引起土的液化,因为饱和砂土结构的破坏、孔压上升和变形增大都需要一定的时间才能发展到最大程度。

4. 振动方向

大量试验表明,垂直和水平方向的振动对试验结果影响不大,但 45°方向上的振动作用能够产生较大的变形或较低的抗剪强度。Валъшев Н. Т. 的试验表明振动方向与土的内摩擦角接近时抗剪强度最低。Seed 等指出，双向振动时的振陷约等于各单向振动时振陷之和；产生给定振陷所需的剪应力在双向振动时要比单向振动时小约 20%。对于饱和砂土，双向振动时的孔压约等于各单向振动时孔压的 2 倍；给定循环数下引起液化的动剪应力，双向振动时要比单向振动时低 10%~20%。Ishihara 等在进行单剪试验时还采用交替型剪切和旋转型剪切两类应力路径，其结果表明在双向交替剪切时某指定应变所需的动剪应力（某一方向）要低于单向交替剪切所需的动剪应力，且旋转型剪切的应力路径比交替型剪切的应力路径更低，如图 9-28 所示。

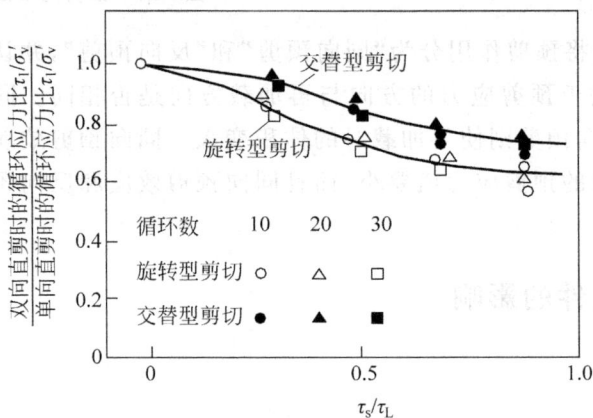

图 9-28　交替型剪切应力路径和旋转型剪切应力路径的比较

9.4.5　排水条件的影响

不同的排水条件对砂土液化有较大影响，如果动荷载作用时间较短，土中孔隙水来不及排出，则超孔隙水压力会逐渐累积；当动荷载作用时间较长，或土的透水性较好时，则超孔隙水压力在振动过程中会发生消散，从而削减孔压的峰值，增大土的抗液化能力。当在多层地基中有可液化土层存在时，其他土层对可液化土层的影响主要表现为排水能力和层位结构。Y. Umehara、K. Zeu 和 K. Hamada 等人在部分排水条件下的液化试验表明，当排渗条件采用渗透系数 k 和渗径 L 的比值，即 $\alpha=k/L$ 来反映时，由 Darcy 定律得 $v=\alpha H$（式中，v 为流速，H 为水头），或 $\alpha=v/H=q/AH$，故可通过在试样面积为 A、水头差为 H 的情况下改变排渗流量 q 的方法来控制 α 值，研究排渗条件的影响。试验表明（如图 9-29(a) 所示）：当振动频率 θ 不变时，液化剪应力比 τ_d/σ_c 随比值 α 的增大而增大；比值 α 不变时，液化剪应力比 τ_d/σ_c 随频率 θ 的增大而减小。而且，这种影响对密砂明显，对松砂不太明显。为了更加清楚起见，可采用一个无因次参量 $\bar{\alpha}=\alpha/\theta=k/fL$，并作出它与部分排水时抗液化效果的关系曲线，如图 9-29(b) 所示。可以看出，在 $\bar{\alpha}$ 增大到一定值时才有增稳效应，且 D_r 越大，增稳效应越强。多层地基中的可液化土层，即使其相邻土层无显著的排渗条件，但由于动荷载作用下相邻土层中所产生的动孔压很低，也可以对液化土层中本应产生的高孔压起到拉平或削减幅值的作用。

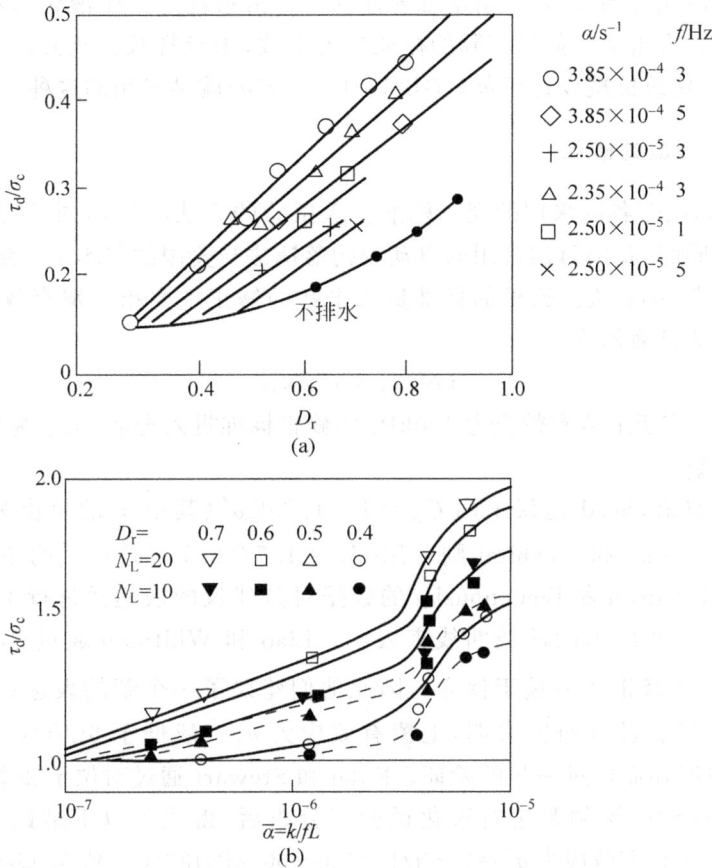

图 9-29　液化剪应力比 τ_d/σ_c 随排渗条件 α 的变化

9.5　饱和砂土液化性能评价与分析

如何判断现场土的液化势是饱和砂土液化分析的关键问题之一,国内外学者对此进行了大量的研究,提出了一系列的方法,如临界孔隙比法、振动稳定密度法、临界标准贯入击数法、抗液化剪应力法(循环应力法)、波速法等。此外还有基于液化应变的稳态强度法(循环应变法)、基于能量原理的能量法、基于模糊数学概率神经网络的非确定性评价方法等。这些方法都有一定的理论根据和参考价值,它们从不同的角度说明了研究液化问题的途径和方法。这些方法中除了稳态强度法外大都不区分流滑与循环活动性。本节主要介绍临界标准贯入击数法、循环应力法、剪切波速法和稳态强度法。

此外,采用有限元等数值分析法进行土体的动力反应分析,特别是采用排水和不排水的弹塑性有效应力分析法,可以较好地进行砂土地基的液化分析与判别,这种方法近年来发展迅速。这部分内容将在第 10 章中详细介绍。

9.5.1　临界标准贯入击数法

临界标准贯入击数法通过将砂土实际的标准贯入击数 N 与临界标准贯入击数 N_{cr} 进

行对比来评价其液化势的可能性,所谓临界标准贯入击数就是产生液化与不液化的界限状态时砂土的标准贯入击数。如果实际的标准贯入击数(未经杆长修正)$N \leqslant N_{cr}$,则液化,否则不液化。我国《建筑抗震设计规范》(GB 50011—2010)就是采用的这种方法。

1. 标准贯入击数的修正

Seed 等指出,由于各国采用的现场标准贯入试验的方法有所不同,因此有必要建立一个统一的标准。同时,我国目前常用的自动脱钩落锤法与美国的基本上一致,因此在我国工程实践中也可参考 Seed 法。这里的标准贯入击数的修正主要指上覆有效应力 σ_v' 的影响。这种修正关系式通常表示为

$$(N_1)_{60} = C_N N_{60} \tag{9-5}$$

式中,$(N_1)_{60}$ 是对应于上覆有效应力 100kPa 的修正标准贯入击数;C_N 为考虑上覆有效应力影响的修正系数。

对于 C_N 的取值,Seed 建议采用 $C_N = 1 - 1.25 \lg \sigma_v'$(其中 σ_v' 的单位为 t/ft², 1t/ft² ≈ 100kPa),而 Tokimatsu 和 Yoshimi 则采用 $C_N = 1.7/(0.7 + \sigma_v')$($\sigma_v'$ 的单位为 kg/cm²)。Seed 等人利用 Marcuson 和 Bieganousky 的数据对其建议的表达式进行了修正,其中修正的 C_N 可以用图 9-30 所示的两条曲线来表示。Liao 和 Whitman 通过分析认为,当 $\sigma_v' > 1.5$t/ft² 时,Seed 的修正明显偏于保守。因此他们建议了一个新的表达式:$C_N = \sqrt{1 - \sigma_v'}$($\sigma_v'$ 的单位为 t/ft²)。已有研究表明,上覆有效应力 σ_v' 一般低于 6t/ft²($\approx$ 600kPa),对于 $\sigma_v' > 600$kPa 的情况还需作进一步的验证。Pillai 和 Stewart 通过对位于加拿大 B. C. 省境内的 Duncan 土坝的 80m 深坝基进行液化试验与分析后,得出了以下结论:当相对密实度 $D_r = 30\% \sim 50\%$,上覆有效应力 $\sigma_v' = 1 \sim 6$t/ft²(100~600kPa)时,C_N 值与 Liao 和 Whitman 建议公式的计算值很接近;而当 $\sigma_v' = 6 \sim 12$t/ft²(600-1200kPa),$D_r = 50\% \sim 65\%$ 时,C_N 值略高于 Liao 和 Whitman 的计算值。具体对比如图 9-31 所示。

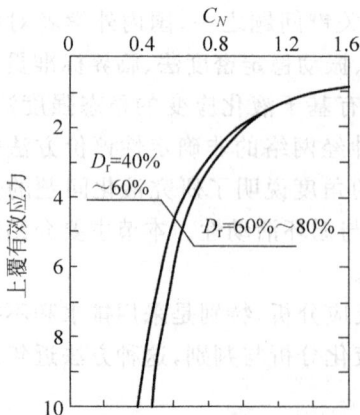

图 9-30　上覆有效应力与修正系数的
关系(seed 等)

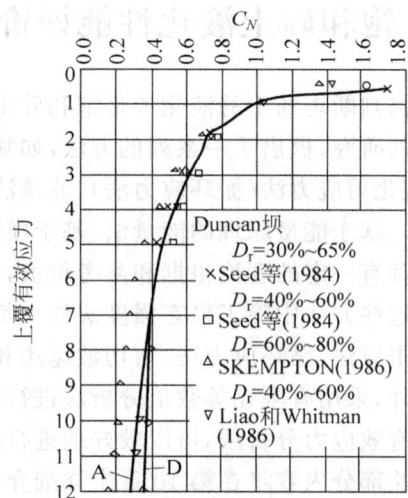

图 9-31　上覆有效应力与修正系数的
关系(Duncan 坝)

2.《建筑抗震设计规范》法

《建筑抗震设计规范》(GB 50011—2010)(2016 版)根据以往地震区土层液化的实际调查情况,并参考 Seed 的简化法,提出的 N_{cr} 计算公式如下:

$$N_{cr} = N_0 [0.9 + 0.1(d_s - d_w)] \sqrt{\frac{3}{p_c}} \tag{9-6}$$

式中,N_{cr} 为临界标准贯入击数;d_s 为饱和土标准贯入点深度(m);d_w 为地下水位深度(m);p_c 为黏粒(粒径≤0.005mm)含量百分率,当 p_c <3 或为砂土时,N_{cr} 应取 3;N_0 为判别饱和土液化的标准贯入击数基准值,与地震烈度和震级有关,可按表 9-1 选用。

表 9-1　标准贯入击数基准值与地震烈度的关系

烈度	7 度	8 度	9 度
近震	6	10	16
远震	8	12	—

根据式(9-6),当 $N_{63.5} \leqslant N_{cr}$ 时,则发生液化。表中液化地点的烈度与震中烈度之差小于 2 度时称为近震;大于或等于 2 度时称为远震。由式(9-6)可见,如果黏粒的含量增大,临界标准贯入击数将相应减小。

9.5.2　循环应力法(Seed 简化法)

循环应力法就是通过对比实际地震的剪应力与砂土的抗液化剪应力来评价其液化可能性的方法,这种方法最早由 Seed 等人提出,他们的基本出发点就是把地震作用看成一个由基岩垂直向上传播的水平剪切波,则沿着在土体不同深度将产生随时间变化的剪应力。如果将这种不规则变化的地震剪应力概化为一种等效的有一定循环次数的均匀剪应力,就可以用同样的应力循环数进行循环三轴试验测出试样液化所需要的动剪应力,称为抗液化剪应力。抗液化剪应力也可以由现场标准贯入试验来获得。

采用 Seed 简化法确定现场土层在地震时是否会发生液化,通常有以下五个步骤。

(1)确定设计地震。

(2)确定由地震引起的在不同深度土层中的剪应力时程。

(3)将剪应力时程转换成等效循环剪应力 τ_{av} 和等效均匀应力循环次数 N'_{eq},并可以绘成随深度变化的关系图。

(4)利用室内循环试验或现场标准贯入试验的结果,确定现场不同深度处在 N 次循环荷载作用下产生初始液化所需的抗液化循环剪应力。由于 σ'_v 的变化,循环剪应力也随深度改变,由此可得变化关系如图 9-32 所示。

(5)产生初始液化所需循环剪应力(步骤(4))等于或小于由地震引起的等效循环剪应力的区域就是可能发生液化的区域(图 9-32)。

通过上述步骤可以看出,这种方法的关键就是准确地确定地震剪应力和抗液化剪应力。

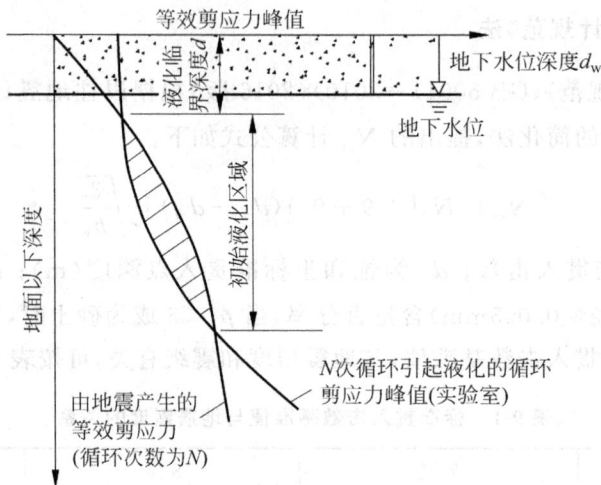

图 9-32 现场初始液化区的确定

1. 地震剪应力

1) 等效循环剪应力的确定

为便于应用,Seed 和 Idriss 提出了一种计算由地震引起的等效循环剪应力的简化方法。图 9-33(a)所示为砂土层中高为 h 的单位截面积砂柱,首先假设砂柱为一刚体,最大地面加速度 a_{max} 在深度 z 处所产生的最大剪应力为

$$\tau_{max} = \gamma z \frac{a_{max}}{g} \tag{9-7}$$

式中,τ_{max} 为最大剪应力;γ 为土的重度;g 为重力加速度。

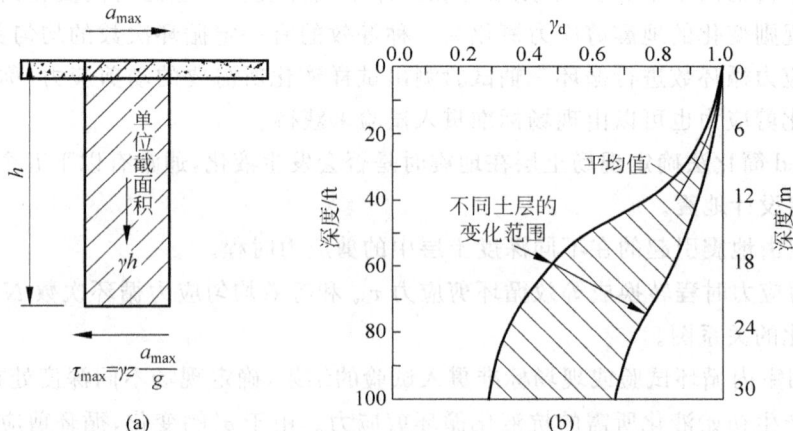

图 9-33 土层中剪应力与深度关系
(a)刚性土柱在某一深度的最大剪应力;(b)对于可变形土的剪应力折减系数 γ_d 的范围

但实际上砂柱不是刚体,对于可以变形的土体,将由式(9-7)确定的在深度 z 处的最大剪应力修正为

$$\tau_{\max} = \gamma z \gamma_{\mathrm{d}} \frac{a_{\max}}{g} \tag{9-8}$$

式中，γ_{d} 为剪应力折减系数。对于不同土层，γ_{d} 的范围如图 9-33(b) 所示。

从地震剪应力时程所确定的最大剪应力可以转换成等效的循环剪应力 τ_{av}，根据 Seed 和 Idriss 的建议，等效循环剪应力 τ_{av} 可表示为

$$\tau_{\mathrm{av}} = 0.65 \tau_{\max} = 0.65 \gamma z \gamma_{\mathrm{d}} \frac{a_{\max}}{g} \tag{9-9}$$

对于分层土层，可以将上式修正为

$$\frac{\tau_{\mathrm{av}}}{\sigma_{\mathrm{v}}'} = 0.65 \frac{a_{\max}}{g} \frac{\sigma_{\mathrm{v}}}{\sigma_{\mathrm{v}}'} \gamma_{\mathrm{d}} \tag{9-10}$$

式中，σ_{v} 为上覆总应力，即 $\sigma_{\mathrm{v}} = \int_0^z \gamma \mathrm{d}z$；$\sigma_{\mathrm{v}}'$ 为上覆有效应力。

2) 等效循环次数的确定

图 9-34(a) 表示出了地震时土层内剪应力随时间的不规则变化。

地震引起的最大剪应力为 $\tau_{\max}$，地震引起的不规则剪应力时程可以与图 9-34(b) 所示的最大值为 τ_{av} 的均匀剪应力时程等效。所谓等效在这里意味着在液化破坏方面的效果是一致的。从土液化的观点出发，Lee 和 Chan、Seed 以及 Valera 和 Donovan 对这些问题作了研究。

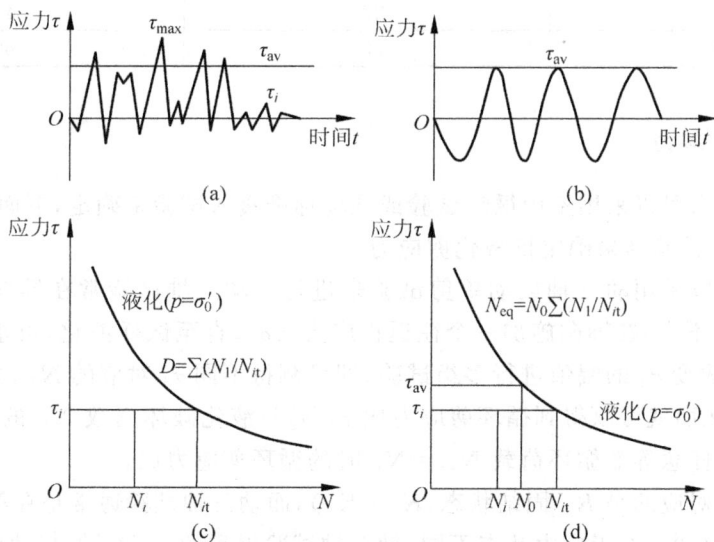

图 9-34 等效均匀应力与等效循环次数示意图

根据 Palmgren-Miner 假定：在每一应力循环中所具有的能量对材料都有一种积累的破坏作用，这种破坏作用与该循环中能量的大小成正比，而与实际施加的应力波顺序无关，设不规则剪切波中的某一应力循环为 τ_i，它引起砂土破坏（初始液化或达到指定应变）所需的循环周数为 N_{it}（图 9-34(c)、(d)）；如果像 τ_i 这样大小的应力在不规则波中的个数为 N_i 个，即这样大小的应力循环的次数为 N_i，则由这 N_i 个应力 τ_i 对土所产生的相对破坏值可用 N_i/N_{it} 来表示，那么不规则波时程曲线上所有应力产生的累计破坏可表示为

$\sum N_i/N_{it}$。假设等效均匀应力 τ_{av} 使砂土发生破坏所需的均匀循环次数为 N_e。就破坏而言，τ_{av} 应力的 N_e 次循环与 τ_i 应力的 N_{it} 次循环是等效的，考虑 N_i 次的 τ_i 应力循环，那么 τ_{av} 应力循环 $N_e(N_i/N_{it})$ 次等效于 τ_i 应力循环作用 N_i 次。对于不规则剪应力时程曲线中的各种大小的剪应力都重复进行这种计算，最后就可以求得等效循环次数 N_{eq}。计算公式为

$$N_{eq} = N_e \sum \frac{N_i}{N_{it}} \tag{9-11}$$

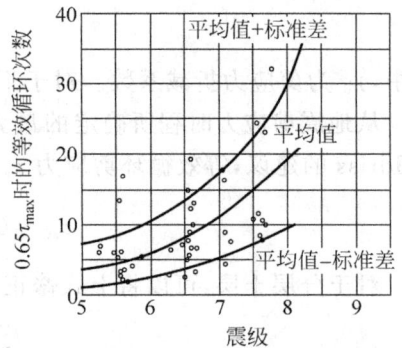

图 9-35　等效循环次数与震级的关系

Seed 在 $\tau_{av}=0.65\tau_{max}$ 的情况下，根据他对一系列强震记录的计算，再参照大型振动台液化试验并取 $1\sim1.5$ 的安全系数（如图 9-35 所示），进一步得出了如表 9-2 所示的结果。

表 9-2　等效循环数与震级的对应关系

震级	等效循环数 N_{eq}	持续时间/s
$5.5\sim6.0$	5	8
6.5	8	14
7.0	12	20
7.5	20	40
8.0	30	60

2. 抗液化剪应力

抗液化剪应力可以采用室内循环试验或现场标准贯入试验来确定，下面分别介绍。

1）利用循环试验结果确定抗液化剪应力

循环试验可以采用动三轴或动单剪试验来进行。动三轴试验常在等向固结围压下进行，保持围压 σ_{3c} 不变，在轴向施加一个往返正应力 $\pm\sigma_d$，直至试样液化，可求得此时的循环加载周数 N_L。改变 σ_d 的幅值进行多组试验，即可测得不同 σ_d 对应的 N_L，并按式 $\tau_d=\sigma_d/2$ 计算动剪应力，从而就可以得到循环剪应力比 τ_d/σ'_0 与液化破坏周数 N_L 的关系曲线，由此曲线可直接查取任意等效循环荷载 $N_{eq}=N_L$ 时的循环剪应力比。

动单剪试验对应的是 K_0 固结状态（$K_c=K_0$），而动三轴试验通常是在等压固结状态下进行的，即 $K_c=1.0$。由于应力状态不同，动三轴试验得到的 $\sigma_d/2\sigma'_c$ 值与动单剪试验得到的 τ_h/σ'_v 值并不一致，其关系为

$$\left(\frac{\tau_h}{\sigma'_v}\right)_{\text{单剪}} = \alpha'\left(\frac{\sigma_d}{2\sigma'_c}\right)_{\text{三轴}} \tag{9-12}$$

Finn、Pickering 和 Bransby 指出，对于正常固结砂土的初始液化，$\alpha'=\frac{1}{2}(1+K_0)$，$K_0$ 值可表示为 $K_0=1-\sin\varphi'$。Castro 指出，初始液化可以借助循环荷载作用下的八面体剪应力与固结时的有效八面体法向应力加以控制，因此有 $\alpha'=\frac{2(1+2K_0)}{3\sqrt{3}}$。Seed 和 Peacock 则

建议当 $K_0=0.4$ 时,取 $\alpha'=0.55\sim0.72$;当 $K_0=1.0$ 时,取 $\alpha'=1.0$。

许多资料表明,实际地震时土体将受到多向的振动作用,室内多向的振动台试验结果表明它比单向振动所引起的孔压升高要快,因此现场的循环液化应力比 τ_{av}/σ'_v 比室内试验要小,故需要对循环试验得到的应力比进行修正,修正公式为

$$\left(\frac{\tau_{av}}{\sigma'_v}\right)_{现场}=c_r\left(\frac{\sigma_d}{2\sigma'_c}\right)_{三轴}=\frac{\alpha'}{c_r}\left(\frac{\sigma'_d}{2\sigma'_c}\right)_{单剪} \tag{9-13}$$

试验资料表明,修正系数 c_r 随荷载循环次数的增加而略有减小,如图 9-36 所示。实际上,c_r 是一个意义更为广泛的综合系数,它不仅考虑了土单元体实际受力状态与三轴试验受力状态的不同,还考虑了原状砂土结构变化所引起的砂土抗液化能力的不同,以及单向剪切与多向剪切作用下液化强度的不同等。

2) 利用标准贯入击数确定抗液化剪应力(Seed-Idriss-Arango 法)

Seed、Idriss 和 Arango 通过对大量现场资料的分析,同时采用图 9-30 中的 C_N 曲线,提出了如图 9-37 所示的一条新的液化剪应力下限曲线,此曲线原则上只适用于 $D_{50}>0.25\text{nm}$ 的砂,而不适用于粉砂($D_{50}<0.15\text{nm}$);Tokimatsu 和 Yoshimi 通过对 Miyagiken-Oki 地震时粉砂土的现场液化资料的分析,得出一条适用于粉砂土($D_{50}<0.15\text{nm}$)引起液化的剪应力比与修正标准贯入击数 $(N_1)_{60}$ 的关系图。Seed、Tokimatsu 和 Chung 更进一步地分析了细粒含量 Fine Content(FC)的影响,修正后的关系曲线如图 9-38 所示。他们采用的是细粒含量 FC,而不是我国国家规范中采用的黏粒含量,并认为黏粒含量 $P_c=5\%$ 粉砂的细粒含量 FC 可能在 $15\%\sim25\%$ 之间。值得注意的是,图 9-38 所示的曲线原则上只适用于上覆有效应力 $\sigma'_v=1\text{t/ft}^2$ 时的循环应力比 $(\tau_{av}/\sigma'_v)_1$。因此有必要考虑对上覆有效应力 σ'_v 的影响作一些修正,修正关系式如下:

$$(\tau_{av}/\sigma'_v)_\sigma=K_\sigma(\tau_{av}/\sigma'_v)_1 \tag{9-14}$$

式中,$(\tau_{av}/\sigma'_v)_1$ 可由 Seed 提出的关系曲线得到(图 9-38);K_σ 是考虑上覆有效应力影响的修正系数。Seed 和 Harder 首先提出一条修正曲线(图 9-39),从他们的修正曲线可以看到,对中密砂,当上覆有效应力增加到 8t/ft^2(800kPa)时,K_σ 从 1.0 减至 0.44。由于室内液化试验得到的循环应力比 τ_{av}/σ'_v 或 $\sigma_d/2\sigma'_c$ 不受上覆有效应力 σ'_v 或有效围压 σ'_c 影响,因此可以

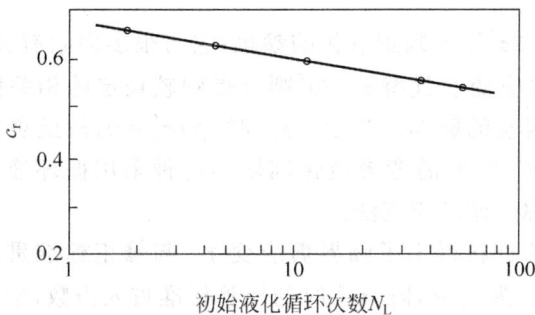

图 9-36　c_r 与 N_L 关系曲线

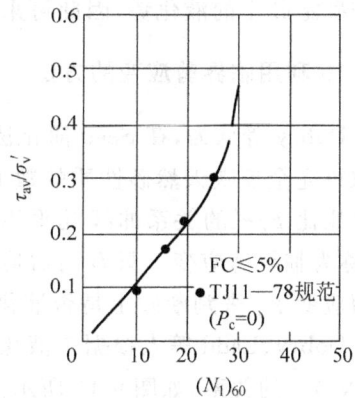

图 9-37　引起纯净砂液化的应力比与
$(N_1)_{60}$ 的关系($M=7.5$)

通过室内试验的成果来反算 K_σ。通过对加拿大 B. C. 省的 Duncan 土坝坝基的大量试验研究，Pillai 和 Byrne 给出一条与 Seed 和 Harder 所建议的不同的修正曲线，如图 9-39 所示。这条曲线是通过对原状砂土进行室内试验后得出的，适用于上覆有效应力 σ_v' 的范围为 $100\sim 1200\mathrm{kPa}$。另外，还应该注意到图 9-37 和图 9-38 只适合于地震震级 $M=7.5$ 的情况，对于其他震级可由给定的修正系数对液化应力比 τ_{av}/σ_v' 进行修正。

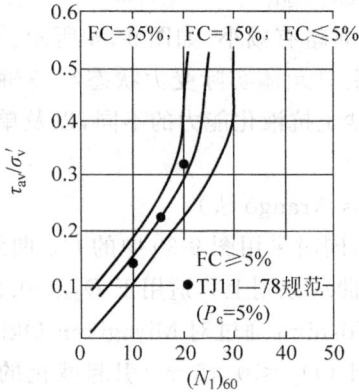

图 9-38　引起砂粉液化的应力比与 $(N_1)_{60}$ 的关系（$M=7.5$）

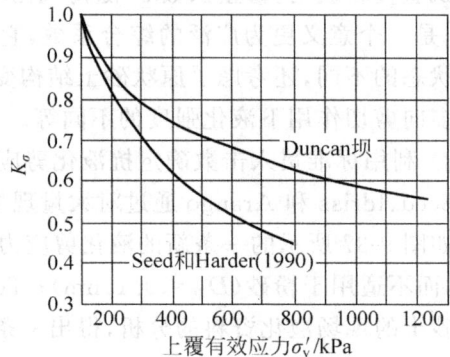

图 9-39　考虑上覆有效应力影响的修正系数

我国抗震规范建议的公式也可以转化为类似于图 9-37 及图 9-38 所示的抗液化剪应力比的形式，实际上我国规范应用的临界标准贯入击数法公式（9-6），也是考虑了室内循环试验结果、现场液化经验与标准贯入试验击数的综合结果。

9.5.3　剪切波速法

剪切波速法根据波在土体中的传播规律建立剪应变与剪切波速 c_s 的关系来判别砂土的液化势。剪切波速法可避免地层的扰动，故可很好地反映土层的液化势，因此工程中得到广泛的应用。剪切波速法的实质是通过建立剪切波速与循环剪应力或循环剪应变之间的关系来确定砂土的液化势，因此可采用循环应变法或循环应力法。

1. 利用临界剪应变的方法

Dobry 等认为，在 Seed 简化法中用 $\sigma_d/2\sigma_c'$ 作为判别液化的参量，它与很多因素有关，难以取得完全反映天然砂性质的数值，如以剪应变 γ 代替 $\sigma_d/2\sigma_c'$ 则可得到较稳定的相关值，γ 与孔压比 p/σ_c' 的关系曲线几乎不受其他因素的影响。当 $\gamma=\gamma_{cr}$ 时，$p/\sigma_c'=0$，故此剪应变 γ_{cr} 称为临界剪应变。只有当剪应变大于 γ_{cr} 时才需考虑液化问题。这种采用循环液化时的剪应变 γ_{cr} 来判断砂土是否液化的方法称为循环应变法。

Dobry、Ladd 等人根据未液化饱和土的资料得出了临界剪应变 γ_{cr} 与修正标准贯入击数 $(N_1)_{60}$ 的关系，如图 9-40 所示。图中 N_1 为 $\sigma_v=1\mathrm{kg/m^2}$ 时的换算标准贯入击数，它与标准贯入击数 N 间的关系可表示为

$$N=\left(1-1.125\lg\frac{\sigma_v'}{\sigma_1}\right)N_{60} \tag{9-15}$$

式中，σ_1' 为换算有效应力 t/ft^2（$1t/ft^2 \approx 1.0kg/cm^2$）；$\sigma_v'$ 为上覆有效应力，它与 σ_1' 有相同的因次；N_{60} 为标准贯入击数，通常认为试验时落锤机构的理论能量有 60% 传到钻杆上使钻杆贯入土中，它与我国标准贯入试验时的钻杆能量比大体相当，即可认为 $N = N_{60}$。

Dobry（1980，1981）按应变法液化原理提出了按剪切波速 c_s 预测砂土的液化势。土层中的等效剪应力为

$$\tau_{av} = 0.65 \frac{a_{max}}{g} \gamma z \gamma_d \qquad (9\text{-}16)$$

相应的地震等效剪应变可表示为

$$\gamma_{av} = 0.65 \frac{a_{max}}{g} \frac{\gamma z}{G_{max}(G/G_{max})_{\gamma_{cr}}} \gamma_d \qquad (9\text{-}17)$$

式中，a_{max} 为地表最大加速度；z 为土层埋深；$(G/G_{max})_{\gamma_{cr}}$ 为对应于临界剪应变 γ_{cr} 的剪切模量比，可由 G/G_{max}-γ 曲线查取。

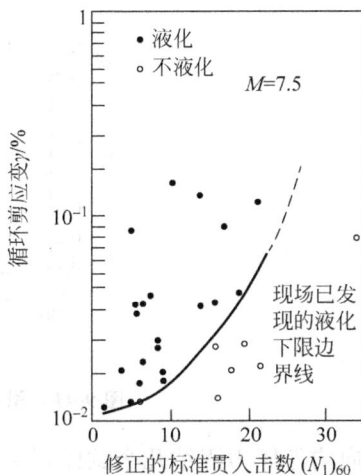

图 9-40　临界剪应变与修正的标准贯入击数的关系

而 $G_{max} = \rho c_s^2$，其中 c_s 为弹性剪切波速，令 $\gamma_{av} = \gamma_{cr}$，则 $c_s = c_{scr}$，因此临界剪切波速可由下式求得：

$$c_{scr} = \left[0.65 \frac{a_{max}}{g} \frac{\gamma z}{\rho(G/G_{max})_{\gamma_{cr}}} \gamma_d \right]^{1/2} \qquad (9\text{-}18)$$

事实上，按土初始产生残余孔压标准求出的临界剪切波速 c_{scr} 用于判别液化显然偏于安全。我国学者石兆吉等根据室内试验资料提出了以初始液化（孔压比接近1）和液化最小剪应变达 2% 为鉴别标准，此时饱和砂土及粉土的模量比 $(G/G_{max})_{\gamma_{cr}}$ 分别为 0.0125 和 0.02808，最后得到的公式是

$$c_{scr} = A \left(\frac{a_{max}}{g} z \gamma_d \right)^{1/2} \qquad (9\text{-}19)$$

对于饱和砂土取 $A = 200$，对于饱和粉土取 $A = 135$。

这种利用临界剪应变的判别方法虽然有一定的理论基础，但实际上 γ_{cr} 受土的有关参数的影响，并不是很容易确定的。

2. 利用液化剪应力与剪切波速关系的方法

现场波速法检测现场土液化势的另一条途径是通过建立液化剪应力与剪切波速的相关关系来实现。Tokimatsu 等在 1994 年给出了液化的循环剪应力比 τ_{av}/σ_v' 与归一化剪切波速 c_{s1} 的经验关系曲线，如图 9-41 所示。这条曲线适用于震级 $M = 7.5$（相当于等效循环次数 $N_{eq} = 15$）的粉砂土，而归一化的剪切波可由下式表示：

$$c_{s1}' = \frac{c_{s1}}{(\sigma_m')^n} \qquad (9\text{-}20)$$

式中，σ_m' 为平均有效主应力，kg/cm^2；$n = 1/3$。

9.5.4　稳态强度法

稳态强度是土在流动结构状态下所具有的强度。根据稳态强度的概念，如果用不同的

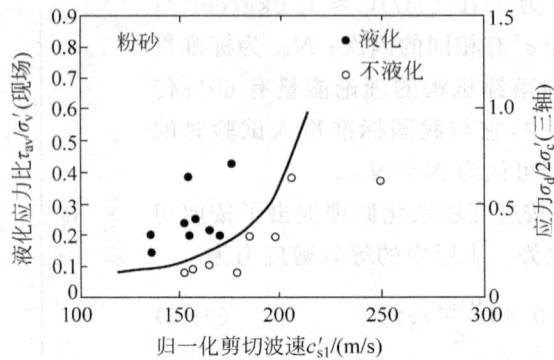

图 9-41　引起液化的应力比与归一化剪切波速的关系

各向均等压力固结几个试样到一个相同的密度,但却使有些位于稳态强度线之上,有些位于稳态强度线之下,则试验得到的应力路径如图 9-42 所示。

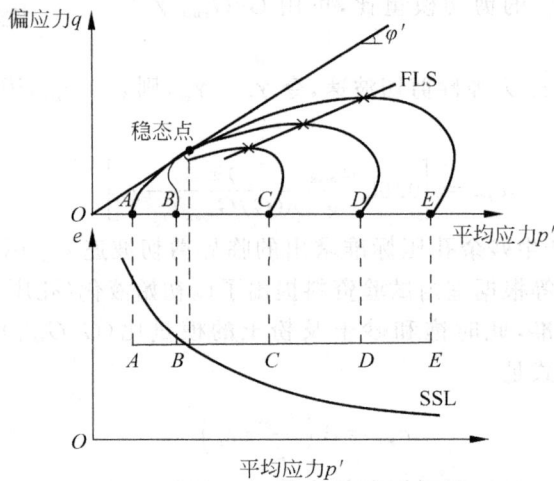

图 9-42　流动液化线(液化启动线)

当将不同法向固结应力下开始的应力路径上剪应力达到最大值的各个点相连接时,可以得到一条线,称为流动液化线(FLS),它是液化的一个启动线。这就是说,在土受到静荷载和动荷载时,第一阶段的应变水平小,但在扰动力足够时(初始应力距 FLS 越近,液化所需要的扰动力越小),其孔压的上升可使应力由起始位置移动到流动液化线(液化启动线),使土失稳,进入第二阶段;此时,在维持静力平衡所需的剪应力 γ_{static}(由重力所引起,不同于沉积和固结时因侧压力系数不等于 1 所引起的剪应力)驱动下会出现应变软化现象和孔压的增长,应力路径由流动液化线 FLS 指向稳态强度线 SSL。如果静剪应力小于稳态强度,则不论松砂还是密砂(处于 SSL 线上、下)均可发生循环液化,并视静剪应力 τ_{static} 与循环剪应力 τ_{cyc} 的大小不同是否会引起剪应力的反向(τ_{static} 与 τ_{cyc} 之差是小于还是大于零),和是否会超过稳态强度(τ_{static} 与 τ_{cyc} 之和是小于还是大于稳态强度)而表现出如下的不同结果。

(1) 在没有剪应力的反向且没有超过稳态强度时,应力只能沿不排水强度包线上、下运动,它的每一周循环剪切都引起剪胀,每周有一定的永久变形。

（2）在没有剪应力的反向但超过稳态强度时，有效应力路径左移，到达 FLS，出现失稳，引起很大的永久变形。

（3）在有剪应力的反向且没有超过稳态强度时，每周均有压缩和拉伸，每周要经过一次有效应力为零的瞬态，其孔压上升的程度（有效应力路径向左移动的大小）随应力方向水平的增大而增大，最后沿压、拉段的强度包线摆动；每一个循环都有明显的永久变形和变形的逐渐积累，积累的快慢视静剪应力的大小和作用时间长短而不同（在水平地面、短期振动的情况下变形很小；而在倾斜地表、较长期的振动下仍会引起达到破坏水平的变形），但它不会有流动破坏，也不会有像流动破坏那样明显的起动点。

由此可见，按照稳态强度法来判断砂土是否液化，可以对其液化特性进行更加细致的分析与研究。

综上所述，各种评价饱和砂土振动液化的方法基本出发点不同，可根据具体情况和实际条件加以应用。可以预见，各种方法得出的结论有时并不一致，应进行综合分析，最后作出地基土是否液化的评价。需要指出的是，上述方法大都没有反映上部结构的荷载与向地基传递的振动的影响，对于重要的构筑物，有时需要采用地基、基础和结构相互作用的分析方法来评价砂土液化的可能性。此外，采用基于 Biot 动力固结理论的有限单元法对土体进行地震液化分析是较完善的一种方法，对此我们将在第 10 章进一步讨论。

9.6　可液化场地地基处理

当被判定为可液化的土层不能满足工程建设要求时，应进行处理以确保建筑物的抗液化稳定性，可以从防止地基液化和减小液化危害性两个方面采取有效的处理方法。本节主要讨论可液化地基的处理，常用的方法包括换填、加密、增压、围封、排水和打设深基（桩基）等。下面介绍几种典型的方法。

1. 换填

换填就是将可液化土挖去并用非液化土置换。这种方法不仅挖去了浅层可液化的砂层，而且上部回填的土层还有利于防止下部砂层的液化破坏。一般当可液化土层距地表 3～5m 时，可以全部挖除；可液化土层较深时，可考虑部分挖除。例如美国巴托加土坝高 25.6m，坝基为软弱黏土，粉砂厚 21m，距北美强震震中 323km，设计震级 6.1，最大加速度 0.44g，经分析其不能维持稳定，最后决定全部挖除，直至基岩。

2. 加密

加密是一种广泛采用而行之有效的方法，对于饱和砂土的加密常采用振冲加密法、砂桩挤密法、直接振密法和爆炸加密法。

1）振冲加密法

在地基砂土中插入棒状的振冲器，振冲器能够一边振动，一边射水。振冲器中一个偏心质量绕竖轴旋转而产生较大的水平激振力，使相当大范围内的砂土发生结构破坏，振冲器尖端的高压水枪既可起导向作用，又可使土层中形成"流砂"条件，使振冲器迅速沉入到所需的深度，当振冲器沉到预定深度时，关闭水枪继续振动，边振边提，使周围的砂土在水平振动力作用下压实,地表发生下沉,随即灌入砂土形成一个压实的砂土柱体。采用这种方法时,砂土中的粉粒和黏粒含量以不大于 20% 为宜,否则不易振密。

2) 砂桩挤密法

这种方法就是利用振动作用先将一个钢管打入地基,然后从管内将粗粒料抛入,一边振动一边将管上提,一边将砂夯实,使砂土既能被密实,又能向横向扩展,挤实周围的砂层。由于砂桩常填以较粗的砾砂、中砂,桩身可以使地基加速排水,加上振动和挤压作用,处理的效果比较显著。

3) 直接振密法

这种方法不专门加入粗粒料,只是用振动器在土中产生弹性波并使其传播,使砂土受振变密。也可以用气压脉冲产生振动,即在饱和砂土中沉入一个气管,再将压力为几个标准大气压的压缩空气以 10~15Hz 的频率不断冲入土中产生振动,可以压实 3~4.5m 深度内的土层,有效半径可达 4~5m。也可采用一根刚性长管在其上沿径向装上数层水平肋条,形成空心圆柱。将其沉入土中后,由于其上振动器的冲击作用,可以使相当大范围内的砂土同时受到振动作用而变密。

3. 围封

围封主要是限制砂土液化时发生侧流,使地基的剪切变形受到约束,避免建筑物因大量沉陷而破坏。围封可以采用板桩,也可以采用砾石桩或其他方式。围封处理必须达到一定的深度,穿越可液化土层,否则起不到应有的作用。

4. 排水

排水的方法是通过加强地基的排水性能,减小动荷载作用下孔隙水压力的上升来减小液化的危险性。对于不透水层中的饱和砂土夹层或透镜体,可采用砂井或减压井处理。在地基中设置碎石排水桩是目前常用的方法。该方法除了可使孔压发展水平降低外,还可降低地基沉降,限制周围土体的变形。

对于碎石桩加固地基后的抗液化性能,Seed(1977) 较早发展了相应的计算理论,对加固后的地基抗液化能力进行了分析。与软土的砂井排水固结理论一样,进行碎石桩抗液化排水效应分析可采用自由应变解和等应变解。Seed 和 Booker(1977) 基于自由应变解,采用有限单元法对上述问题进行了计算。如果只考虑径向排水的影响,则可以给出如图 9-43 所示的最大孔隙水压力比与排水系统参数之间的相互关系,可供设计碎石桩参考。这里,最大孔隙水压力比定义为 $r = u_d/\sigma_0'$,参数 $n = a/b$,其中 a 为碎石桩排水井半径,b 为碎石桩排水井有效半径,时间因素 $T_d = C_v t_d/a^2$。图 9-43 表明,采用碎石桩可显著增强地基的抗液化性能。

5. 深基和桩基

采用深基础可增大基础的砌置深度,从而可以大大增加地基的抗液化能力,如果基础能够全部穿过液化土层,就可以有效地防止液化。桩基穿过液化土层也是一种良好的抗震基础形式,若采用斜桩则对承受地震荷载更为有利。但是桩必须穿过液化土层,否则对抗液化将不会起到任何作用。

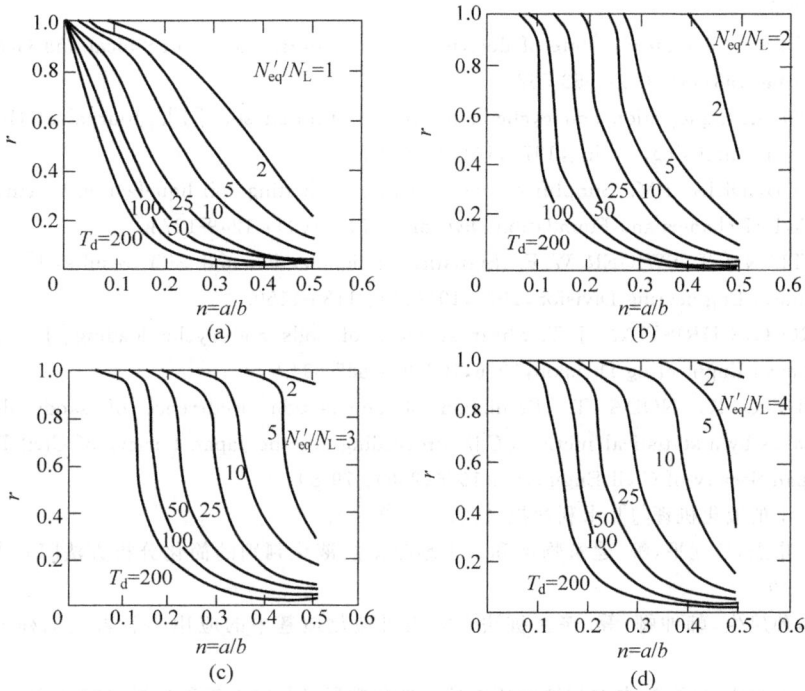

图 9-43 最大孔隙水压力比与排水系统参数之间的关系

参考文献

[1] CASAGRADE A. Characteristics of cohesionless soils affecting the stability of slope and earthfills [J]. Journal of the Boston Society of Civil Engineering,1936,23(1)：257-276.

[2] TERZAGHI K. Theoretical soil mechanics[M]. New York：John Wiley and Sons. Inc. ,1948.

[3] TAYLOR D W. Fundamentals of soil mechanics[M]. New York：John Wiley and Sons,1948.

[4] 马斯洛夫.土力学问题[M].李仁柄,译.北京:中国建筑工程出版社,1959：1-85.

[5] BARKAN D D. Dynamics of bases and foundations [M]. New York：McGraw-Hill Book Company,1962.

[6] 黄文熙.砂基和砂坡的液化研究[J].水利水电技术,1962(1)：38-39.

[7] SEED H B,IDRISS I M. Simplified procedures for evaluating soil liquefaction potential[J]. Journal of Soil Mechanics and Foundation Division,1971,97(9)：1249-1273.

[8] CASAGRADE A. Liquefaction and cyclic deformation of sands,a critical review[C]//Proceedings of the 5th Pan-American Conference on Soil Mechanical and Foundation Engineering,Buenos Aires, Argentina：[s. n.],1975.

[9] CASTRO G. Liquefaction and cyclic and mobility of saturated sands[J]. Journal of Geotechnical and Geoenvironmental Engineering,1975,101(6)：551-569.

[10] BAZIER M H,DOBRY R. Residual strength and large-deformation potential of loose silty sands[J]. Journal of Geotechnical Engineering,1995,121(12)：896-906.

[11] POULOS S J,CASTRO G,FRANCE J W. Liquefaction evaluation procedure[J]. Journal of Geotechnical Engineering,1985,111(6)：772-791.

[12] ROSCOE K H,SCHOFIELD A N,WROTH C P. On the yielding of soils[J]. Geotechnique,1958,8(1)：22-53.

[13] POLOUS S J. The steady state of deformation[J]. Journal of Geotechnical and Geoenvironmental Engineering,1981,107(5)：553-562.

[14] CASTRO G. Liquefaction and cyclic mobility of saturated soils[J]. Journal of Geotechnical and Geoenvironmental Engineering,1975,101(6)：551-569.

[15] SEED H B,IDRISS I M. Simplified procedures for evaluating soil liquefaction potential[J]. Journal of the Soil Mechanics and Foundation Division,1971,97(9)：1249-1273.

[16] CHRISTIAN J T,SWIGER W F. Statistics of liquefaction and SPT results[J]. Journal of the Geotechnical Engineering Division,1975,101(11)：1135-1150.

[17] CASTRO G,CHRISTIAN J T. Shear strength of soils and cyclic loading[J]. Journal of the Geotechnical Engineering Division,1976,102(9)：887-894.

[18] TANIMOTO K, NODA T. Prediction of liquefaction occurrence of sandy deposits during earthquakes by a statistical method[C]//Proceedings of the Japan Society of Civil Engineers. [S. l.]：Japan Society of Civil Engineers，1976(256)：79-89.

[19] 汪闻韶.土的液化机理[J].水利学报,1981(5)：22-34.

[20] 门福录,崔杰,景立平,等.建筑物饱和砂土地基地震液化判别的简化分析方法[J].水利学报,1998(5)：34-39.

[21] 王余庆,孙建生,韩仲卿,等.挤密桩法在加固可液化地基中的应用[J].岩土工程学报,1989(2)：18-25.

[22] 顾卫华,王余庆.砾石排水桩与地面压重的抗液化效果[J].岩土工程学报,1985(4)：34-44.

[23] 王士凤.建筑物可液化砂基用砾石排水桩抗震加固的试验研究[D].北京:冶金部建筑研究总部,1984.

[24] 魏茂杰,谢定义.往返荷载下饱和砂土的应力条件及演化过程[C]//第三届全国土动力学学术会议论文集.出版地和出版者不详,1990.

[25] 谢定义,林本海.砂土-碎石桩复合地基作为抗液化处理措施的应用[C]//第五届全国土动力学学术会议论文集.大连:大连理工大学,1998,6：522-530.

[26] 谢定义.土动力学[M].西安:西安交通大学出版社,1988.

[27] 吴世明.土动力学[M].北京:中国建筑工业出版社,2000.

[28] 汪闻韶.土的动力强度和液化特性[M].北京:中国电力出版社,1997.

[29] 白冰.土的动力特性及应用[M].北京:中国建筑工业出版社,2016.

[30] SEED H B,LEE K L. Liquefaction of saturated sand during cyclic loading[J]. Journal of Soil Mechanics and Foundation Engineering Division,1966,92(6)：105-134.

[31] CASTRO G. Liquefaction and cyclic mobility of sand[J]. Journal of Geotechnical Engineering Division,1981,107(5)：553-562.

[32] ISHIHARA K. Soil behavior in earthquake geotechnics[M]. Oxford：Clarendon Press,1996.

[33] CASTRO G,POULOS S J. Factors affecting liquefaction and cyclic mobility[J]. Journal of Geotechnical Engineering Division,1977,103(6)：501-516.

[34] 交通部第三铁路工程局,第三铁路设计院.粉细砂浸水路堤[M].北京:人民交通出版社,1972.

[35] FINN W D L,PICKERING D J,BRANSBY R L. Sand liquefaction in triaxial and simple shear test[J]. Journal of the Soil Mechanics and Foundations Division. 1971,97(4)：639-659.

[36] 刘洋,周健,付建新.饱和砂土流固耦合细观数值模型及其在液化分析中的应用[J].水利学报,2009,40(2)：250-256.

[37] 刘洋,吴顺川,周健.循环荷载下砂土变形的细观数值模拟Ⅱ：密砂试验结果[J].岩土工程学报,2007(11)：1676-1682.

[38]　刘洋,周健,吴顺川.循环荷载下砂土变形的细观数值模拟 I:松砂试验结果[J].岩土工程学报,2007 (7):1035-1041.

[39]　ISHIHARA K. Liquefaction and flow failure during earthquakes[J]. Geotechnique,1933,43(3): 351-415.

[40]　ISHIHARA K,LEE S. Liquefaction of saturated sand in triaxial torsion shear test[J]. Soils and Foundations,1972,12(2):19-39.

[41]　WONG R T,SEED H B,CHAN C K. Cyclic loading liquefaction of gravelly soils[J]. Journal of the Geotechnical Engineering Division,1975,101:571-583.

[42]　MARTIN G R,FINN W D L,SEED H B. Fundamentals of liquefaction under cyclic loadings[J]. Journal of Geotechnical Engineering Division,1975,101:423-438.

[43]　SEED H B. Some aspects of sand liquefaction under cyclic Loading[C]//Proceedings of Conference on Behaviour of Offshore Structures. Oslo:Norwegian Institute of Technology,1976:374-391.

[44]　SEED H B,BOOKER J R. Stabilization of potentially liquefiable sand deposits using gravel drain systems[J]. Journal of Geotechnical Engineering,1977,103:757-768.

[45]　SEED H B,DE ALBA P. Use of SPT and CPT tests for evaluating the liquefaction resistance of sands[C]//Use of in situ Tests in Geotechnical Engineering. [S. 1.]:ASCE,1986:281-302.

[46]　IDRISS I M. Ground motion and soils liquefaction during earthquakes[M]. Berkeley,California: Earthquake Engineering Research Institute,1982.

[47]　SEED H B,IDRISS I M,ARANGO I. Evaluation of liquefaction potential using field performance Data[J]. Journal of Geotechnical Engineering,1983,109:458-482.

[48]　YUAN X M,SUN R,CHEN L M. A method for detecting site liquefaction by seismic records[J]. Soils Dynamics and Earthquake Engineering,2010,30(4):270-279.

[49]　MAHARJAN M,TAKAHASHI A. Centrifuge model tests on liquefaction-induced settlement and pore water migration in non-homogeneous soil deposits [J]. Soil Dynamic and Earthquake Engineering,2013,55:161-169.

[50]　VAID Y P,THOMAS J. Liquefaction and postliquefaction behavior of sand[J]. Journal of Geotechnical Engineering,1995,121(2):163-173.

[51]　FINN W D L,YOGENDRAKUMAR M. Analysis of pore water pressure in seismic centrifuge test [J]. Developments in Geotechnical Engineering,1987,42:71-85.

[52]　SLADEN J A,D'HOLLANDER R D,KRAHN J. The liquefaction of sands,a collapse surface approach[J]. Canadian Geotechnical Journal,1985,22(4):564-578.

[53]　MULILIS J P,ARULANANDAN K,MITCHELL J K,et al. Effects of sample preparation on sand liquefaction[J]. Journal of the Geotechnical Engineering Division,1977,103(2):91-108.

[54]　VAID Y P,CHERN J C. Cyclic and monotonic undrained response of saturated sands[C]// Advances in the Art of Testing Soils under Cyclic Conditions,Detroit:[s. n.],1985:120-147.

[55]　LADE P V. Static instability and liquefaction of loose fine sand slopes[J]. Journal Geotechnical Engineering,1992,118:51-71.

[56]　DARVE F,LAOUAFA F. Instabilities in granular materials and application to landslides[J]. Mechanics of Cohesive-Frictional Materials,2000,5(8):627-652.

[57]　NICOT F,DARVE F. Diffuse and localized failure modes:two competing mechanisms[J]. International Journal for Numerical and Analytical Methods in Geo-mechanics, 2011, 35 (5): 586-601.

[58]　NICOT F,HADDA N,BOURRIER F,et al. Failure mechanisms in granular media:a discrete element analysis[J]. Granular Matter,2011,13(3):255-260.

[59] LADE P V. Instability and liquefaction of granular materials[J]. Computers and Geotechnics,1994, 16(22):123-150.

[60] LADE P V,WANG Q. Analysis of shear banding in true triaxial tests on sand[J]. Journal of Engineering Mechanics,2001,127(8):762-768.

[61] LADE P V. Instability,Shear banding,and failure of granular materials[J]. International Journal of Solids and Structures,2002,39(13):3337-3357.

[62] 中国建筑科学研究院.建筑抗震设计规范:GB 50011—2010[S].北京:中国建筑工业出版社,2016.

[63] BANERJEE N G, SEED H B, CHAN C K. Cyclic behavior of dense coarse-grained materials in relation to seismic stability of dams[R]. [S. l.]:[s. n.], 1979.

[64] ODA M. Initial fabrics and their relations to mechanical properties of granular material[J]. Soils and Foundations,1972, 12 (1):17-36.

[65] TERUYUKI S et al. Effect of preshearing on volumetric deformation characteristics of dry sand subjected to cyclic loading[J]. Soils and Foundations,1984,22 (2):113-122.

[66] 国家基本建设委员会建筑科学研究院.工业与民用建筑抗震设计规范:TJ11-78[S].北京:中国建筑工业出版社,1979.

第 10 章

土体动力反应分析

10.1 概述

1. 土体动力反应分析的概念

土体动力反应分析是指求解土体在动荷载作用下，任一时刻土体响应，如位移、速度、加速度、应力和应变等分量的过程。动力分析是进行土体振动和波动分析的有效研究方法，也是了解动力荷载循环作用的常用方法，可以为土体抗振动性能的研究及土工建筑物的抗震设计提供理论支持。

2. 土体动力反应分析方法分类

土体动力反应分析方法繁多，从建立土体模型的角度来分，主要有剪切梁法、集中质量法、有限单元法、子结构法、有限差分法和边界元法等；根据求解动力方程的方法来分，主要有频域内分析的振型叠加法、复反应分析法和时域内的逐步积分法等；按照本构方程的选择方法可分为线性分析方法和非线性分析方法（包括弹塑性分析方法）；从是否考虑孔隙水压力的发展与消散角度来分，可分为总应力分析法和有效应力分析法，有效应力分析方法又可分为不排水有效应力分析方法和排水有效应力分析方法等。

土体动力分析方法经历了从总应力法发展到有效应力分析法（其中有效应力分析法从不排水分析方法发展到排水分析方法），从线性分析发展到非线性分析以及弹塑性分析，从确定性的计算分析发展到考虑随机地震的非确定性计算分析，从只能分析地基的一维问题发展到能够分析土石坝、尾矿坝的二维和三维问题等过程。

基于土体动力反应分析的特点，目前的分析手段主要是以 Biot 动力固结理论为基础的有限单元法，我们将在 10.2 节详细介绍，10.3 节和 10.4 节介绍总应力和有效应力分析方法，关于动力方程的各种解法和线性、非线性分析方法贯穿在这三节之中，并在 10.5 节以弹塑性分析方法为例重点介绍目前最新的非线性分析方法。本章最后以地震作用下的水平土层的简化分析方法为例，介绍剪切梁法、频域分析法和集中质量法等，并介绍这些方法在时域和频域内分析的典型程序，如 SHAKE 等。

3. 总应力分析法

总应力分析法直接依据室内试验所取得的割线剪切模量和等效阻尼比随应变幅值的非

线性变化曲线,通过多次迭代得到一个与某种应变水平相协调的等效线性体系,从而求得土体动力反应的近似解。

土体动力分析的总应力法以 Seed 法为代表。Seed 和 Idriss 的简化法是一维总应力法,其具体方法在 9.5.2 节中已进行详细介绍。Seed 法考虑了很多影响砂土液化的因素,因而得到广泛应用,但由于该方法得到的试样破坏面与土单元的实际破坏面并不一致,且在动力分析中,由于破坏标准不一,通过动三轴试验确定的动剪切强度和动内摩擦角不统一,且这些强度参数只与坝体或地基的静应力有关,没有与动应力联系起来。

Seed 等人后来将一维总应力分析方法推广到二维情况,给出了在平面上判断砂土液化的方法。但 Seed、Lee 和 Idriss 等都假定循环荷载下土的有效内摩擦角与静荷载下的相同,并假定液化时土单元的水平面为破坏面。Mejia 和 Seed 通过对峡谷中坝体的地震反应分析,将总应力法推广到三维问题,提出了动力分析的三维总应力法,计算采用频域的方法进行。Mejia 和 Seed 的三维方法考虑了坝体在边界上的应力条件以及土的非线性等因素的影响,其计算结果也较合理。

4. 有效应力分析法

如果在上述总应力分析方法中引入一定的孔压模型,就可以进行有效应力分析,这就形成了一种简化的有效应力分析方法。

有效应力原理的本质意义在于它揭示了土的强度和变形特性主要受有效应力的支配,因此该方法的关键是如何正确计算不同条件下土中孔隙水压力的产生、增长、扩散和消散规律。振动荷载作用下土体中孔隙水压力消长规律的研究自黄文熙和汪闻韶做出开拓性的工作之后,至今已取得大量的科研成果。国内外学者更是进行了大量有益的研究工作,从只考虑动孔隙水压力增长的单一计算模型发展到能够考虑动孔隙水压力的产生、增长、扩散和消散的综合计算模型。关于动力荷载作用下的孔隙水压力模型在 8.6 节中已经作了详细介绍。

在进行简化的有效应力分析时,可以只考虑孔隙水压力增长而不考虑其消散过程,它只需按照一定的孔压模型计算孔压的增长值,从而计算出有效应力;也可以在动力作用结束后采用静力的 Biot 固结理论进行孔隙水压力的消散,即在计算出动孔压值之后,仅计算该孔压在静力条件的消散,根据各时刻经过消散后的孔压计算有效应力值。

上述两种简化的处理方法都是一种流固"假耦合"的分析方法或者简化的有效应力分析方法,因为在上述方法中,所用的 Biot 固结理论是静力,遵循的是孔隙水压力先增长后消散的理论。实际上在整个动力过程中,孔压的发展与消散是耦合发展的,其变化发展应该直接按 Biot 动力固结理论来处理。这样,就将孔压 p 直接引入土体运动方程中,同含有孔压的渗流连续方程一起求解,即可得任意点在任意时刻的动应力、动应变和动孔压。这是既考虑动力过程中的渗透固结,又考虑动力过程中孔压的增长和消散的真耦合的有效应力分析方法。

5. 弹塑性方法

弹塑性方法可以视为有效应力分析法的一个分支。由于基于黏弹性理论得到的结果与土体实际动力特性的显著差异,弹塑性理论的动力分析方法得到了不断发展。20 世纪 50 年代以后,各国学者提出了众多弹塑性本构模型,而基于 Biot 动力固结理论的土骨架与孔隙水真耦合的数值分析也得到较快的发展,并在工程中得到较好的效果。

比如,Yiagos 基于对运动方程的伽辽金离散方法,给出了土坝动力弹塑性分析方法,并采用有效应力多屈服面函数随动硬化弹塑性本构关系,模拟了土骨架的非线性滞回特性、剪应力所产生的各向异性效应和剪胀对于有效应力比的关系,同时对孔隙水的影响和液化问题进行了讨论。此外,Mroz、Dafalias、Paster 等也对弹塑性分析方法进行了深入研究。弹塑性分析方法在理论上更加符合土的真实性能,因此得到更多学者的重视,发展迅速,但也存在计算工作量大、数值算法复杂等缺点。

本章将根据土体动力反应分析的发展历史,结合目前的研究现状,对土体动力反应分析的方法进行综合介绍。

10.2　一般计算方法

动力分析的主要任务就是求解动力方程,这也是土体动力反应分析的主要计算部分。由于土体动力分析的方程多是基于 Biot 动力固结理论建立的,因此本节将介绍基于 Biot 动力固结理论的动力方程和求解方法。

10.2.1　土体动力分析一般思路

20 世纪 50 年代到 60 年代,Biot 建立了饱和土体动力固结理论,该理论可对饱和土中孔压消散和土骨架变形关系进行精确耦合分析。Biot 动力固结理论及方程已在第 6 章给出,本章只对 Biot 方程进行简单叙述。

在式(6-7)的基础上,考虑土体应力-应变关系式的增量形式

$$\Delta \sigma'_{ij} = D_{ijkl} \Delta \epsilon_{kl} \tag{10-1}$$

式中,σ'_{ij} 为有效应力张量;ϵ_{kl} 为应变张量;D_{ijkl} 为本构系数。

将方程(10-1)与 Biot 动力固结方程(6-7)联立,即构成三维条件下土体动力反应分析的基本方程。

10.2.2　有限元方程的建立

求解 Biot 动力固结方程的解析解相当困难,采用有限元法求解 Biot 动力固结方程是目前普遍采用的方法,即对计算域进行空间上的离散,得到有限元方程,再选择合适的方法,在时域或频域上进行求解。

1. 边界条件和初始条件

求解动力固结方程,首先要根据实际问题列出定解条件。通常情况下对边界条件和初始条件作如下假定。

1)边界条件的假设

(1)土层内自由水面或结构体表面无孔隙水压力,即

$$p(x_1, x_2, x_3, t) = 0 \tag{10-2}$$

(2)结构体表面无应力作用,即

$$\sigma_{ij} \mid_s = 0 \tag{10-3}$$

（3）土层底部为不透水边界，即

$$-k_n \frac{\partial p}{\partial n} = 0 \qquad (10\text{-}4)$$

式中，k_n 为边界面上的渗透系数；n 表示边界面的法线方向。

2）初始条件的假设

初始时刻的土骨架位移 u_i、孔压 p 以及它们对时间 t 的一次、二次偏导均为零，即

$$\begin{cases} u_i(x_1,x_2,x_3,t_0) = 0 \\ \dot{u}_i(x_1,x_2,x_3,t_0) = 0 \\ \ddot{u}_i(x_1,x_2,x_3,t_0) = 0 \\ p(x_1,x_2,x_3,t_0) = 0 \\ \dot{p}(x_1,x_2,x_3,t_0) = 0 \\ \ddot{p}(x_1,x_2,x_3,t_0) = 0 \end{cases} \qquad (10\text{-}5)$$

2. 空间上的有限元离散

对动力方程进行空间域离散，目前最常用的方法是伽辽金加权残数法，该方法具有精度高、计算量小等优点，且可以保证解的收敛性，因此得到广泛应用。

1）伽辽金加权残数法的基本步骤

设空间问题在域内和边界上满足

$$Lu - f = 0 \qquad (在域 V 内) \qquad (10\text{-}6)$$
$$Gu - g = 0 \qquad (在边界 S 上) \qquad (10\text{-}7)$$

式中，u 为待求的未知函数；L 和 G 分别为控制方程（在域 V 内）和边界条件（在边界 S 上）的微分算子；f 和 g 分别为域内和边界上的已知项。

式（10-6）、式（10-7）的精确解通常难以得到，那么就可以考虑求近似解，于是引入待求函数 u 的试函数：

$$\tilde{u} = \sum_{i=1}^{N} C_i v_i \qquad (10\text{-}8)$$

式中，C_i 为待定系数；v_i 为试函数项。

如果直接将式（10-8）代入式（10-6）、式（10-7）中，一般很难精确满足，即

$$R_V = L\tilde{u} - f \neq 0 \qquad (10\text{-}9)$$
$$R_S = G\tilde{u} - g \neq 0 \qquad (10\text{-}10)$$

式中，R_V 为内部残值；R_S 为边界残值。

为了使式（10-6）和式（10-7）成立，选取内部权函数 W_V 和边界权函数 W_S，使得残值与其对应的权函数之积在域内和边界上的积分为零，即

$$\int_V R_V W_V \mathrm{d}V = 0 \qquad (10\text{-}11)$$

$$\int_S R_S W_S \mathrm{d}S = 0 \qquad (10\text{-}12)$$

伽辽金加权残数法中的权函数就是试函数中的基函数，即 $W_i = v_i (i = 1, 2, \cdots, N, N$ 为单元的节点数），使得

$$\int_V R v_i \, \mathrm{d}v = 0, \quad i = 1, 2, \cdots, N \tag{10-13}$$

2）动力有限元方程

对 Biot 动力固结方程在空间域上离散，设 Δu_i 的近似解为 $\Delta \tilde{u}_i$，Δp 的近似解为 $\Delta \tilde{p}$，并满足下列关系：

$$\Delta \tilde{u}_i = N_L u_{1i} \tag{10-14a}$$

$$\Delta \tilde{p} = \overline{N}_J p_J \tag{10-14b}$$

式中，N_L、$\overline{N}_J$ 分别为位移近似解 $\Delta \tilde{u}_i$ 和孔压近似解 $\Delta \tilde{p}$ 的形函数；u_{1i}、p_J 分别为节点 i 的待定位移和待定孔压值。

将式（6-7a）代入式（6-7c），式（6-7d）代入式（6-7b），得到关于位移 u 和孔压 p 的两个方程，取 N_L 和 $\overline{N}_J$ 分别为这两个方程的权函数，应用上述几个边界条件和初始条件，令残值的加权积分为零。为了考虑阻尼的影响，引入黏滞阻尼矩阵 C，在实际分析中，一般按 Rayleigh 阻尼考虑，即

$$C = a_0 M + a_1 K \tag{10-15}$$

它由刚度矩阵和质量矩阵线性组合而成。其中，a_0、a_1 为常数，单位分别为 s^{-1} 和 s，其值可以根据第 i 阶振型的阻尼比 ζ_i 和第 j 阶振型的阻尼比 ζ_j 确定，即

$$\begin{pmatrix} a_0 \\ a_1 \end{pmatrix} = \frac{2\omega_i \omega_j}{\omega_j^2 - \omega_i^2} \begin{pmatrix} \omega_j & -\omega_i \\ -\dfrac{1}{\omega_j} & \dfrac{1}{\omega_i} \end{pmatrix} \begin{pmatrix} \zeta_i \\ \zeta_j \end{pmatrix} \tag{10-16}$$

当振型阻尼比 $\zeta_i = \zeta_j = \zeta$ 时，上式简化为

$$a_0 = \zeta \frac{2\omega_i \omega_j}{\omega_i + \omega_j}, \quad a_1 = \zeta \frac{2}{\omega_i + \omega_j} \tag{10-17}$$

式中，ω_i、ω_j 分别表示第 i、j 阶振型的自振频率。

若考虑孔隙水的作用，则位移项需同时包含位移和孔压，即 $\Delta A_j = (\Delta u_{1j}, \Delta u_{2j}, \Delta u_{3j}, \Delta p_j)^{\mathrm{T}}$，其中 $j = 1, 2, 3, \cdots, N$，N 为单元的节点数。则动力方程的有限元增量形式可写为

$$\overline{M} \Delta \ddot{A} + \overline{C} \Delta \dot{A} + \overline{K} \Delta A = \Delta \overline{F}(t) \tag{10-18}$$

式中，$\overline{M}$ 为考虑孔压的等效质量矩阵；$\overline{C}$ 为考虑孔压的等效阻尼矩阵；$\overline{K}$ 为考虑孔压的等效刚度矩阵；$\Delta \overline{F}(t)$ 为考虑孔压的等效荷载增量。

若忽略孔隙水的作用，并将上式改写为全量形式，则有

$$M \ddot{u} + C \dot{u} + K u = F(t) \tag{10-19}$$

式中，M 为体系的质量矩阵；C 为体系的阻尼矩阵；K 为体系的刚度矩阵；$F(t)$ 为体系所受的荷载。

10.2.3　有限元方程的解法

1. 振型叠加法

1）模态分析

在对体系进行模态分析时，一般先将问题进行简化，包括动力方程的简化和土体运动形式的简化。

（1）动力方程的简化

用振型叠加法求解方程时，需先求出体系的自振频率和相应的振型。由于结构阻尼对体系自振频率和自振振型的影响很小，因此动力方程中阻尼的影响可以暂时忽略，动力方程便简化为

$$M\ddot{u} + Ku = 0 \tag{10-20}$$

（2）土体运动形式的简化

假设土体作简谐运动，则位移为

$$u = u_0 e^{i\omega t} \tag{10-21}$$

将其代入简化后的动力方程（10-20）中，由方程具有非零解的条件，可求出体系各振型的自振频率 ω_i 及相应的振型振幅 $\{u_0\}_i (i = 1,2,3,\cdots,n)$。

2）利用正交性，求解振型位移

为了求得各振型的位移，需要重新考虑阻尼的影响。令动力方程（10-20）的解为各振型的组合，即

$$u = u_0 Y \tag{10-22}$$

其中 Y 为振型位移，与时间 t 有关。将式（10-22）代入式（10-20）中，并考虑振型的正交性。一般情况下，对应于不同自振频率的振型关于质量矩阵和刚度矩阵正交，假设阻尼矩阵也满足正交性，则有

$$\begin{cases} \{u_0\}_i^T M \{u_0\}_j = 0, & i \neq j \\ \{u_0\}_i^T K \{u_0\}_j = 0, & i \neq j \\ \{u_0\}_i^T C \{u_0\}_j = 0, & i \neq j \end{cases} \tag{10-23}$$

则按振型分解的动力方程为

$$\ddot{Y}_i + 2\zeta_i \omega_i \dot{Y}_i + \omega_i^2 Y_i = \frac{F_i^*(t)}{M_i^*} \tag{10-24}$$

式中，ζ_i 表示第 i 阶振型的阻尼比。

式（10-24）两边同乘 M_i^* 后化为

$$M_i^* \ddot{Y}_i + 2\zeta_i \omega_i M_i^* \dot{Y}_i + \omega_i^2 M_i^* Y_i = F_i^*(t) \tag{10-25}$$

式中，

$$M_i^* = \{u_0\}_i^T M \{u_0\}_i \tag{10-26a}$$

$$\omega_i^2 M_i^* = \{u_0\}_i^T K \{u_0\}_i \tag{10-26b}$$

$$2\zeta_i \omega_i M_i^* = \{u_0\}_i^T C \{u_0\}_i \tag{10-26c}$$

$$F_i^*(t) = \{u_0\}_i^T F(t) \tag{10-26d}$$

3）由振型位移求解各未知量

在求出 Y_i 后就可以利用式（10-22）计算出各节点的总位移，进而可以求出各时刻下各节点的动应变、动应力，从而完成动力问题的求解。

需要注意的是，对于大多数荷载类型，通常低阶振型对位移贡献最大，而高阶振型对位移的贡献则较小。因此，在使用振型叠加法求解动力反应时，当精度已经达到要求时，可以忽略后面的高阶振型。另一方面，高阶振型对应力反应的影响要比对位移反应的影响大得多，因此为了使应力达到精度要求，就必须考虑更高阶的振型分量。

4）特点

振型叠加法的优点是理论简明，可显著降低要求解的方程数目，缺点是求解自振频率和振型很费时间，对计算误差比较敏感，且振型数目很多时累积误差比较大，因此对振型较多的动力问题不宜选用振型叠加法进行求解。另外，在用振型叠加法求解地震问题时，由于高阶振型对动力反应影响不大，所以一般只考虑少数几个低阶振型就可以了。此外，它目前还只限于解线性动力问题。

2. 复反应分析法

在动力反应分析中，黏性阻尼的处理尤为重要，而黏性问题与计算方法和材料性质有关。

复反应分析法通常用于总应力分析法中，其基本思路是：假定动力荷载和土体的反应过程都是稳态的，引入一个复模量，通过快速 Fourier 变换（FFT）将输入的运动从时域转换到频域，确定动力方程在频域内的稳态解，再用快速 Fourier 逆变换（IFFT）从频域转换到时域，求得位移、加速度、应力等未知量。

1）复模量的引入

等价线性黏弹性本构模型中，在循环荷载作用下应力-应变关系表现为椭圆。则基于此模型的复模量定义为

$$G^* = Ge^{i\delta} \approx Ge^{i2\lambda_d} \approx G(1 - 2\lambda_d^2 + i2\lambda_d\sqrt{1-\lambda_d^2}) \tag{10-27}$$

式中，δ 为动应力与动应变夹角的正切值；λ_d 为阻尼比；G 为剪切模量。则动应力 $\tau(t)$ 与动应变 $\gamma(t)$ 的关系可表示为

$$\tau(t) = G^*\gamma(t) \tag{10-28}$$

2）动力方程的简化

动力方程通常需在时域内求解，在刚度矩阵中引入复模量后，就可以在频域内求解动力方程。假设泊松比不变，此时阻尼项包含于刚度矩阵之中，这样可以防止高频成分产生过大的阻尼，因此动力方程（10-20）可简化为

$$M\ddot{u} + K^*u = -m\ddot{u}_g(t) \tag{10-29}$$

式中，$\ddot{u}_g(t)$ 为输入的加速度时程；K^* 为由复模量 G^* 组成的刚度矩阵。

3）动力分析的输入

对输入的动力荷载离散化，假定输入的加速度时程 $\ddot{u}_g(t)$ 是在时域中等距的 N 个点上给出的，即

$$\ddot{u}_g(t) = \ddot{u}_g(k\Delta t), \quad k = 1,2,3,\cdots,N \tag{10-30}$$

用三角内插公式展开的连续函数为

$$\ddot{u}_g(t) = \Re \sum_{s=0}^{N-1} \ddot{u}_s e^{i\omega_s t} \tag{10-31}$$

式中，$\Re$ 表示取实数部分；ω_s 为圆频率，$\omega_s = 2\pi s/T(s = 0,1,2,\cdots,N-1)$；$t$ 为动荷载作用全过程历时；$\ddot{u}_s$ 为频域上的输入加速度幅值，通过快速 Fourier 变换求得。

4）假定一个稳态解

假定位移的稳态解形式为

$$\boldsymbol{u}_s = \boldsymbol{U}_s \mathrm{e}^{\mathrm{i}\omega_s t} \tag{10-32}$$

式中，$\boldsymbol{U}_s$ 为位移传递函数，即频域上的复位移幅值。加速度表示为

$$\ddot{\boldsymbol{u}}_s = -\omega_s^2 \boldsymbol{U}_s \mathrm{e}^{\mathrm{i}\omega_s t} \tag{10-33}$$

式中，$-\omega_s^2 \boldsymbol{U}_s$ 为加速度传递函数，即频域上的复加速度幅值。

5）在频域上求解，得出各未知量

将上两式代入式（10-29），得

$$\boldsymbol{K}^* - \omega_s^2 \boldsymbol{M}\boldsymbol{U}_s = -m\ddot{\boldsymbol{u}}_s \tag{10-34}$$

对位移传递函数 U 求解，解出该频率下的复位移 $\boldsymbol{u}_s$，进而再解出时域上的位移为

$$\boldsymbol{u} = \Re \sum_{s=0}^{N-1} \boldsymbol{u}_s = \Re \sum_{s=0}^{N-1} \boldsymbol{U}_s \mathrm{e}^{\mathrm{i}\omega_s t} \tag{10-35}$$

求出位移后，便可求解输出的加速度和动应变、动应力，完成动力反应分析。

6）特点

需要注意的是，复反应法在引入剪切模量 G^* 时也带来了相位差，同时对时间域的离散还产生了"滤频"作用而将高频部分滤掉，不过由于这些因素的影响在工程应用上不太重要，因此一般可以忽略不计。另外，在求解方程（10-34）时为减小计算量，可以只采用适当的有限个 ω 进行计算，然后对求解结果再进行内插，以获得逆变换时所需的点数。

复反应分析方法在频域内求解，原则上仅适用于线性问题，对非线性问题只能通过等价线性迭代的方法来加以逼近，因此不能应用于"真"非线性分析。此外用此法进行地震反应分析时，所考虑问题的尺度不可以小于波长，否则会产生较大的误差。

3．逐步积分法

1）时间域上的离散

根据 Newmark-β 法基本递推公式，有

$$\begin{cases} \dot{\boldsymbol{u}}_{i+1} = \dot{\boldsymbol{u}}_i + (1-\gamma)\ddot{\boldsymbol{u}}_i \Delta t + \gamma \ddot{\boldsymbol{u}}_{i+1} \Delta t \\ \boldsymbol{u}_{i+1} = \boldsymbol{u}_i + \dot{\boldsymbol{u}}_i \Delta t + \left(\dfrac{1}{2} - \beta\right)\ddot{\boldsymbol{u}}_i \Delta t^2 + \beta \ddot{\boldsymbol{u}}_{i+1} \Delta t^2 \end{cases} \tag{10-36}$$

式中，γ、β 为 Newmark 积分参数；Δt 为时间步长。

由式（10-36）可以得到 t_{i+1} 时刻加速度和速度的计算公式：

$$\begin{cases} \ddot{\boldsymbol{u}}_{i+1} = \dfrac{1}{\beta \Delta t^2}(\boldsymbol{u}_{i+1} - \boldsymbol{u}_i) - \dfrac{1}{\beta \Delta t}\dot{\boldsymbol{u}}_i - \left(\dfrac{1}{2\beta} - 1\right)\ddot{\boldsymbol{u}}_i \\ \dot{\boldsymbol{u}}_{i+1} = \dfrac{\gamma}{\beta \Delta t}(\boldsymbol{u}_{i+1} - \boldsymbol{u}_i) + \left(1 - \dfrac{\gamma}{\beta}\right)\dot{\boldsymbol{u}}_i + \left(1 - \dfrac{\gamma}{2\beta}\right)\ddot{\boldsymbol{u}}_i \Delta t \end{cases} \tag{10-37}$$

2）加速度和速度的增量表示

为了简化形式，引入以下几个积分常数：$a_0 = \dfrac{1}{\beta \Delta t^2}$；$a_1 = \dfrac{\gamma}{\beta \Delta t}$；$a_2 = \dfrac{1}{\beta \Delta t}$；$a_3 = \dfrac{1}{2\beta} - 1$；

$a_4 = \dfrac{\gamma}{\beta} - 1$；$a_5 = \Delta t \left(\dfrac{\gamma}{\beta} - 2\right) \Big/ 2$；$a_6 = \Delta t(1-\gamma)$；$a_7 = \gamma \Delta t$。则式（10-37）简化为

$$\begin{cases} \ddot{\boldsymbol{u}}_{i+1} = a_0(\boldsymbol{u}_{i+1} - \boldsymbol{u}_i) - a_2\dot{\boldsymbol{u}}_i - a_3\ddot{\boldsymbol{u}}_i \\ \dot{\boldsymbol{u}}_{i+1} = \dot{\boldsymbol{u}}_i + a_6\ddot{\boldsymbol{u}}_i + a_7\ddot{\boldsymbol{u}}_{i+1} \end{cases} \tag{10-38}$$

若以 $\boldsymbol{u}_{i+1} - \boldsymbol{u}_i$ 表示第 i 个时间步长内的位移矢量增量 $\Delta\boldsymbol{u}_i$,则加速度和速度的表达式可写为增量形式:

$$\begin{cases} \Delta\ddot{\boldsymbol{u}}_i = a_0\Delta\boldsymbol{u}_i - a_2\dot{\boldsymbol{u}}_i - (1 + a_3)\ddot{\boldsymbol{u}}_i \\ \Delta\dot{\boldsymbol{u}}_i = (a_6 + a_7)\ddot{\boldsymbol{u}}_i + a_7\Delta\ddot{\boldsymbol{u}}_i \end{cases} \tag{10-39}$$

3)动力方程的改进

在动力方程中引入一个参数 α 来加强对阻尼的控制,则动力方程(10-18)改写为

$$\boldsymbol{M}_i\Delta\ddot{\boldsymbol{u}}_i + \bar{\boldsymbol{C}}_i\Delta\dot{\boldsymbol{u}}_i + (1 + \alpha)\bar{\boldsymbol{K}}_i\Delta\boldsymbol{u}_i - \alpha\bar{\boldsymbol{K}}_{i-1}\Delta\boldsymbol{u}_{i-1} = \Delta\bar{\boldsymbol{F}}_i \tag{10-40}$$

将式(10-39)代入上式,得

$$\bar{\boldsymbol{K}}_{ei}\Delta\boldsymbol{u}_i = \Delta\bar{\boldsymbol{F}}_{ei} \tag{10-41}$$

式中,$\bar{\boldsymbol{K}}_{ei}$ 为等效刚度矩阵,与每一时间步长初始时刻的质量矩阵、阻尼矩阵和刚度矩阵有关,其计算式为

$$\bar{\boldsymbol{K}}_{ei} = a_0\bar{\boldsymbol{M}}_i + a_1\bar{\boldsymbol{C}}_i + (1 + \alpha)\bar{\boldsymbol{K}}_i \tag{10-42}$$

式(10-41)中,$\Delta\bar{\boldsymbol{F}}_{ei}$ 为 t_{i+1} 时刻的增量形式的等效荷载。除上述三个矩阵外,其还与每一时间步长初始时刻的速度和加速度及该时间步长内的荷载增量有关,计算式为

$$\Delta\bar{\boldsymbol{F}}_{ei} = \Delta\bar{\boldsymbol{F}}_i + \bar{\boldsymbol{M}}_i\boldsymbol{Q}_i + \bar{\boldsymbol{C}}_i\boldsymbol{R}_i + \alpha\bar{\boldsymbol{K}}_{i-1}\Delta\boldsymbol{u}_{i-1} \tag{10-43}$$

式中,$\boldsymbol{Q}_i = \dfrac{1}{\beta\Delta t}\dot{\boldsymbol{u}}_i + \dfrac{1}{2\beta}\ddot{\boldsymbol{u}}_i$; $\boldsymbol{R}_i = \dfrac{\gamma}{\beta}\dot{\boldsymbol{u}}_i + \left(\dfrac{\gamma}{2\beta} - 1\right)\ddot{\boldsymbol{u}}_i\Delta t$。

4)在各个时间步长上逐步求解动力方程

(1)选择合适的时间步长和参数,计算积分常数;

(2)确定初始时刻的位移、速度、加速度;

(3)由式(10-42)、式(10-43)计算等效刚度矩阵和等效荷载矩阵;

(4)求解位移矢量增量,进而求出速度矢量增量和加速度矢量增量;

(5)将计算得到的增量加到总量 $\boldsymbol{u}_i$ 和 $\dot{\boldsymbol{u}}_i$ 中,进而求得 $\boldsymbol{u}_{i+1}$ 和 $\dot{\boldsymbol{u}}_{i+1}$。

为提高计算精度,减少误差,可对 $\ddot{\boldsymbol{u}}_{i+1}$ 用该时间步长开始时的总平衡方程求解,即

$$\ddot{\boldsymbol{u}}_{i+1} = \bar{\boldsymbol{M}}_n^{-1}\left[\bar{\boldsymbol{F}}_{i+1} - \bar{\boldsymbol{C}}_{i+1}\dot{\boldsymbol{u}}_{i+1} - (1 + \alpha)\bar{\boldsymbol{K}}_{i+1}\boldsymbol{u}_{i+1} + \alpha\bar{\boldsymbol{K}}_i\boldsymbol{u}_i\right] \tag{10-44}$$

然后再以求出来的 t_{i+1} 时刻的加速度矢量 $\ddot{\boldsymbol{u}}_{i+1}$、速度矢量 $\dot{\boldsymbol{u}}_{i+1}$ 和位移矢量 $\boldsymbol{u}_{i+1}$ 作为下一步长分析的初始条件。

5)考虑非线性特征

大部分岩土介质具有非线性特点,应根据其非线性性质计算各个时刻的动应变和动应力,完成动反应分析。

6)特点

由于岩土介质具有明显的非线性性质,它的动力问题分析方法一般是在对动力方程作逐步积分的基础上采用等效线性迭代法或增量迭代混合法即仿真非线性法求解。前者是通过等效剪切模量和等效阻尼比随剪应变幅值的变化来近似考虑岩土的非线性和能耗性。后者是遵循实际加载路径将荷载划分为许多增量,每次施加一个增量,然后根据计算时刻各单

元的应变水平来选用合适的刚度和阻尼矩阵,并在每一时间步长的增量区间上,用常刚度迭代作补充,以充分地反映每一时刻土体响应的非线性滞回效应。

10.3　总应力分析法

10.3.1　简化的 Seed 法(一维总应力法)

简化的 Seed 法是总应力分析法的代表,其将地基视为一块具有水平自由表面的均质土体,忽略地基表面建筑物引起的附加应力的影响,使得问题大大简化。根据简化的 Seed 法,当地震产生的等效平均剪应力大于土体的抗液化剪应力时,地基将发生液化。简化的 Seed 法的主要步骤包括:

(1) 假定土柱为刚体,求得最大剪应力;

(2) 引入折减系数,考虑土中实际最大剪应力;

(3) 确定地震时的等效平均剪应力;

(4) 由循环三轴试验确定抗液化强度;

(5) 判别砂土液化的可能性。

具体方法在上一章已经介绍,详细内容参见 9.5.2 节。

10.3.2　二维总应力法

二维总应力法由 Seed 等人给出,下面介绍其分析步骤。

1. 静力分析

首先以一个静荷载代替动荷载,通过有限元方法,求得静力条件下每一个单元的剪应力,并通过分析得到潜在破坏面上的初始剪应力及其与初始有效正应力之比。计算过程中,一般应对土的非线性性质及实际工程中分期施工的特点予以考虑。

2. 确定地层的动力特性

通过分析实际地震发生时震源或震源附近的地震记录,确定土体运动的加速度时程曲线,以此来分析地层的动力特性。大量研究表明,地震作用下土体的剪应力和抗剪强度主要取决于横波的作用(即水平地震运动),因此通常情况下可不考虑纵波(即垂直地震作用)的影响。若选定具有代表性的地震运动过程,则根据基岩地震动的最大地震加速度、卓越周期和历时(或等效循环次数)三大特征,对其加以缩放,再将其特性转换为等效的等幅剪切波 $\bar{\tau}_e$($\bar{\tau}_e = 0.65\tau_{max}$)作为地震的输入时程。

3. 列出动力方程

由式(10-19)可得动力平衡方程为

$$M\ddot{u} + C\dot{u} + Ku = F(t) \tag{10-45}$$

式中,C 为整体阻尼矩阵,按 Rayleigh 阻尼计算,即 $C = a_0M + a_1K$,它由单元的阻尼矩阵 c_i 组合而成。c_i 的表达式为 $c_i = a_{0i}m_i + a_{1i}k_i$,其中,$a_{0i} = \lambda_{d,i}\omega$,$a_{1i} = \lambda_{d,i}/\omega$,$\lambda_{d,i}$ 为第 i 个单

元的阻尼比,ω 为振动体系的自振频率。

4. 求解动力方程

采用逐步积分法求解动力方程,考虑土的非线性性质,剪切模量 G 与平均有效应力 σ'_m 间有如下关系:

$$G = 6920K_2(\sigma'_m)^{\frac{1}{2}} \tag{10-46}$$

式中,K_2 为剪切模量系数;σ'_m 为平均有效应力。

根据 Seed 的分析,K_2 可由剪应变求得,如图 10-1 所示。图中 K_{2max} 一般取 60~120;c_u 为黏土的不排水抗剪强度。

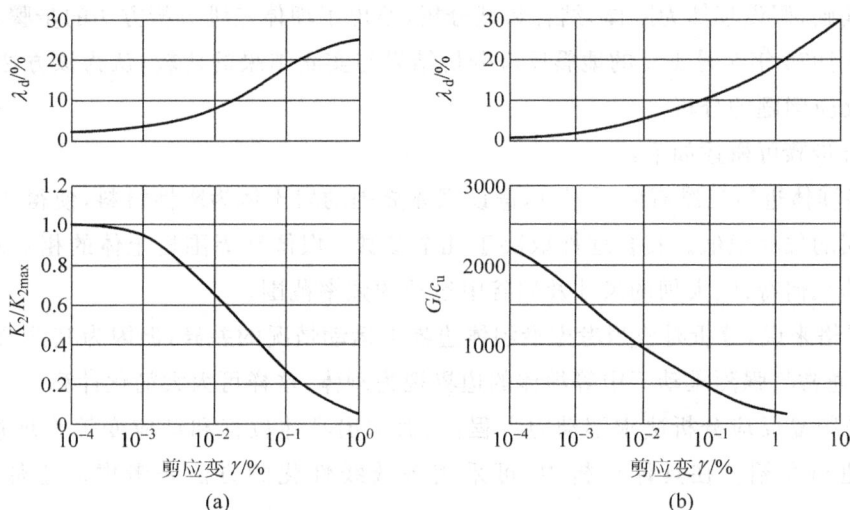

图 10-1　Seed 二维总应力分析法中采用的动力参数

(a) 砂土;(b) 饱和黏性土

5. 计算各单元的剪切模量 G_i 和单元的阻尼比$\lambda_{d,i}$

基本计算步骤为:

(1) 假定单元体的剪应变 γ_0,一般取 10^{-4};

(2) 由式(10-46)和图 10-1 中的关系计算每个单元的剪切模量 G_i 和阻尼比 $\lambda_{d,i}$;

(3) 进行动力分析,通过循环迭代,判断每个单元体假定的应变值与计算的应变值是否相适应,从而得到满足精度要求的 G_i 和 $\lambda_{d,i}$,求得相应的应变值 γ_i。

6. 液化判断

(1) 通过室内试验确定抗液化剪应力,将其与地震等效剪应力进行比较,判断液化发生的可能性。

(2) 如果土体中出现了液化区,则将液化区内的模量值改为趋近于零的值,重新进行迭代计算,直至液化区基本稳定而不再扩大为止,从而得到最终的液化范围。

7. 稳定性分析

在求得液化区之后,如果需要了解土体的整体安全度,则可以再配合滑弧法进行分析。此时可让滑弧最大限度地通过液化区和破坏区,确定最险滑动面,并在计算中令液化区内滑动面上土的强度为零。确有必要时可对液化区域采用人工加密或其他方法处理。

10.3.3 三维总应力方法

虽然在实际分析中经常将土石坝等构筑物简化为二维平面问题处理,但由于其计算结果仍与实际存在差距,因此三维分析方法得到发展。Mejia 的三维总应力分析方法以有限元方法为基础,假设坝体为刚体,结合频域分析,给出了坝体三维分析方法的步骤,并通过对Oroville 坝 1975 年 8 月 1 日的地震反应分析结果与实测结果的比较,认为该方法可以应用于此类动反应问题的分析。

其分析步骤可概述如下:

(1)将坝体进行三维有限元划分,假设坝体周围的岩土体为刚性材料,使得边界上所有点具有相同的位移幅值。其合理性取决于几个参数:坝体和周围岩土体的相对刚度、大坝所处峡谷的几何特征、大坝的尺寸及峡谷中运动的频率范围。

(2)严格来说,分析时应当考虑沿坝体边界上运动情况的差异,但因为其涉及大量自由度的计算,通常将强烈震动下中等坝体的边界视为刚体,这样可大大简化计算。

(3)采用复反应分析法求解动力方程,进而求出具体位移和动应变等物理量,其步骤在前文已进行介绍。在具体分析中,可采用等效线性化的方法来考虑岩土体非线性的影响。

10.4 有效应力分析法

在用有效应力法进行土体动力反应分析时,应先对是否需要进行动力分析以及是否考虑孔压扩散与消散进行分类讨论。以周期荷载作用下的均质土层为例,引入两个无量纲变量进行判断:

$$H_1 = \frac{2}{\pi} \frac{\rho k}{\rho_w g} \frac{T}{T_0^2} \tag{10-47}$$

$$H_2 = \pi^2 \left(\frac{T_0}{T}\right)^2 \tag{10-48}$$

式中,T_0 为土层的自振周期;T 为动力荷载的作用周期;k 为土的渗透系数;ρ 为土的密度;ρ_w 为水的密度。

当 $H_1 < 10^{-2}$ 时,表示荷载施加的速度较快,孔隙水来不及排出,建议按不排水条件分析;当 $H_1 > 10^2$ 时,表示荷载施加的速度较慢,土体有时间排水,建议按完全排水条件分析;当 $H_2 < 10^{-3}$ 时,可以不进行动力分析。

10.4.1　不排水有效应力分析

不排水有效应力分析法假设研究的问题是个封闭体系,即土体在动力荷载作用下,孔隙水不向外界排出,从而在分析过程中只考虑孔压的累积增长,而忽略孔压的消散与扩散作用,分析有效应力随孔压累积增长而逐渐降低的现象对土体剪切模量和阻尼比的影响。下面列出有效应力动力分析法的步骤(假设动力作用过程中抗剪强度无变化)。

1. 静力分析

运用有限单元法,对土体进行空间上的离散,采用 Duncan-Chang 非线性本构模型,求出每一单元的有效静应力及初始孔隙水压力。

2. 对时域进行离散,求出第一时段的模量和阻尼系数

在时域上将整个动力作用过程离散为有限的若干时段,以便分时段进行计算。考虑土在动力作用下的非线性特征,根据 G 与 γ 关系曲线和 λ_d 与 γ 关系曲线,求出在给出的最大剪应变,即 $\gamma = 10^{-4}$ 时相对应的剪切模量 G_{i-1} 与阻尼系数 $\lambda_{d,i-1}$,进而得到土体在第一时段的基频 ω_1,以此作为动力计算的初值。在该时段上用逐步积分法求解动力方程,计算出该时段的剪应变时程线,并求出相应的平均动剪应变 γ_{av},然后由此计算新的 G_i 和 $\lambda_{d,i}$;将新的剪切模量 G_i 和阻尼系数 $\lambda_{d,i}$ 与迭代开始时取的剪切模量 G_{i-1} 和 $\lambda_{d,i-1}$ 对比,若差值满足迭代精度,则完成这一时段的迭代,否则用新的 G_i 和 $\lambda_{d,i}$ 重复上述计算过程,直至达到迭代精度。

3. 确定液化周期

对每一单元计算该时段的平均动剪应力,采用 Seed 推荐的 $\tau_{av} = 0.65\tau_{max}$,其中 τ_{max} 为该时段的最大剪应力,再求相应的液化周数 N。

4. 确定等效振动次数

用适当的方法求该时段的等效振动次数 ΔN 及累积等效振动次数 N_{eq}。

5. 计算时段结束时的孔压

用适当的方法计算该时段的振动孔压增量 Δp_g,根据该增量,计算该时段结束时单元的累积孔压 $p_i = p_{i-1} + \Delta p_g$,其中 p_{i-1} 为到前一时段为止的累积孔压。

6. 判断液化的单元

计算此时段的平均有效应力 $\sigma'_{0i} = \sigma'_{01} - p_i$,其中 σ'_{01} 表示初始有效应力,判断是否有单元发生液化。对未发生液化的单元,求出新的 G_i 和 $\lambda_{d,i}$,作为下一时段开始迭代用的 G_{i-1} 和 $\lambda_{d,i-1}$;若有单元发生液化,则由于有应力转移,在该时段结束时需要重新进行静力计算。

7. 在整个时域上逐时段迭代计算

结束上一个时段的迭代计算后,对下一时段重复步骤 2～步骤 6,循环迭代直到动力反应结束。

上述流程如图 10-2 所示。

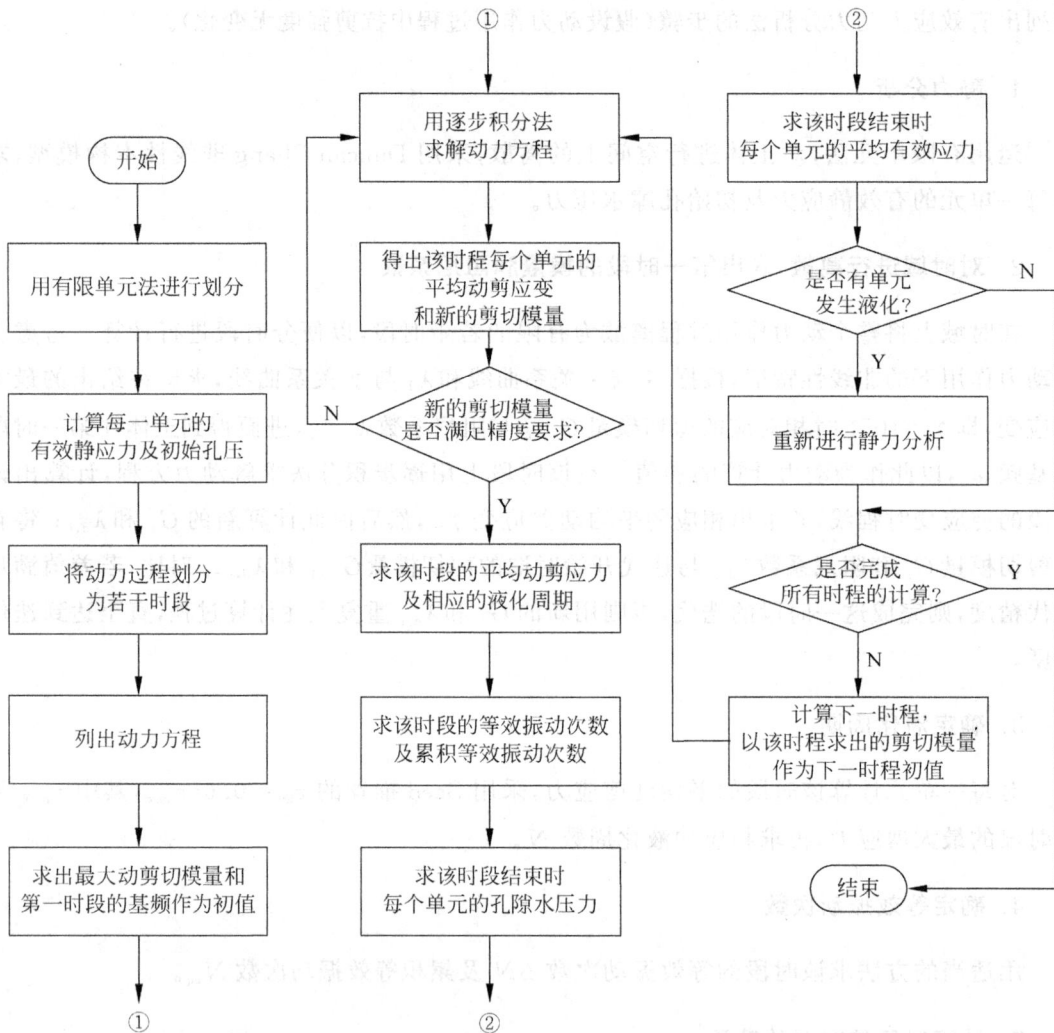

图 10-2 不排水有效应力动力分析计算步骤图

10.4.2 排水有效应力分析

1. 方法分类

在排水条件下,土中的孔隙水压力实际上会发生消散和扩散,因此在这种情况下进行土体动力反应分析,除了考虑孔压的累积量以外,还需要考虑孔压消散与扩散的作用。目前,考虑孔隙水压力产生、扩散与消散的有效应力计算方法主要有三类。

（1）基于太沙基一维固结理论的方法。将太沙基固结方程与不排水条件下振动孔隙水压力增长的计算模型相结合，或者改变太沙基理论中瞬时增加恒定荷载作用的假定，使之适用于计算地基界面上有动荷载作用条件下土体中孔隙水压力的变化和分布规律。但由于太沙基理论本身仅满足一维情况下的精确要求，因此在进行二维、三维问题分析时存在较大误差，不能反映孔隙水压力的扩散与消散。

（2）基于 Biot 动力固结理论，将 Biot 固结方程与不排水条件下振动孔隙水压力增长的计算模型联系起来。由于 Biot 固结方程能够精确反映三维情况下孔隙水压力变化和土骨架变形的关系，因此得到广泛应用。这种方法的特点是在考虑振动孔隙水压力产生、扩散与消散作用的影响时，将同一个时段内的孔隙水压力产生与扩散、消散分开考虑，即先计算孔隙水压力的产生，再考虑其扩散和消散，是一种"长消分算法"。在国内，周健等进行了具有代表性的研究。

（3）Zienkiewicz 等建立了将孔隙水压力扩散消散和动力反应分析相耦合的理论，实现了进行有效应力动力反应分析时，将动力渗流分析与动力反应分析同时进行计算。盛虞等进行了考虑与土工建筑物动力固结相耦合的有效应力动力分析，是一种"长消耦合法"。谢定义提出饱和砂土瞬态动力学的普遍方程，从更为一般的角度来分析振动与固结耦合响应的计算条件，能够贴近实际情况。

2．长消分算方法

用排水有效应力法进行动力分析时，动力方程的推导、方程的非线性解法、产生孔隙水压力的计算方法都与不排水有效应力法基本相同，故在此不再赘述。

但是，由于在排水条件下，需要考虑孔压扩散与消散的影响，在对某一时段进行分析时，除了要计算出各个单元的孔隙水压力增量 Δp_g 以外，还应当计算残余孔隙水压力，用以表示孔隙水扩散与消散后的孔压值，具体方法为：

（1）将孔压增量 Δp_g 转化为等效的节点荷载，代入动力方程右边计算出此时段各单元节点的位移增量 Δu_i（i 取 1～3）及残余孔压增量 Δp；

（2）求出到该时段为止的各单元节点位移及残余孔隙水压力；

（3）求出该时段内各单元的动应变 ε_{ij} 及动应力 σ_{ij}；

（4）求出有效应力 σ'_m 后，计算新的 G 和 λ_d 作为下一时段开始迭代的初值，然后对下一时段重复以上步骤，直至动力作用结束。

与不排水分析方法不同，采用排水有效应力分析方法时，动力荷载停止作用后仍需继续分时段计算孔压的消散，直到超静孔隙水压力完全消散或可以忽略、残余应变不再增长或增长可以忽略为止。

上述流程如图 10-3 所示。

3．长消耦合方法

将几何方程、物理方程代入有效应力原理表达式，得到位移和孔压的关系，再结合考虑黏性阻尼的运动微分方程、达西定律和渗流连续性条件，得到饱和土体二维条件下的动力固结方程组为

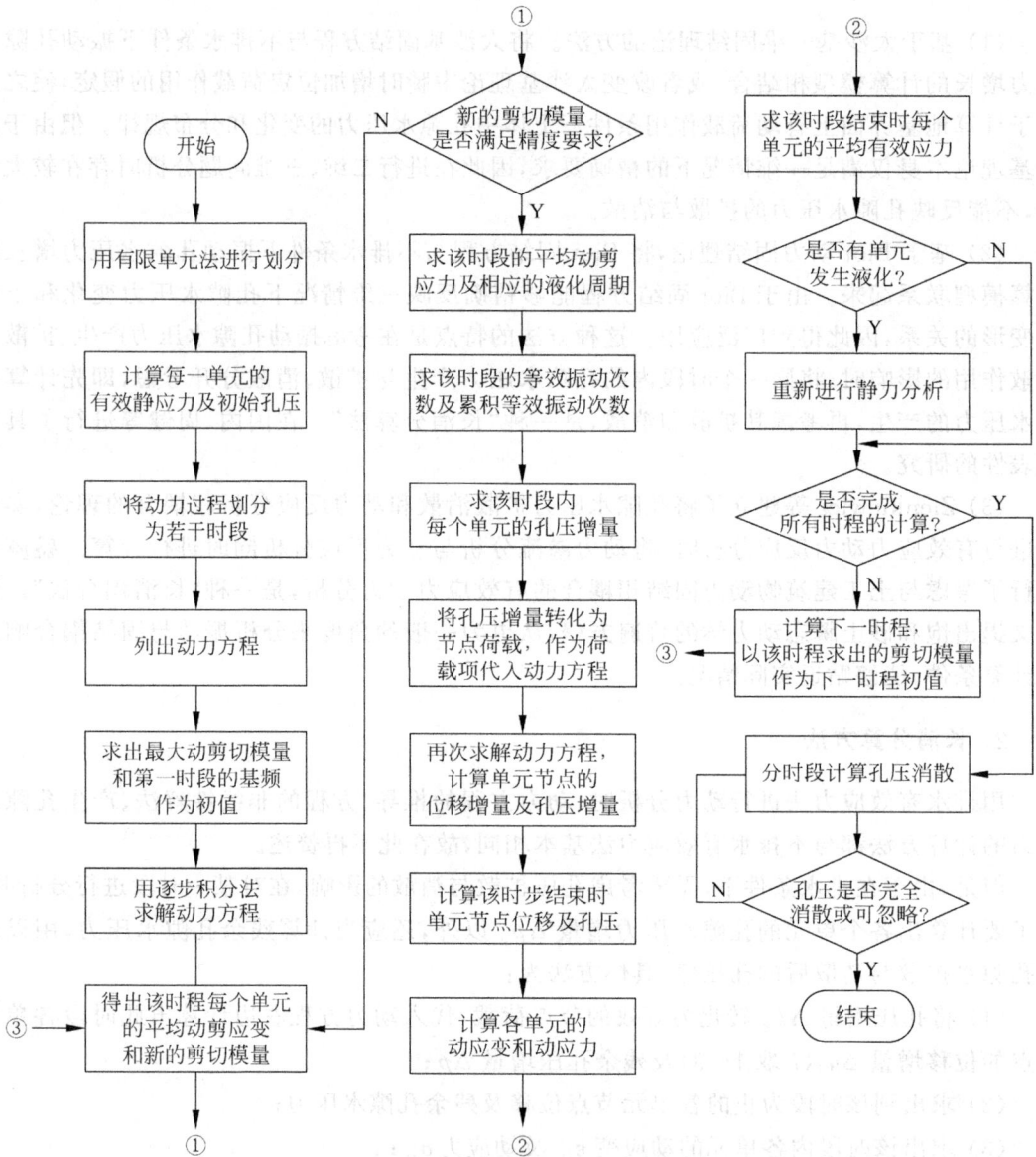

图 10-3　排水有效应力动力分析计算步骤图

$$\begin{cases} -E_1\dfrac{\partial^2 u}{\partial x^2}-E_3\dfrac{\partial^2 u}{\partial y^2}-(E_2+E_3)\dfrac{\partial^2 v}{\partial x\partial y}+\dfrac{\partial p}{\partial x}+\dfrac{\partial p_{\mathrm{g}}}{\partial x}+\alpha\rho\,\dfrac{\partial u}{\partial t}-X=-\rho\left(\dfrac{\partial^2 u}{\partial t^2}+g_x\right) \\[2mm] -E_1\dfrac{\partial^2 v}{\partial y^2}-E_3\dfrac{\partial^2 v}{\partial x^2}-(E_2+E_3)\dfrac{\partial^2 u}{\partial x\partial y}+\dfrac{\partial p}{\partial y}+\dfrac{\partial p_{\mathrm{g}}}{\partial y}+\alpha\rho\,\dfrac{\partial v}{\partial t}-Y=-\rho\left(\dfrac{\partial^2 v}{\partial t^2}+g_y\right) \\[2mm] -\dfrac{\partial}{\partial t}\left(\dfrac{\partial u}{\partial x}+\dfrac{\partial v}{\partial y}\right)+\bar{k}_x\dfrac{\partial^2 p}{\partial x^2}+\bar{k}_y\dfrac{\partial^2 p}{\partial y^2}=0 \end{cases}$$

$$(10\text{-}49)$$

式中，u、v 分别为 x、y 方向的位移分量；g_x、g_y 分别为 x、y 方向的基岩地震加速度分量；ρ 为土体密度；$\alpha=\lambda_{\mathrm{d}}\omega_{\mathrm{n}}$，其中 λ_{d} 为阻尼比，ω_{n} 为系统基频；$E_1=E_2+2E_3$，$E_2=E\mu(1+\mu)(1-2\mu)$，$E_3=\dfrac{E}{2(1+\mu)}$，其中 E 为弹性模量，μ 为泊松比；$\bar{k}_x=k_x/\gamma_{\mathrm{w}}$，$\bar{k}_y=k_y/\gamma_{\mathrm{w}}$，

其中 k_x、k_y 分别为 x、y 方向的渗透系数，γ_w 为水的重度，p 与 p_g 分别表示固结过程中的残余孔压以及振动过程中产生的振动孔压。

孔压的值由孔压模型得到，其研究已经有了较深的进展，对此在第 8 章中已进行了详细介绍。除此之外还有大量实用的孔压模型，比如姜朴提出的孔压模型：

$$p_g = \frac{N/N_L}{aN/N_L + b} p_{gL} \tag{10-50}$$

式中，p_{gL} 为液化孔隙水压力；N_L 为孔压达到 p_{gL} 时的加荷周数，若土不液化，则 N_L 取 p_{gmax} 所对应的周数；a、b 为试验参数。

通过求解上述动力方程组，考虑合适的孔压模型，即可得到土中的动应力、动应变和孔压的分布情况或变化过程。

4. 基于物态边界面的有效应力分析方法

引入孔压模型进行有效应力分析的方法在实际计算中存在缺陷，若孔压模型选择不当，将造成不合理的结果。因此，可以在动力固结法的动力平衡方程中引入孔压，并考虑阻尼项的影响，采用瞬态型的、跟踪滞回曲线的有效应力物态动本构模型，从而解决孔压模型不一样造成的差别，该方法也具有应用简单的优点。下面介绍该方法的具体内容。

1) 物态动本构模型

根据物态动本构模型建立增量形式的物态动本构关系为

$$\begin{cases} \mathrm{d}e_{ij} = \dfrac{\mathrm{d}S_{ij}}{2G_r} \\ \mathrm{d}\varepsilon_v = \mathrm{d}\varepsilon_{vp} + \mathrm{d}\varepsilon_{vq} \end{cases} \tag{10-51}$$

或写为

$$\begin{cases} \mathrm{d}\varepsilon_v = \dfrac{\partial f}{\partial p}\,\mathrm{d}p + \dfrac{\partial f}{\partial q}\,\mathrm{d}q = \dfrac{\partial p}{K_{pm}} + \dfrac{\partial q}{K_{qn}} \\ \mathrm{d}\varepsilon_{ij} = \dfrac{\mathrm{d}S_{ij}}{2G_r} + \delta_{ij}\dfrac{\mathrm{d}p}{3K} \end{cases} \tag{10-52}$$

式中，

$$\frac{1}{K} = \frac{1}{K_{pm}} + \frac{1}{K_{qn}}\frac{\mathrm{d}q}{\mathrm{d}p} \tag{10-53}$$

$$G_r = \frac{\mathrm{d}q_r}{\mathrm{d}\varepsilon_{sr}} = G_{0r}(1 - R_{fr}S_r)^2 \tag{10-54}$$

式中，e_{ij} 为偏应变张量；S_{ij} 为偏应力张量；G_r 为反向剪切模量；p 为球应力；q 为剪应力；ε_{sr} 为反向剪切时剪应力作用的下剪应变；K_{pm}、K_{qn} 分别为 m 物态和 n 物态时，球应力 p 和剪应力 q 作用下的体积模量；δ_{ij} 为克罗内克符号；q_r 为反向剪切时的偏应力；G_r 由以荷载反向点为原点的随动坐标系内的偏应力 q_r 与偏应变 ε_{sr} 关系的双曲线确定。由于任意一点的切线剪切模量为 G，故有 $G = G_r$。

2) 动力固结方程组

根据有效应力原理和渗流连续性条件，建立起动力反应分析与渗流的耦合方程，即动力

固结方程组为

$$\begin{cases} (E_2+E_3)\dfrac{\partial^2 v}{\partial x\partial y}+E_1\dfrac{\partial^2 u}{\partial x^2}+E_3\dfrac{\partial^2 u}{\partial y^2}+E_3\dfrac{\partial^2 u}{\partial z^2}+ \\[2mm] \quad (E_2+E_3)\dfrac{\partial^2 w}{\partial x\partial z}-\dfrac{\partial p}{\partial x}-C_x+X=\rho\left(\dfrac{\partial^2 u}{\partial t^2}+g_x\right) \\[4mm] (E_2+E_3)\dfrac{\partial^2 u}{\partial x\partial y}+E_1\dfrac{\partial^2 v}{\partial y^2}+E_3\dfrac{\partial^2 v}{\partial x^2}+E_3\dfrac{\partial^2 v}{\partial z^2}+ \\[2mm] \quad (E_2+E_3)\dfrac{\partial^2 w}{\partial y\partial z}-\dfrac{\partial p}{\partial y}-C_y+Y=\rho\left(\dfrac{\partial^2 v}{\partial t^2}+g_y\right) \\[4mm] (E_2+E_3)\dfrac{\partial^2 u}{\partial x\partial z}+E_3\dfrac{\partial^2 w}{\partial x^2}+E_3\dfrac{\partial^2 w}{\partial y^2}+E_3\dfrac{\partial^2 w}{\partial z^2}+ \\[2mm] \quad (E_2+E_3)\dfrac{\partial^2 v}{\partial y\partial z}-\dfrac{\partial p}{\partial z}-C_z+Z=\rho\left(\dfrac{\partial^2 w}{\partial t^2}+g_z\right) \\[4mm] \bar{k}_x\dfrac{\partial^2 p}{\partial x^2}+\bar{k}_y\dfrac{\partial^2 p}{\partial y^2}+\bar{k}_z\dfrac{\partial^2 p}{\partial z^2}=\dfrac{\partial}{\partial t}\left(\dfrac{\partial u}{\partial x}+\dfrac{\partial v}{\partial y}+\dfrac{\partial w}{\partial z}\right) \end{cases} \tag{10-55}$$

式中,$E_1=K+\dfrac{4}{3}G,E_2=K-\dfrac{2}{3}G_r,E_3=G_r$。

通过采用逐步积分法求解以上动力固结增量方程组的增量形式,就可以得到该时刻各单元的位移增量和孔压增量,进而求出各单元的动应力和动应变,然后根据液化判定法则确定各单元是否发生液化。

3) 主要特点

(1) 由于采用物态边界面模型,在进行静力计算时需要求出各单元的球应力和偏应力。

(2) 在建立瞬态动力学基本方程时,由于采用了可以反映土的瞬态工程性质的有效应力物态动本构模型,因此孔压消散的影响在建立动力方程时就已经考虑,无须在动力反应过程中将孔压转换为荷载,也无须引入孔压模型,简化了孔压的计算流程。

10.5 弹塑性方法

弹塑性分析方法可以看作有效应力法的一个分支,弹塑性方法与一般的有效应力法的区别在于采用弹塑性应力-应变关系。上文介绍的基于等效线性或者非线性应力-应变关系的方法存在着明显的理论缺陷,鉴于此,Zienkiewicz、Prevost、Dafalias 等学者对土体的弹塑性动力本构模型和动力分析进行了深入的研究。之前的章节中对一些弹塑性本构模型进行了介绍,本节重点分析弹塑性动力分析方法。弹塑性分析方法在理论上更加符合土的真实性能,因此得到更多学者的重视,发展迅速,但也存在计算工作量大、数值算法复杂等缺点。

10.5.1 基于边界面模型的弹塑性动力分析

边界面模型的基本理论我们已经在 8.5.3 节中进行了详细介绍,本节不再赘述。边界面理论的主要特点是:①取消了屈服面的概念。即使在超固结情况下其应力-应变关系也是平滑曲线,由此合理地反映了超固结黏土的特性。②适用于周期荷载。③不需要大量的嵌套面来表达土的塑性关系。80 年代美国加州大学戴维斯校区的学者在 Dafalias 和

Herrmann 的边界面黏土模型的基础上对软土的本构关系做了大量研究工作。目前各国研究人员提出的土的弹塑性模型中,很多都是以边界面理论为基本框架的。

在边界面模型应用于土体动力反应分析方面,王志良基于 Dafalias 亚塑性边界面理论,建立了亚塑性理论模型,并运用有限元程序分析了一维条件下的地震反应。他指出,简单的塑性理论不足以反映土体在复杂荷载下的反应。亚塑性模型具有确定塑性偏应变增量方向的独特方法,因此能够很好地模拟旋转剪切效应。

李相崧根据 Biot、Zienkiewicz、Shiomi 和 Prevost 等人描述的框架,建立了分析水平地层地震响应的有限元程序 SUMDES,其理论基础是质量守恒定律、动量守恒定律、孔隙流体的本构关系、土骨架的本构关系和 Darcy 定律。该程序考虑了土骨架与孔隙流体之间的完全耦合作用,能同时考虑剪切波和压缩波的影响,并考虑了振动引起的侧向应力变化、土的压缩和膨胀引起的有效应力变化、砂土发生液化时土刚度大幅下降等方面的影响。该程序包括了上述亚塑性边界面模型,能够解释土的旋转剪切效应等。

10.5.2　基于 P-Z-C 模型的弹塑性分析

M. Pastor 等基于广义塑性理论提出 P-Z-C(Pastor-Zienkiewicz-Chan)弹塑性本构模型。该模型可以直接确定塑性流动方向、加载方向和塑性模量,能够较好地描述土体主要静动力特性,尤其是砂土非线性、剪胀剪缩及循环累积残余变形,并能考虑卸载时塑性应变,解决普通弹塑性模型在屈服面内无塑性应变、无法计算循环荷载引起的塑性应变积累的问题。

P-Z-C 模型共有静动力参数 13 个,可以由排水或者不排水条件下的常规三轴单调、循环加卸载试验得到。P-Z-C 模型中弹性剪切模量如下所示:

$$G_{cs} = G_0 \frac{(2.973 - e)^2}{1 + e} p_a \left(\frac{p'}{p_a}\right)^{0.5} \tag{10-56}$$

式中,G_0 为模型参数;e 为孔隙比;p_a 为大气压,其值为 101.325kPa;p' 为有效平均应力。

弹性体积模量可采用与上式类似的形式:

$$K_{ev} = K_0 \frac{(2.973 - e)^2}{1 + e} p_a \left(\frac{p'}{p_a}\right)^{0.5} \tag{10-57}$$

式中,K_0 为模型参数。

根据试验结果确定的剪胀比 d_g 为

$$d_g = \frac{d\varepsilon_v^p}{d\varepsilon_s^p} = (1 + \alpha_g)(M_g - \eta) \tag{10-58}$$

式中,$d\varepsilon_v^p$ 为塑性体应变增量;$d\varepsilon_s^p$ 为塑性剪应变增量;η 为应力比,$\eta = q/p'$,其中 q 为偏应力;α_g 和 M_g 为模型参数,M_g 是 $p'\text{-}q$ 平面上的特征状态线。在该特征线上 $\eta = M_g$,并且残余状态下应力状态点也将落于该线,其表达式为

$$M_g = \frac{6\sin\Phi_c}{3 + \sin\Phi_c(1 - \sin3\theta)} \tag{10-59}$$

式中,Φ_c 为砂土残余内摩擦角;θ 为应力洛德角。

流动方向可用剪胀方程确定,加载时流动方向:

$$\boldsymbol{n}_{gL} = \frac{1}{\sqrt{1 + d_g^2}} (d_g, 1)^T \tag{10-60}$$

卸载时流动方向：

$$\boldsymbol{n}_{\mathrm{gU}} = \left(-\left| \frac{d_{\mathrm{g}}}{\sqrt{1+d_{\mathrm{g}}^2}} \right|, \frac{1}{\sqrt{1+d_{\mathrm{g}}^2}} \right)^{\mathrm{T}} \tag{10-61}$$

依据剪胀比定义塑性流动方向可较合理反映不同条件下砂土剪胀剪缩特性。

在 P-Z-C 模型中，模型采用非相适应流动法则，其加载方向与塑性流动方向是分别定义的，加载方向 $\boldsymbol{n}_{\mathrm{f}}$ 具有和塑性流动方向 $\boldsymbol{n}_{\mathrm{g}}$ 相似的形式：

$$\boldsymbol{n}_{\mathrm{f}} = \frac{1}{\sqrt{1+d_{\mathrm{f}}^2}}(d_{\mathrm{f}},1)^{\mathrm{T}} \tag{10-62}$$

$$d_{\mathrm{f}} = (1+\alpha_{\mathrm{f}})(M_{\mathrm{f}}-\eta) \tag{10-63}$$

式中，α_{f}、M_{f} 均为模型参数。

加载时的塑性模量 H_{L} 的表达式为

$$H_{\mathrm{L}} = H_0 p' H_{\mathrm{f}}(H_{\mathrm{v}}+H_{\mathrm{s}})H_{\mathrm{dm}} \tag{10-64}$$

式中，

$$H_{\mathrm{f}} = \left(\frac{1-\eta}{\left(1+\dfrac{1}{\alpha_{\mathrm{f}}}\right)M_{\mathrm{f}}} \right)^4 \tag{10-65}$$

$$H_{\mathrm{v}} = 1 - \frac{\eta}{M_{\mathrm{g}}} \tag{10-66}$$

$$H_{\mathrm{s}} = \beta_0 \beta_1 \exp(-\beta_0 \xi) \tag{10-67}$$

式中，β_0 与 β_1 为考虑剪切硬化影响的模型参数；ξ 为塑性等效剪应变累计值，可由下式计算：

$$\xi = \int |\mathrm{d}\varepsilon_{\mathrm{s}}^{\mathrm{p}}| \tag{10-68}$$

随 ξ 不断增加，H_{s} 逐渐趋近零。H_{v}、H_{s} 两者趋近于零时，土体接近破坏状态，因此可以反映不同密实度砂土在单向加载时的主要力学特性。土体卸载完成后再加载时，土体为超固结土，需记录土体的应力历史，故引入 H_{dm} 描述边界面塑性映射规则，其表达式如下：

$$H_{\mathrm{dm}} = \left(\frac{\chi_{\max}}{\chi} \right)^{\gamma_{\mathrm{dm}}} \tag{10-69}$$

式中，γ_{dm} 为模型参数；χ 由下式给出：

$$\chi = p'\left(1 - \frac{\alpha_{\mathrm{f}}}{1+\alpha_{\mathrm{f}}} \frac{\eta}{M_{\mathrm{f}}} \right)^{-\frac{1}{\alpha_{\mathrm{f}}}} \tag{10-70}$$

卸载时的塑性模量根据当前应力是否到达临界状态区分为以下两种情况：

$$H_{\mathrm{u}} = \begin{cases} H_{\mathrm{u}0}\left(\dfrac{M_{\mathrm{g}}}{\eta} \right)^{\gamma_{\mathrm{u}}}, & \left| \dfrac{M_{\mathrm{g}}}{\eta} \right| > 1 \\ H_{\mathrm{u}0}, & \left| \dfrac{M_{\mathrm{g}}}{\eta} \right| \leqslant 1 \end{cases} \tag{10-71}$$

式中，$H_{\mathrm{u}0}$、γ_{u} 为模型参数。

由以上各项定义得到 P-Z-C 模型中的塑性应变增量与应力增量之间的关系：

$$\mathrm{d}\boldsymbol{\varepsilon}^{\mathrm{p}} = \begin{pmatrix} \mathrm{d}\varepsilon_{\mathrm{v}}^{\mathrm{p}} \\ \mathrm{d}\varepsilon_{\mathrm{s}}^{\mathrm{p}} \end{pmatrix} = \frac{\boldsymbol{n}_{\mathrm{gL/U}}\boldsymbol{n}^{\mathrm{T}}\mathrm{d}\boldsymbol{\sigma}}{H_{\mathrm{L/U}}} \tag{10-72}$$

进而可推导出 P-Z-C 模型的弹塑性矩阵为

$$D^{ep} = D^e - \frac{D^e n_{gL/U} n^T D^e}{H_{L/U} + n^T D^e n_{gL/U}}$$　　　(10-73)

通过对 P-Z-C 弹塑性本构模型公式进行分析可知,其弹性部分参数为 K_0、G_0、p_0,塑性势面的参数为 α_g 和 M_g,屈服面的参数为 α_f 和 M_f,塑性模量的参数为 H_0、β_0、β_1、H_{u0}、γ_u、γ_{dm}。

基于上述弹塑性本构模型,英国威尔士大学 Swansea 分校的 Zienkiewicz 等开发了弹塑性动力分析程序 DIANA 和 SWANDYNE。类似的程序还有美国 Princeton 大学 Prevost 等开发的 DYNAFLOW 等。研究结果表明,基于动力固结方程和弹性本构模型的排水有效应力分析方法是解释动荷载作用下土体孔压发展过程、液化和土体永久变形的最佳选择。

10.6　水平土层地震反应分析简化方法

地震是一种最常见的动力荷载之一,本节以地震荷载作用下水平土层的简化分析为例,介绍上述一些分析方法的简单应用。首先以均质土层的剪切梁法为例,给出解析算法和简单的数值算法,帮助读者理解土体动力反应分析的基本解法和过程,接着介绍分层土层的经典分析方法,即频域分析法和集中质量法,并简单介绍一些在时域和频域内分析的典型程序。

10.6.1　均匀土层的剪切梁法

Idriss 和 Seed 研究了地震作用下,覆于基岩之上的软土层表面的地震动响应问题。地震波会导致岩石表面发生垂直位移和水平位移,上覆土层中会产生压缩波和剪切波。一般认为,地震波中对土层影响较大的是剪切波,这是因为压缩波对结构造成的损坏有限,因此认为大多数的土体破坏是由剪切波引起的。本节主要考虑均匀的线弹性土层中剪切波的作用,并考虑软土中黏滞阻尼的影响。

如图 10-4 所示,弹性软土层位于坚硬基岩之上,土层厚度为 H,假设土足够坚硬,基岩振动产生的剪应力不会破坏土体,可不考虑松散砂土液化的可能性。土体中的位移仅为深度 z 和时间 t 的函数,问题可简化为一维问题。基岩受地震作用的位移为 u_g,u_g 是时间 t 的函数,单位横截面积上土柱的运动方程可写成

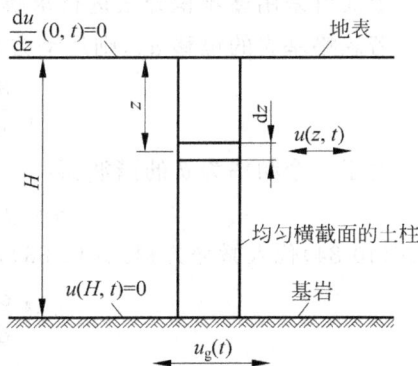

图 10-4　基岩受到水平向地震力作用时,半无限土层截面和边界条件

$$\rho\left(\frac{\partial^2 u}{\partial t^2} + \frac{\partial^2 u_g}{\partial t^2}\right) + c\frac{\partial u}{\partial t} = \frac{\partial}{\partial z}G\frac{\partial u}{\partial z}$$　　　(10-74)

或

$$\rho\frac{\partial^2 u}{\partial t^2} + c\frac{\partial u}{\partial t} - G\frac{\partial^2 u}{\partial z^2} = -\rho\frac{\partial^2 u_g}{\partial t^2}$$　　　(10-75)

式中，u 为 t 时刻下深度 z 处的相对位移；G 为土体的剪切模量；c 为黏滞阻尼系数；ρ 为土的密度。方程（10-75）的解为

$$u(z,t) = \sum_{n=1}^{n=\infty} \cos\left[\frac{1}{2}(2n-1)\frac{z}{H}\right] \cdot (-1)^n \frac{4}{(2n-1)\pi} \int_0^t \ddot{u}_g e^{-\zeta_n \omega_n (t-t')} \sin[\omega_d(t-t')] dt'$$

$$(10\text{-}76)$$

式中，ζ_n 为第 n 阶振型的阻尼比，

$$\zeta_n = \frac{c}{2\rho\omega_n} \tag{10-77}$$

式中，ω_n 为第 n 阶振型的固有频率，

$$\omega_n = \frac{(2n-1)\pi}{2H}\sqrt{\frac{G}{\rho}} \tag{10-78}$$

$$\omega_d = \omega_n \sqrt{1-\zeta_n^2} \tag{10-79}$$

为避免繁琐的杜哈梅积分，Idriss 等采用分离变量法给出方程（10-75）的解为

$$u(z,t) = \sum_{n=1}^{n=\infty} Z_n(z) X_n(t) \tag{10-80}$$

式中，

$$Z_n(z) = \cos\left[\frac{1}{2}(2n-1)\frac{z}{H}\right] \tag{10-81}$$

$X_n(t)$ 满足以下方程：

$$\ddot{X}_n + 2\zeta_n \omega_n \dot{X}_n + \omega_n^2 X_n = (-1)^n \frac{4}{(2n-1)\pi}\ddot{u}_g \tag{10-82}$$

上式可采用逐步积分法进行求解，如 Newmark 法等。

若忽略基岩的位移 u_g，则运动方程（10-75）简化为

$$\rho \frac{\partial^2 u}{\partial t^2} = G \frac{\partial^2 u}{\partial z^2} - c \frac{\partial u}{\partial t} \tag{10-83}$$

对于一个频率为 θ 的谐波振动，上式的解可以表示为以下形式：

$$u = f(z)\sin\theta t + g(z)\cos\theta t \tag{10-84}$$

将式（10-84）代入微分方程式（10-83），函数 $f(z)$ 和 $g(z)$ 将满足下面两个微分方程

$$c_s^2 \frac{d^2 f}{dz^2} = -\theta^2 f - \alpha^2 \theta^2 g \tag{10-85}$$

$$c_s^2 \frac{d^2 g}{dz^2} = -\theta^2 f + \alpha^2 \theta^2 f \tag{10-86}$$

式中，$c_s = \sqrt{G/\rho}$ 为土中剪切波的传播速度；α 是一个与阻尼有关的无量纲系数，$\alpha^2 = c/\rho\theta$。

式（10-85）和式（10-86）的通解如下：

$$f = A_1 \cosh(pz)\cos(qz) + A_2 \cosh(pz)\sin(qz) +$$
$$A_3 \sinh(pz)\cos(qz) + A_4 \sinh(pz)\sin(qz) \tag{10-87}$$

$$g = A_4 \cosh(pz)\cos(qz) - A_3 \cosh(pz)\sin(qz) +$$
$$A_2 \sinh(pz)\cos(qz) - A_1 \sinh(pz)\sin(qz) \tag{10-88}$$

式中，p 和 q 是为了简化通解的形式而引入的参数，它们满足

$$p^2 - q^2 = -\frac{\theta^2}{c_{\mathrm{S}}^2}　　\text{(10-89)}$$

$$2pq = \frac{\alpha^2\theta^2}{c_{\mathrm{S}}^2}　　\text{(10-90)}$$

要确定参数 p 和 q 的值,还需要引入两个复变量:

$$p + \mathrm{i}q = r\sin\psi + \mathrm{i}r\cos\psi　　\text{(10-91)}$$

根据实部与实部对应、虚部与虚部对应的原则,可以得到

$$p = r\sin\psi,　q = r\cos\psi　　\text{(10-92)}$$

相位角 ψ 由以下条件确定:

$$2\psi = \arctan\alpha^2　　\text{(10-93)}$$

半径 r 由以下条件确定:

$$r^4 = \frac{\theta^4(1+\alpha^4)}{c_{\mathrm{S}}^2}　　\text{(10-94)}$$

之所以引入这些参数,是因为在没有阻尼($\alpha=0$)的情况下,它们的形式会大大简化,从而便于计算。事实上,当 $\alpha=0$ 时,参数 $p=0$,$q=\theta/c$。

积分常数 A_1、A_2、A_3、A_4 可以由如下边界条件确定:

$$\begin{cases} z=0: \tau=0 \\ z=H: u=u_0\sin(\theta t) \end{cases}　　\text{(10-95)}$$

经过计算后得到的最终解如下:

$$\begin{aligned} Au/u_0 = &\cosh(pH)\cos(qH)\cosh(pz)\cos(qz)\sin(\theta t) + \\ &\sinh(pH)\sin(qH)\sinh(pz)\sin(qz)\sin(\theta t) + \\ &\sinh(pH)\sin(qH)\cosh(pz)\cos(qz)\cos(\theta t) - \\ &\cosh(pH)\cos(qH)\sinh(pz)\sin(qz)\cos(\theta t) \end{aligned}　　\text{(10-96)}$$

式中,

$$A = \cosh^2(pH) - \sin^2(qH)　　\text{(10-97)}$$

对于土层顶部的振动幅值,只需要令式(10-96)中 $z=0$ 即可求得,结果为

$$\frac{u}{u_0} = \frac{1}{\sqrt{A}}　　\text{(10-98)}$$

证明过程如下:

将 $z=0$ 代入式(10-96)得

$$Au/u_0 = \cosh(pH)\cos(qH)\sin(\theta t) + \sinh(pH)\sin(qH)\cos(\theta t)　　\text{(10-99)}$$

由辅助角公式,上式等号右端可化为一个正弦型函数,其振幅为

$$\frac{1}{2}\sqrt{(\mathrm{e}^{2pH} + \mathrm{e}^{-2pH} + 2)\cos^2(qH) + (\mathrm{e}^{2pH} + \mathrm{e}^{-2pH} - 2)\sin^2(qH)}　　\text{(10-100)}$$

由三角函数 $\cos^2\alpha + \sin^2\alpha = 1$ 的关系,和二倍角公式,将上式整理为

$$\sqrt{\frac{\mathrm{e}^{2pH} + \mathrm{e}^{-2pH}}{4} + \frac{1}{2} - \sin^2(qH)} = \sqrt{\cosh^2(pH) - \sin^2(qH)} = \sqrt{A}　　\text{(10-101)}$$

注:

$$\cosh^2(pH) = \left(\frac{e^{pH} + e^{-pH}}{2}\right)^2 = \left(\frac{e^{pH}}{2} + \frac{e^{-pH}}{2}\right)^2 = \frac{e^{2pH}}{4} + \frac{e^{-2pH}}{4} + \frac{1}{2} \tag{10-102}$$

故有

$$\frac{u}{u_0} = \frac{\sqrt{A}}{A} = \frac{1}{\sqrt{A}} \tag{10-103}$$

在上述求解过程中,假定土体应力-应变关系是完全线性的,但对于软土层而言,应力与应变常常呈非线性关系,真正的土体中会出现不可逆的塑性变形,很难用以上分析方法求解,因此常用数值解法,如有限元法、有限差分法等。下面以显式有限差分法为例进行说明。

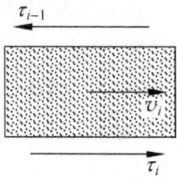

有限差分的单元体如图 10-5 所示,将土层分为 n 个单元,取其中第 $i(0<i\leqslant n)$ 个单元进行分析,速度用 v_i 表示。下表面的剪切应力用 τ_i 表示,而上表面的剪切应力则表示为 τ_{i-1}。

图 10-5 单元体中的剪切波

这个单元的运动方程为

$$\rho \frac{\partial v_i}{\partial t} = \frac{\tau_i - \tau_{i-1}}{\Delta z} - cv_i \tag{10-104}$$

式中,Δz 为单元的厚度;c 为黏滞阻尼,与单元的速度有关。

式(10-104)的有限差分形式为

$$\rho \frac{v'_i - v_i}{\Delta t} = \frac{\tau_i - \tau_{i-1}}{\Delta z} - cv_i \tag{10-105}$$

将上式乘因式 $\Delta t/\rho$ 后,得速度的有限差分形式:

$$v'_i = v_i + \frac{\Delta t}{\rho \Delta z}(\tau_i - \tau_{i-1}) - \frac{c\Delta t}{\rho}v_i \tag{10-106}$$

式中,v'_i 表示 Δt 时间后的速度。

速度是位移对时间的导数,速度的差分形式由下式导出:

$$v_i = \frac{\partial u_i}{\partial t} \quad \Leftrightarrow \quad v_i = \frac{u'_i - u_i}{\Delta t} \tag{10-107}$$

移项后得

$$u'_i = u_i + v_i \Delta t \tag{10-108}$$

剪应力与剪应变有关,表示如下:

$$\tau_i = G \frac{\partial u}{\partial z} \tag{10-109}$$

有限差分形式如下:

$$\tau_i = G(u_{i+1} - u_i)/\Delta z \tag{10-110}$$

下面对剪切波由下到上从基岩传播到土体表面的情况进行分析,边界条件如下:

$$u_{n+1} = d\sin\theta t \tag{10-111}$$

式中,d 为正弦波动的振幅;θ 为自振频率。联立式(10-106)、式(10-108)、式(10-110)可以算出每一层(从 $i=1$ 到 $i=n$)的剪应力和位移。根据剪切梁法,用 MATLAB 编制的有限差分程序见附录11,用于对比的解析解计算程序见附录12。

下面通过一个算例说明程序的具体应用。一个厚度 $h=20$m 的土层,剪切模量 $G=2\times$

$10^7\mathrm{N/m^2}$，简谐荷载频率 $\theta=30\mathrm{s}^{-1}$，土体密度为 $2\times10^3\mathrm{kg/m^3}$，划分的土层数量 $n=40$，时间计算步数取 1000 步，土的阻尼比为

$$\lambda_\mathrm{d}=\frac{1}{2}\frac{ch}{\sqrt{G\rho}}=1 \tag{10-112}$$

由以上参数计算得到的解析解和数值解如图 10-6 所示。

由图 10-6 可以看出，数值解受到迭代步数以及计算精度的影响，其结果与解析解的结果有微小差异，但总体上，这两种解法得到的结果基本一致。

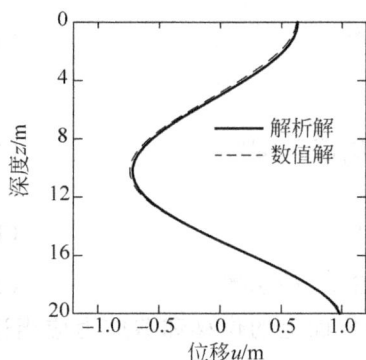

图 10-6　解析解与数值解的结果比较

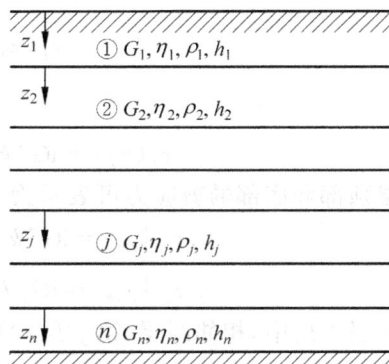

图 10-7　分层土体示意图

10.6.2　分层土层的频域分析法

Schnabel(1972) 等人采用频域分析法，提出了用于分层土层的动力反应分析的 SHAKE 程序。如图 10-7 所示，各层土的弹性剪切模量为 G_j，黏滞阻尼系数为 η_j，密度为 ρ_j，厚度为 h_j，第 j 层中某点的水平位移用 $u_j=u_j(z_j,t_j)$ 表示，其中，z_j 表示该点到第 j 层顶部的距离，则各层的动力平衡方程为

$$\rho\frac{\partial^2 u_j}{\partial t^2}=\frac{\partial\tau_j}{\partial z_j} \tag{10-113}$$

式中，τ_j 为第 j 层内的剪应力，沿水平土层均匀分布。假设土体为黏弹性材料，可以得到

$$\tau_j=G_j\frac{\partial u_j}{\partial z_j}+\eta_j\frac{\partial^2 u_j}{\partial z_j\partial t} \tag{10-114}$$

将上式代入动力平衡方程(10-113)后可得

$$\tau_j=G_j\frac{\partial^2 u_j}{\partial z_j^2}+\eta_j\frac{\partial^3 u_j}{\partial z_j^2\partial t} \tag{10-115}$$

上式可以在频域内求解，此时认为各频率 ω 的位移均为稳态反应，即

$$u(z,t)=U(z)\mathrm{e}^{\mathrm{i}\omega t} \tag{10-116}$$

在向上和向下传播的剪切波作用下，第 j 层内深度 z 处的位移幅值可写为

$$U_j(z)=A\mathrm{e}^{\mathrm{i}k_j z}+B\mathrm{e}^{-\mathrm{i}k_j z} \tag{10-117}$$

式中，$k_j=\omega/c_{Sj}^*$，$c_{Sj}^*=\sqrt{(G_j+\mathrm{i}\omega\eta_j)/\rho}$；$A$、$B$ 为待定系数。

定义 $G_j^*=G_j+\mathrm{i}\omega\eta_j$ 为第 j 层的复剪切模量，用于表示土体的黏弹性特性，黏滞阻尼系

数 η_j 与土体阻尼比 λ_d 的关系为 $\eta_j = 2\lambda_d G_j / \omega$。

若在每一层中分别建立如图 10-7 所示的坐标系 $z_1, z_2, z_3, \cdots, z_n$，则第 j 层顶部和底部的位移可表示为

$$u_j \mid_{z=0} = (A_j + B_j) e^{i\omega t} \tag{10-118}$$

$$u_j \mid_{z=h_j} = (A_j e^{i k_j h_j} + B_j e^{-i k_j h_j}) e^{i\omega t} \tag{10-119}$$

将式（10-116）、式（10-117）代入式（10-115），得到第 j 层内剪应力的表达式为

$$\tau_j(z_j) = G_j^* \frac{\partial U_j}{\partial z_j} e^{i\omega t} \tag{10-120}$$

或

$$\tau_j(z_j) = i G_j^* k_j (A_j e^{i k_j z_j} - B_j e^{i k_j z_j}) e^{i\omega t} \tag{10-121}$$

则第 j 层顶部和底部的剪应力可表示为

$$\tau_j \mid_{z=0} = i G_j^* k_j (A_j - B_j) e^{i\omega t} \tag{10-122}$$

$$\tau_j \mid_{z=h_j} = i G_j^* k_j (A_j e^{i k_j h_j} - B_j e^{-i k_j h_j}) e^{i\omega t} \tag{10-123}$$

在分层土层中，相邻两层（第 j 层和第 $j+1$ 层）分界面上的位移和剪应力应当连续，因此有：

$$u_j \mid_{z_j=h_j} = u_{j+1} \mid_{z_{j+1}=0} \tag{10-124}$$

$$\tau_j \mid_{z_j=h_j} = \tau_{j+1} \mid_{z_{j+1}=0} \tag{10-125}$$

由式（10-118）、式（10-119）、式（10-124）可以得到

$$A_{j+1} + B_{j+1} = A_j e^{i k_j h_j} + B_j e^{-i k_j h_j} \tag{10-126}$$

由式（10-122）、式（10-123）、式（10-125）可以得到

$$A_{j+1} - B_{j+1} = \alpha_j (A_j e^{i k_j h_j} - B_j e^{-i k_j h_j}) \tag{10-127}$$

式中，

$$\alpha_j = \frac{G_j^* k_j}{G_{j+1}^* k_{j+1}} \tag{10-128}$$

将式（10-126）、式（10-127）相加可得

$$A_{j+1} = \frac{1}{2}(1 + \alpha_j) A_j e^{i k_j h_j} + \frac{1}{2}(1 - \alpha_j) B_j e^{-i k_j h_j} \tag{10-129}$$

式（10-126）减式（10-127）可得

$$B_{j+1} = \frac{1}{2}(1 - \alpha_j) A_j e^{i k_j h_j} + \frac{1}{2}(1 + \alpha_j) B_j e^{-i k_j h_j} \tag{10-130}$$

式（10-129）、式（10-130）即为待定系数 A_j、B_j 的递推公式。

假设地表处（$z_1 = 0$）的地震动幅值为 U_0，则 $U_0 = A_1 + B_1$。因为此处的剪应力为零，故有 $A_1 = B_1 = U_0/2$，这样就可按递推公式（10-129）、式（10-130）求出各土层的振幅 A_j 和 B_j。特别地，对于基岩层，其地震动幅值 U_{n+1} 与地表处地震动幅值 U_0 的关系为

$$\frac{U_{n+1}}{U_0} = \frac{A_{n+1} + B_{n+1}}{2A_1} \tag{10-131}$$

基岩的地震动幅值 U_{n+1} 可由地震记录得出，而待定系数 A_{n+1} 和 B_{n+1} 均为 U_0 的函

数,从而可以得到各层的地震动幅值 U_j。这样对不同频率 ω 求得对应的幅值 $U(\omega)$ 后,再利用 Fourier 逆变换和式(10-116)即可求出各层在时域上的水平位移 $u(t)$。

10.6.3　分层土层中的集中质量法

Idriss 和 Seed(1968)对分层土层采用集中质量法进行动力反应分析,这一离散模型可以归类于有限差分法。

设土层由多个性质不同的线弹性体组成,则可用集中质量进行动力反应分析。这些集中质量$(m_1,m_2,\cdots,m_n)$在图 10-8 中示出,其中,m_1 为自土层顶部起的第一层土的集中质量,ρ_1 为第一层土的密度,h_1 为第一层土的厚度,第一层土以下的集中质量为

$$m_i = \frac{1}{2}\rho_{i-1}h_{i-1} + \frac{1}{2}\rho_i h_i, \quad i=2,3,\cdots,n \tag{10-132}$$

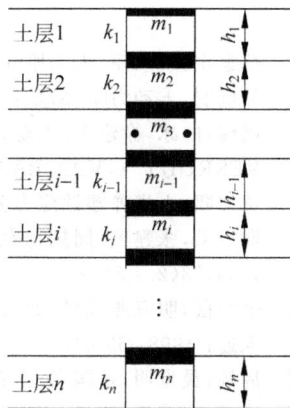

图 10-8　水平土层的集中质量系统

这些集中质量由抗侧向变形的弹簧连接,弹簧的弹性常数为

$$k_i = \frac{G_i}{h_i}, \quad i=1,2,\cdots,n \tag{10-133}$$

式中,k_i 为连接质量 m_i 和 m_{i+1} 的弹簧的弹性常数;G_i 为第 i 层土的剪切模量。

设阻尼为线性的黏滞阻尼,则土层的运动方程可表示为

$$\boldsymbol{M}\ddot{\boldsymbol{u}} + \boldsymbol{C}\dot{\boldsymbol{u}} + \boldsymbol{K}\boldsymbol{u} = \boldsymbol{F}(t) \tag{10-134}$$

式中,$\boldsymbol{M}$ 为对角矩阵,即

$$\boldsymbol{M} = \begin{pmatrix} m_1 & & & \\ & m_1 & & \\ & & \ddots & \\ & & & m_n \end{pmatrix} \tag{10-135}$$

$\boldsymbol{K}$ 为三对角矩阵,即

$$\boldsymbol{K} = \begin{pmatrix} k_1 & -k_1 & & & \\ -k_1 & k_1+k_2 & & & \\ & -k_2 & k_2+k_3 & & \\ & & & \ddots & \\ & & & & k_{n-1}+k_n \end{pmatrix} \tag{10-136}$$

荷载矢量 $\boldsymbol{F}(t)$ 为

$$\boldsymbol{F}(t) = -(m_1,m_2,\cdots,m_n)^{\mathrm{T}} \cdot \ddot{u}_g \tag{10-137}$$

运动方程(10-134)可采用时域内的逐步积分法、振型叠加法或频域分析方法求解。Idriss 和 Seed(1968)以及 Martin 和 Seed(1978)采用了振型叠加法(MASH)程序,Martin 和 Seed(1979)在 MASH 程序的基础上考虑振动孔压的累积和消散,提出了一种有效应力分析方法。Lee 和 Finn(1975,1978)采用 Newmark 逐步积分法(DEARA 程序),DEARA

程序本身是一个不排水有效应力分析程序,程序中不排水累积孔压的大小由相应的排水条件下的累积体变计算(Martin 等,1975;Finn 等,1976,1977;Finn,1982)。逐步积分法能较为全面地反映土体的非线性特性,集中质量法其实与采用线性单元和集中质量矩阵的有限单元法在形式上是一致的。

参考文献

[1] 钱家欢,殷宗泽.土工原理与计算[M].北京:中国水利水电出版社,1996.

[2] 吴世明.土动力学[M].北京:中国建筑工业出版社,2000.

[3] 周健,白冰,徐建平.土动力学理论与计算[M].北京:中国建筑工业出版社,2001.

[4] VERRUIJT A,VAN BAARS S. Soil mechanics[M]. Delft,the Netherlands:VSSD,2007.

[5] 黄文熙.土坝弹塑性应力分析简捷法[J].岩土工程学报,1989,11(6):1-8.

[6] 谢定义,张建民.周期荷载下饱和砂土瞬态孔隙水压力的变化机理与计算模型[J].土木工程学报,1990,23(2):51-60.

[7] 李相菘,明海燕.旋转剪切对水平地层地震响应的影响[C]//第五届全国土动力学学术会议论文集.大连:1998:53-64.

[8] 周健,吴世明,曾国熙.土石坝三维二相动力分析[J].岩土工程学报,1991,13(5):64-69.

[9] 盛虞,卢盛松,姜朴.土工建筑物动力固结的耦合振动分析[J].水利学报,1989(12):31-42.

[10] 刘汉龙,余湘娟.土动力学与岩土地震工程研究进展[J].河海大学学报,1999,27(1):6-13.

[11] 徐志英,周健.土坝地震孔隙水压力产生、扩散和消散的三维动力分析[J].地震工程与工程振动,1985,4(4):57-72.

[12] 周健,徐志英.土(尾矿)坝的三维有效应力动力反应分析[J].地震工程与工程振动,1984,4(3):60-70.

[13] 李宏儒,胡再强,陈存礼,等.基于物态本构模型的土体动力反应分析方法[J].岩土工程学报,2008,30(4):503-510.

[14] 吴世明,陈龙珠.饱和土中弹性波的传播速度[J].应用数学和力学,1989,10(7):605-611.

[15] 谢定义,张建民.饱和砂土动力学特性的瞬态变化机理与分析[C]//海峡两岸土力学及基础工程地工技术学术研讨会论文集.西安:[出版者不详],1994:207-214.

[16] BIOT M A. Theory of propagation of elastic waves in a fluid-saturated porous solid. Ⅱ. Higher frequency range[J]. The Journal of the Acoustical Society of America,1956,28(2):179-191.

[17] BIOT M A. Theory of propagation of elastic waves in a fluid-saturated porous solid. Ⅰ:Low-frequency range[J]. The Journal of the Acoustical Society of America,1956,28(2):168-178.

[18] IDRISS I M,SEED H B. Seismic response of horizontal soil lauers[J]. Am Soc Civil Engr J Soil Mech,1968,4:1003-1031.

[19] 李宏恩,李铮,徐海峰,等.Pastor-Zienkiewicz 状态相关本构模型及其参数确定方法研究[J].岩土力学,2016,37(6):1623-1632.

[20] YE J,JENG D,WANG R,et al. Numerical simulation of the wave-induced dynamic response of poro-elastoplastic seabed foundations and a composite breakwater[J]. Applied Mathematical Modelling,2015,39(1):322-347.

[21] ZIENKIEWICZ O C,SHIOMI T. Dynamic behaviour of saturated porous media:the generalized Biot formulation and its numerical solution[J]. International Journal for Numerical and Analytical Methods in Geomechanics,1984,8(1):71-96.

[22] SEED H B,LEE K L,IDRISS I M. Analysis of Sheffield dam failure[J]. Journal of Soil Mechanics and Foundations Division,1969,95(6):1453-1490.

[23] WANG R,ZHANG J M,WANG G. A unified plasticity model for large post-liquefaction shear deformation of sand[J]. Computers and Geotechnics,2014,59(3):54-66.

[24] SEED H B,IDRISS I M. Simplified procedure for evaluating soil liquefaction potential[J]. Journal of Soil Mechanics and Foundations Division,1971,97(9):1249-1273.

[25] SCHNABEL P B. SHAKE:A computer program for earthquake response analysis of horizontally layered sites[D]. Berkeley:University of California,1972.

[26] MEJIA L H,SEED H B. Three dimensional dynamic response analysis of earth dam[R]. Berkeley:University of California,Berkeley. Earthquake Engineering Research Center,1987.

[27] MARTIN P P,SEED H B. MASH,A computer program for the non-linear analysis of vertically propagating shear waves in horizontally layered deposits[R]. Berkeley:University of California,Berkeley. Earthquake Engineering Research Center,1978.

[28] MARTIN P P,SEED H B. Simplified procedure for effective stress analysis of ground response[J]. Journal of Geotechnical and Geoenvironmental Engineering,1979,105(6):739-758.

[29] LEE M KW,FINN W D L. Program for the dynamic effective stress response analysis of soil deposits including liquefaction evaluation[R]. Vancouver:University of British Columbia,Faculty of Applied Sciences,1978.

[30] LEE M K W,FINN W D L. DESRA-2:Dynamic effective stress response analysis of soil deposits with energy transmitting boundary including assessment of liquefaction potential[R]. Vancouver:University of British Columbia,Faculty of Applied Sciences,1978.

[31] PASTOR M,ZIENKIEWICZ O Z,CHAN A. Generalized plasticity and the modelling of soil behaviour[J]. International Journal for Numerical and Analytical Methods in Geomechanics,1990,14(3):151-190.

[32] ZIENKIEWICZ O C. Basic formulation of static and dynamic behaviours of soil and other porous media[J]. Applied Mathematics and Mechanics,1982,3(4):457-468.

[33] ZIENKIEWICZ O C,SHIOMI T. Dynamic behaviour of saturated porous media:the generalized Biot formulation and its numerical solution[J]. International Journal for Numerical and Analytical Methods in Geomechanics,1984,8(1):71-96.

[34] PREVOST J H. Effective stress analysis of seismic site response[J]. International Journal for Numerical and Analytical Methods in Geomechanics,1986,10(6):653-665.

[35] DAFALIAS Y F. Bounding surface plasticity. Ⅰ:Mathematical foundation and hypoplasticity[J]. Journal of Engineering Mechanics,1986,112(9):966-987.

[36] WANG Z L,DAFALIAS Y F,SHEN C K. Bounding surface hypoplasticity model for sand[J]. Journal of Engineering Mechanics,1990,116(5):983-1001.

[37] MARTIN G R,FINN W D L,SEED H B. Fundamentals of liquefaction under cyclic loading[J]. Journal of the Geotechnical Engineering Division,1975,101(5):423-438.

[38] FINN W D L,BYRNE P M,MARTIN G R. Seismic response and liquefaction of sands[J]. Journal of the Geotechnical Engineering Division,1976,102(8):841-856.

[39] FINN W D L,LEE M K W,MARTIN G R. An effective stress model for liquefaction[J]. Journal of the Geotechnical Engineering Division,1977,103(6):517-533.

[40] FINN W D L. Dynamic response analysis of saturated sands[M]//ZIENKIEWICZ O C,BETTESS P. Soil Mechanics-Transient and Cyclic Loading. Chichester. UK:John Wiley and Sons Ltd,1982:105-131.

[41] YIAGOS A N,PREVOST J H. Two-phase elastic-plastic seismic response of dams:theory[J]. Soil Dynamics and Earthquake Engineering,1991,10(7):357-370.

[42] YIAGOS A N,PREVOST J H. Two-phase elastic-plastic seismic response of dams:applications [J]. Soil Dynamics and Earthquake Engineering,1991,10(7):371-381.

[43] 明海燕,李相崧. 二维完全耦合有限元地震分析程序 SUMDES2D[J]. 深圳大学学报(理工版),2004,21(3):224-230.

[44] 黄润秋,王贤能,唐胜传. 深埋隧道地震动力响应的复反应分析[J]. 工程地质学报,1997(1):2-8.

第**11**章
土动力特性的试验测试

11.1 概述

土动力特性的试验要求根据一定的试验方案,先在一定的试样容器中制备土的试样,使其达到要求的密度、湿度、结构和静应力状态(现场试验时为现场土的实际条件);然后再施加一定形式和不同强度的动荷载,量测出此动荷载作用下土试样上对应的动应力、动应变和动孔压时程曲线;最后,根据这三类基本的时程曲线及其对应的关系来研究土性及有关指标的变化规律,做出定量和定性的判断。因此,土动力特性测试试验一般包括方案制定、制样、激振、测量以及成果整理等环节。

本章先介绍土动力特性测试的三大系统(制样系统、激振系统、测量系统),然后重点介绍几种较为典型的土的动力特性测试方法,包括动三轴试验、动单剪试验、扭剪试验、共振柱试验等。最后,简单介绍土的原位动力测试试验方法。

11.2 制样、激振与测量系统

11.2.1 制样系统

进行土的动力特性测试先要在一定的试验容器中制备试样,其目的是形成一个满足试验条件(密度、湿度、结构和应力等初始状态)并具有代表性的试样。制样系统通常包括成样容器以及供排水和荷载传递系统等部分,这里主要介绍成样容器。

1. 圆柱状制样仪

它是一个刚性圆筒,其中装满在某围压条件下固结后呈一定密实状态的试样,其工作原理为:在交变的垂直荷载或剪切荷载单独或同时作用下,测定土在竖向和水平向的动应变和动变形。如广泛应用的单向振动应力三轴仪(动三轴仪)就是采用圆柱状试样,如图 11-1 所示。也可以在圆柱状试样的顶部施加往复剪切荷载实现纯剪条件,如动扭剪三轴仪。但三轴容器与土的现场应力状态有很大差别。

2. 盒式制样仪

盒式制样仪一般为正方体或长方体,利用该仪器可以在制样容器内制成一个封闭于橡皮内的方形或长方形试样。因为是方形试样,因此可以在三个方向上施加应力使其变形,例如盒式振动单剪仪就是在方形试样上施加垂直压力使容器的侧壁在交变力作用下往复剪切,以观察试样的动力特性,如图 11-2 所示。它比较适合研究地震作用下动剪应力和动剪应变的变化规律。但盒式单剪仪试样成形困难,应力分布不均匀,侧压无法控制,侧壁摩擦影响也难以估计。后来,有人代之以圆形试样,或将侧壁的刚性限制改为柔性薄膜,或采用多层薄金属片叠成的侧壁进行试验,但以上方法不能完全克服上述缺点。

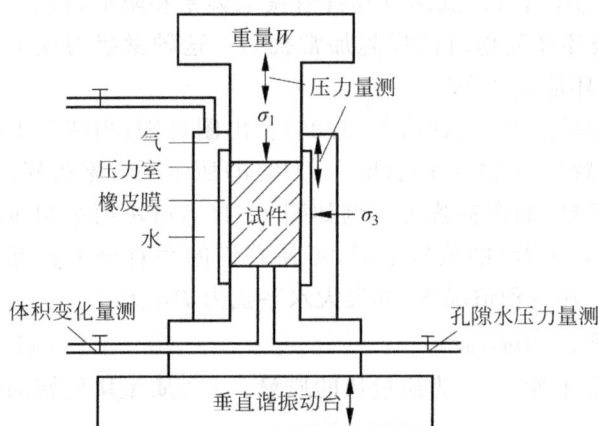

图 11-1 单向振动应力三轴仪

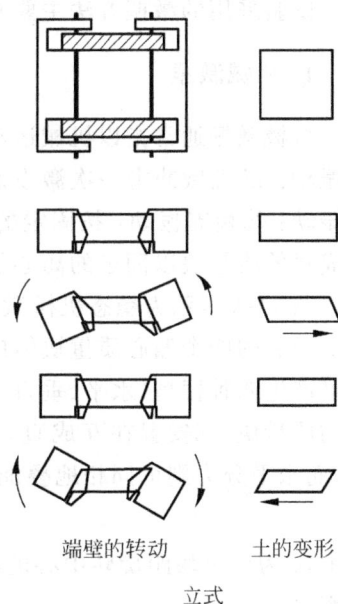

图 11-2 盒式振动单剪仪示意图

在振动台和离心机振动台模型试验中,需要制备大尺寸的试样,一般采用圆柱或方形(长方形)试样,如振动台试验中常用的叠层剪切型模型箱。

3. 空心圆柱状制样仪

空心圆柱状制样仪由圆柱状制样仪改进而来,除了在管状试样的顶部可施加循环应力和扭矩外,还可控制管内外的侧压力,使试样内的剪应力比较均匀。再将内外等高的管状试样改为不等高,使试样的外高 h_1 和内高 h_2 之比等于试样外径 r_1 和内径 r_2 之比后,则可以使试样内各点的剪应变相等,得到均匀的剪应力,如图 11-3 所示。利用动扭剪式单剪仪,可

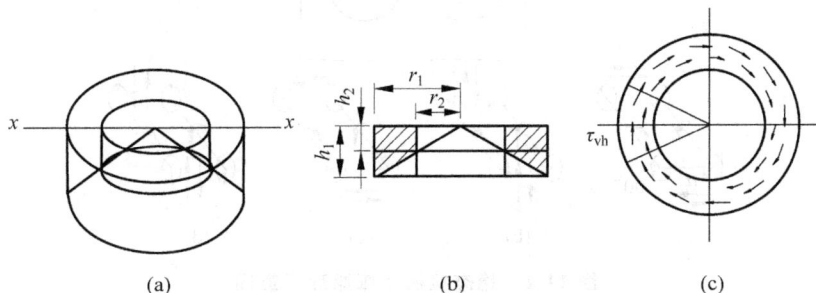

| (a) | (b) | (c) |

图 11-3 动扭转式单剪仪

在封闭条件下进行试验(体积不变),它不受侧向摩擦的影响,能够较好地模拟现场较为复杂的应力条件,因而是一种较好的试样容器形式。但该仪器存在试样制备困难、上下左右不易密封等缺点,需要进行改进。

11.2.2 激振系统

激振的基本要求就是向土样施加某种荷载,使其尽可能地模拟实际的动力作用。室内动力试验采用的激振方法主要有以下四种。

1. 机械激振

机械激振通常指以机械运动的方式使土样产生振动。机械运动又分为两种类型:①冲击振动:以机械冲击一次激发脉冲型振动,然后让试样以其自由振动频率和阻尼特性作衰减振动;②稳态振动:按固定的周期,循环往复地对试样施加常扰力。这种常扰力通常是用成对的质量块以固定的离心加速度循环地旋转产生。

图 11-4 所示为稳态机械激振的原理示意图(王钟琦等,1986)。由图可知,当两个平行轴上安装的四个偏心质量块体的相对位置按图 11-4(a)、(b)、(c)和(d)所示的方案配置时,则可产生四种振型(水平、垂直、扭转和摇摆)的激振扰力。例如图 11-4(a)所示两组相对旋转的质量块,如安置在互成直角(即 90°相位差)的位置上时,可使它们的垂直分力相互抵消,而水平分力则可同相地叠加在一起。在这种情况下,其最大水平扰力 P_H 为

$$P_H = 4m_1 e \omega^2 \tag{11-1}$$

式中,e 为质量块距旋转中心的距离,即偏心距;m_1 为质量块的质量;ω 为质量块旋转的圆频率。

同理,图 11-4(b)所示的质量块组合绕水平轴旋转时,则可产生垂直扰力,由于每一循环的垂直运动受到加速度的影响,故上下运动的扰力不同,其最大与最小竖向扰力分别为

$$\begin{cases} P_{vmax} = 4m_1(e\omega^2 + g) \\ P_{vmin} = 4m_1(e\omega^2 - g) \end{cases} \tag{11-2}$$

式中,g 为重力加速度。

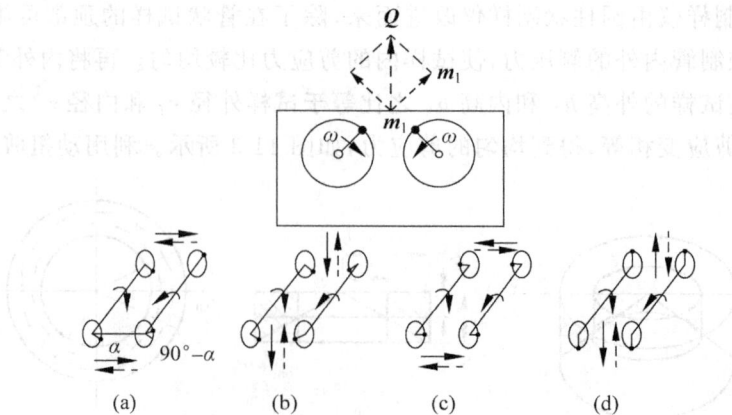

图 11-4 稳态机械激振原理示意图

(a) 水平向;(b) 竖向;(c) 扭转;(d) 摇摆

图 11-4(c)和(d)分别所示为扭转振动和摇摆振动的示意图。由式(11-1)和式(11-2)可知,输出的动力受频率的影响。

2．电磁激振

电磁激振系统是根据恒定磁场内的带电导体会受到一定电磁力作用产生运动的原理做成的。通常利用可以调制一定频率和波形的信号发生器,将要求模拟的电信号先输入到功率放大器予以加强输出功率,然后再将具有一定功率和频率的谐波电流输送到有电磁铁的固定线圈上,从而产生交变电磁场,并驱动线圈产生模拟的振动。图 11-5 所示为电磁式振动台的典型结构。当动圈中通以交变电流时,工作台面将上下往复运动。由于磁场稳定,故电磁力只和电流的变化成正比。当输入电流按所需的规律变化时,就可产生所需波形的激振力。

3．电液激振

电液激振是利用小型电磁式激振器推动液压随动系统,使液压往复作用在液压伺服阀上,从而引起台面的振动,如图 11-6 所示。这种激振方式可用液压随动系统代替大容量的功率放大器,能满足大激振力的要求,同时保留了电磁式激振器,因此容易实现自动控制,并且有能够产生各种振动和冲击波形的优点,振动位移也可以达到相当大的值。

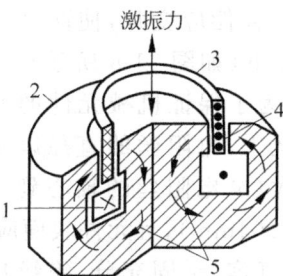

图 11-5　电磁式振动台的典型结构

1—励磁线圈；2—磁铁台体；3—动圈；4—空气隙；
5—磁通路；●—电流出；×—电流进

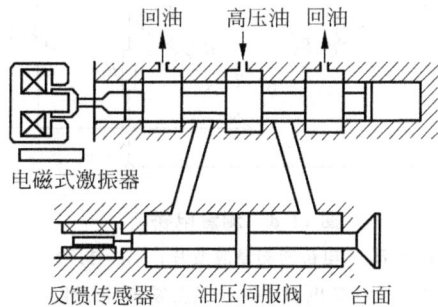

图 11-6　电液激振示意图

4．气动激振

气动激振是利用向活塞筒内从上下两缸轮换供给和排出压缩空气的方法,使活塞杆作往复运动,来达到激振的目的,如图 11-7 所示。轮换供、排压缩空气由四通换向阀完成,当四通换向阀芯上的一个气槽接通气源和活塞的上部时,上缸进气压力增大,此时阀芯上的另一个气槽正好接通活塞的下缸和大气,下缸排气,压力消除。这样,随着阀芯的转动,活塞杆即作往复运动,运动的频率由阀芯的转速控制。激振力的大小由压缩空气的气压控制。这种激振方

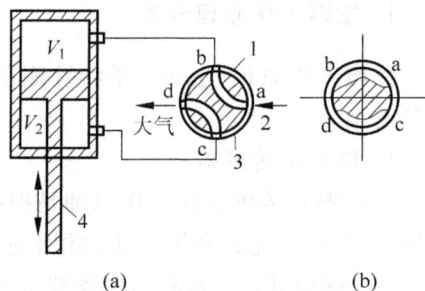

(a)　　　　　　　　(b)

图 11-7　气动式激振示意图

1—旋转阀芯；2—压缩空气；
3—四通换向阀；4—活塞

式仅适用于低频情况。图 11-7(a)所示的换向阀只能产生近似方波的波形,而图 11-7(b)所示的换向阀可产生近似正弦波的波形(谢定义,1988)。

11.2.3 测量系统

测量系统的任务是测定振动力作用时土试件上实际的动应力时程和土中所产生的动应变及动孔压时程,其一般由传感器、放大器和记录器组成。通常,将非电量转换为电量的器件称为传感器,将传感器输入的电信号加以放大的器件称为放大器,将定量记录信息的器件称为记录器,这里重点介绍传感器。

传感器一般以应变计为传感元件制成,应变计一般有金属电阻应变计、半导体电阻应变计和电容式应变计等。例如,在电阻传感器中常用的电阻应变计是将一根具有高电阻系数的金属细丝(直径为 0.02~0.04mm)以曲折形状(称为敏感栅)放置并粘贴在薄纸条上,在电阻丝的两端焊接由紫铜带制成的引出线,然后再在电阻丝上面贴上一层薄纸,即成电阻丝片或称为电阻应变片。将这样的电阻丝用特殊的胶合剂粘固在传感元件(如弹簧片)的表面上时,随着弹簧片的变形,电阻丝的长度、截面积和电阻系数会发生变化,从而引起电阻值的改变。由于电阻的这种变化表示为 $\Delta R/R$ 的数值时,多在千分之几甚至万分之几的数量级,变化很小,故由传感器强度的变化所引起的误差不容忽视。为此,需要在工作应变片上相邻的电桥一臂内同时接上一个补偿应变片,使两个应变片处在相同的温度条件下(如图 11-8 所示),来消除温度的影响。此外,为了保证机械元件的变形能够准确地传到电阻丝上,电阻丝的直径以及胶合层的厚度都不能过大(从电阻丝的轴心到元件表面的距离不应超过 0.04mm),且元件表面应整洁干燥,胶层薄而匀、无气泡、干固充分、绝缘良好以及导线固定牢靠。

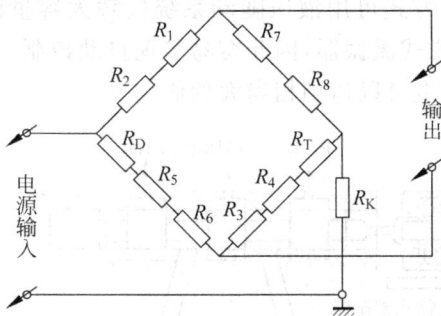

图 11-8 测量电桥

$R_1 \sim R_8$—电桥的测量应变片;R_D—初始不平衡补偿电阻;R_T—温度零点补偿电阻;R_K—输出灵敏度补偿电阻

传感器的工作包括把被测振动量变成传感元件运动的力学过程和把运动量转化成电量的物理过程。

1. 按照工作原理分类

按照工作原理,土动力学特性测试中常用的传感器分为能量型传感器和参数型传感器两种类型。

1)能量型传感器

这种形式传感器的工作原理是把振动的机械能转换成电能,并以电动势或电流量等形式输出到放大、记录单元中去,常用的形式又可分为两种。

(1)磁电式:它是利用可动线圈或可动磁缸在接受振动时产生相对运动,从而引起磁场强度的变化,以此进行传感的。这种相对运动使线圈中产生感应电动势,此感应电动势与被测振动物体的速度成正比。

(2)压电式:它利用压电晶体(石英)或压电陶瓷在接受振动时产生的电荷变化进行传

感,压电传感器输出的电荷量与被测振动物体的加速度成正比。例如测量试样剪切波速的弯曲元法采用的就是压电式传感器。

2) 参数型传感器

这种类型传感器的工作原理是把被测机械振动量转换为传感器内电容、电感或电阻等电路参数的变化,然后再通过相应的测量电路,把电参数的变化转换成电压量的变化进行测量,最为常见的有两种。

(1) 电阻式:主要利用电阻丝片贴附于振动体的弹性元件上,在接受振动时,弹性元件往复变形,电阻随之改变,从而反映机械量的变化。

(2) 电感式:主要利用接触于振动体的电感器的间隙可变,或其铁芯位置可变的规律,来测量振动量。

2. 按照测量对象分类

按照测量对象,传感器又可分为荷重传感器、流体压力传感器和位移传感器。

1) 荷重传感器

荷重传感器有应变式、压电式、压磁式、电容式等,其中以应变式最为常见。应变式传感器由电阻应变计和弹性元件组成,电阻片一般按全桥法对称地贴在弹性元件上,当弹性元件受力变形时,应变片也随之变形,则电阻发生变化,并转化为电信号输送到测量系统。

2) 流体压力传感器

流体压力传感器有应变式、压电式、电感式、电容式等,其中以应变式最为常见,可用于测量三轴仪压力室压力以及试样中的静、动孔隙水压力。应变式压力传感器也由电阻应变计和弹性元件组成,电阻应变片也按全桥法对称地贴在弹性元件的筒壁或膜(不接触流体的一侧)上,当液体压力作用于弹性元件上时,应变片也随之变形。

3) 位移传感器

根据传感器的变换原理,又将其分为电位计式、电感式、差动变压器式、电容式等。其中,差动应变位移传感器(LVDT)测量电路简单,适合温差范围大,测量范围广,分辨率高。

在土动力学试验中,有时候要求测量较小的应变值(应变要求达到 10^{-6}),上述的位移传感器很难达到该精度,为了克服这一困难,日本学者 Kokusho(1980)发展了一种高灵敏度的非接触式位移传感器,并配置于三轴试验装置上。

上述非接触式的位移传感器往往由于传感器与试样之间的不完全接触而会高估其应变值。对于软黏土而言,可能会产生较大的误差;而对于刚度较大的土,可忽略其影响。因此,又发展了一种所谓的局部位移传感器(LDT),即将应变片粘在开始弯曲的磷青铜薄板上,并将薄板置入固定在试样两侧的金属钩中,则试样变形的大小即可用电阻片电参数的变化测定出来,如图 11-9 所示。其可以测量很小的应变,甚至可达 10^{-7}。

将不同的制样系统、激振系统、测量系统进行组合搭配,即可得到不同的动力试验装置。常用的动

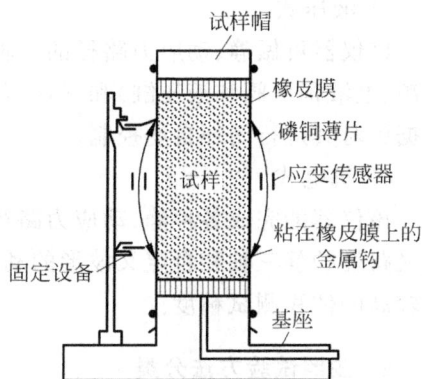

图 11-9　局部位移传感器(LDT)

三轴仪是将圆柱试样置于试验容器中,对它进行轴对称加荷载,再在电磁式轴向激振作用下,利用电阻式传感器,量测动应力、动孔压和动应变的时程,利用光线示波器记录这些时程的波形(或用计算机采样做记录显示)。当激振系统改用惯性力激振或气动力激振时,即称为惯性式三轴仪或气动式三轴仪;当制样系统改换为扭剪容器时,即成为动单剪仪;当它的圆柱试样改换为空心试样,并作扭剪激振时,即为动扭剪三轴仪;当改换为轴向或侧向同时激振的容器时,即为双向激振的动三轴仪;当改换为轴向能够同时作压拉与扭转耦合激振时,即为振扭式动三轴仪;当激振系统改为不同频率的扫频振动时,即可测到土柱试样的共振频率和切断动力后的振动衰减曲线,成为共振柱仪。

11.3 动三轴试验

动三轴试验是由静三轴试验发展而来的,它利用与静三轴试验相似的轴向应力条件,对试样施加模拟的动主应力,测得试样在动荷载作用下的动态反应,最主要的是动应力与相应的动应变以及孔隙水压力之间的关系,根据这些关系推求动弹性参数、黏弹性参数以及模拟砂土的振动液化等。

11.3.1 试验类型

1. 按照加载方式分类

按照动荷载的加载方式,可分为电-气式、气压式、液压式和机电式四大类。

1)电-气式

该仪器一般只用于进行应力控制式动力试验,其固结静应力和激振动应力分别由两套相互独立的系统控制。固结静应力依靠传统静三轴仪的空气压缩机、调压阀和压力表实施,而激振动应力由串联在加压活塞上的电磁激振器实施,数据监测系统独立于动力系统。

2)气压式

该仪器可做应力控制动力试验,但不能做变形控制试验,可采用各种周期谐波激振,也可用用户自定义的激振,能够实现静压动荷和数据采集的统一,即利用数字控制的气动伺服阀来提供轴向静动荷载、围压和反压。

3)液压式

该仪器可做静、动应力路径的三轴试验,高压和低压的三轴试验,它主要由主体部分(液压源、电液伺服阀和液压缸)和三轴压力室组成。根据设计上的试验程序和实时采集的试验数据可对其进行闭环自动控制。

4)机电式

该仪器能完成各种静、动应力路径的应力控制和变形控制的三轴试验,也可实现用户自定义路径的静三轴和自定义波形的动力试验。与液压式三轴仪相同,它也是闭环自控的,具有较高的体积测试精度。

2. 按照试验方法分类

尽管激振方式不同,但动三轴仪的工作原理和结构基本类似。按其试验方法的不同又可分为单向激振式和双向激振式两种。

1）单向激振式

单向激振三轴试验又称常侧压动三轴试验，试验中，保持水平轴向应力不变，而周期性地改变竖向轴压的大小，使土样所受的大主应力（轴向）循环变化，进而在土体内部产生循环变化的正应力和剪应力。

试验围压 σ_c 的设定是根据土体所受的实际应力状态得到的，如模拟天然应力状态时，采用平均应力；模拟地震作用时，采用计算得到的土体可能承受的动应力 σ_d。需要注意的是，动荷载是以半波峰幅值的形式施加于试样上的，每一循环荷载下试样所受的应力如图 11-10 所示。由图可知，在施加循环动荷载 σ_d 后，试样在其 45°斜面上将产生 $\sigma_0 \pm \sigma_d/2$ 的正应力和幅值为 $\sigma_d/2$ 的循环动剪应力。在模拟土样受较小约束压力 σ_c 而受较大的轴向动应力 σ_d 时的强度或液化特性试验中，会出现 $\sigma_c - \sigma_d < 0$ 的情况，表示此时试样承受张力（负压力）。而在实际情况中，一方面要求试样的两端能及时、自由地排水，另一方面又要求与试样上帽、活塞杆与底座刚性地连接在一起以传递拉力，这是很难实现的。因此，用单向激振三轴仪无法进行较大应力比 σ_1/σ_3 下的液化试验。

2）双向激振式

此种仪器又称变侧压动三轴试验仪，是针对单向激振三轴仪的不足之处而设计的，其试验应力状态如图 11-11 所示。初始应力状态仍是以还原试样的天然应力状态为准则，然后在施加动荷载时，控制竖向轴向应力与水平轴向应力同时变化，相位差保持为 180°。施加幅值为 $\sigma_d/2$ 的水平及竖向动荷载后，试样将在 45°斜面上产生维持不变的正应力 σ_c 和正负交替的动剪应力 $\sigma_d/2$，从而能够模拟单向激振三轴仪所不能模拟的地震作用下土层的液化问题。

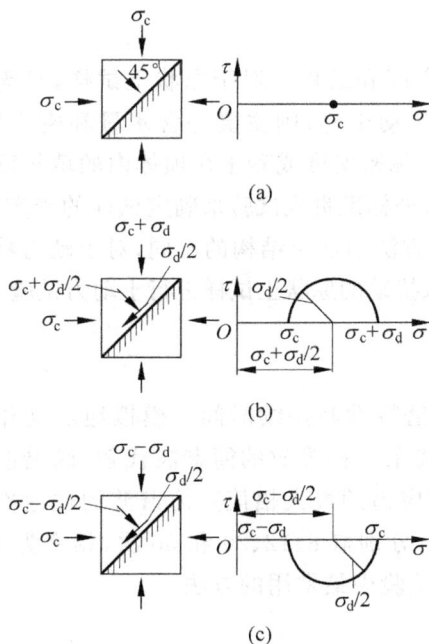

图 11-10　单向激振三轴试验应力状态　　　　图 11-11　双向激振三轴试验应力状态

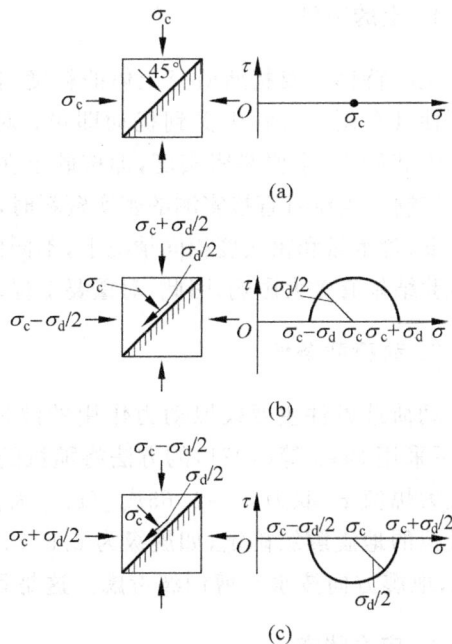

图 11-12 所示为两种动三轴仪结构的综合示意图。全套为双向激振式动三轴仪,如不使用 2、7、8、19 项装置及相应仪表,则为单向激振式动三轴仪。

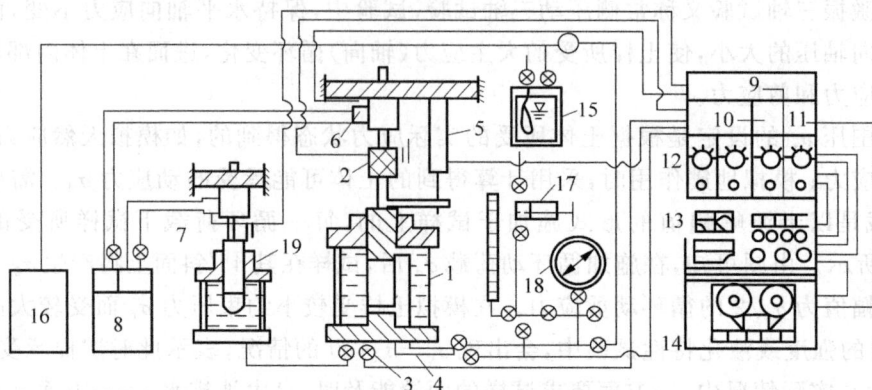

图 11-12 常侧压及变侧压动三轴试验装置综合示意图

1—三轴室;2—轴向动应力传感器;3—侧压传感器;4—孔压传感器;5—动应变计;6—轴向动应力伺服阀;7—侧压伺服阀;8—液压源油泵;9—功率放大器;10—自动控制单元;11—反馈电路系统;12—应力-应变信号放大器;13—示波仪;14—数据磁带记录器;15—真空水源瓶;16—真空源;17、18—孔压测量系统;19—侧压源(动侧压发生器)

11.3.2 试验条件

进行土动力学试验时,需要提供相应的土的动力特性指标,可由一定的土的特性、动荷载条件、应力状态和排水条件得到。下面讨论上述四个方面对土动力特性指标的影响。

1. 土的特性

土的特性主要指所研究土体的粒度、含水量、密实度和结构。对于原状土试样,只需注意不使其在制样过程中受到扰动即可;对于制备的扰动土样,则主要是含水量和密实度;对于饱和砂土,主要是密实度,即按砂土在地基内的实际密实度或砂土在坝体内的填筑密实度来控制。当没有直接实测的密实资料时,可以根据野外标准贯入试验来确定试样的密实度。在粒度、含水量和密实度相同情况下,不同的试样制备方法引起土结构的不同,对土动力特性的试验结果有极大影响,因此,对重要工程,必须采用未扰动的原状土试样进行土动力试验。

2. 动荷载条件

动荷载条件主要模拟动力作用的波形、方向、频谱特性和持续时间。模拟地震动作用时,可采用 Seed 等(1971)的方法将随机的地震动荷载用一种等效的简谐波代替,简谐波的剪应力幅值 τ_0 取为 $\tau_0 = 0.65\tau_{max}$(τ_{max} 为往返地震剪应力的最大幅值),简谐波的往返次数由模拟的地震震级确定,如震级为 6.5、7、7.5、8 级时,分别取 8、12、20 和 30 次,频率为 $1\sim 2Hz$,地震方向按水平剪切波考虑。这是目前动三轴试验中最常用的方法。

3. 应力状态

应力状态主要模拟土在静、动条件下实际所处的应力状态。在动三轴试验中,常用 σ_1

和 σ_3 及其变化来表示,地震前的固结应力用 σ_{1c} 和 σ_{3c} 来表示,地震时的应力用 σ_{1e} 和 σ_{3e} 来表示。以下分析两种情况。

1) 水平场地情况

水平场地的情况如图 11-13(a)所示,由于地震作用以水平剪切波向上传播,故在任一深度 z 的水平面上,地震前作用的应力为 $\sigma_c = \sigma_0 = \gamma z$,$\tau_c = 0$;地震时,$\sigma_e = \sigma_0$,$\tau_e = \pm \tau_d$。如前所述,这种应力状态在三轴试验中可以用各向同性固结时 45°面上的应力来模拟,即当 $\sigma_{1c} = \sigma_{3c} = \sigma_0$ 时,45°面上的法向应力 $\sigma_c = \sigma_0$,切向应力 $\tau_c = 0$。施加动荷载后,$\sigma_{1e} = \sigma_{1c} \pm \sigma_d / 2$,$\sigma_{3e} = \sigma_{3c} \mp \sigma_d / 2$,45°面上的法向应力 $\sigma_e = \sigma_0$,$\tau_e = \tau_d = \pm \sigma_d / 2$,可模拟地震作用。这种应力状态可直接从双向激振动三轴试验中获得,在某些情况下,亦可利用单向激振三轴仪,代之以等效的外加应力状态。

2) 倾斜场地情况

倾斜场地的情况如图 11-13(b)所示,在地面上任一深度 z 的水平面上,地震前作用的应力为 $\sigma_c = \sigma_0 = \gamma z$,$\tau_c = \tau_0$;地震时 $\sigma_c = \sigma_0$,$\tau_c = \tau_0 \pm \tau_d$。这种应力状态在三轴试验中应以偏压固结时在 45°面上的应力变化来模拟。

动荷施加前:$\sigma_{1c} > \sigma_{3c}$,此时 $\sigma_c = \sigma_0 = (\sigma_{1c} + \sigma_{3c}) / 2$,$\tau_c = \tau_0 = (\sigma_{1c} - \sigma_{3c}) / 2$;

动荷施加后:$\sigma_{1e} = \sigma_{1c} \pm \sigma_d / 2$,$\sigma_{3e} = \sigma_{3c} \mp \sigma_d / 2$,此时 $\sigma_e = \sigma_0$,$\tau_e = \tau_0 \pm \sigma_d / 2$。

这种应力状态容易用双向激振的三轴仪来实现。

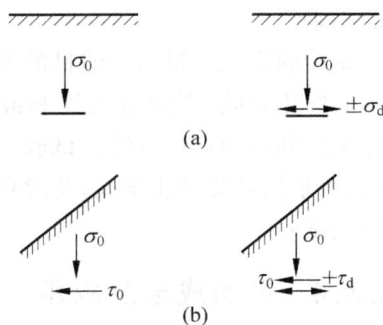

图 11-13　实际地基的应力条件

4. 排水条件

排水条件主要模拟土的不同排水边界对于地震作用下孔隙水压力发展实际速率的影响。试验中排水条件的控制方法是在孔压管路上安装一个允许部分排水的砂管,通过改变砂管长度和砂土渗透系数,实现排水情况的改变。不过,考虑到地震作用的短暂性和试验成果应用上的安全性,目前的动三轴试验仍多在不排水条件下进行。

11.3.3　试验方法

1. 试样制备

此步骤的目的是制备粒度、密度、饱和度和均匀性都符合要求的圆柱试样。为此,首先应使孔压管路完全充水以排除空气,然后在试样的底座上套扎乳胶膜筒,安上对开试模,并将乳胶膜翻开套在试模壁上,由试模的吸嘴抽气,使乳胶膜紧贴于试模内壁,形成一个符合试样尺寸要求的空腔。此时,可按一定的制样方法,使空腔内的试样达到要求的密度、饱和度和均匀性。最后将试样的上活塞杆同乳胶膜连扎在一起,降低排水管 50cm 给试样以一定的负压后即可使试样脱模,脱膜后量出试样的高度和上、中、下部的直径,再安装试样容器筒,接着向试样容器通入 $980\text{N}/\text{m}^2$ 的侧压以消除负压,使排水管内的水面与试样中点同高,即可完成试样制备工作。

2．施加静荷

在试样的侧向和轴向按照要求控制的应力状态施加一定的侧向压力 σ_{3c} 和轴向压力 σ_{1c}。由于现用仪器的活塞面积与试样面积相符，故侧压和轴压需独立施加。在等压固结情况下，施加侧压的同时，尚需在轴向施加一个与侧压相等的压力（应考虑活塞系统自重和仪器摩擦的影响）。当试验要求在偏压固结情况下进行时，则在施加侧压后将轴压增至要求的数值。

3．振动测试

振动测试即对试样施加动应力并记录试验结果。首先应选择好准备施加的动荷波形、频幅的振动次数，其次将放大器、记录仪通道打开，随即施加动荷，并在记录仪上观察并记录试验结果。

试验的进程应视试验的目的而定。当测定模量和阻尼指标时，应在振动次数达到控制数目时终止试验；当测定强度和液化指标时，则应在试样内孔压的增长达到侧向压力，或轴向应变达到其预定值时终止试验。如果由于动荷过小，试样不能达到上述的孔压和应变数值时，可根据需要终止试验，此时可将该次试验视为预备性试验，重新制样后，在增大的动荷下继续试验。

11.3.4 试验成果及应用

1．动弹性模量

动三轴试验测定的是动弹性压缩模量 E_d，动剪切模量 G_d 可以通过它与 E_d 之间的关系换算得出。试验表明，具有一定黏滞性或塑性的岩土试样，其动弹性模量是随着许多因素而变化的，最主要的影响因素是主应力量级、主应力比和预固结应力条件及固结度等，动弹性模量的含义与静弹性模量不同且测量过程也较复杂。下面简要介绍动弹性模量的基本含义及各参数（振动次数、动应力、固结应力）对它的影响。

1）基本含义

图 11-14 示出了某一级动应力 σ_d 作用下，土试样相应的动应力与动应变的关系。由于土样为非理想弹性体，因此它的动应力 σ_d 与相应的动应变 ε_d 波形在时间上并不同步，动应变波形线滞后于动应力波形线。如果把每一周期的振动波形按照同一时刻的 σ_d 值一一对应地描绘到 σ_d-ε_d 坐标上，则可得到图 11-14（b）所示的滞回曲线。定义此滞回环的平均斜率为动弹性模量 E_d，即 $E_d = \sigma_{d\max}/\varepsilon_{d\max}$。

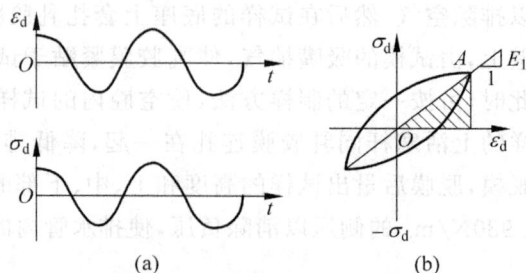

图 11-14 应变滞后与滞回曲线

2) 振动次数的影响

上述动弹性模量 E_d 是在一个周期振动下所得滞回曲线上获得的,但随着振动周数 N 的增加,土样结构强度趋于破坏,从而应变值随之增大。因此每一周振动 σ_d-ε_d 滞回环并不重合,如图 11-15 所示。一般来说,动弹性模量(E_{d-1},E_{d-2})随着振动周数的增加而减小。因而动弹性模量与振次密切相关。

3) 动应力 σ_d 的影响

以上所述的动弹性模量 E_d 都是在一个给定的动应力 σ_d 下求得的。如果改变给定的 σ_d 值,则又将得出另一套数据及滞回环线族。在给定振次(例如 10 次)情况下,每一个动应力 σ_d 将对应于一个滞回环,这样在多个动应力作用下,分别得到对应的动应变和相应的动弹性模量。利用这些数据可以绘出 σ_d-ε_d 和 E_d-ε_d 曲线,如图 11-16 所示。

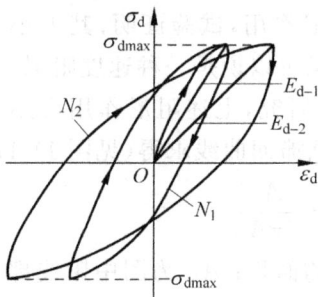

图 11-15　随着振次增加,滞回环的变化规律

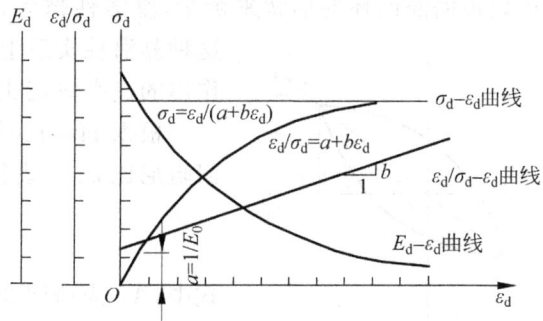

图 11-16　σ_d-ε_d、E_d-ε_d 关系曲线

图 11-16 中 σ_d-ε_d 曲线特征可用双曲线模型来描述,即

$$\sigma_d = \frac{\varepsilon_d}{a + b\varepsilon_d} \tag{11-3}$$

式中,a、b 为试验常数。由式(11-3)可得

$$E_d = \frac{\sigma_d}{\varepsilon_d} = \frac{1}{a + b\varepsilon_d} \tag{11-4}$$

即

$$\frac{1}{E_d} = a + b\varepsilon_d \tag{11-5}$$

式(11-5)表明,通过对一组数据进行回归统计分析,可以得到试验常数 a、b,由此得到 E_d 和 ε_d 的关系。实际应用时,可根据工程实际允许的应变限值,通过式(11-4)得到 E_d。

4) 固结应力条件的影响

在不同的平均有效固结主应力 $\sigma'_m = (\sigma'_{1c} + 2\sigma'_{3c})/3$ 下,图 11-16 所示的 σ_d-ε_d 曲线将会不同,因此,试验常数 a、b 与 σ'_m 有关。试验表明,对于不同的 σ'_m 值,有

$$E_0 = k(\sigma'_m)^n \tag{11-6}$$

式中,$E_0 = 1/a$,为动弹性模量的最大值;k、n 为试验常数。

由于式(11-6)中 E_0 和 $(\sigma'_m)^n$ 的量纲不同,因此 k 将是一个有量纲的系数,而且它的量纲又取决于 n 的大小,这就给实际应用带来了困难。为此,上式可采用类似静模量的表达式:

$$E_0 = kp_0 \left(\frac{\sigma'_m}{p_0}\right)^n \tag{11-7}$$

式中,p_0 为大气压力。

这样 k 就是一个无量纲的参数,k 和 n 值可通过绘制 $\lg E_0$-$\lg \dfrac{\sigma'_m}{p_0}$ 曲线直接得到。与动弹性模量 E_d 相应的动剪切模量可按下式计算:

$$G_d = \frac{E_d}{2(1+\mu)} \tag{11-8}$$

式中,μ 为泊松比,饱和砂土可取 0.5。

2. 阻尼比

图 11-14 所示的滞回曲线已表明土的黏滞性对应力-应变关系的影响。这种影响的大小可以根据滞回环的形状来衡量,黏滞性越大,环的形状就越趋于宽厚,反之则趋于扁薄。

这种黏滞性实质上是一种阻尼作用,试验证明,其大小与动力作用的速率成正比。因此它又可以说是一种速度阻尼。

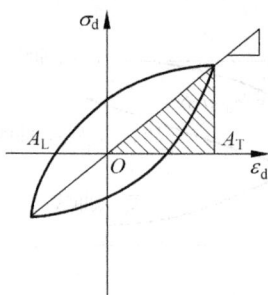

根据 Hardin 等(1972)的研究,上述阻尼作用可用等效滞回阻尼比 λ_d 来表征,其值可从滞回曲线求得(见图 11-17),即

$$\lambda_d = \frac{A_L}{4\pi A_T} \tag{11-9}$$

式中,A_L 为滞回曲线所包围的面积;A_T 为图中影线部分三角形所示的面积。

图 11-17　滞回曲线与阻尼比

土的动应力-动应变关系是随振动次数及动应变的幅值而变化的。因此,当根据应力-应变滞回曲线确定阻尼比 λ_d 值时,也应与动弹性模量相对应。在动应变幅值较大的情况下,在应力作用一周时,将有残余应变产生,使得滞回曲线并不闭合,而且它的形状会与椭圆曲线相差甚远。此时,阻尼比的计算尚无合理的方法,需作进一步的研究。

3. 强度指标

动强度是指土试样在动荷作用下达到破坏时所对应的动应力值。然而,"破坏"的标准需根据动强度试验的目的与对象而定,通常的做法是以某一极限(破坏)应变值为准,如采用 5% 作为"破坏"应变值。与动弹性模量相同,土动强度的测求过程也远较静强度复杂。

1)某一围压下动强度的计算

制备不少于三个相同的试样,在同一压力下固结,然后在三个大小不等的动应力 σ_{d1}、σ_{d2}、σ_{d3} 下分别测得相应的应变值。由于土的动强度是由总应变量达到极限破坏定义的,因此测量的应变值应包括可恢复的与不可恢复的全部应变。此项总应变值 ε 又与振动次数有关,因此,首先可将测得的数据绘成图 11-18(a)所示的 ε_e-$\lg n$ 曲线族。然后,在各曲线上按统一选定的极限应变值 ε_e,求得相应动应力 σ_{d1e}、σ_{d2e}、σ_{d3e} 与振次 n 的对应关系,并绘制在图 11-18(b)中。此曲线在有限的 n 值范围内,可近似地看作一条直线,由此,只要给定振次,就可从图中求得相应的动强度 σ_{de}。

2)动强度指标 c_d、φ_d 的计算

以上是在某一围压条件下($\sigma_3 = c_1$)求出的极限动应力与振次间的关系。如果在三个不

同的围压下分别进行上述试验,并得到三条 σ_{de}-$\lg n$ 曲线,则在给定振次 N 下,可求得相应的三个动应力 σ_{de},并可绘出如图 11-19 所示的三个摩尔圆,c_d、φ_d 即为所求动强度指标。

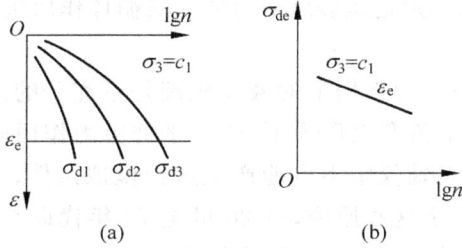

图 11-18　某围压($\sigma_3 = c_1$)下强度的计算　　　图 11-19　动强度指标的计算

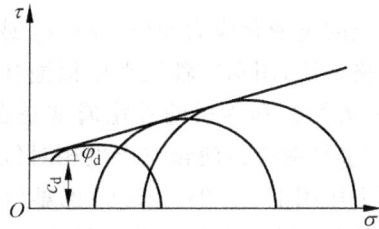

4. 饱和砂土的液化势

1）试验模拟

为了在动三轴试验中模拟地震波对土体的作用,一般都将波动幅值和频率不规则的地震波简化为与之等效的简谐波。进行试验时,在试件上应该模拟两种应力状态:一种是地震前由有效覆盖压力引起的静应力 σ_0 和 $K_0 \sigma_0$,其中 K_0 为侧压力系数;另一种是地震产生的均匀循环剪应力 $\bar{\tau}_c$。

此外,试件本身在密度、饱和度和结构等方面,也应尽可能与现场土层的实际情况一致。考虑到地震时间短暂,地震产生的孔隙水压力来不及消散这一因素,试验应采取不排水方法进行。

为了实现上述模拟(Seed 等,1966),首先对试件施加 $\sigma_{1c} = \sigma_{3c} = \sigma_0$ 的固结压力,然后分别在轴向和侧向交替施加 $\pm \sigma_d/2$、$\mp \sigma_d/2$ 的动应力。这样在试件的最大剪应力面上(45°面)既保证了正应力不变(等于固结压力 σ_0),又可实现均等剪应力的正反往复变化。

2）抗液化应力比

利用动三轴试验可得到图 11-20 所示的轴向动变形 ε_d、孔隙水压力 p 和动应力 σ_d 随不同振次变化的过程线(图中所示为锯齿波形)。试验时,在给定的固结比($K_c = 1.0$)和固结压力 σ_0 下,对不同的几个试样分别施加不同幅值的动荷载,这样,对每一试样均可获得如上所述的三条过程线,并在过程线上定出初始液化点。

砂类土的初始液化一般采用下述定义(Seed 等,1976):试样在循环荷载下,应以孔隙水压力等于侧压力为破坏标准,即当累积孔隙水压力等于 σ_0 时为初始液化点。也可以采用变形标准,即根据工程的重要性和经验选定不同的双振幅应变值。例如取易液化的砂土 $\varepsilon_d = 5\%$,不易液化的黏土 $\varepsilon_d = 10\%$ 为初始液化点。

根据初始液化点,可从过程线上找出相应的振

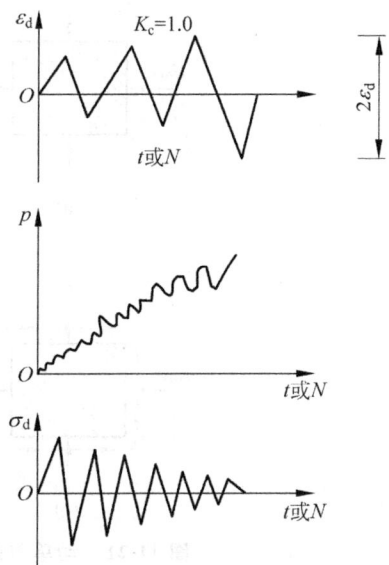

图 11-20　动三轴试验测得的变量过程线

次。对于一组性质相同的试样,以同一压力 σ_0 固结,当分别施加不同的动应力幅值 σ_d 后,各试样达到液化时的动荷载次数各不相同。因此,试验结果可以整理成 $\sigma_d/2\sigma_0$-$\lg N$ 关系曲线(与图 11-18 类似)。在所得的关系曲线上,按一定地震震级对应的等效循环作用次数 $\bar{N}$,求出相应的抗液化应力比 $(\sigma_d/2\sigma_0)_{\bar{N}}$ 或 $(\tau_d/\sigma_0)_{\bar{N}}$。

　　严格来说,用动三轴仪来模拟饱和砂土在地震力作用下的液化机理是不充分的。主要原因是,天然饱和砂层的液化通常是在一定的上覆有效压力下,受水平剪应力作用而发生的,这种水平剪应力使颗粒产生相对位移,但动三轴仪中不可能产生这种模拟条件。另外,在高应力作用下 $(\sigma_d/2\sigma_0>0.6)$ 也难以实现。鉴于这些原因,自 20 世纪 70 年代以来,人们对液化的研究也开辟了一些新的途径,如振动剪切试验、大型振动台等。

11.4　动单剪试验

11.4.1　基本概念

　　研究饱和砂土的液化问题可应用单剪仪进行动单剪试验。这种类型的试验中土样在竖向应力 σ_v 作用下固结,此时的侧向应力等于 $K_0\sigma_v$(K_0 为静止时的土压力系数)。单剪仪中土样的初始应力状态如图 11-21(a)所示,它所对应的摩尔圆见图 11-21(b)。随后,在土样上作用峰值为 τ_h 的水平往复剪应力,如图 11-21(c)所示,在水平往复剪应力作用过程中,可以测得孔隙水压力和应变值。

　　当往复剪切试验进行到某一时刻时,土样应力状态的摩尔圆如图 11-21(d)所示。需注意,作用在土样上的最大剪应力不是 τ_h,而是

$$\tau_{\max}=\sqrt{\tau_h^2+\left[\frac{1}{2}\sigma_v(1-K_0)\right]^2} \tag{11-10}$$

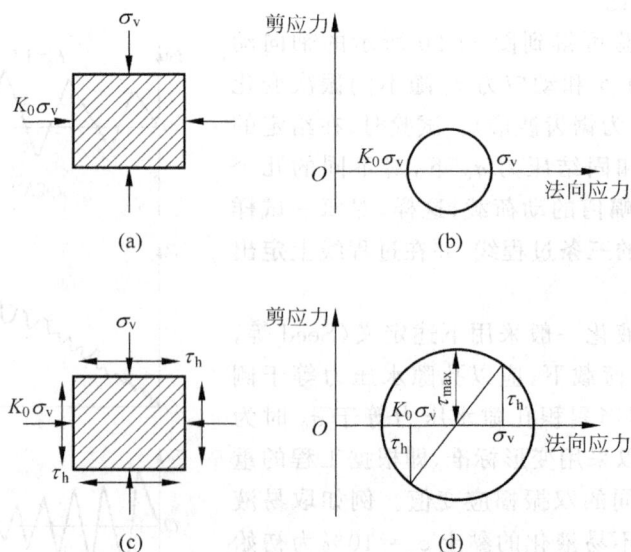

图 11-21　动单剪试验中土样的初始应力状态和最大剪应力

11.4.2　试验仪器

动单剪仪采用的试样容器为刚框式单剪容器,试样为方形,两侧由刚性板约束。上盖与下底板的对角线由铰链联结,这样在固结时可向下移动,但不可张开,剪切时的剪切应变与侧板一致,如图 11-22(a)所示(Roscoe,1953)。试样用橡皮膜包裹,保证完全不排水,可以量测孔隙水压力。第一代的动单剪仪就是在上述单剪仪的基础上研制出来的,它是由四块刚性金属板铰接而成,当其作相对旋转时,刚性框板的原有矩形空间截面(内装试样,亦即试样的纵向竖截面)就会改变为左右倾斜的菱形截面,如图 11-22(b)所示。这样就在试样内产生了等角度的剪应变,由此而对应的剪应力基本上是均匀的。

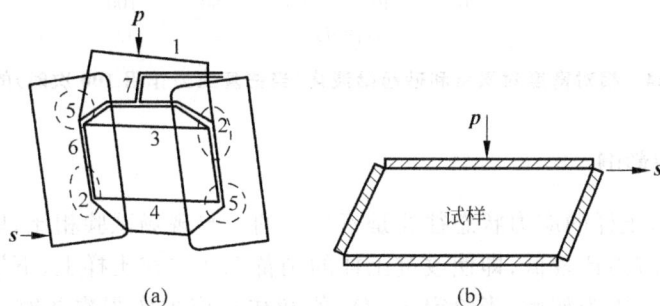

图 11-22　钢框式单剪容器结构示意图

1—土样帽;2—可动芯棒;3—顶部铁板;4—底部铁板;5—固定芯棒;6—橡皮膜;7—孔隙水压计

11.4.3　试验成果

图 11-23 所示为用单剪仪进行蒙特利砂液化试验的一些结果,实线表示 $\sigma_v = 113.7 \text{lb/in}^2$,即 784.8kN/m^2;虚线表示 $\sigma_v = 71.1 \text{lb/in}^2$,即 490.5kN/m^2。这些结果都是针对起始液化条件而言的。从图中可以得到以下几点结论。

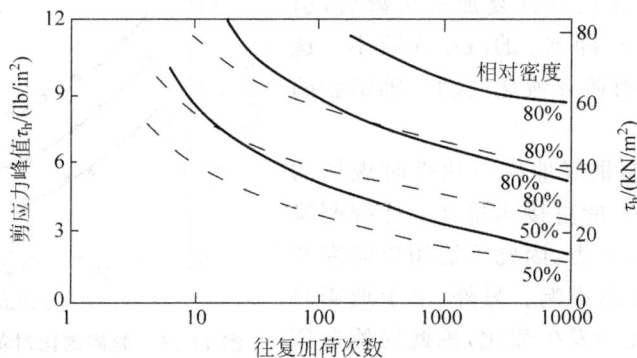

图 11-23　蒙特利砂动单剪试验的起始液化

给定 σ_v 值和相对密度 D_r 后,τ_h 值减小,引起液化所需的往复加载次数就增加;给定 D_r 和往复加载次数后,σ_v 值减小,产生液化所需的 τ_h 峰值也减小;给定 σ_v 和往复加载次数后,产生液化的 τ_h 将随相对密度的增大而增大。

给定 σ_v 值和往复应力作用次数后,产生液化的 τ_h 峰值与初始相对密度的关系如图 11-24

所示,当相对密度小于 80% 时,引起起始液化所需的 τ_h 峰值随 D_r 呈线性增加。

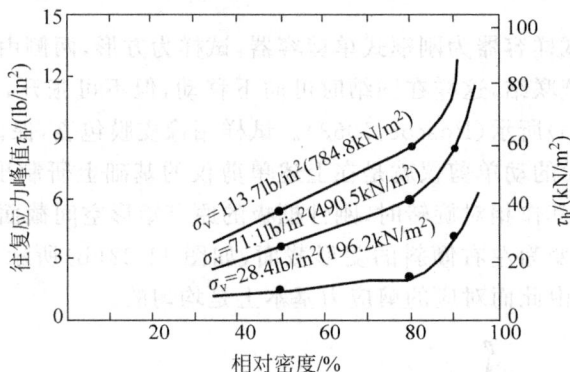

图 11-24　相对密度对蒙特利砂起始液化(当往复应力作用 100 次时)的影响

1. 试验条件的影响

在单剪试验中,土样的应力状态往往是不均匀的。与现场试验相比,单剪试验所得的产生液化的水平往复应力比较低,即使改进土样的制备工作并在土样上、下端采取粗糙面连接措施也不能避免。正因为如此,当给定 σ_v、D_r 值和往复应力作用次数时,现场所得的 τ_h 峰值比动单剪试验所得的值高 15%~50%,这个事实已由 Seed 和 Peacock(1968)做的均匀中砂($D_r \approx 50\%$)试验的结果所证实,在他们的试验中,现场测得的值大约比室内值高 20%。

2. 超固结比对产生液化的 τ_h 峰值的影响

动单剪试验的 τ_h 值在很大程度上取决于静止时的初始侧向土压力系数值 K_0,而 K_0 值又取决于超固结比(OCR),由动单剪试验确定的产生起始液化的值 τ_h/σ_v 与超固结比的关系见图 11-25。给定相对密度和往复加载次数后,引起起始液化的值 τ_h/σ_v 随 K_0 的减小而减小。这里需要指出的是,所有研究液化的动三轴试验的初始 K_0 值均为 1。

尽管单剪仪能够很好地模拟地震时现场的应力状态,但由于它不能直接测量又不能控制循环加载过程中的侧向压力,因此不能用以研究初始 K_0 固结对液化势的影响。另外,由于地震时土层中应力状态可能会发生变化,因此对侧向压力的控制和研究变得十分重要。

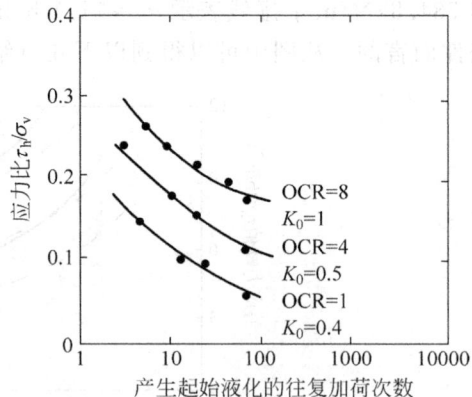

图 11-25　超固结比对单剪试验产生起始液化的应力的影响

11.5　扭剪试验

为了能在循环加载前和加载过程中测量和控制侧向应力,人们将三轴试验和单剪试验的优点结合起来,设计了扭转剪切仪。

早期的振动扭剪试验的试样与三轴试验相同,是一个实心圆柱。对试样施加静态应力 σ_1 和 σ_3 后,在试样上施加往复扭力,从而使试样的横截面上产生往复的剪应力。由于试样是一个实心圆柱体,试样内的剪应力和剪应变是不均匀的,试样横截面上靠近边缘的剪应力最大而中心处为零。为了克服这一缺点,Hardin 等(1972)将试样替换成空心圆柱,进行空心圆柱扭剪试验(HCA 试验),下面将重点介绍该试验。

HCA 试验最早可追溯到 1936 年 Cooling 和 Smith 对空心圆柱试样进行的扭剪试验,该试验可看作 HCA 试验的前身。1965 年,Broms 和 Casbarain 利用 HCA 试验研究了不同大主应力轴方向以及中主应力系数对黏土抗剪强度的影响。此后,随着 HCA 试验的发展和新型空心圆柱仪(HCA)的开发,砂土和黏土在主应力轴旋转作用下的变形和强度特性及各向异性强度等问题得到了研究。还有一些学者利用动态 HCA 研究了波浪荷载作用下砂土的主应力轴连续旋转行为与不排水以及排水变形特性。

如图 11-26 所示,HCA 试验的试验仪器为空心圆柱仪,其主体结构一般由轴力、扭矩加载系统,内、外围压控制器,反压控制器以及信号调节和数字控制系统等几个主要部分组成。

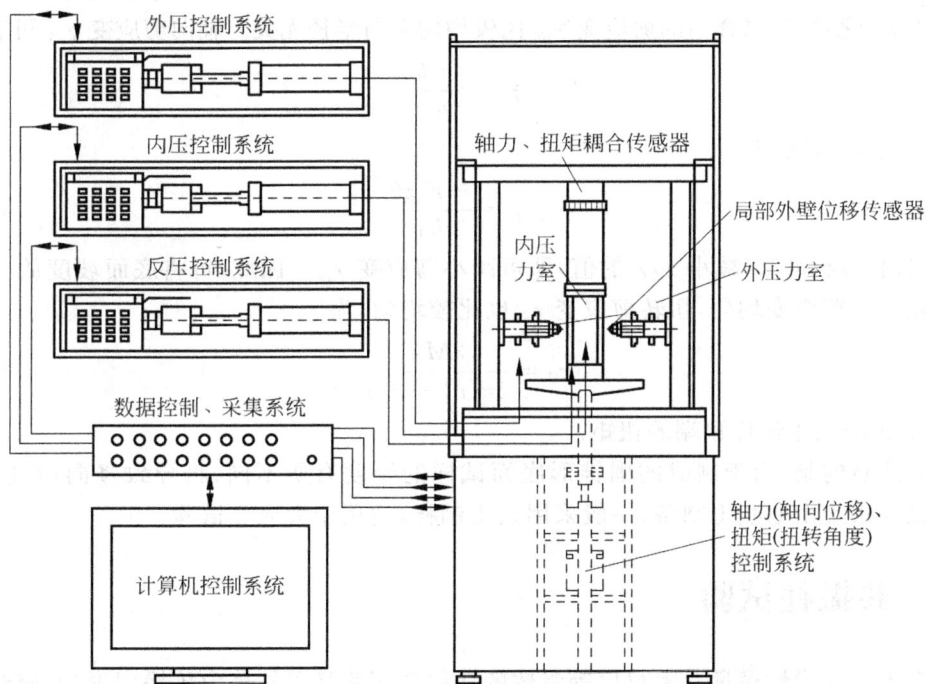

图 11-26　空心圆柱仪

试验常用的空心圆柱试样尺寸为 200mm×100mm×60mm(高度×外径×内径),在试验中通过联合施加轴力 W、扭矩 M_T、内外围压 p_i 和 p_o,使圆柱试样产生轴向、环向、径向以及扭剪方向的应力-应变分量,图 11-27 所示为试样受力示意图。由于试验中能够独立控制轴力、扭矩以及内外围压,从而可以实现 4 个应力分量——轴向应力、径向应力、环向应力以及扭剪应力的单独控制,同时可以实现中主应力系数 b 从 0～1 变化,也可以进行不同大主应力方向定向剪切试验以及主应力轴连续旋转试验来研究土体的各向异性。

为减小圆筒试样在扭转时剪应变分布的不均匀性,试样的底面可采用圆锥形,如图 11-3

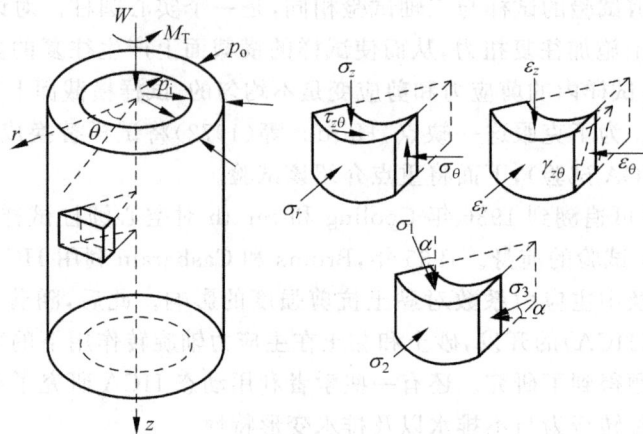

图 11-27　空心圆柱试验受力状态

所示。使试样的高度 z 随半径 r 的增大而增大,即试样内径 r_2 与高度 h_2 之比等于外侧半径 r_1 与高度 h_1 之比,则试样内的剪应变 $\gamma_{z\theta}$ 比较均匀且与半径无关。轴向剪应变 $\gamma_{z\theta}$ 可表示为

$$\gamma_{z\theta} = \frac{r_1\theta}{h_1} \tag{11-11}$$

径向剪应变 $\gamma_{r\theta}$ 表示为

$$\gamma_{r\theta} = \frac{-r_1 z\theta}{rh_1} \tag{11-12}$$

由式(11-12)可知,减小 z/r 的值,即可减小剪应变 $\gamma_{r\theta}$。因此,可将底面坡度放缓,此时试样横截面上剪应变均匀,扭转剪应变 τ_d 也比较均匀,为

$$\tau_d = \frac{3M_T}{2\pi(r_2^3 - r_1^3)} \tag{11-13}$$

式中,M_T 为施加于试样顶端的扭矩。

需要注意的是,由于制成的圆锥形底面试样的厚度有所不同,将导致竖向应变存在差异。该试样很难由原状土制备,一般采用人工制样,适用于大应变试验。

11.6　共振柱试验

测定土的动弹性模量及阻尼比等参数的共振柱试验是以柱体内传播理论为基础的。根据共振原理,在一个圆柱形试样上进行振动,改变振动频率直至试样产生共振。依据共振频率、试样和驱动设备的几何参数来计算模量值。

共振柱仪一般由三个主要部分组成:①压力室及施加固结压力的加压系统;②激振器及调节振动频率和振动力大小的激振系统;③位移、速度或加速度传感器及记录振幅变化的量测系统。共振柱仪种类很多,各种共振柱仪的主要区别在于端部约束条件和激振方式不同。图 11-28 所示为一种共振柱仪的结构示意图。

共振柱试验的工作原理如图 11-29 所示。图中圆柱形试样的底端固定,试样的顶端附加一个集中质量块,并通过该质量块对试样施加垂直轴向振动或水平扭转振动。试样的高度为 L。

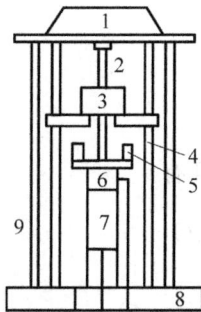

图 11-28　共振柱仪结构示意图

1—上固定盖；2—常力弹簧；3—纵向激振器；

4—支架；5—扭力激振器；6—上压盖；7—土样；

8—底座；9—有机玻璃罩

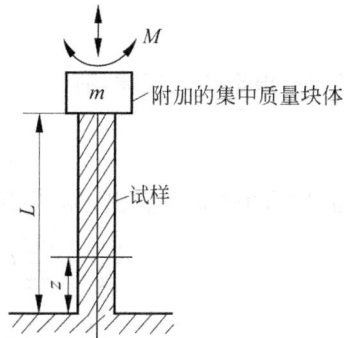

图 11-29　共振柱试验原理图

当土柱的顶端受到施加的周期荷载作用而处于强迫振动时,这种振动将由柱体顶端以波动形式沿柱体向下传播,使整个柱体处于振动状态。振动所引起的位移 u 或扭转角 θ 是位置坐标 z 和时间 t 的函数,即 $u=u(z,t)$ 或 $\theta=\theta(z,t)$。把试样视为弹性体,并忽略试样横向尺寸的影响,根据一维波动理论,可得波动方程:

纵向振动时,

$$\frac{\partial^2 u}{\partial t^2}=c_P^2 \frac{\partial^2 u}{\partial z^2} \tag{11-14}$$

扭转振动时,

$$\frac{\partial^2 \theta}{\partial t^2}=c_S^2 \frac{\partial^2 \theta}{\partial z^2} \tag{11-15}$$

式中,c_P 为纵波波速,$c_P=\sqrt{E/\rho}$;c_S 为横波波速,$c_S=\sqrt{G/\rho}$;E 为试样的弹性模量;G 为试样的剪切模量;ρ 为试样的质量密度。

可以看到,纵向振动与扭转振动的波动方程具有完全相同的形式。因此,求解波动方程时,只要对其任一式求解的结果作对应的代换,即可得到另一式的解答。现以纵向振动为例进行说明。

式(11-14)的解可写为

$$u=U(c_1\cos\omega_n t + c_2\sin\omega_n t) \tag{11-16}$$

式中,U 为位移幅值;ω_n 为柱体试样固有频率。

将式(11-16)代入式(11-14)得

$$\frac{\partial^2 U}{\partial z^2}+\frac{\omega_n^2}{c_P^2}U=0 \tag{11-17}$$

解得

$$U=c_3\cos\frac{\omega_n z}{c_P}+c_4\sin\frac{\omega_n z}{c_P} \tag{11-18}$$

考虑试样的边界条件,因 $z=0$ 时,$U=0$,故 $c_3=0$,则得

$$U = c_4 \sin \frac{\omega_n z}{c_P} \tag{11-19}$$

又因 $z=L$ 时,根据胡克定律,有

$$\frac{\partial u}{\partial z} AE = -m \frac{\partial^2 u}{\partial t^2} \tag{11-20}$$

式中,A 为试样的横截面面积;m 为附加块体的质量。且有

$$\frac{\partial u}{\partial z} = \frac{\partial U}{\partial z}(c_1 \cos\omega_n t + c_2 \sin\omega_n t) \tag{11-21}$$

$$\frac{\partial^2 u}{\partial t^2} = -\omega_n^2 U(c_1 \cos\omega_n t + c_2 \sin\omega_n t) \tag{11-22}$$

代入式(11-20)得

$$AE \frac{\partial U}{\partial z} = m\omega_n^2 U \tag{11-23}$$

将式(11-19)代入式(11-23)得

$$AE \frac{\omega_n}{c_P} \cos \frac{\omega_n z}{c_P} = m\omega_n^2 \sin \frac{\omega_n z}{c_P} \tag{11-24}$$

注意,这里 $z=L$,将上式简化后得

$$AE = m\omega_n c_P \tan \frac{\omega_n L}{c_P} \tag{11-25}$$

因

$$E = \rho c_P^2 = \frac{\gamma}{g} c_P^2 \tag{11-26}$$

所以

$$\frac{A\gamma}{mg} = \frac{\omega_n}{c_P} \tan \frac{\omega_n L}{c_P} \tag{11-27}$$

上式两边乘以 L 得

$$\frac{AL\gamma}{mg} = \frac{\omega_n L}{c_P} \tan \frac{\omega_n L}{c_P} \tag{11-28}$$

式中,$AL\gamma$ 为试样的自重,记为 W;mg 为附加块体的重量,记为 W_m。则有

$$\frac{W}{W_m} = \frac{\omega_n L}{c_P} \tan \frac{\omega_n L}{c_P} \tag{11-29}$$

令

$$\beta_P = \frac{\omega_n L}{c_P} \tag{11-30}$$

则得

$$\frac{W}{W_m} = \beta_P \tan\beta_P \tag{11-31}$$

或

$$\frac{W_m}{W} \beta_P \tan\beta_P = 1 \tag{11-32}$$

此即为纵向振动时的频率方程。

由此，只要知道试样重量与附加块体重量的任意比值，即可算出 β_P，再由式(11-30)得

$$c_P = \frac{\omega_n L}{\beta_P} = \frac{2\pi f_n L}{\beta_P} \tag{11-33}$$

式中，f_n 为通过共振柱试验测得的试样振动的固有频率。

因此

$$E = \rho c_P^2 = \rho \left(\frac{2\pi f_n L}{\beta_P}\right)^2 \tag{11-34}$$

此式即为按纵向振动方法计算模量 E 的公式。

如果试样上块体的重量很小，可以忽略不计，即 $W_m = 0$，则根据式(11-31)可知，$\beta_P \tan\beta_P$ 应为无穷大，因为 $\beta_P \neq \infty$，故只有 $\tan\beta_P = \infty$，由此可得 $\beta_P = \omega_n L / c_P = \pi/2$，则

$$c_P = 4 f_n L \tag{11-35}$$

由此得

$$E = \rho c_P^2 = 16 \rho f_n^2 L^2 \tag{11-36}$$

对于扭振，同样可得到相似的频率方程：

$$\frac{J_m}{J}\beta_S \tan\beta_S = 1, \quad \beta_S = \frac{\omega_n L}{c_S} \tag{11-37}$$

式中，J_m 为附加块体的质量极惯性矩；J 为试样的质量极惯性矩。则

$$c_S = \frac{2\pi f_n L}{\beta_S} \tag{11-38}$$

$$G = \rho \left(\frac{2\pi f_n L}{\beta_S}\right)^2 \tag{11-39}$$

若附加块体的质量忽略不计，则同样有

$$c_S = 4 f_n L \tag{11-40}$$

$$G = 16 \rho f_n^2 L^2 \tag{11-41}$$

以上推出了按共振频率计算模量和波速的表达式。下面说明求试样的阻尼比的方法。可通过强迫振动改变频率作出完整的幅频曲线(见图 11-30)，再以 $\sqrt{2}/2$ 倍共振峰值截取曲线，得出两个频率 f_1 及 f_2，即可按下式计算阻尼比：

$$\lambda_d = \frac{1}{2}\frac{f_2 - f_1}{f_n} \tag{11-42}$$

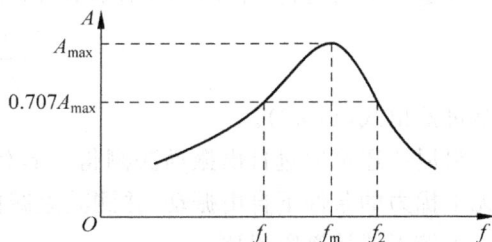

图 11-30　共振柱试验测得的振频曲线

稳态激振时，振幅为(钱鸿缙等，1980)

$$A = A_S \frac{1}{\sqrt{1 - \dfrac{\omega^2}{\omega_n^2} + 4\lambda_d^2 \dfrac{\omega^2}{\omega_n^2}}} \tag{11-43}$$

式中，A_S 为静位移。

当发生共振，亦即 $\omega = \omega_n$ 时，有

$$\frac{A_{max}}{A_S} = \frac{1}{2\lambda_d} \tag{11-44}$$

若取 $A=\dfrac{\sqrt{2}}{2}A_{\max},\omega/\omega_n=r$,则式(11-43)可写为

$$A=\frac{\frac{\sqrt{2}}{2}A_{\max}}{2\lambda_d A_{\max}}=\frac{1}{\sqrt{(1-r^2)^2+4\lambda_d^2 r^2}} \tag{11-45}$$

即

$$\frac{\sqrt{2}}{4\lambda_d}=\frac{1}{\sqrt{(1-r^2)^2+4\lambda_d^2 r^2}} \tag{11-46}$$

上式可写为

$$1-2r^2+r^4+4\lambda_d^2 r^2=8\lambda_d^2 \tag{11-47}$$

解这个代数方程得

$$\begin{cases} r_1^2=1-2\lambda_d^2-2\lambda_d\sqrt{1+\lambda_d^2} \\ r_2^2=1-2\lambda_d^2+2\lambda_d\sqrt{1+\lambda_d^2} \end{cases} \tag{11-48}$$

故

$$r_2^2-r_1^2=4\lambda_d\sqrt{1+\lambda_d^2}\approx 4\lambda_d \quad (当\lambda_d\text{很小时})$$

又因

$$r_2^2-r_1^2=\frac{f_2^2-f_1^2}{f_n^2} \tag{11-49}$$

则得

$$4\lambda_d=\frac{f_2+f_1}{f_n}\frac{f_2-f_1}{f_n} \tag{11-50}$$

假定幅频曲线(见图11-30)基本对称,则有

$$\frac{f_2+f_1}{f_n}\approx 2 \tag{11-51}$$

于是可推出式(11-42)。

阻尼比还可通过自由振动法测得。具体方法为:当试样发生共振时切断动力,使试样在无干扰力的条件下自由振动,并测其衰减曲线,然后作出振次 N 与相对振幅 A 之间的曲线。可按下式计算阻尼比:

$$\lambda_d=\frac{1}{2\pi}\delta=\frac{1}{2\pi}\frac{1}{m}\ln\frac{A_N}{A_{N+m}} \tag{11-52}$$

式中,δ 为对数递减率;A_N 为第 N 次振幅;A_{N+m} 为第 $N+m$ 次振幅。

11.7 试样的波速测试

11.7.1 超声波法

该方法是将超声波测试装置安装在动三轴仪上来测量非饱和砂土的波速,从而得到相应的动剪切模量,如图11-31所示,超声波测试装置由发射机、发射接收探头、滤波器和接收机

四部分组成。发射机用于产生电脉冲信号,并激发发射探头的压电晶体,使其产生机械振动波,从而将电能转化为机械能。所激发的振动波通过试样向上传播,由接收探头接收,使其在压电晶体的极化方向上产生电脉冲,再将机械能转化为电能。电信号经过放大后进入低通滤波器,将高频电信号滤掉,再经放大进入接收机,最后经放大和滤波后在示波器上显示。

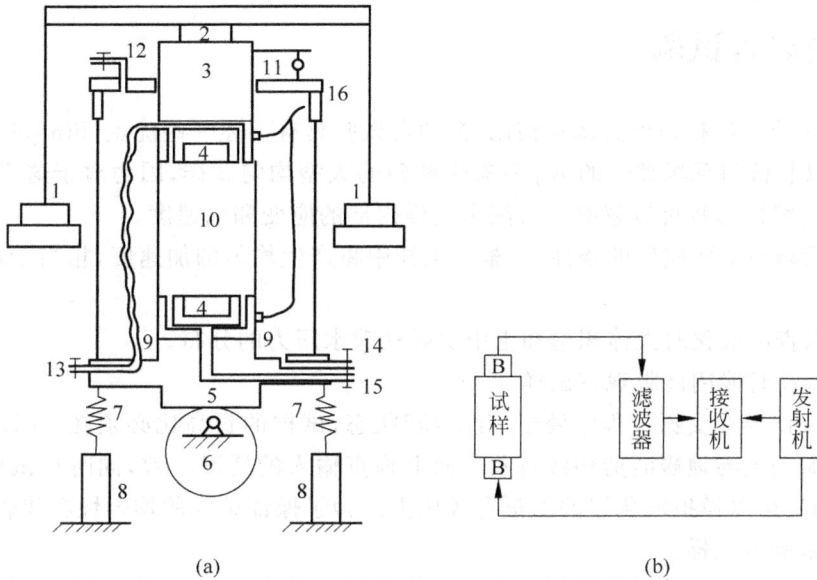

(a)　　　　　　　　　　　　　(b)

图 11-31　三轴试样的超声波测试系统

(a)超声波仪与动三轴仪的套装;(b)超声波测试原理

1—轴向荷载;2—压力传感器;3—活塞;4—发射探头和接收探头;5—振动台;6—偏心轮;7—弹簧;8—支架;
9—压力室;10—试样;11—电阻片;12~15—管道;16—电线

11.7.2　弯曲元法

Shirley 和 Hampton(1978)首次利用压电陶瓷弯曲元(bender element)来测定室内试验土样的剪切波速,如图 11-32 所示。压电陶瓷弯曲元是由两片压电晶体板(厚 1mm,宽 12mm,

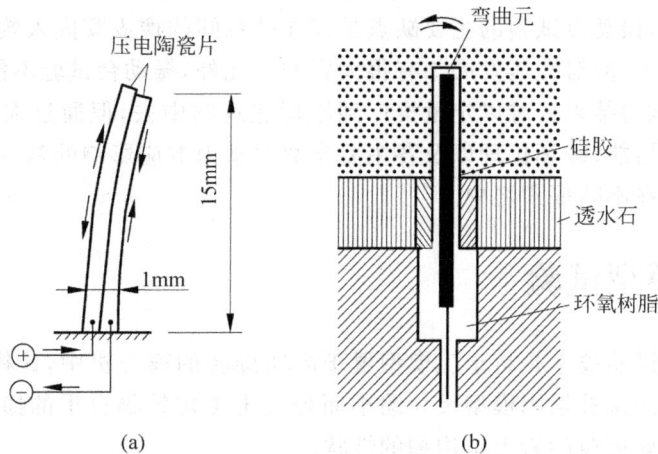

(a)　　　　　　　　　　　　　(b)

图 11-32　弯曲元及应用

(a)弯曲元在激振中;(b)弯曲元安在仪器中

长 15mm)刚性地结合在一起组成的单元。当这类单元被强制发生弯曲时,它的一片板伸长,另一片板则缩短,从而产生电流,电流的大小与变形的大小成正比。如将弯曲元像悬臂梁那样安装在试样的上下两端,则当上端的弯曲元运动时,其周围的土受迫来回振动,相当于剪切波从上到下经过悬臂以外试样,底端的弯曲元接收信号,以测定波的运动。

11.8　振动台试验

与常用的动三轴和动单剪试验相比,振动台试验具有下述一些优点(Finn,1972)。

(1)可以制备与现场类似的 K_0 状态饱和砂的大型均匀试样,因为对于这样的大试样,所埋设仪器的惯性影响可以忽略。可测出土样内部的应变和加速度。

(2)在低频和平面应变的条件下,整个土样中将产生均匀的加速度,相当于现场剪切波的传播。

(3)可以查出液化时大体积饱和土中实际孔隙水压力的分布。

(4)在振动时能用肉眼观察试样。

为了确保试样在受振过程中处于"自由场"状态,试样的长高比必须在 10 以上(王钟琦等,1986)。振动须与地震时剪切波自基岩向上垂直输入的情况一致,同时在试样上覆以密封胶膜,施加气压以模拟液化层的上覆有效压力。为了保证试样的均匀性和代表性,宜选用适当的方法来制备土样。

振动台试验是将土体的原形尺寸按一定的几何比例缩小,按要求的相似条件选定材料,施加静、动荷载,测定应力、应变等参量,并反算到原形的一种方法。根据激振方式的不同,可以将振动台分为以下几种形式。

(1)冲击式振动台。施加冲击荷载使振动槽产生自由振动。一般用摆锤产生冲击荷载,台面加速度的大小与摆锤的质量和摆角有关。

(2)自由振动式振动台。用活塞对振动试验槽突加荷载,试验槽由于在运动方向上受到弹簧约束而产生自由衰减运动。

(3)简谐振动式振动台。用激振器对试验槽进行激振,使台面发生简谐振动。

(4)模拟地震式振动台。振动台由计算机控制,可使台面产生人工设置的任意波形。

除尺寸效应外,振动台试验的主要缺点是存在砂粒间的橡皮膜嵌入效应,它对试样体积变化的影响虽然很小,但对孔压发展却有很大影响。此外,振动台试验不能完全满足动态模型试验的相似律,试验结果也难以定量推广到原形建筑物中去,但通过大量的模拟试验,可以分析土体的动态性能、破坏机理以及各主要参数对动力响应影响的基本规律。目前,土工振动台模型试验仍在不断探索之中。

11.9　离心模型试验

土工离心模型试验技术是将土工模型置于高速旋转的离心机中,让模型承受大于重力的离心加速度的作用来补偿因模型尺寸缩小而导致土工构筑物自重的损失。所以,它能有效模拟以自重为主要荷载的岩土结构物的性状。

早在 1869 年 Phillips 就提出了土工离心模拟试验技术的基本思想。20 世纪 30 年代,美国和苏联重新提出这一概念并开展了试验研究工作。60 年代末是土工模拟试验技术发展的新时期,日本和英国等国开展了大量的试验工作。70 年代,北海石油平台试验研究的需要在很大程度上推动了土工模拟试验技术在世界范围内的发展。21 世纪以来,土工模拟试验无论在试验设备的数量和容量上,还是在量测技术和工程应用方面均得到极为迅速的发展。其间,我国也致力于该项技术的发展,先后研制成功多台大中型离心机,已能够实现水平和垂直耦合振动的大型离心机振动台试验,在岩土力学基本理论及岩土工程应用方面取得了长足的进步。

假设原型为试验模型几何尺寸的 n 倍,那么进行动力离心模拟试验时,频率应为原形的 n 倍,振动持续时间应为原形的 $1/n$,模型激振加速度应为原形的 n 倍。因此,若取 $n = 100$,那么如果将一个峰值加速度为 $40g$、频率为 $300\mathrm{Hz}$、持续时间为 $0.15\mathrm{s}$ 的激振力加到模型上去,则相当于原型受到一个峰值加速度为 $0.4g$、频率为 $3\mathrm{Hz}$、持续时间为 $15\mathrm{s}$ 的激振力。为此,要求模拟地震作用的离心机能够产生足够大小的力,能够进行高速加、卸荷载,并可以精确地控制其幅值和持续时间,故一般常用压电振动系统。

20 世纪 90 年代以来,国外可进行动力离心模型试验的研究机构迅速增多。仅欧美、日本等国就拥有 20 多台动力土工离心模型试验机。美国国家科学基金会于 1989 年至 1994 年,历时五载,投资 350 万美元,资助了一项称为"液化问题的数值分析方法及离心模型试验验证技术"的项目,解决了许多问题,如采用黏滞系数大的液体代替水来解决惯性和固结耦合的时间比尺问题;研制了电液伺服等激振装置,实现了高频率、高速度和高峰值动力的输入;开发了刚性边界吸收的模型箱和等效剪切梁式迭环模型箱,减少了模型应力场、应变场和地震波的失真。

然而,动力离心试验也存在一些问题。比如,动力土工离心模型试验均为一维加速度输入,还缺乏二维、三维地震加速度输入的设备,因此这仍是目前学者们正在努力解决的问题之一。这方面已经取得一定进展,图 11-33 所示为香港科技大学研制的 HKUST400 型土工离心试验机,可以在两个方向产生动力加速度来模拟动力问题,为研究地震响应规律提供了先进的手段。

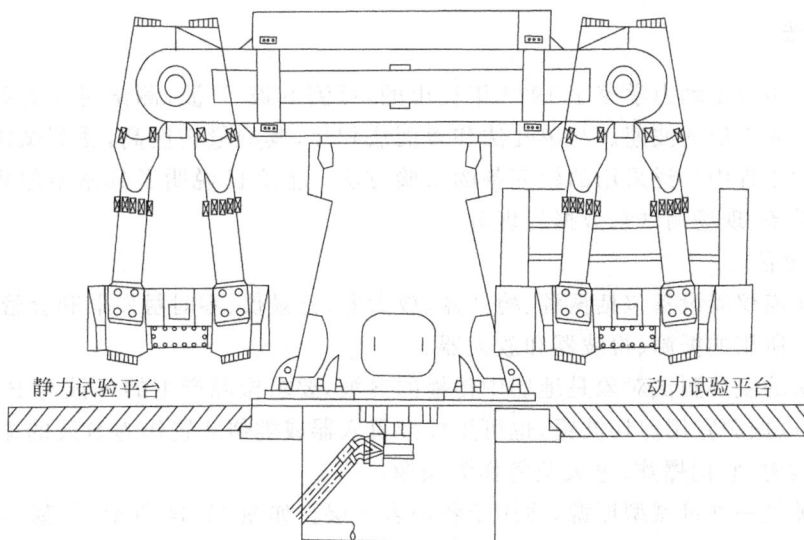

静力试验平台　　　　动力试验平台

图 11-33　HKUST400 型土工离心试验机

11.10 原位动力测试

原位测试技术是土动力学的一个重要分支,是土动力学在工程应用方面的重大进展。用原位测试方法测定岩土体的动力参数是一种有效、简便的途径,近年来得到迅速发展和应用。原位测试不仅能用来测定小应变范围的弹性参数(动模量、动泊松比和阻尼比问题),而且可以用于研究大应变范围土的动强度、动变形、液化以及土体动力稳定性问题。下面就众多方法中的波速试验、循环荷载板试验进行简单介绍。

11.10.1 波速试验

波速试验一般包括跨孔法、下孔法、上孔法、表面波法、折射波法和反射波法,可用来测定地基中 P 波(压缩波)、S 波(剪切波)、R 波(瑞利波)的速度 c_P、c_S 和 c_R。依据这些波速值,可进行以下工作:①计算地基在小应变幅时的动弹性模量 E、动剪切模量 G、动泊松比 ν,并由振动系统求得刚度 K 和阻尼比 λ_d;②进行场地土类型划分、土层的地震反应分析、地基固有周期的计算、饱和土层液化势的评价;③在地基勘察中,配合其他测试方法综合评价场地土层物理学参数;④在工程检测中,评价地基基础加固效果和工程质量;⑤分析基岩起伏、松散覆盖土层厚度并查明断裂构造带位置等。

跨孔法、下孔法和上孔法统称为钻孔法,须在地层中钻一个或多个孔。该法原理简单,计算波速时,假定波沿直线传播,按波传播的距离和历时即可计算波速。其中下孔法和上孔法又称为单孔法和检层法,只是检波器的位置不同。因上孔法中将检波器置于地表,记录波形易受干扰,故工程中多采用下孔法。目前国内外广泛采用跨孔法和下孔法。

表面波法、折射波法和反射波法统称为表面法,无须在地层中钻孔,振源和检波器均布置在地表,其测试和数据分析均比钻孔法复杂。表面波法按振源的形式又分为稳态和瞬态振动法两种类型,是一种有效的浅层勘测方法;折射波法不能检测软夹层,测试结果精度低,故多作为初步勘测之用;反射波法由于对测试仪器要求高,在工程中的应用还不广泛。

1. 跨孔法

跨孔法是美国土动力学家于 1972 年提出的,可测 S 波、P 波,测试对象为各类岩土,并可测定低速软弱夹层的波速。与单孔法和表面法相比,其测量精度高,受测试深度限制小,其测量已成为工程中广泛采用的较完备的试验方法。上文已说明了其基本原理,下面主要介绍其仪器设备、现场测试和数据处理等。

1)仪器设备

跨孔法所需仪器设备包括振源、检波器、放大器、记录仪、零时触发器和套管等。以下主要介绍跨孔法所用的振源、检波器和放大器。

因跨孔法的主要测试对象是地层中传播的 S 波,要求振源产生的 S 波与 P 波能量之比尽可能高,所以振源宜用剪切波锤,也可用标准贯入器或类似装置作为 S 波的振源;当工程上需测定 P 波时,宜用爆炸、电火花等作为振源。

剪切波锤是一种机械型振源,适用于各类岩土层。如图 11-34 所示,其基本原理是采用某种张缩装置,使某一筒壁锚固在钻孔一定深度处,再通过它受冲击而激发孔壁土体的振波。剪切波锤由一个固定的圆筒体和一个滑动的重锤组成,通过液压作用可以使圆筒体内上组活塞推出,带动筒体的四瓣外壁紧压在钻孔壁上。当下拉活动锤时,锤冲击固定筒体产生向上的冲击,锤自由下落时,又冲击固定筒体产生向下的冲击。这样,不仅能激发 S 波,而且当振源作用力方向改变时,接收到的 S 波初至相位差为 180°,有利于准确辨别 S 波的初值。当要改变激振深度时,可以通过另一液压管使锚板缩回,上下移动到预定的下一试验点。

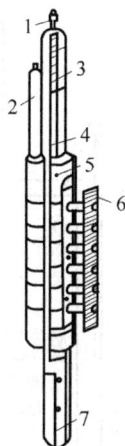

图 11-34　井下剪切波锤结构示意图

1—"扩张"液压管;2—"收缩"液压管;3—上部活动质量块;4—活动滑杆;5—井下锤的固定部分;6—井下锤扩张板;7—下部活动质量块

跨孔法测试根据振源的不同,主要有两种试验方法。用剪切波锤时宜采用一次成孔法:当振源及接收孔准备就绪后,将剪切波锤及各检波器放在与振源孔及接收孔相同标高处,并固定于孔壁。然后拉动连接剪切波锤活动块的钢丝绳,使活动块上下击打锤身,在接收孔内就会接收到极性相反的两组 S 波。一般在同一深度重复 2~4 次,视其重复性,并得到加强的信号,然后将锤及检波器移到下一测试深度,重复上述步骤直至孔底。相邻测点之间的深度差一般为 1~2m。当用标准贯入器或类似装置时,称为分段钻进测试法,主要用于深度不大的土层中做跨孔法试验。用三台钻机分段钻进,分段测试,可避免下套管和灌浆,必要时可用泥浆护壁。试验时,振源孔钻至预定深度后,可先将取土器打入孔底土 30cm,同时将三分量检波器放入另外两个孔底(与振源同一标高)与土紧密接触,用重锤敲击取土器,使土中产生 P 波和 S 波,完成激振测试。重复上述步骤,从上到下依次对各测点进行测试。为便于分辨 S 波,除采用反向振源外,还可不断调节放大器的增益,或采用两种振源方式,即用电火花或爆炸振源接收 P 波,用机械振源接收 S 波。

一次成孔法测试完毕后,应选择一部分测点重复观测,其数量不少于测点总数的 1/10,也可采用互换振源孔的方法进行校核测试。在低速软弱夹层上下界面处,若孔距和测点位置布置不当,则采用跨孔法将不能得到其中的直达波波速。

检波器一般采用三分量井下检波器,它由三只传感器按相互垂直的方向固定,密封在一个无磁性圆筒内而成,其中竖向分量用来识别 SV 波,径向分量用来识别 P 波,切向分量用来识别可能存在的 SH 波,同时利用三分量波形记录还可相互校核资料分析结果的可靠性。通常要求检波器谐振频率小于地震主频的 1/2,并有将其固定于井壁的装置(如气囊等),三分量传感器的性能应一致。

跨孔试验中地层质点运动量很小,检波器的输出必须经放大后才能适当地记录或显示。放大器及记录系统可采用多道工程地震仪或采用多通道、高灵敏度、低噪声的低频放大器与光线示波器配套,记录时间的分辨率应高于 1ms。

2)现场测试

跨孔法试验的布置方式如图 11-35 所示,试验孔应尽量布置在地面高程相近的地段。三个孔应布置在一条直线上,其中一个为振源孔,两个为接收孔,这样可以根据相邻两接收孔间波传播历时之差来计算波速,消除了触发器、钻孔套管和回填等方面的部分影响,从而可以提高测试精度。

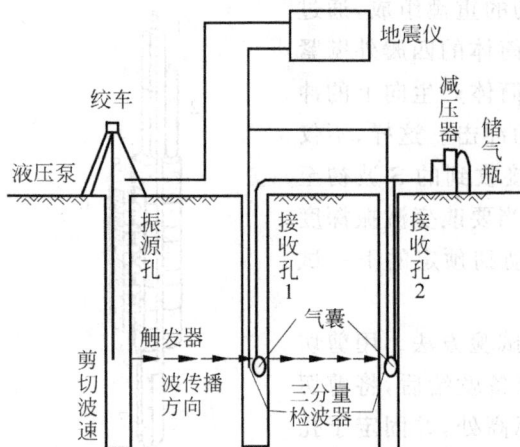

图 11-35　跨孔法试验布置图

钻孔间距,土层中一般为 3～5m,岩石中一般为 8～10m,钻孔直径以保证振源和检波器能顺利地在孔中或套管中上下移动为宜。当在易缩孔或孔壁易塌的土层中钻孔测试时,试验孔应下套管,套管与孔壁之间的间隙大多采用灌浆填实。浆液配比的原则为,使其固结后的密度与周围介质一致,对于土层,浆液中的膨润土、水泥和水的配比可采用 1∶6∶6.25,这样硬化后较为均匀,对 S 波的激发和接收相当有利。采用水泥砂浆灌注时,会使套管很好地嵌固在地层中,注意套管不宜重复使用。

为确保跨孔试验结果的精度,一般要求测试深度大于 10m,必须使所有试验孔按一定的间距(不大于 10m)进行测斜,以准确计算出振源与检波器间的水平距离。

3）数据处理

数据处理主要包括波型识别和波速计算。跨孔法试验记录的波动信号主要由体波组成,P 波先到达,该波段振幅小,频率高,P 波初至可根据记录上第一个起跳点识别。S 波为主的波段部分,振幅大,频率低,也可利用 S 波的可逆偏振性识别它的初至。采用地震信号增强仪进行试验时,波型识别工作易于完成。

采用跨孔法时,一般按下列步骤计算波速值。

（1）利用竖向传感器的波形记录,确定在每一测试深度 S 波到达每个接收孔的初至时间 t_{S1}、t_{S2}。如用变换打击方向的振源时,在两组波形记录上极性相反,开始改变极性的起点即 S 波的初至。

（2）利用水平传感器的波形记录,确定在每一测试深度 P 波到达每个接收孔的初至时间 t_{P1}、t_{P2}。如初至时间读不准,也可用记录上的第一个波峰或波谷的时间作辅助。

（3）按测量数据,计算由振源到每个接收孔的距离 S_1、S_2 及差值 $\Delta S = S_2 - S_1$。

（4）按下列公式计算在每一测试深度的 S 波及 P 波速度值：

$$c_S = \Delta S / (t_{S2} - t_{S1}) \tag{11-53}$$

$$c_P = \Delta S / (t_{P2} - t_{P1}) \tag{11-54}$$

同一测点 P 波或 S 波的三个试验波速值的相对误差应在 5%～10% 以内,否则须分析原因或重新测试。S 波波速 c_S 的另两个试验值为：$c_{S1} = S_1 / t_{S1}$,$c_{S2} = S_2 / t_{S2}$,应与式(11-53)的计算值进行比较;同时,P 波波速的另两个试验值为：$c_{P1} = S_1 / t_{P1}$,$c_{P2} = S_2 / t_{P2}$。

当三个波速值的相对误差大于 10% 时,首先应查核钻孔垂直度和波初至时间是否有误,然后分析记录仪扫描速率或时间分辨能力是否合适,触发器延迟是否太大,地层是否严重不均匀以及测点位置是否布置不当等。如通过分析仍不能获得正确的波速值,则须重做试验或改用其他方法。

2. 下孔法

下孔法又称单孔法或检层法,一次试验只需钻一个钻孔。只要场地能安装钻机就可采用这种方法,该法甚至可用于已有建筑室内地基波速测试。

1）仪器设备

下孔法试验需要的仪器设备包括振源、检波器、放大器、记录器、触发器和套管等,其后五项基本上与跨孔法的要求相同。因此,这里主要介绍下孔法试验常用的振源类型。

P 波振源构造简单,通常在孔口附近地表上放置一块金属板(或木桩、橡胶垫子)作为激振源,当它受到竖向敲击时,地层中便有丰富的 P 波产生并沿孔壁向下传播。即使是测定 P 波波速时,下孔法也很少采用爆炸振源。

S 波振源常采用上压重物的木板,如图 11-36 所示。沿与钻孔切线平行的方向敲击木板,地层中即产生向下传播的 SH 波和 P 波。该试验操作简便,SH 波能显著高于 P 波,并且可通过正反两次激振和 S 波的可逆偏振性来识别振型。实践证明,板与地面的接触条件对激振效果影响显著,因此工程上多采用板底钉有许多钉齿片的加工木板。另外,加大板上重物的重量,改用长板等,也能改善激振效果。

图 11-36 所示的振源一般只能进行浅层试验,进行深层试验时必须对其进行改进。可利用弹簧的恢复力带动一个铁球对板进行水平冲击,振源能量比人力敲击的大。试验时将板用地脚螺栓固定在地面上,弹簧和球可以根据测试深度要求加以选用。

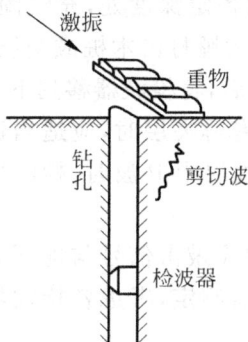

图 11-36　采用 S 波型振源的下孔法示意图　　　图 11-37　冲击桩型 S 波振源示意图

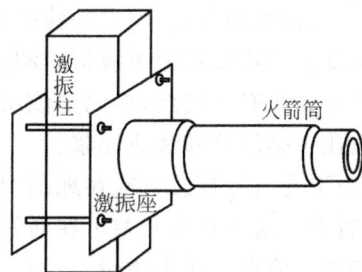

当测试深度接近或超过百米时,可采用图 11-37 所示的冲击桩型振源,激振桩为钢桩或钢筋混凝土桩。试验时先打激振桩,再在桩身设置激振座,用以安装水平冲击的火箭筒,炸药瞬间产生的反冲力可在地层中形成很强的 S 波。另外,在桩身相对两侧各设置一激振座可实行双向水平激振,以利用 S 波的可逆偏振性来识别波形。因此冲击桩激振具有能量大、可控制和不受场地条件限制的优点,尤其适用于在海漫滩、沼泽地等地点无法用正常方法激振的工程。

2）现场测试

下孔法试验布置如图 11-38 所示,现场测试包括如下内容:钻孔、设置振源和波动测试等。一次试验原则上只需一个钻孔,用来安放检波器。钻孔、下套管及灌浆方法与跨孔法类似。因下孔法所测定的波是沿孔壁地层传播的,为尽可能使试验与实际情况相符,钻孔孔径应取较小值,以减小对孔壁土体的扰动。孔应尽可能垂直,必要时应进行测斜,可同时获得地层的动、静力学指标,两者互校可提高试验结果的精度。该方法与图 11-39 所示的触探法适用范围相同,只限于黏性土和砂类土。

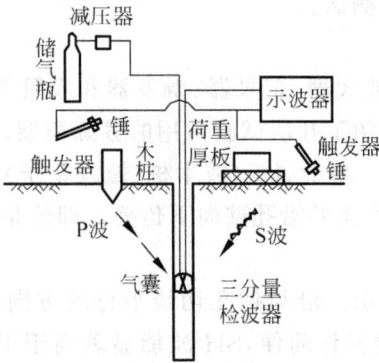

图 11-38　下孔法试验布置图

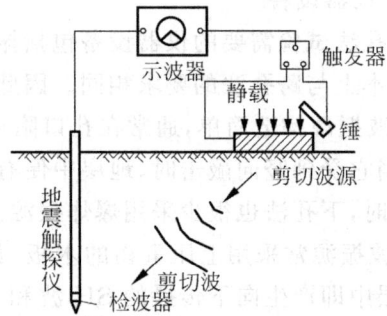

图 11-39　动力触探仪下孔法试验示意图

在距试验孔 1～4m 处,放置一块上压重物的木板,试验孔应位于木板长轴的中垂线上,用大锤打击木板两端,产生 SH 波。木板长 2～3m,宽 30～40cm,厚 5～6cm,上压重物质量约 500kg,如图 11-38 所示。当采用冲击桩振源时,木板与试验钻孔同时设置,距孔中心为 4～8m。

钻孔和振源设置完后,可进行测试。将检波器送到孔内预定深度处,充气固定,然后轮流水平敲击木板的两端,可接收到极性相反的两组 S 波;用大锤打击木桩或金属板,使之产生 P 波。一处深度重复 2～4 次并检查记录波形无明显问题后,将检波器移到下一深度处进行测试,重复上述步骤并记录波形。测点间距为 1～3m,当有薄夹层时,应适当调整测点间距,使其中至少布有两测点,以测定该层波速。当只需测定地层中 P 波时,检波器可不与孔壁紧贴,但孔中必须注满水或泥浆。

在采用下孔法计算波每次在地层中传播的时间时,应扣除敲击信号与地下表面开始振动之间的时差。这个延滞时差可在激振板下设置几个检波器测定,考虑各检波器波初至时间不同,其平均值即可作为该时差,为 2～4ms。

3) 数据处理

下孔法的波形识别同跨孔法,这里主要介绍由波传播历时与深度关系计算地层波速的两种方法。如图 11-40 所示,各地层中波速为常数,由浅至深各层厚度为 $h_1,h_2,\cdots,h_i,\cdots$;假设波按直线传播(即不考虑波在交界面的折射),激振板与钻孔之间的距离为 d,波传播历时已扣除了上述延滞时差。

(1) 方法一

将波传播历时 t_0 换算成垂直下行至测点的历时 t。参考图 11-40,由勾股定理得

$$t = \frac{z}{\sqrt{d^2 + z^2}}t_0 = \frac{1}{\sqrt{1 + (d/z)^2}}t_0 \qquad (11\text{-}55)$$

由式(11-55)绘制 $z\text{-}t$ 关系曲线(称垂直时距曲线)。理论上,时距曲线上一点的切线斜率 $(\mathrm{d}z/\mathrm{d}t)$

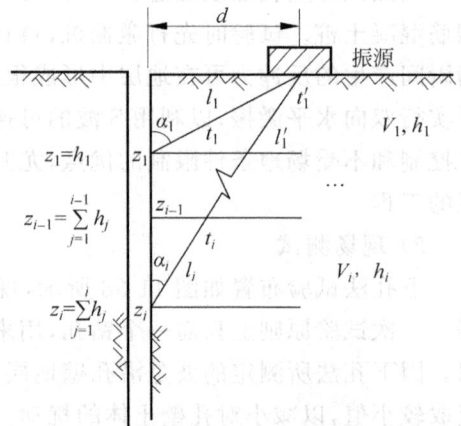

图 11-40　波速计算简图

即为相应深度地层的波速。实际工作中多采用这种方法,其计算步骤如下:

① 由水平、垂直检波器的记录,分别得到 S 波、P 波从振源到每一测试深度的时间 $t_{0(S)}$、$t_{0(P)}$。

② 按式(11-55)对每一深度测得的时间作斜距校正,将 $t_{0(S)}$、$t_{0(P)}$ 依次替代式(11-55)中的 t_0;式中 $z = z' + z_0$,其中 z' 为测点深度,z_0 为激发板与孔口的高差(激发板低于孔口时为负值)。

③ 以深度 z 为纵坐标,以校正后的时间 t 为横坐标,绘制时距曲线图。一般比例尺为:纵坐标 1cm 相当于 1m,横坐标 1cm 相当于 10ms。

④ 结合实际地层变化并根据时距曲线上不同斜率段划分波速层。每一折线段斜率的倒数即为此段所在区间地层的波速:

$$c = \Delta z / \Delta t \tag{11-56}$$

式中,Δz 为相应段的地层厚度;Δt 为相应段的 S 波和 P 波传播时间差;c 为相应的 S 波和 P 波波速。

(2) 方法二

第一层波速为

$$c_1 = l_1 / t_1 = h_1 / (t_1 \cos\alpha_1) \tag{11-57}$$

第 i 层波速为

$$c_i = l_i / t_i = \frac{\left[d^2 + \left(\sum_{j=1}^{i} h_j \right)^2 \right]^{1/2} - \left(\sum_{j=1}^{i} h_j \Big/ \cos\alpha_i \right)}{t_i - \left(\sum_{j=1}^{i} h_{i-j} \Big/ v_{i-j} \right) \Big/ \cos\alpha_i} \tag{11-58}$$

综上所述,有如下波速计算公式:

$$\begin{cases} c_1 = h_1 / (t_1 \cos\alpha_1) \\ c_i = h_i / (t_i \cos\alpha_i - t_{i-1} \cos\alpha_{i-1}), \quad i = 2, 3, \cdots \end{cases} \tag{11-59}$$

当 d 较小而测点较深时,$\alpha_i \approx \alpha_{i-1} \approx 0$,则由上式第二式得

$$c_i \approx h_i / (t_i - t_{i-1}) \tag{11-60}$$

3. 表面波法

表面波法是近年来受到极大重视的测定地层剪切波速的方法。它具有无须进行钻孔、测试时间短、有较高测试精度等优点。我国也对该法进行了大量理论分析及实际测试工作,已发展和完善了稳态法及瞬态法等测试方法。

对于均匀弹性半空间介质而言,当其表面受到竖向冲击力作用时,在介质中将产生压缩波(P 波)、剪切波(S 波)和瑞利波(R 波)。Miller 和 Pursey 指出,三种弹性波所占的能量比例为:R 波占 67%,S 波占 26%,P 波占 7%。而且,P 波和 S 波在介质中均以球面形式传播,波的振幅随传播距离 r 以 $1/r$ 的比例衰减;而瑞利波以圆柱面的形式向外传播,其振幅则以 $1/\sqrt{r}$ 的比例衰减。可见,瑞利面波比体波衰减慢得多,这给利用瑞利面波进行土层剪切波速的测试提供了有利条件。

R 波引起的质点位移振幅随深度的增加呈指数衰减,当深度达到一个波长时,其振幅仅

为地表的 1/5,即 R 波的能量主要集中在一个波长深度内,其传播特性也主要受该深度内介质特性的控制。

R 波波速 c_R 与剪切波速 c_S 间有如下近似关系:

$$c_R = \frac{0.87 + 1.12\mu}{1 + \mu} c_S \tag{11-61}$$

式中,μ 为介质的泊松比。一般土层的泊松比为 $\mu = 0.45 \sim 0.49$,故又有 $c_R \approx 0.95 c_S$。

在弹性成层介质中,R 波波速 c_R 与频率有关,即具有频散性。c_R 与频率之间的关系曲线称为频散曲线。它受到分层厚度、弹性模量、密度等参数的影响,因而 c_R 直接反映了地下介质的结构和物性,也提供了利用瑞利波进行测试的物理基础。

稳态瑞利波法的测试原理如图 11-41 所示。由电磁式激振器产生某一频率的稳态振源,振源和检波器在测线上按直线布置。通过缓慢移动两检波器的相对位置 Δx,使两检波器处于两个相位位置,则构成了稳态瑞利波法最简单的相位差测试方法。

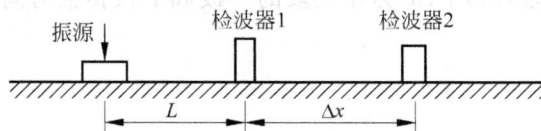

图 11-41　稳态瑞利波法测试原理

显然,R 波波速可由下式计算:

$$c_R = f \Delta x \tag{11-62}$$

式中,f 为频率。式(11-62)也可写成

$$c_R = \Delta x / \Delta t \tag{11-63}$$

式中,Δt 为波峰到达两检波器的时间差。

如果在同一时刻 t 观测到单频谐波在两个检波器的相位差 $\Delta\varphi$,c_R 可表达为

$$c_R = 2\pi f \Delta x / \Delta\varphi \tag{11-64}$$

改变激振频率 f,重复上述步骤,则可得到 c_R 随 f 的变化关系,即频散曲线。由式(11-61)即可求得相应的 c_S。它反映了一个波长范围内介质的特性,代表着距地表深度为 Z 处的剪切波速度。Z 的一般表达式可写成

$$Z = K_z \lambda \tag{11-65}$$

式中,K_z 为一个关于深度的系数;λ 为波长。

由于瞬态瑞利波法使用重锤或其他脉冲荷载作为振源,故其设备简单、轻便,效率更高。在脉冲荷载作用下,位于地表的传感器接收到的基本上是 R 波的竖向分量信号。瑞利波经检波器 1 向检波器 2 往外传播(见图 11-41),所接收到的信号是时间域信号,其中包含了多个单频瑞利波,必须借助于频谱分析才可能求得 R 波的传播速度,所以这一方法也称为表面波频谱分析法。

为了获取不同深度处土层的波速,要求振源能产生不同频率成分的波。一般采用不同大小的重锤敲击地面作为振源。一般来说,较重的锤产生低频信号,而较轻的锤产生高频信号。为使信号不失真,要求传感器、电荷放大器和磁记录仪具有良好的频响特性。

振源的频率成分及传感器的间距直接影响测试结果,它取决于所需测试的土层的深度,一般应使间距大于目标深度的一半,且取源点至最近检波器的距离等于两个检波器之间的距离。一般而言,为保证两个检波器接收到的信号有足够的相位差,其间距 Δx 应满足

$$\lambda/3 < \Delta x < \lambda \tag{11-66}$$

此时两信号的相位差 $\Delta\varphi$ 满足

$$2\pi/3 < \Delta\varphi < 2\pi \tag{11-67}$$

可见,当测试浅层土体的波速时,振源应以高频为主,间距应比较小;反之,当测试深层土体的波速时,振源应以低频为主,而间距应比较大。

4．折射波法和反射波法

折射波法和反射波法测试的基本原理见图 11-42。折射波法试验时,由于 $v_2 > v_1$,沿界面的折射波比沿地面的直达波传播得快。将振源和一组检波器布置在一条直线上,根据振源至各检波器的距离与初至波历时曲线的斜率求出各点波速和厚度。

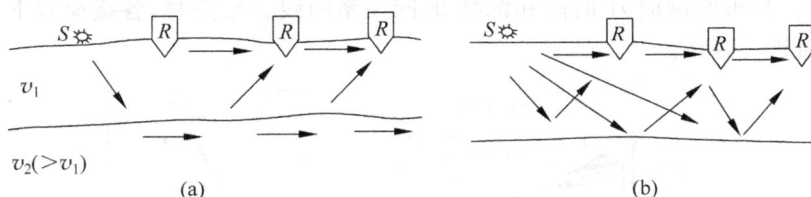

图 11-42 折射波法和反射波法测试示意图
(a) 折射波法；(b) 反射波法

折射波法在确定基岩起伏、覆盖层厚度以及查明构造破碎带位置等方面均有良好的效果。但如果基岩的埋深大,则利用此法不能准确得到上覆土层的层状结构及有关参数。此外,折射波法适用于各层波速沿深度增加的情况,故不能用于测定软夹层或硬夹层的下卧层的波速和厚度。

实际上,土中的波速 c_P 受饱和度影响显著,而 S 波性质主要受土骨架控制,不同土层的波速相对差别较大。一般而言,饱和土的 $c_P = 1400 \sim 2000 \mathrm{m/s}$,不同土类的饱和土 ρc_P(波阻抗)间的差异不大。所以利用 S 波的折射和反射信号进行浅部饱和土层勘测比 P 波更合理。通常认为波动法能分辨的最小厚度约为波长的 $1/8$,而利用 S 波可以较低的主频勘测地层中的薄层。

利用上述方法测定的波在土层中的传播速度,根据弹性力学理论公式可给出地层的弹性模量和泊松比等参数:

$$E = \frac{c_P^2 \rho (1+\mu)(1-2\mu)}{1-\mu} \tag{11-68}$$

$$G = \rho c_S^2 \tag{11-69}$$

$$\mu = \frac{c_P^2 - 2c_S^2}{2(c_P^2 - c_S^2)} \tag{11-70}$$

式中,E 为弹性模量；G 为剪切模量；μ 为泊松比；ρ 为土的密度；c_P 为压缩波速度；c_S 为剪切波速度。

11.10.2 循环荷载板试验

循环荷载板试验与静荷载板试验类似,它由 Barkan(1962)提出,在印度和我国都有试验标准或规范。试验时在承压板上反复加、卸荷载,实测荷载与变形关系曲线,以计算地基的弹性变形、弹性模量和抗压刚度系数。该试验方法适用于按 Winkler 弹性地基板设计的大型(设备)基础,如水压机、机床及公路和飞机场等。

试验前的准备工作(安装与调试等)完成后,记下千分表或电测位移传感器的初读数,并在荷载板上加第一级荷载(应等于试坑底面处土自重)。此荷载保持到荷载板不再沉降或沉降速率可忽略不计为止,然后记下最终沉降。卸下全部荷载,让荷载板回弹,回弹稳定后记下千分表读数。然后逐渐增加荷载,直至达到预定的下一级荷载,保持荷载不变并记下千分表的最终读数。再将全部荷载卸去,直到回弹速率可以忽略不计时,记录千分表的最终读数。如此循环加载、卸载,每一级反复循环次数应按土类而定,直至达到预期的极限荷载,每次都记下千分表的最终读数。

地基弹性变形量 S_e 等于加载时地基变形量 S 减去卸荷时地基塑性变形量 S',即 $S_e = S - S'$。每一级荷载作用下的弹性变形,一般取最后一次循环卸载的弹性变形值。根据试验结果,可以得到每个压力下的弹性回弹曲线(见图 11-43(a))和应力与弹性回弹曲线(见图 11-43(b))。也可绘制应力-时间和沉降-时间关系曲线。绘图时,各级荷载下实测地基弹性变量一般需进行修正。

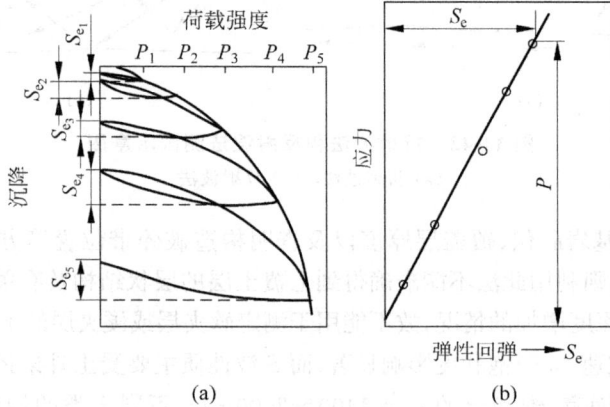

(a)　　　　　　　　　　　(b)

图 11-43　循环荷载板试验曲线

地基弹性模量 E 和抗压刚度系数 C_{Z0} 可按式(11-71)、式(11-72)计算,同样,C_{Z0} 用于设计基础时,须进行基底面积和基底应力修正。

$$E = \frac{1 - \mu^2}{Q(d \cdot S_e)} \tag{11-71}$$

$$C_{Z0} = P_L / S_e \tag{11-72}$$

式中,d 为承压板直径;P_L 为承压板应力;Q 为承压板的总荷载。

参考文献

[1]　王钟琦,等. 地基基础译文集[M]. 北京:中国建筑工业出版社,1980.

[2]　王钟琦,等. 岩土工程测试技术[M]. 北京:中国建筑工业出版社,1986.

[3]　谢定义. 土动力学[M]. 北京:高等教育出版社,2011.

[4]　KOKUSHO T. Cyclic triaxial tests of dynamic soil properties for wide strain range[J]. Soils and Foundations,1980,20(2):45-60.

[5]　SEED H B,IDRISS I M. Simplified procedure for evaluation soils liquefaction potential[J]. Journal of the Soil Mechanics and Foundations Division,1971,97(9):1249-1273.

[6]　HARDIN B O,DRNEVICH V P. Shear modulus and damping in soils:Design equations and curves

[J]. Journal of the Soil Mechanics and Foundations Division,1972,98(7)：667-692.

[7]　SEED H B,LEE K L. Liquefaction of saturated sands during cyclic loading[J]. Journal of the Soil Mechanics and Foundations Division,1966,92(6)：105-134.

[8]　SEED H B,MARTIN G R,LYSMER J. Pore water pressure changes during soil liquefaction[J]. Journal of Geotechnical and Geoenvironmental Engineering,1976,102(4)：327-346.

[9]　HARDIN B O,DRNEVICH V P. Shear modulus and damping in soils：Measurement and parameter effects[J]. Journal of Soil Mechanics and Foundations Division,1972,98(6)：603-624.

[10]　钱鸿缙,张迪民,王杰贤. 动力机器基础设计[M]. 北京：中国建筑工业出版社,1980.

[11]　SHIRLEY D J,HAMPTON L D. Shear 2 wave measurement in laboratory sediments[J]. Journal of Acoustical Society of America,1978,63(2)：607-613.

[12]　FINN W D L. Soil-dynamics-liquefaction of sands[C]//Proceedings of First International Conference on Microzanation. Seattle. Washington：[s. n.],1972,1：87-111.

[13]　SEED H B,SILVER M L. Settlement of dry sands during earthquakes[J]. Journal of the Soil Mechanics and Foundations Division,1972,98(4)：381-397.

[14]　普拉卡什. 土动力学[M]. 徐攸在,译. 北京：水利电力出版社,1984.

[15]　中国工业机械联合会. 地基动力特性测试规范：GB/T 50269—2015[S]. 北京：中国计划出版社,2015.

[16]　岩土工程手册编写委员会. 岩土工程手册[M]. 北京：中国建筑工业出版社,1994.

[17]　林宗元. 岩土工程试验监测手册[M]. 沈阳：辽宁科学技术出版社,1944.

[18]　中国建筑科学研究院. 建筑抗震设计规范：GB 50011—2010(2016 年版)[S]. 北京：中国建筑工业出版社,2016.

[19]　吴世明,唐有职,陈龙珠. 岩土工程波动测试技术[M]. 北京：水利电力出版社,1992.

[20]　蔡袁强,于玉贞,袁晓铭,等. 土动力学与岩土地震工程[J]. 土木工程学报,2016,49(5)：9-30.

[21]　谷川,蔡袁强,王军. 地震 P 波和 S 波耦合的变围压动三轴试验模拟[J]. 岩土工程学报,2016,34(10)：1903-1906.

[22]　张伟,余湘娟,孙爱华. 土体剪切模量和阻尼比的试验对比研究[J]. 山西建筑,2008,34(6)：19-20.

[23]　袁晓铭,孙锐,孙静,等. 常规土类动剪切模量比和阻尼比试验研究[J]. 地震工程与工程振动,2000,20(4)：133-139.

[24]　徐光兴,姚令侃,高召宁,等. 边坡动力特性与动力响应的大型振动台模型试验研究[J]. 岩石力学与工程学报,2008,27(3)：624-632.

[25]　孙超,薄景山,齐文浩. 地下结构抗震研究现状及展望[J]. 世界地震工程,2009,25(2)：94-99.

[26]　吴世明. 土动力学[M]. 北京：中国建筑工业出版社,2000.

[27]　陈国兴. 岩土工程地震学[M]. 北京：科学出版社,2007.

[28]　白冰. 土的动力特性及应用[M]. 北京：中国建筑工业出版社,2016.

[29]　BROMS B B,CASBARIAN A O. Effects of rotation of the principal stress axes and of the intermediate principal stress on the shear strength[C]//Proceedings of the 6th ICSMFE. Montreal：[s. n.],1965,1：179-183.

[30]　ISHIHARA K. Soil behavior in earthquake geotechnics[M]. Oxford：Clarendon Press,1996.

[31]　周健,白冰,徐建平. 土动力学理论与计算[M]. 北京：中国建筑工业出版社,2001.

[32]　王杰贤. 动力地基与基础[M]. 北京：科学出版社,2001.

[33]　白冰,肖宏彬. 软土工程若干理论与应用[M]. 北京：中国水利水电出版社,2002.

[34]　ROSCOE K H. An apparatus for the application of simple shear to soil samples[C]//Proc. 3rd ICSMFE. Zurich：[s. n.],1953,1：186-191.

[35]　COOLING L F,SMITH D B. The shearing resistance of soils[C]//Proceedings of the Institution of Civil Engineers,London：[s. n.],1936,3：333-343.

[36]　BARKAN D D. Dynamics of bases and foundations[M]. New York：McGraw-Hill Book Company,1962.

[37]　CRAIG W H. Edouard Phillips and the idea of centrifuge modelling[J]. Geotechnique,1989,39(4)：697-700.

地震荷载作用下循环应力路径

```matlab
clear
writerObj = VideoWriter('earthquake.avi');      % // 定义一个视频文件用来存放动画
open(writerObj);                                % // 打开该视频文件
x = -10:10; y = -10:10;
axis off; hold on;
plot([0 0],[min(y) max(y)],'k',[min(x) max(x)],[0 0],'k');
ax = [max(x),max(x)-0.5,max(x)-0.5;0,0.2,-0.2];
fill(ax(1,:),ax(2,:),'k');
ay = [0,0.2,-0.2;max(y),max(y)-0.5,max(y)-0.5];
fill(ay(1,:),ay(2,:),'k'); hold on
text(6.7,-1,'\fontname{Times new roman}\rm\fontsize{10}(\fontname{Times new
    roman}\it\fontsize{12}\sigma\fontname{Times new roman}\rm\fontsize{10}_{dv}\fontname
{Times new
    roman}\rm\fontsize{12} - \fontname{Times new roman}\it\fontsize{12}\sigma\fontname
{Times new
    roman}\rm\fontsize{10}_{dh}\fontname{Times new roman}\rm\fontsize{10})/2')
text(0.5,9,'\fontname{Times new roman}\it\fontsize{10}\tau\fontname{Times new roman}\rm\
fontsize{12}_d')
text(-8,8,'地震荷载作用下','fontsize',12)
text(-8.85,6,'循环应力路径示意图','fontsize',12)
text(0.15,-0.45,'0')
hold on;
a = pi/4;
x1 = -8:0.1:8;
y1 = tan(a) * (x1);
plot(x1,y1,'k')
hold on
a = pi/4;
x2 = -8:0.1:8;
y2 = tan(a) * (-1. * x2);
x3 = -1. * x2
plot(x3,y2,'k')
hold on
h = line('xdata',[],'ydata',[],'color','r','marker','.','markersize',25);
set(gca,'ytick',[]);
set(gca,'xtick',[]);
line([-0.15 0.15],[0 0],'LineStyle','-','color','k')
```

```
line([0 0],[ - 0.15 0.15],'color','k')
frame = getframe;                                    %// 把图像存入视频文件中
    writeVideo(writerObj,frame);                     %// 将帧写入视频
for ii = 1:2:length(x1)
    set(h,'xdata',x1(ii),'ydata',y1(ii));
    drawnow
    pause(0.04)
    hold off
    frame = getframe;                                %// 把图像存入视频文件中
    writeVideo(writerObj,frame);                     %// 将帧写入视频
end
hold off
delete(h)
h = line('xdata',[],'ydata',[],'color','r','marker','.','markersize',25);
set(gca,'ytick',[]);
set(gca,'xtick',[]);
line([ - 0.15 0.15],[0 0],'LineStyle',' - ','color','k')
line([0 0],[ - 0.15 0.15],'color','k')
for ii = 1:2:length(x3)
    set(h,'xdata',x3(ii),'ydata',y2(ii));
    drawnow
    pause(0.04)
    hold off
    frame = getframe;                                %// 把图像存入视频文件中
    writeVideo(writerObj,frame);                     %// 将帧写入视频
end
delete(h)
h = line('xdata',[],'ydata',[],'color','r','marker','.','markersize',25);
set(gca,'ytick',[]);
set(gca,'xtick',[]);
line([ - 0.15 0.15],[0 0],'LineStyle',' - ','color','k')
line([0 0],[ - 0.15 0.15],'color','k')
for ii = 1:2:length(x1)
    set(h,'xdata',x1(ii),'ydata',y1(ii));
    drawnow
    pause(0.04)
    hold off
    frame = getframe;                                %// 把图像存入视频文件中
    writeVideo(writerObj,frame);                     %// 将帧写入视频
end
hold off
delete(h)
h2 = line('xdata',[],'ydata',[],'color','r','marker','.','markersize',25);
set(gca,'ytick',[]);
set(gca,'xtick',[]);
line([ - 0.15 0.15],[0 0],'LineStyle',' - ','color','k')
line([0 0],[ - 0.15 0.15],'color','k')
for ii = 1:2:length(x3)
    set(h2,'xdata',x3(ii),'ydata',y2(ii));
    drawnow
    pause(0.04)
```

```
    hold off
    frame = getframe;                          %// 把图像存入视频文件中
    writeVideo(writerObj,frame);               %// 将帧写入视频
end
frame = getframe;                              %// 把图像存入视频文件中
    writeVideo(writerObj,frame);               %// 将帧写入视频
close(writerObj);                              %// 关闭视频文件句柄
```

交通荷载作用下循环应力路径

```
clear
writerObj = VideoWriter('car.avi');        % 定义一个视频文件用来存放动画
open(writerObj);                           % 打开该视频文件
x = - 0.5:1.5; y = - 1:1.5;
axis off; hold on;
plot([0 0],[min(y) max(y)],'k',[min(x) max(x)],[0 0],'k');
ax = [max(x) + 0.05,max(x),max(x);0,0.02, - 0.02];
fill(ax(1,:),ax(2,:),'k');
ay = [0,0.02, - 0.02;max(y) + 0.05,max(y),max(y)];
fill(ay(1,:),ay(2,:),'k'); hold on
text(1.05, - 0.1,'\fontname{Times new roman}\rm\fontsize{10}(\fontname{Times new
    roman}\it\fontsize{12}\sigma\fontname{Times new roman}\rm\fontsize{10}_{dv}\fontname
{Times new
    roman}\rm\fontsize{12} - \fontname{Times new roman}\it\fontsize{12}\sigma\fontname
{Times new
    roman}\rm\fontsize{10}_{dh}\fontname{Times new roman}\rm\fontsize{10})/2')
text( - 0.15,0.9,'\fontname{Times new roman}\it\fontsize{10}\tau\fontname{Times new
    roman}\rm\fontsize{12}_d')
text(0.2,0.93,'交通荷载作用下循环应力路径','fontsize',10);
text(0.05, - 0.05,'0')
hold on;
p1 = 0;
q1 = 0;
vx = 1;
t = 30;
t0 = 0;
x3 = 15 - vx * t0(1)
b = x3 - 1;
c = sqrt(b.^2 + 1);
m1 = asin(b./c);
d = x3 + 1;
e = sqrt(d.^2 + 1);
m2 = asin(d./e);
p3 = sin(m2 - m1). * cos(m1 + m2);
q3 = sin(m2 - m1). * sin(m1 + m2);
R = sqrt((p3.^2 - p1.^2) + (q3.^2 - q1.^2))
h1 = plot([p1 p3],[q1 q3],'R. - ');
```

```
hold on;
t1 = 0:0.1:30;
    x3 = 15 − vx * t1
    b = x3 − 1;
    c = sqrt(b.^2 + 1);
    m1 = asin(b./c);
    d = x3 + 1;
    e = sqrt(d.^2 + 1);
    m2 = asin(d./e);
    x = sin(m2 − m1). * cos(m1 + m2);
    y = sin(m2 − m1). * sin(m1 + m2);
    R = sqrt((x.^2 − p1.^2) + (y.^2 − q1.^2))
    plot(x,y,'k − ')
    axis square
frame = getframe;                          % 把图像存入视频文件中
    writeVideo(writerObj,frame);           % 将帧写入视频
    pause(.001)
    h = line('xdata',[],'ydata',[],'color','r','marker','.','markersize',25);
set(gca,'ytick',[]);
set(gca,'xtick',[]);
line([ − 0.15 0.15],[0 0],'LineStyle','−','color','k')
line([0 0],[ − 0.15 0.15],'color','k')
iii = length(x)
    for ii = 1:1:iii
    set(h,'xdata',x(ii),'ydata',y(ii));
    drawnow
    pause(0.02)
    hold off
    frame = getframe;
    writeVideo(writerObj,frame);
end
close(writerObj);                          % // 关闭视频文件句柄
```

波浪荷载作用下循环应力路径　◂--------┐

```
clear
writerObj = VideoWriter('wave.avi');
open(writerObj);
x = - 1.5:1.5; y = - 1.5:1.5;
axis off; hold on;
plot([0 0],[min(y) max(y)],'k',[min(x) max(x)],[0 0],'k');
ax = [max(x),max(x) - 0.05,max(x) - 0.05;0,0.02, - 0.02];
fill(ax(1,:),ax(2,:),'k');
ay = [0,0.02, - 0.02;max(y),max(y) - 0.05,max(y) - 0.05];
fill(ay(1,:),ay(2,:),'k'); hold on
text(0.93, - 0.1,'\fontname{Times new roman}\rm\fontsize{9}(\fontname{Times new
    roman}\it\fontsize{11}\sigma\fontname{Times new roman}\rm\fontsize{9}_{dv}\fontname
{Times new
    roman}\rm\fontsize{11} - \fontname{Times new roman}\it\fontsize{11}\sigma\fontname
{Times new
    roman}\rm\fontsize{9}_{dh}\fontname{Times new roman}\rm\fontsize{9})/2')
text( - 0.15,1.38,'\fontname{Times new roman}\it\fontsize{10}\tau\fontname{Times new
    roman}\rm\fontsize{12}_d')
text(0.33,1.38,'波浪荷载作用下','fontsize',10)
text(0.2,1.18,'循环应力路径示意图','fontsize',10)
hold on;
c = text( - 0.04, - 0.04,num2str(0));
set(c,'HorizontalAlignment','center')
p0 = 2.5;
z = 1;
L = 2. * pi;
r = (p0.^2). * (((2. * pi. * z)./L).^2). * (exp(( - 1. * 4. * pi. * z)./L))
theta = 0:pi/100:4 * pi;
x = r * cos(theta);
y = r * sin(theta);
plot(x,y,' - ','color','k');axis square;
h = line('xdata',[],'ydata',[],'color','r','marker','.','markersize',25);
set(gca,'ytick',[]);
set(gca,'xtick',[]);
line([ - 0.15 0.15],[0 0],'LineStyle',' - ','color','k')
line([0 0],[ - 0.15 0.15],'color','k')
for ii = 1:1:length(x)
```

```
        set(h,'xdata',x(ii),'ydata',y(ii));
        drawnow
        pause(0.1)
        hold off
            frame = getframe;
        writeVideo(writerObj,frame);
    end
        frame = getframe;
        writeVideo(writerObj,frame);
    close(writerObj);
```

特征线求解一维波动问题

```
clear
clc
ct = 0:0.001:4.5;
for i = 1:length(ct);
    if i < = 1000
        z(i) = - ct(i);
    end
      if i > 1000
        z(i) = ct(i) - 2;
            if i > 2000
              z(i) = - ct(i) + 2;
              if i > 3000
                    z(i) = ct(i) - 4;
                    if i > 4000
z(i) = - ct(i) + 4;
                    end
              end
          end
        end
          pause(0.02)
end
Jv = 0:0.001:5;
for j = 1:length(Jv);
    if j < = 1000
        s(j) = Jv(j);
    end
    if j > 1000
        s(j) = - Jv(j) + 2;
    end
    if j > 2000
        s(j) = Jv(j) - 2;
    end
    if j > 3000
        s(j) = - Jv(j) + 4;
    end
    if j > 4000
        s(j) = Jv(j) - 4;
```

```
        end
            pause(0.02)
    end
figure(1)
comet(ct,z);
figure(2)
comet(Jv,s);
```

差分法求解波在一维桩中的传播

```
clear
clc
writerObj = VideoWriter('pile.avi');               % 定义一个视频文件用来存放动画
open(writerObj);                                    % 打开该视频文件
L = 20;                                             % 桩长
E = 2E9;                                            % 弹性模量
rho = 2000;                                         % 密度
n = 200;                                            % 等分数
d = 1;                                              % 直径
P = 100;                                            % 外荷载
t = 0;                                              % 初始时刻
dz = L/n;                                           % 每等分长度
c = sqrt(E/rho);                                    % 波速
dt = dz/c;                                          % 时间步长
total_t = 2 * L/c;                                  % 波在杆中传播一个周期时间
steps = total_t/dt;                                 % 一个周期运算步数
total_steps = 2 * floor(steps);                     % 总运算步数
force_steps = total_steps;                          % 外荷载持续时间
A = pi * d^2/4;                                     % 截面积
fric = 200;
v((1:n + 1),1) = 0;                                 % 速度
w((1:n + 1),1) = 0;                                 % 位移
s((1:n + 1),1) = 0;                                 % 力
f((1:n + 1),1) = 0;
V = zeros(n + 1,total_steps);                       % n + 1 维列向量
W = zeros(n + 1,total_steps);
S = zeros(n + 1,total_steps);
F = zeros(n + 1,total_steps);
for j = 1:force_steps
    s(1) = - P;
    t = t + dt;
    for i = 2:n + 1
        v(i) = v(i) + (s(i) - s(i - 1))/(rho * A * c);
    end
    for i = 2:n + 1
        w(i) = w(i) + v(i) * dt;
    end
```

```
    for i = 2:n
        s(i) = E * A * (w(i + 1) - w(i))/dz;
    end
    V(:,j) = v;
    W(:,j) = w;
    S(:,j) = s;
    F(:,j) = f;
end
for j = force_steps + 1:total_steps + 1
    s(1) = 0;
    t = t + dt;
    for i = 2:n + 1
        v(i) = v(i) + (s(i) - s(i - 1))/(rho * A * c);
    end
    for i = 2:n + 1
        w(i) = w(i) + v(i) * dt;
    end
    for i = 2:n
        s(i) = E * A * (w(i + 1) - w(i))/dz;
    end
    V(:,j) = v;
    W(:,j) = w;
    S(:,j) = s;
end
h = 0:dz:L;
time = 0;
for i = 1:total_steps
    % 得到当前计算时间字符串
time = time + dt;
zuobiao = num2str(time);
b = {'t = '};
c = {'s'};
str = strcat(b,zuobiao,c);
% plot(V(:,i),h,'r','linewidth',1);
% axis ([ - 4e - 4,4e - 4,0,20 ]) % v
% xlabel('速度(m/s)');ylabel('桩深(m)');
% plot(W(:,i),h,'r','linewidth',1)
% axis ([ - 5e - 6,5e - 6,0,20 ]) % w
% xlabel('位移(m)');ylabel('桩深(m)');
plot(S(:,i),h,'r','linewidth',1);
axis ([ - 200,200,0,20 ]) % s
xlabel('荷载幅值(N)');ylabel('桩深(m)');
grid on % 显示网格
set(gca, 'yDir', 'reverse');                    % 逆转 y 轴,将桩顶置于图像顶部
    % 固定显示时间在图上的位置
zuobiao = get(gca);
x = zuobiao.XLim;                                % 获取横坐标上下限
```

```
y = zuobiao.YLim;                          % 获取纵坐标上下限
k = [0.05 − 0.05];                          % 给定 text 相对位置
x0 = x(1) + k(1) * (x(2) − x(1));           % 获取 text 横坐标
y0 = y(1) + k(2) * (y(2) − y(1));           % 获取 text 纵坐标
text(x0, y0, str, 'fontsize', 13);          % 将 str 字符串在图上画出
drawnow;
f = getframe(gcf);
writeVideo(writerObj, f);
end
close(writerObj);                           % 关闭视频文件句柄
```

杆件分界面处透射波与反射波的波速变化

```
clear
esls2 = VideoWriter('波的透射和反射.avi');        % 定义一个视频文件用来存放动画
open(esls2);                                         % 打开该视频文件
axis off
hold on
plot([-1.5 1.5],[1.2 1.2],'k')
plot([-1.5 1.5],[1.5 1.5],'k')
line([-1.5 -1.5],[1.2 1.5],'color','k')
plot([-1.5 1.5],[-1.5 -1.5],'k')
plot([-1.5 -1.5],[-1.5 -0.25],'k')
ax = [1.55,1.5,1.5
    -1.5,-1.52,-1.48];
fill(ax(1,:),ax(2,:),'k');
ay = [-1.5,-1.52,-1.48
    -0.2,-0.25,-0.25];
fill(ay(1,:),ay(2,:),'k');
plot([0 0],[1.5 -1.5],'--','color','k')
plot([-1.7 -1.5],[1.5 1.5],'k')
ax1 = [-1.5,-1.55,-1.55
    1.5,1.55,1.45];
fill(ax1(1,:),ax1(2,:),'k');
plot([-1.7 -1.5],[1.35 1.35],'k')
ax2 = [-1.5,-1.55,-1.55
    1.35,1.4,1.3];
fill(ax2(1,:),ax2(2,:),'k');
plot([-1.7 -1.5],[1.2 1.2],'k')
ax1 = [-1.5,-1.55,-1.55
    1.2,1.25,1.15];
fill(ax1(1,:),ax1(2,:),'k');
text(1.45,-1.6,'\fontname{Times new roman}\it\fontsize{15}z')
text(-1.6,-0.2,'\fontname{Times new roman}\it\fontsize{15}v')
text(-0.85,1.7,'\fontname{Times new roman}\it\fontsize{12}\rho\fontname{Times new
    roman}\rm\fontsize{12}_1\fontname{Times new roman}\rm\fontsize{12},\fontname{Times new
    roman}\it\fontsize{12}E\fontname{Times new roman}\rm\fontsize{12}_1')
text(0.75,1.7,'\fontname{Times new roman}\it\fontsize{12}\rho\fontname{Times new
    roman}\rm\fontsize{12}_2\fontname{Times new roman}\rm\fontsize{12},\fontname{Times new
    roman}\it\fontsize{12}E\fontname{Times new roman}\rm\fontsize{12}_2')
```

```
frame = getframe;                              % 把图像存入视频文件中
writeVideo(esls2,frame);                       % 将帧写入视频
pause(.001)
x = -1.5:0.9/100: -0.6;
a = 0.6;
b = 0.8;
h = rectangle;
for t = 1:1:101
set(h,'Position',[x(t) -1.5 a b]);
drawnow
pause(0.025)
hold off
frame = getframe;
writeVideo(esls2,frame);
end
delete(h)
x1 = -0.6: -0.9/100: -1.5;
x2 = 0:0.3/100:0.3;
a1 = 0.6;
a2 = 0.2;
b1 = 0.8/2;
b2 = 0.8 * 1.5;
h = rectangle;
h2 = rectangle;
for t = 1:1:101
set(h,'Position',[x1(t) -1.5 a1 b1]);
set(h2,'Position',[x2(t) -1.5 a2 b2]);
drawnow
pause(0.025)
hold off
frame = getframe;
writeVideo(esls2,frame);
end
```

杆件分界面处透射波与反射波的应力变化 ◄╌╌╌

```
clear
esls3 = VideoWriter('波的透射和反射 2.avi'); % 定义一个视频文件用来存放动画
open(esls3);                              % 打开该视频文件
axis off
hold on
plot([-1.5 1.5],[1.2 1.2],'k')
plot([-1.5 1.5],[1.5 1.5],'k')
line([-1.5 -1.5],[1.2 1.5],'color','k')
plot([-1.5 1.5],[-1.5 -1.5],'k')
plot([-1.5 -1.5],[-1.5 -0.25],'k')
ax = [1.55,1.5,1.5
      -1.5,-1.52,-1.48];
fill(ax(1,:),ax(2,:),'k');
ay = [-1.5,-1.52,-1.48
      -0.2,-0.25,-0.25];
fill(ay(1,:),ay(2,:),'k');
plot([0 0],[1.5 -1.5],'--','color','k')
plot([-1.7 -1.5],[1.5 1.5],'k')
ax1 = [-1.5,-1.55,-1.55
       1.5,1.55,1.45];
fill(ax1(1,:),ax1(2,:),'k');
plot([-1.7 -1.5],[1.35 1.35],'k')
ax2 = [-1.5,-1.55,-1.55
       1.35,1.4,1.3];
fill(ax2(1,:),ax2(2,:),'k');
plot([-1.7 -1.5],[1.2 1.2],'k')
ax1 = [-1.5,-1.55,-1.55
       1.2,1.25,1.15];
fill(ax1(1,:),ax1(2,:),'k');
text(1.45,-1.6,'\fontname{Times new roman}\it\fontsize{15}z')
text(-1.7,-0.2,'\fontname{Times new roman}\it\fontsize{15}\sigma')
text(-0.85,1.7,'\fontname{Times new roman}\it\fontsize{12}\rho\fontname{Times new
    roman}\rm\fontsize{12}_1\fontname{Times new roman}\rm\fontsize{12},\fontname{Times new
    roman}\it\fontsize{12}E\fontname{Times new roman}\rm\fontsize{12}_1')
text(0.75,1.7,'\fontname{Times new roman}\it\fontsize{12}\rho\fontname{Times new
    roman}\rm\fontsize{12}_2\fontname{Times new roman}\rm\fontsize{12},\fontname{Times new
    roman}\it\fontsize{12}E\fontname{Times new roman}\rm\fontsize{12}_2')
```

```
frame = getframe;                              % 把图像存入视频文件中
writeVideo(esls3,frame);                       % 将帧写入视频
pause(.001)
x = -1.5:0.9/100: -0.6;
a = 0.6;
b = 0.8;
h = rectangle;
for t = 1:1:101
set(h,'Position',[x(t) -1.5 a b]);
drawnow
pause(0.025)
hold off
frame = getframe;
writeVideo(esls3,frame);
end
delete(h)
x1 = -0.6: -0.9/100: -1.5;
x2 = 0:0.3/100:0.3;
a1 = 0.6;
a2 = 0.2;
b1 = 0.8/2;
b2 = 0.8/2;
h = rectangle;
h2 = rectangle;
for t = 1:1:101
set(h,'Position',[x1(t) -1.9 a1 b1]);
set(h2,'Position',[x2(t) -1.5 a2 b2]);
drawnow
pause(0.025)
hold off
frame = getframe;
writeVideo(esls3,frame);
end
```

附录 8

一维饱和土柱全耦合解

```
function [u, max_u, p, max_p, w, H, L] = coupl_1d_up(omega, kappa, t)
% t 是响应时间
K_f = 2200000;                    % 液相(水)的体积模量
n = 0.333;                        % 孔隙率
E = 30000;                        % 土骨架的弹性模量
v = 0.3;                          % 泊松比
rho_f = 1;                        % 液相(水)密度
rho = 2.;                         % 土柱的平均密度(对于饱和土体为饱和密度)
L = 10;                           % 土柱高度
% omega = 10.;                    % 外荷载的频率
q = 1;                            % 加载幅值
g = 10;                           % 重力加速度
% kappa = 0.001;                  % 渗透率(渗透系数)
% rho_dry = rho - n * rho_f       % 干密度
% e = n/(1 - n)                   % 孔隙比
D_oned = E * (1 - v)/((1 + v) * (1 - 2 * v));
k = (K_f/n)/(D_oned + K_f/n);     % k = 1;
V_c2 = (D_oned + K_f/n)/rho;
beta = rho_f/rho;
V_c = sqrt(V_c2);
T = 2 * pi/omega;
T_star = 2 * L/V_c;
Pi_1 = (2/beta/pi) * kappa * T/g/(T_star^2);
Pi_2 = pi^2 * (T_star/T)^2;
% d2u/dz2 = A * u + B * w
% d2w/dz2 = C * u + D * w
% 其通解是 u = Ci * b * e^(lambda_i * z) (爱因斯坦求和定理)
A = (beta * Pi_2 - Pi_2)/(1 - k);
B = (beta/n * Pi_2 - 1i/Pi_1 - beta * Pi_2)/(1 - k);
C = - beta * Pi_2 - k/(1 - k) * (beta * Pi_2 - Pi_2);
C = C/k;
D = - beta/n * Pi_2 + 1i/Pi_1 - k/(1 - k) * (beta/n * Pi_2 - 1i/Pi_1 - beta * Pi_2);
D = D/k;
% 求特征多项式
% lambda 解的特征多项式是
P_char = [1 0 - (A + D) 0 (A * D - B * C)];
```

```
lambda = roots(P_char);
if (A * D − B * C) = = 0
'Beware A * D − B * C = 0'
end
if (A + D)^2 + 4 * B * C = = 0
'Beware (A + D)^2 + 4 * B * C = 0'
end
% 求解 L_m * X = R
L_m = [exp(lambda(1)) exp(lambda(2)) exp(lambda(3)) exp(lambda(4));...
(lambda(1)^2 − A) * exp(lambda(1)) (lambda(2)^2 − A) * exp(lambda(2)) (lambda(3)^2 − A) * exp
(lambda(3))
    (lambda(4)^2 − A) * exp(lambda(4));...
lambda(1) lambda(2) lambda(3) lambda(4);...
(lambda(1)^2 − A) * lambda(1) (lambda(2)^2 − A) * lambda(2) (lambda(3)^2 − A) * lambda(3)
    (lambda(4)^2 − A) * lambda(4)];
R = [0 ; 0; q * L/D_oned/B; − q * L/D_oned];
X = L_m\R;
% t = 5; % 绝对时间
n_inc = 1000;
L_inc = L/n_inc;
z = 0;
i_n = 0;
H = 0;
% 计算位移
while z < = 1
    i_n = i_n + 1;
    z = z + L_inc/L;
    u(i_n) = 0;
    for i_it = 1:4
        u(i_n) = u(i_n) + X(i_it) * B * exp(lambda(i_it) * z);
    end
    temp_u = u(i_n);
    u(i_n) = abs(u(i_n));          % 求模
    max_u(i_n) = u(i_n);
    u(i_n) = u(i_n) * real(exp(1i * (omega * t − angle(temp_u))));
    H(i_n) = z * L;
end
% 计算液相位移
z = 0;
i_n = 0;
while z < = 1
    i_n = i_n + 1;
    z = z + L_inc/L;
    w(i_n) = 0;
    for i_it = 1:4
      w(i_n) = w(i_n) + X(i_it) * (lambda(i_it)^2 − A) * exp(lambda(i_it) * z);
    end
    temp_w = w( i_n);
    w(i_n) = abs(w(i_n));
    w(i_n) = w(i_n) * real(exp(1i * (omega * t − angle(temp_w))));
end
```

```
% 计算孔压
z = 0;
i_n = 0;
while z < = 1
    i_n = i_n + 1;
    z = z + L_inc/L;
    p(i_n) = 0;
    for i_it = 1:4;
p(i_n) = p(i_n) + omega^2 * rho_f * X(i_it) * B/lambda(i_it) * (exp(lambda(i_it) * z) − 1) + ...
(rho_f * omega^2/n − rho_f * g * i * omega/kappa) * X(i_it) * (lambda(i_it)^2 − A)/lambda(i_it)
* (exp(lambda(i_it) * z) − 1);
    end
    p(i_n) = p(i_n) * L;
    temp_p = p(i_n);
    p(i_n) = abs(p(i_n));
    max_p(i_n) = p(i_n);
    p(i_n) = p(i_n) * real(exp(i * (omega * t − phase(temp_p))));
end
```

附录

附录 9

一维饱和土柱 $u\text{-}p$ 解

```
function [u,max_u,p,max_p,w,H,L] = u_p_coupl_1d_up(omega,kappa,t)
% t 是响应时间
K_f = 2200000;              % 液相(水)的体积模量
n = 0.333;                  % 孔隙率
E = 30000;                  % 土骨架的弹性模量
v = 0.3;                    % 泊松比
rho_f = 1;                  % 液相(水)密度
rho = 2.;                   % 土柱的平均密度(对于饱和土体为饱和密度)
L = 10;                     % 土柱高度
% omega = 10.;              % 加载的天然角频率
q = 1;                      % 加载荷载的振幅
g = 10;                     % 重力加速度
% kappa = 0.001;            % 渗透率(渗透系数)
% rho_dry = rho - n * rho_f(干密度)
% e = n/(1 - n)(孔隙比)
D_oned = E * (1 - v)/((1 + v) * (1 - 2 * v));
k = (K_f/n)/(D_oned + K_f/n);
V_c2 = (D_oned + K_f/n)/rho;
beta = rho_f/rho;
sqrt(V_c2);
T = 2 * pi/omega;
T_star = 2 * L/sqrt(V_c2);
Pi_1 = (2/beta/pi) * kappa * T/g/(T_star^2);
Pi_2 = pi^2 * (T_star/T)^2;
% 解微分方程组:
% d2u/dz2 = A * u + B * w
% d2w/dz2 = C * u + D * w
% 其通解是
% u = Ci * b * e^(lambda_i * z) (爱因斯坦求和定理)
A = (beta * Pi_2 - Pi_2)/(1 - k);
B = (-1i/Pi_1)/(1 - k);
C = - beta * Pi_2 - k/(1 - k) * (beta * Pi_2 - Pi_2);
C = C/k;
D = 1i/Pi_1 - k/(1 - k) * (-1i/Pi_1);
D = D/k;
% 求特征多项式
% lambda 解的特征多项式是
```

```
P_char = [1 0 - (A + D) 0 (A * D - B * C)];
lambda = roots(P_char);
if (A * D - B * C) = = 0
'Beware A * D - B * C = 0';
end
if (A - D)^2 + 4 * B * C = = 0
'Beware (A - D)^2 + 4 * B * C = 0';
end
% 求解 L_m * X = R
L_m = [exp(lambda(1)) exp(lambda(2)) exp(lambda(3)) exp(lambda(4));
(lambda(1)^2 - A) * exp(lambda(1)) (lambda(2)^2 - A) * exp(lambda(2)) (lambda(3)^2 - A) * exp
(lambda(3)) (lambda(4)^2 - A) * exp(lambda(4));
lambda(1) lambda(2) lambda(3) lambda(4);
(lambda(1)^2 - A) * lambda(1) (lambda(2)^2 - A) * lambda(2) (lambda(3)^2 - A) * lambda(3)
(lambda(4)^2 - A) * lambda(4)];
R = [0 ; 0; q * L/D_oned/B; - q * L/D_oned];
X = L_m\R;
n_inc = 1000;
L_inc = L/n_inc;
z = 0;
i_n = 0;
H = 0;
% 计算位移
while z < = 1
    i_n = i_n + 1;
    z = z + L_inc/L;
    u(i_n) = 0;
    for i_it = 1:4
        u(i_n) = u(i_n) + X(i_it) * B * exp(lambda(i_it) * z);
    end
    temp_u = u(i_n);
    u(i_n) = abs(u(i_n));
    max_u(i_n) = u(i_n);
    u(i_n) = u(i_n) * real(exp(1i * (omega * t - angle(temp_u))));
    H(i_n) = z * L;
end
% 计算液相位移
z = 0;
i_n = 0;
while z < = 1
    i_n = i_n + 1;
    z = z + L_inc/L;
    w(i_n) = 0;
    for i_it = 1:4
        w(i_n) = w(i_n) + X(i_it) * (lambda(i_it)^2 - A) * exp(lambda(i_it) * z);
    end
    temp_w = w( i_n);
    w(i_n) = abs(w(i_n));
    w(i_n) = w(i_n) * real(exp(1i * (omega * t - angle(temp_w))));
end
% 计算孔压
```

```
z = 0;
i_n = 0;
while z < = 1
    i_n = i_n + 1;
    z = z + L_inc/L;
    p(i_n) = 0;
    for i_it = 1:4
        p(i_n) = p(i_n) + omega^2 * rho_f * X(i_it) * B/lambda(i_it) * (exp(lambda(i_it) * z) - 1)
+ ( - rho_f * g * i * omega/kappa) * X(i_it) * (lambda(i_it)^2 - A)/lambda(i_it) * (exp(lambda(i
_it) * z) - 1);
    end
    p(i_n) = p(i_n) * L;
    temp_p = p(i_n);
    p(i_n) = abs(p(i_n));
    max_p(i_n) = p(i_n);
    p(i_n) = p(i_n) * real(exp(1i * (omega * t - angle(temp_p))));
end
```

附录 **10**
冲击荷载作用下多孔介质的孔隙水压力

```
xx = 0.5;
d = 1;
dt = 0.1;
n = 2000;
rs = 2500;
rf = 1000;
poro = 0.3;
mu = 1.0;
kappa = 0.0000029;
beta = 0.0000000005;
mv = 0.0000000002;
alpha = 0.0;
ip = 40;
nn = 500;
omiga = 2000;
dx = xx/nn;
rr = poro * rf + (1 - poro) * rs;
ee = 1/mv + 1/(poro * beta);
cc = sqrt(ee/rr);
mt = floor((2 * pi)/(omiga * dt));
c2 = sqrt(1/(beta * rf));
if c2 > cc
    cc = c2;
end
tc = dx/cc;
xx = nn * dx;
tt = xx/cc;
dt = dt * tc;
a1 = 1 + alpha * (1 + poro * rf/((1 - poro) * rs));
a2 = 1/(rf * dx);
a3 = poro * mu/(kappa * rf);
a4 = alpha/((1 - poro) * rs * dx);
b1 = poro * rf/((1 - poro) * rs);
b2 = 1/((1 - poro) * rs * dx);
c1 = 1/(beta * dx);
c2 = (1 - poro)/(poro * beta * dx);
d1 = 1/(mv * dx);
```

```
v = zeros(1,n + 2);
w = zeros(1,n + 2);
p = zeros(1,n + 2);
s = zeros(1,n + 2);
    for j = 1:n;
    for i = 2:j + 2;
    p(1) = 1;
    a = - (a2 * (p(i) - p(i - 1)) + a3 * (v(i) - w(i)) + a4 * (s(i) - s(i - 1) + p(i) - p(i - 1)))/a1;
    v(i) = v(i) + a * dt;
    w(i) = w(i) - (b1 * a + b2 * (s(i) - s(i - 1) + p(i) - p(i - 1))) * dt;
    end
    for i = 1:j + 1;
        p(i) = p(i) - (c1 * (v(i + 1) - v(i)) + c2 * (w(i + 1) - w(i))) * dt;
        s(i) = s(i) - d1 * (w(i + 1) - w(i)) * dt;
    end
    t = 0:0.01:20.01;
end
```

附录 11

剪切梁法的数值解法

```
clear
H = 20;                              % 厚度 m
G = 2e7;                             % 剪切模量 N/m²
rho = 2000;                          % 密度 kg/m³
omega = 30;                          % 频率 s⁻¹
zeta = 1;                            % 阻尼比
n = 40;                              % 土层数
mt = 100;                            % 时间步数
c = sqrt(G/rho);                     % 波速
alpha = 2 * zeta * c/(H * omega);    % 相对时间步长
time = 0;                            % 时间
dz = H/n;                            % 每层厚
dt = alpha * dz/c;                   % 时间步长
damp = 2 * zeta * c * dt/H;          % 阻尼
T = H/c;                             % 波沿桩身传播时间
mt = floor(T/dt);                    % 波沿桩身传播所需时间步
t((1:n + 2),1) = 0;
u((1:n + 2),1) = 0;
v((1:n + 2),1) = 0;
T = zeros(n + 2,10 * mt + 1);
U = zeros(n + 2,10 * mt + 1);
V = zeros(n + 2,10 * mt + 1);
T1 = zeros(n + 1,10 * mt + 1);
U1 = zeros(n + 1,10 * mt + 1);
V1 = zeros(n + 1,10 * mt + 1);
for j = 1:10 * mt + 1
    u(n + 2) = sin(omega * time);
    for i = 2:n + 1
        t(i) = G * (u(i + 1) − u(i))/dz;
    end
    for i = 2:n + 1
        v(i) = v(i) + (t(i) − t(i − 1)) * dt/(rho * dz) − damp * v(i);
    end
    for i = 2:n + 1
        u(i) = u(i) + v(i) * dt;
    end
    time = time + dt;
```

```
        T(:,j) = t;
        U(:,j) = u;
        V(:,j) = v;
    end
    for i = 1:n + 1
        T1(i,:) = T(i + 1,:);
        U1(i,:) = U(i + 1,:);
        V1(i,:) = V(i + 1,:);
    end
    h = 0:0.5:20;
    for i = 409
        plot(U1(:,i), - h,' - - k');
        hold on
        % axis normal
        axis ([ - 1.2,1.2, - 20,0 ]) % 力坐标
        % axis ([ - 4e - 10,4e - 10,0,20 ]) % 位移坐标
        % axis ([ - 4e - 7,4e - 7,0,20 ]) % 速度坐标
        % xlabel('速度(m/s)');ylabel('桩身(m)');
    end
```

剪切梁法的解析解法

```
clear
H = 20;                          % 厚度 m
E = 2e7;                         % 弹性模量 N/m²
rho = 2000;                      % 密度 kg/m³
omega = 30;                      % 频率 s⁻¹
zeta = 1;                        % 阻尼比
n = 40;                          % 土层数
steps = 100;                     % 迭代次数
c = sqrt(E/rho);                 % 波速
alpha = 2 * zeta * c/(H * omega);
a = omega/c;   a = a * a;   a = a * a;
alpha
a1 = (alpha.^2). * (rho. * omega)
sqrt(a1./(rho. * omega))
b = alpha * alpha;
phi = 0.5 * atan(alpha);         % 虚数参数
r = sqrt(sqrt(a * (1 + b)));     % 虚数参数
p = r * sin(phi);
q = r * cos(phi);
ph = p * H;
qh = q * H;
A = cosh(ph) * cosh(ph) - sin(qh) * sin(qh);
str1 = {'L = 20 m','E = 20 MPa','\omega = 30 s^{ - 1}','\rho = 2000 kg/m^{3}'};
str2 = {'u0 = 1 m'};
str = [str1,str2];
U = zeros(n + 1,10 * steps + 1);
u((1:n + 1),1) = 0;
z((1:n + 1),1) = 0;
for i = 1:n + 1
    z(i) = (i - 1) * H/n;        % 层面深度
end
for j = 2:10 * steps + 1
    wt = 2 * pi * j/steps;
    for i = 1:n + 1
        pz = p * z(i);
        qz = q * z(i);
        u(i) = cosh(ph) * cos(qh) * cosh(pz) * cos(qz) * sin(wt);
```

```
        u(i) = u(i) + sinh(ph) * sin(qh) * sinh(pz) * sin(qz) * sin(wt);
        u(i) = u(i) + sinh(ph) * sin(qh) * cosh(pz) * cos(qz) * cos(wt);
        u(i) = u(i) - cosh(ph) * cos(ph) * sinh(pz) * sin(qz) * cos(wt);
        u(i) = u(i)/A;
    end
    U(:,j) = u;
end
% 制作视频
h = 0:0.5:20;
373
for i = 423
    plot(U(:,i), - h, 'k');
    hold on
    % axis normal
    axis ([ - 1.2,1.2, - 20,0 ]);            % 力坐标
    % axis ([ - 4e - 10,4e - 10,0,20 ]);      % 位移坐标
    % axis ([ - 4e - 7,4e - 7,0,20 ]);        % 速度坐标
    % xlabel('位移(m)');ylabel('桩身(m)');
    % text( - 1.1,16,str)
end
```

中英文名词对照表

B

摆式激振 pendulumic generator
半无限弹性介质 half infinite elastical medium
饱和度 degree of saturation
饱和土 saturated soils
贝塞尔函数 Bessel function
本构关系 constitutive relation
比体积 specific volume
边界面模型 bounding surface model
波动理论 wave propagation theory
波浪荷载 wave loading
波面 wave surface
波前 wave front
泊松比 Poisson ratio
波速 wave velocity
波线 wave lines
波长 wave length
不规则地震作用 irregular earthquakes
不规则荷载 irregular load
不排水条件 undrained condition
部分排水条件 partially drained condition

C

参考应变 reference strain
残余动模量 residual dynamic modulus
残余孔压 residual pore water pressure
残余应变 residual strain
残余状态 residual state
测量电桥 electro-measurement bridge
常规三轴试验 conventional triaxial test
超固结比 over consolidation ratio
超静孔隙水压力 excess pore water pressure
沉降 settlement
成样系统 sample preparation system
冲击动荷载 dynamic load of impulse pattern
冲击杆激振 dynamic generation from impulse bar
冲击荷载 impulse loading
冲击式激振 vibration generation by impulse

初始剪切模量 initial shear modulus
初始剪应力 initial shear stress
初始液化 initial liquefaction
初始应力条件 initial stress condition
传递孔压 transfer pore pressure
传感器 transducer

D

大型振动台试验 large scale shaking table test
单向加载不排水三轴试验 unidirectional loading undrained triaxial test
单质点运动体系 single particle motion system
等向固结 isotropic consolidation
等效剪切模量 equivalent shear modulus
等效线性模型 equivalent linear model
等效阻尼比 equivalent damping ratio
等应变幅周期荷载 constant strain amplitude periodic load
等应力幅动三轴试验 equal stress amplitude triaxial test
地震液化 earthquake liquefaction
地震荷载 earthquake loading
地震剪应力 seismic shear stress
电参数式传感器 electro-parameter transducer
电磁 electro-magnetism
电动式激振 electrical vibration generator
电动-液压式激振 electro-liquid pressure vibration generator
电感传感器 electric inductance transducer
电容传感器 electric capacity transducer
电阻传感器 electric resistance transducer
动单剪试验 dynamic single shear test
动弹性模量 dynamic elasticity modulus
动荷载 dynamic load
动荷载条件 dynamic load condition
动剪模量 dynamic shear modulus
动孔隙水压力 dynamic pore water pressure
动孔压 dynamic pore water pressure
动孔压模型 dynamic pore water pressure model

动力反应分析 dynamic response analysis
动力方程 dynamic equation
动力放大系数 coefficient of dynamic amplification
动力破坏标准 dynamic damage standard
动扭剪仪 dynamic torsional-shear test apparatus
动强度曲线 dynamic intensity curve
动三轴试验 dynamic triaxial test
动三轴仪 dynamic triaxial test apparatus
动应力场 dynamic stress filed
动应力-动应变关系 dynamic stress-strain relation
动黏聚力 dynamic cohesion
动直剪仪 dynamic direct-shear test apparatus
多相体系 multi-phased medium
多质点运动体系 multiple particle motion system

F

发电式传感器 electro-generating transducer
反向剪切模量 reverse shear modulus
放大器 amplifier
非线性 nonlinearity
分散性失稳 diffuse instability
风浪荷载 wind pressure loading
峰值应力状态 peak stress state
复模量 complex modulus

G

刚度矩阵 rigid matrix
各向异性 anisotropic
共振 resonance
共振柱试验 resonant column test
骨干曲线 backbone curve
骨架 P 波 skeleton body wave
固结 consolidation
固结不排水循环三轴试验 consolidation undrained circulation triaxial test
固结度 degree of consolidation
固结时间 duration of consolidation
固结应力比 consolidation stress ratio
管状试样 tubular sample
惯性力 inertial force
惯性耦合效应 inertial coupling effect
广义坐标 extended coordinates
归一化贯入阻力 unified SPT resistance

H

含水量 water content

荷载指数 load index
荷重传感器 loading transducer
换算标准贯入击数 conversional SPT blow count
回弹模量 rebound modulus

J

机械式激振 mechanical vibration generator
激振系统 dynamic generation system
级配 gradation
极限动力强度 ultimate dynamic strength
极限平衡标准 limit balance standard
集中质量法 concentrated mass method
记录器 recorder
记载速率 loading rate
加速度谱 acceleration spectrum
加速度时程 acceleration-time process
加载状态 loading
剪切变形 shear deformation
剪切波、S 波或横波 shear wave, transverse wave
剪切波速法 shear wave velocity method
剪切带 shear band
剪切弹性模量 shear elasticity modulus
剪切梁法 shear beam method
剪切模量 shear modulus
剪切蠕变 shear creep
剪切应变 shear strain
剪缩性土 contractive soils
剪应力 shear stress
剪胀性 dilatancy
剪胀性土 dilatative soils
交替型剪切 alternative shear
结构孔压 structural pore pressure
局部位移传感器 local deformation transducer(LDT)

K

抗液化剪应力法 liquefaction shear stress method
颗粒状土 granular soil
空心圆柱扭剪试验（HCA 试验）hollow cylinder apparatus test
孔隙比 pore ratio
孔隙率 porosity
孔隙水压力 pore water pressure
孔隙压力 pore pressure
孔压的内时模型 internal time model of pore pressure
孔压的瞬态模型 transient model of pore pressure

孔压能量模型 pore pressure energy model
孔压应变模型 pore pressure strain model
孔压有效应力路径模型 pore pressure effective
　　stress path model

L

拉梅常量 Lame's constants
勒夫波(L 波) Love wave
累积变形 accumulated deformation
累积孔隙水压力 accumulated pore water pressure
累积体积应变 accumulated volume strain
离散元单元法 discrete element method
离心机试验 centrifuge test
离心式激振 vibration generator by centrifugal block
粒径 grain size
连续介质 continuous medium
两相多孔介质 two phase porous medium
两相体系 two-phased medium
量测系统 data measurement system
临界标准贯入击数法 critical SPT blow count
　　method
临界动力强度 critical dynamic strength
临界剪应变 critical shear strain
临界孔隙比 critical voids ratio
临界水力梯度 critical hydraulic gradient
临界往复应力水平 critical reciprocating stress level
临界状态线 critical state line
临界状态 critical state
临界状态模型 critical state model
临界阻尼 critical damping
临界阻尼系数 critical damping coefficient
流变模型 rheological model
流动法则 flow rule
流动结构 flow structure
流滑 slippery
流体压力传感器 fluid pressure transducer

M

弥散性 dispersivity
密度特征 density features
密砂 dense sand
面波 surface wave
莫尔应力圆 Mohr stress circle

N

黏弹塑性 visco-elasticity plasticity

黏滞性 pasting viscosity
黏滞系数 coefficient of viscosity
黏弹性模型 visco-elasticity model
黏性 viscosity
内摩擦角 internal friction angle
内时理论 endochronic theory
扭转振动 tortional vibration

P

排水条件 drained condition
疲劳效应 fatigue effect
偏心式激振(偏心轮式) vibration generator by
　　eccentric wheel
频率 frequency
频域分析 frequency-domain analysis
平均有效主应力 average effective principal stress
破坏应变标准 destruction strain standard
破损参数 failure parameter

Q

起始静应力状态 initial static stress state
气动式激振 pneumatical vibration generator
气浪荷载 gas wave loading
切线模量 tangent modulus
屈服面 yield surface
屈服强度 yield strength
屈服准则 yield criteria

R

蠕变 creep
软化 softening
瑞利波(R 波) Rayleigh wave
瑞利阻尼 Rayleigh damping

S

三相体系 three-phased medium
三轴试验 triaxial test
砂沸 sand boiling
上覆土压力 overburden pressure
上覆有效应力 overburden effective stress
渗流 seepage
渗透系数 permeability coefficient
渗透性 permeability
渗透液化(砂沸或流土) liquefaction due to seepage

时域分析 time-domain analysis
衰减指数 attenuation index
双幅荷载 double amplitude load
瞬态荷载 transient loads
斯内尔定律 Snell's law
松砂 loose sand
速率效应 rate effect
塑性 plasticity
塑性指数 plasticity index

T

弹塑性分析法 elastoplasticity analysis method
弹性半空间 elasticity half space
弹性矩阵 elasticity matrix
弹性模量 modulus of elasticity
弹性墙 elastic wall
弹性 elasticity
特征方程 characteristic equation
特征根 characteristic root
特征线法 characteristic line method
特征值 eigen value
特征周期 characteristic period
体波 body wave
体积弹性模量 bulk elasticity modulus
体积压缩模量 volume compression modulus
体积应变 volumetric strain
凸轮式激振 cam wheel generator
土的动变形 dynamic deformation of soil
土的动孔压 dynamic pore pressure of soil
土的动力特性 dynamic characteristics of soils
土的动强度 dynamic strength of soil
土工动力离心模型试验 geodynamic centrifuge model test
土介质 soil medium
土性条件 soil condition

W

弯曲单元传感器 bent element transducer(BET)
完全排水条件 fully drained condition
围压 confining stress
位移函数 displacement function
位移谱 displacement spectrum
位移时程 displacement-time process
稳态强度线 steady-state strength line
无破坏平衡 no damage balance

X

相对密度 relative density
相态转换点 phase transformation point
相态转换线 phase transformation line
橡皮膜 rubber membrane
卸载状态 unloading
旋转型剪切 rotation shear
循环荷载 cyclic loads
循环荷载强度比 cyclic load strength ratio
循环活动性 cyclic activity
循环加载不排水三轴试验 cyclic loading undrained triaxial test
循环剪切强度 cyclic shear strength
循环剪应力 cyclic shear stress
循环效应 cyclic effect
循环应力法 cyclic stress method

Y

压电晶体传感器 piezoelectric crystal transducer
压缩变形 compression deformation
压缩波、P 波或纵波 tension-compression wave, longitudinal wave
压缩模量 compression modulus
压缩性 compressibility
液化标准 liquefaction standard
依留申公设 Illusion postulate
移动荷载 moving load
应变 strain
应变局部化 strain localization
应力轨迹线 stress trajectory
应力孔压 stress pore pressure
应力路径 stress path
应力松弛 stress relaxation
应力循环次数 number of stress cycles
硬化规律 hardening law
永磁 permanent magnetism
永久变形 permanent deformation
有界弹性介质 boundary elastical medium
有限差分法 finite difference method
有效侧压力系数 effective lateral pressure coefficient
有效固结围压 effective consolidation confining pressure
有效应力 effective stress
有效应力分析法 effective stress analysis method
有效应力路径 effective stress path

预剪切 prestressing shear
原生固结 primary consolidation
圆频率 circular frequency
圆筒仪 circle barrel dynamic test apparatus
运动方程 motion equation

Z

再加载状态 reloading
增压 pressure increasing
振动持续时间 duration of vibration
振动次数 cyclic number
振动单剪试验 vibration single shear test
振动的能量 energy of vibration
振动惯性力 inertial force of vibration
振动荷载 dynamic load of vibration pattern
振动理论 vibration theory
振动扭剪试验 vibration torsional shear test
振动液化 liquefaction due to vibration
振幅 amplitude of vibration
振型 mode-shape of vibration
振型的正交性 orthogonality of vibration mode-shape
振型叠加法 mode-shape superposition method
震源 focus(hypocenter) of earthquake

正常固结 normally consolidated
正常固结曲线 normal consolidation line
直剪试验 direct shear test
质量矩阵 mass matrix
滞回圈(滞回曲线) hysteresis loop
周期 period
周期荷载 periodic load
周期振动 period vibration
轴向应变幅值 axial strain amplitude
柱状试样 cylinder sample
卓越周期 predominant period
自由度 degree of freedom
自由振动 free vibration
自振频率 natural vibration frequency
总应力分析法 total stress analysis method
纵向振动 longitudinal vibration
阻尼比 damping ratio
阻尼比退化系数 damping ratio degradation coefficient
阻尼矩阵 damping matrix
阻尼力 damping force
阻尼系数 damping coefficient
最大剪应力 maximum shear stress